职业教育规划教材

化工设备

李 琴 主 编
何鹏飞 副主编
王资院 主 审

化学工业出版社

·北京·

内 容 简 介

《化工设备》以专业教学标准为依据，校企合作开发，根据高等职业教育的培养目标，围绕职业能力训练的教学需求，以专业教学的针对性、实用性和先进性为指导思想，以"应用"为目的，以"够用"为度的原则构建体系。内容采用单元—任务—子任务的形式完成技能知识的学习，主要介绍了化工设备的应用、要求及材料，典型内压薄壁容器的设计，外压容器，厚壁容器，换热器，反应器，塔设备，蒸发器，干燥器，管路及阀门等。为方便教学，配套电子课件。

本书可作为高职高专院校、中等职业学校化工装备技术、应用化工技术等专业教材，并可作为行业培训用书，也可作为相近专业及化工企业工程技术人员的参考书。

图书在版编目（CIP）数据

化工设备/李琴主编. —北京：化学工业出版社，2021.1（2022.4重印）
职业教育规划教材
ISBN 978-7-122-37920-7

Ⅰ.①化… Ⅱ.①李… Ⅲ.①化工设备-高等职业教育-教材 Ⅳ.①TQ05

中国版本图书馆 CIP 数据核字（2020）第 198834 号

责任编辑：韩庆利	文字编辑：刘 璐 陈小滔
责任校对：张雨彤	装帧设计：刘丽华

出版发行：化学工业出版社（北京市东城区青年湖南街 13 号　邮政编码 100011）
印　　装：三河市延风印装有限公司
787mm×1092mm　1/16　印张 19¾　字数 517 千字　2022 年 4 月北京第 1 版第 2 次印刷

购书咨询：010-64518888　　　　　　　　　　售后服务：010-64518899
网　　址：http://www.cip.com.cn
凡购买本书，如有缺损质量问题，本社销售中心负责调换。

定　　价：55.00 元　　　　　　　　　　　　　　　　　　　版权所有　违者必究

前言

本教材是为了更好地适应高等职业技术教育改革发展的需要，针对高职教育的特点和培养目标，结合高职院校化工装备技术及化工类专业建设和教学改革的要求编写。本教材既注重学习、吸收有关院校高职高专化工设备课程改革的成果，又尽量反映编者长期教学积累的经验与体会，精选内容、合理组织、简化公式推导，着力贯彻以"应用"为目的，以"够用"为度的原则，立足实用、强化能力、注重实践，体现了高职高专教育特色。

本教材教学设计共包括十一个单元，采用单元—任务—子任务的形式完成技能知识的学习。立足行业、区域产业特点，以技术和产业升级为依托，将新技术、新工艺、新规范、新标准引入教学内容中，确保所引用国家标准、规范的权威性、准确性。在各教学任务的示例选用中，理论联系实际，注重工程应用，将新工程案例引入教材。各教学任务后均有题型丰富的习题，便于学生对知识的复习与总结。教材教学内容已配套制作成用于多媒体教学的 PPT 课件，以方便师生们的教、学使用。

本教材单元一、单元二、单元六、单元八由湖南化工职业技术学院李琴编写，单元三由湖南化工设计院有限公司黄艳编写，单元四由湖南化工职业技术学院张军编写，单元五由湖南化工职业技术学院何鹏飞编写，单元七由湖南化工职业技术学院张治坤编写，单元九由湖南化工职业技术学院冯修燕编写，单元十由湖南化工职业技术学院阳小宇编写，单元十一由湖南化工职业技术学院佘媛媛编写。全教材由湖南化工职业技术学院李琴担任主编并统稿。中国化工株洲橡胶研究设计院王资院教授对本书进行了认真细致的审阅，并提出了许多宝贵意见和建议，在此谨表衷心感谢。

由于编者水平有限，书中难免有疏漏和不妥之处，敬请各位读者批评指正。

编　者

目录

单元一
化工设备基本知识 / 001

任务一　化工设备在化工生产中的作用分析 …………………………………… 001
任务二　化工生产对化工设备的基本要求认知 ………………………………… 003
任务三　压力容器结构与类型认知 ……………………………………………… 005
任务四　化工设备常用材料分析 ………………………………………………… 010
任务五　化工设备及压力容器常用标准规范认知 ……………………………… 024

单元二
内压薄壁容器 / 027

任务一　内压薄壁容器壳体的应力分析 ………………………………………… 027
任务二　内压薄壁容器壳体厚度的确定 ………………………………………… 031
任务三　内压薄壁容器强度校核 ………………………………………………… 045
任务四　内压封头的设计计算 …………………………………………………… 046
任务五　压力容器的耐压试验和泄漏试验 ……………………………………… 058

单元三
化工设备主要零部件 / 065

任务一　法兰选用 ………………………………………………………………… 065
任务二　支座选用 ………………………………………………………………… 088
任务三　附件的选用 ……………………………………………………………… 106
任务四　开孔补强计算 …………………………………………………………… 120

单元四
厚壁容器 / 129

任务一　认识厚壁圆筒的结构与类型 …………………………………………… 129
任务二　厚壁容器的密封结构选用 ……………………………………………… 137

单元五
外压容器 / 144

任务一　外压圆筒厚度确定 ……………………………………………………… 144

任务二　外压球壳及封头厚度确定 …………………………………………………………… 158

单元六
换热器 / 162

　　任务一　换热器类型分析 …………………………………………………………………… 162
　　任务二　管壳式换热器认识 ………………………………………………………………… 168
　　任务三　管壳式换热器零部件选用（一） ………………………………………………… 172
　　任务四　管壳式换热器零部件选用（二） ………………………………………………… 176
　　任务五　管壳式换热器日常维护及常见故障分析 ………………………………………… 180
　　任务六　换热器清洗技术 …………………………………………………………………… 183
　　任务七　换热器强化传热 …………………………………………………………………… 185
　　任务八　换热器检漏技术 …………………………………………………………………… 187

单元七
反应器 / 190

　　任务一　反应器的类型认知 ………………………………………………………………… 190
　　任务二　典型反应器-反应釜认知 …………………………………………………………… 196
　　任务三　传热装置及工艺接管选用 ………………………………………………………… 198
　　任务四　搅拌装置选用 ……………………………………………………………………… 202
　　任务五　传动及轴封装置选用 ……………………………………………………………… 206
　　任务六　反应釜的使用与维护 ……………………………………………………………… 213

单元八
塔设备 / 216

　　任务一　塔设备的应用与分类 ……………………………………………………………… 216
　　任务二　板式塔认知 ………………………………………………………………………… 219
　　任务三　填料塔认知 ………………………………………………………………………… 232
　　任务四　塔设备常见故障分析及塔器维护修理 …………………………………………… 245

单元九
干燥设备 / 251

　　任务一　干燥器的分类及选型 ……………………………………………………………… 251
　　任务二　常用干燥器认知 …………………………………………………………………… 253
　　任务三　干燥器选型 ………………………………………………………………………… 257
　　任务四　干燥设备的维护及常见故障分析 ………………………………………………… 259

单元十
蒸发器 / 261

　　任务一　蒸发概念及原理认知 ……………………………………………………………… 261

任务二　蒸发设备类型认知 …………………………………………………… 262
　　任务三　蒸发器的操作与维护 …………………………………………………… 269

单元十一
管路与阀门 / 271

　　任务一　管子材料及常见管件认知 …………………………………………… 271
　　任务二　阀门选用 ……………………………………………………………… 275
　　任务三　阀门的使用与维护 …………………………………………………… 285
　　任务四　管道的类别与级别认知 ……………………………………………… 287
　　任务五　管道的连接与布置 …………………………………………………… 290
　　任务六　管路的使用与维护 …………………………………………………… 293

附录
/ 296

参考文献
/ 307

单元一

化工设备基本知识

📖 学习目标

1. 了解化工生产与化工设备的关系，掌握化工设备在化工生产中的作用。
2. 掌握化工生产对化工设备的基本要求。
3. 掌握压力容器的基本结构组成及其分类。
4. 熟悉常用化工设备材料的性能、种类，能综合分析设备的工作环境和用材要求，正确选用设备材料。
5. 了解国内外压力容器设计的典型标准规范，具有查阅手册、标准、规范的能力。

任务一　化工设备在化工生产中的作用分析

🗂 任务描述

了解化工生产与化工设备的关系，掌握化工设备在化工生产中的应用。

🧩 任务指导

一、化工机械设备是化工生产必不可少的物质基础

化工（化学工业）是生产化学产品的工业，在这一生产过程中，原料转化成产品必须要通过各种设备，经过一系列的化学和物理的加工程序，最终才能转化成合格的产品，此即为化工生产过程（简称化工过程）。因此，化工生产过程不仅取决于化学工艺过程，而且与化工机械设备密切相关。如热量传递一般在换热器（图1-1）中进行；介质的化学反应，由反应釜（图1-2）提供符合反应条件要求的空间；质量传递通常在塔设备（图1-3）中完成；能量转换由泵、压缩机等装置承担。同时，在生产过程中流体的输送需要管道、阀门和存储设备等。

化工生产中常把化工机械设备分为静设备和动设备，静设备又称为化工设备，如换热器、塔设备等；动设备又称化工机器，如压缩机、泵等。

化工设备是化工生产必不可少的物质基础，是化工产品质量保证体系的重要组成部分。化工设备性能的优劣，将直接关系到化工生产的正常进行。

下面举个典型实例，说明化工设备在化工生产中的应用。

如图1-4所示为柴油加氢精制工艺流程。加氢精制工艺是在高温（250～420℃）、中高压力（2.0～10.0MPa）和有催化剂的条件下，在油品中加入氢，使氢与油品中的非烃类化

图 1-1　换热器　　　　　　　图 1-2　反应釜　　　　　　　图 1-3　塔设备

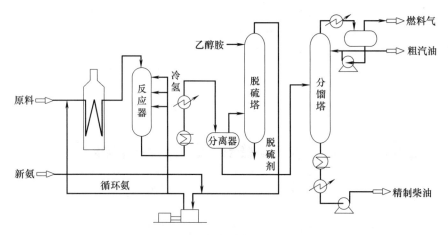

图 1-4　柴油加氢精制工艺流程图

合物的部分杂质反应，从而将后者除去，达到精制的目的。从工艺流程可看出，反应器、分离器、脱硫塔和分馏塔等化工设备是柴油加氢精制工艺的主要设备。

二、化工机械技术的进步能促进新工艺的诞生和实施

先进的化工机械，一方面为化学工艺过程服务，另一方面又促进化学工艺过程的发展。大型压缩机和超高压容器的研制成功，使人造金刚石的构想成为现实，使高压聚合反应得以实现。18 世纪末，人们发现身价较高的金刚石竟然是碳的一种同素异形体，从此，制备人造金刚石就成为了许多科学家的梦想。但直到 20 世纪 50 年代美国通用电气公司专门制造了高温高压设备才使人造金刚石技术获得真正成功和迅速发展。

化工设备不仅用于化工和炼油生产中，而且在轻工、医药、食品、冶金、能源、环境、交通等领域也有着广泛的应用。化工设备与国家的经济建设有着密切的关系，对国民经济的发展起着非常重要的作用。

任务训练

一、填空

1. _____ 是化工生产必不可少的物质基础，是化工产品质量保证体系的重要组成部分。
2. 化工生产过程不仅取决于 _____，而且与 _____ 密切相关。
3. 化工生产中常把化工机械设备分为 _____ 和 _____，_____ 又称为化工设备，如 _____、

_____等；_____又称化工机器，如_____、_____等。

二、判断

（ ）1. 化工设备指静设备，如塔器、换热器等；化工机器指动设备，如压缩机、泵等。

（ ）2. 化工机械技术的进步能促进新工艺的诞生和实施。

（ ）3. 化工生产中，质量传递通常在塔设备中完成。

任务二　化工生产对化工设备的基本要求认知

任务描述

了解化工生产的特点，掌握化工生产对化工设备的基本要求。

任务指导

一、化工生产的特点

1. 生产的连续性强

化工生产中处理的物料大多是气体、液体和粉体，处理过程如传质、传热、化学反应连续进行，为了提高生产效率，节约成本，化工生产过程一般采用连续的工艺流程。在连续性的过程中，每一生产环节都非常重要，若出现事故，将破坏连续性生产。

2. 生产条件苛刻

① 介质腐蚀性强。有很多介质具有腐蚀性，例如，酸、碱、盐一类的介质，对金属或非金属物件的腐蚀，使机器与设备的使用寿命大为降低。腐蚀性生成物的沉积，可能堵塞机器与设备的通道，破坏正常的工艺条件，影响生产的正常进行。

② 温度和压力变化。化工生产中的温度从深冷到高温，压力从真空到数百兆。温度和压力的不同，影响到设备的工作条件和材料选择。

③ 介质大多易燃、易爆、有毒。如氨气、氢气、苯蒸气等均属此类。还有不少介质有较强的毒副作用，如二氧化硫、二氧化氮、硫化氢、一氧化碳等。这些易燃、易爆、有毒性的介质一旦泄漏，不仅会造成环境的污染，而且还可能造成人员伤亡和重大事故的发生。

④ 生产原理的多样性。化工生产过程按作用原理可分为质量传递、热量传递、能量传递和化学反应等若干类型。同一类型中功能原理也多种多样，如传热设备的传热过程，按传热机理又可分为热传导、热对流和热辐射。故化工设备的用途、操作条件、结构形式也千差万别。

⑤ 生产的技术含量。既包含了先进的生产工艺，又需要先进的生产设备，还离不开先进的控制与检测手段。并呈现出学科综合，专业复合，化、机、电一体化的发展趋势。

二、化工生产对化工设备的要求

化工生产过程复杂、工艺条件苛刻，介质大多易燃、易爆、有毒、腐蚀性强，加之生产装置大型化，生产过程具有连续性和自动化程度高等特点。因此要求化工设备既能安全可靠运行，又要满足工艺过程的要求，同时还应具有较高的技术经济指标及便于操作与维护等特点。

1. 安全性能要求

化工生产的特点要求化工设备具有足够的安全性能。为了保证化工设备的可靠运行，防止事故的发生，化工设备必须具有足够的强度、刚度、良好的韧性、耐蚀性和可靠的密封性。

强度是指载荷作用下材料抵抗永久变形和断裂的能力。化工设备及其零部件必须具有足够的强度，以保证安全运行。设备的安全性能与其所用材料的性能密切相关。

刚度是指设备在外力作用下，抵抗变形保持原有形状的能力。刚度与设备结构及尺寸有关，与金属材料的种类关系不大，强度足够的设备刚度不一定满足要求。刚度不足也是化工设备失效的主要形式之一，如在法兰连接中，若法兰刚度不足而发生过度变形，将会导致密封失效而泄漏。

韧性是指材料断裂前吸收变形能量的能力。由于原材料制造（特别是焊接）和使用（如疲劳、应力腐蚀）等方面的原因，化工设备通常都是通过焊接而成型，不可避免地存在各种各样的焊接缺陷，如裂纹、气孔、夹渣等，加之使用中产生的疲劳和应力腐蚀等，这就要求设备的材料具有良好的韧性。如果材料韧性差，就可能因其本身的缺陷或在波动载荷作用下发生脆性破断。

化工设备必须有可靠的密封性，否则易燃、易爆、有毒介质泄漏出来，不仅使生产和设备本身受到损失，而且威胁操作人员的安全，造成环境污染，还可能引起中毒、燃烧、爆炸，造成极其严重的后果。耐蚀性也是保证化工设备安全运行的一个基本要求，化工生产中的酸、碱、盐腐蚀性很强，其他许多介质也都有不同程度的腐蚀性，腐蚀不仅会导致设备壁减薄，最终会引起破坏，所以要选择合适的耐腐蚀材料或采取相应的防腐措施，以提高设备的使用寿命和运行安全性。

2. 工艺性能要求

化工设备是为化工工艺服务的，所以设备从结构形式和性能特点上应能满足指定的生产条件，完成指定的生产任务，首先应达到指定的工艺指标。如：反应设备的反应速度、换热设备的传热量、塔设备的传质效率、储存设备的存储容量等。其次还应有较高的生产效率和较低的资源消耗。化工设备的生产效率是用单位时间内单位体积（或面积）所完成的生产任务来衡量，如换热设备在单位时间内单位面积上的传热量，反应设备在单位时间单位容积内的产品数量等；资源消耗是指单位质量或体积产品所需要的资源（如原料、燃料、电能等），设计时应从工艺、结构等方面来考虑提高效率并降低能耗。

3. 经济合理性要求

在保证过程设备安全运行和满足工艺条件的前提下，要尽量做到经济合理。最大限度地降低有关费用。

4. 便于操作和维护

设备除了要满足工艺条件和考虑经济性能外，操作简单、便于维护和控制，也是一个非常重要的方面。

5. 环境保护要求

设备在设计时应考虑有害物质泄漏到环境中、生产过程残留的有害物质无法清除以及噪声等"环境失效"。必要时，应当在结构上增设有泄漏检测功能的装置，以满足环境保护的要求。

任务训练

一、填空

1. 化工生产条件苛刻主要表现在_____、_____、_____、_____、_____等方面。
2. 为了保证化工设备的可靠运行，防止事故的发生，化工设备必须具有足够的_____、_____、_____；良好的_____、_____和可靠的密封性。

二、判断
（   ）1. 化工生产中对化工设备的首要要求是满足工艺性能要求。
（   ）2. 化工设备的生产效率是用单位时间内单位体积（或面积）所完成的生产任务来衡量。
（   ）3. 化工设备通常都是通过焊接而成型，所以良好的韧性是化工设备材料必具性能之一。

任务三　压力容器结构与类型认知

任务描述

掌握压力容器的基本结构组成及其分类。

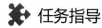

任务指导

一、压力容器定义

如前所述，化工生产中所使用的换热设备、反应设备、塔设备等化工设备，因服务对象不同，其作用各不相同，形状结构差异很大，尺寸大小千差万别，内部结构更是多种多样，但它们都有一个外壳，这个外壳我们称为化工容器。所以化工容器是化工生产中所用设备外壳的总称。

在化工生产中，介质通常具有或高或低的压力，化工容器通常要承受压力。根据《固定式压力容器安全技术监察规程》，同时满足下列条件的化工容器称为压力容器。

① 工作压力大于或者等于 0.1MPa。
② 容积大于或者等于 $0.03m^3$ 并且内直径（非圆形截面指截面内边界最大几何尺寸）大于或者等于 150mm。
③ 盛装介质为气体、液化气体以及介质最高工作温度高于或者等于其标准沸点的液体。

二、压力容器的基本结构

压力容器主要有圆筒形、球形和矩形三种形式。其中矩形容器由于承压能力差，多用作小型常压储槽；球形容器，由于制造上的原因，通常用作有一定压力的大中型储罐；而对于圆筒形容器，由于制造容易、安装内件方便、承压能力较好，故在工业中应用最为广泛。

薄壁圆筒形压力容器通常由钢板卷焊而成。一般由筒体、封头、支座、法兰、密封装置、安全附件与仪表、人孔、工艺接管等组成，如图 1-5 所示。

1. 筒体与封头

筒体与封头是构成容器空间的主要受压元件。根据其几何形状的不同，筒体可以分为圆筒形、圆锥形、球形、椭圆形、矩形等；而封头可以分为平盖形、碟形、半球形、球冠形、椭圆形、锥形封头等。

2. 支座

支座是用于支撑和固定设备的部件。根据压力容器结构形式的不同，常见的有立式容器支座、卧式容器支座和球形容器支座三种形式。其中立式容器支座中有：腿式支座、支承式支座、耳式支座和裙式支座；卧式容器支座有：支承式、鞍式和圈式支座，其中鞍式支座应用最多。而球形容器多采用柱式或裙式支座。支座形式的选用主要是根据容器的质量、结构、承受的载荷以及操作和维修要求来选定。

3. 安全附件与仪表

为了保证压力容器安全、稳定可靠地运行，往往需要在容器上设置一些安全附件与仪

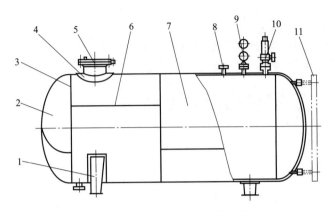

图 1-5 单层钢板压力容器结构
1—鞍式支座；2—封头；3—封头拼接环焊缝；4—补强圈；
5—人孔；6—筒体纵向拼接焊缝；
7—筒体；8—接管法兰；9—压力表；10—安全阀；11—液位计

表。压力容器安全附件包括：安全阀、爆破片装置、紧急切断装置、安全联锁装置等；仪表包括压力表、液位计、测温仪等。

4. 开孔与接管

压力容器中，由于工艺要求和检修及检测的需要，常在筒体或封头上开设各种尺寸的安装孔和工艺接管，如人孔（或手孔）、视镜孔、物料进出口接管，以及安装压力表、安全阀、液面计的接管等。

5. 密封装置

压力容器上需要有许多密封装置，如筒体与封头间的可拆连接处、容器接管与外管道的连接处、人孔及手孔的连接处等。密封装置避免介质发生泄漏以保证压力容器正常、安全可靠运行，连接处常采用法兰密封结构。

三、压力容器分类

压力容器分类的方法很多，可以根据其用途、壁厚、压力高低、安全管理等级、形状、制造的材料等来进行分类，可根据实际需要来定。

（一）按承压性质分类

可分为内压容器和外压容器两类。当容器内部压力大于外部压力时称为内压容器，反之则为外压容器。内压容器又可按设计压力大小分为：低压容器、中压容器、高压容器和超高压容器四个等级。

① 低压容器（代号 L）：$0.1\text{MPa} \leqslant p < 1.6\text{MPa}$。
② 中压容器（代号 M）：$1.6\text{MPa} \leqslant p < 10\text{MPa}$。
③ 高压容器（代号 H）：$10\text{MPa} \leqslant p < 100\text{MPa}$。
④ 超高压容器（代号 U）：$p \geqslant 100\text{MPa}$。

上述各式中的 p 为表压，且为容器的设计压力。外压容器中，当容器的内压小于一个绝对大气压（约 0.1MPa）时，称为真空容器。

（二）按在工艺过程中的作用分类

1. 反应压力容器（代号 R）

主要用于完成介质的物理、化学反应的压力容器。如各种反应器、反应釜、聚合釜、合成塔、变换炉、煤气发生炉等。

2. 换热压力容器（代号 E）

主要用于完成介质的热量交换的容器。如各种热交换器、冷却器、冷凝器、蒸发器等。

3. 分离压力容器（代号 S）

主要用于完成介质的流体压力平衡缓冲和气体净化分离的压力容器。如各种分离器、过滤器、集油器、洗涤器、吸收塔、缓冲器、铜洗塔、干燥塔、汽提塔、分汽缸、除氧器等。

4. 储存压力容器（代号 C，其中球罐代号 B）

主要用于储存或者盛装气体、液体、液化气体等介质的压力容器。如各种形式的储罐。

有时，在一种压力容器中，可能同时具备两个以上的工艺作用原理，则应当按其在工艺过程中的主要作用来划分种类。

（三）按相对壁厚分类

根据器壁厚度的不同又可将压力容器分为薄壁和厚壁容器，两者是按其外径 D_o 与内径 D_i 的比值大小来划分的。

① 薄壁容器：直径之比 $K=D_o/D_i \leqslant 1.2$ 的容器。
② 厚壁容器：直径之比 $K=D_o/D_i > 1.2$ 的容器。

按壁厚分类的意义主要是说明以上两类容器在进行设计计算时的理论依据和要求是不同的。薄壁容器，由于其壁厚相对于直径较小，其强度计算的理论基础是旋转薄壳理论和薄膜应力公式，由此确定的薄膜应力是两向应力，且沿壁厚均匀分布。而厚壁容器的强度理论基础是由弹性应力分析所得的拉美公式，由此计算得到的应力是三向应力，沿壁厚为非均匀分布，且比较准确地表征了器壁内应力的实际分布规律，中、低压容器一般为薄壁容器。

（四）按容器壁温分类

① 低温容器：设计温度 $t \leqslant -20℃$。
② 常温容器：设计温度 $-20℃ < t \leqslant 200℃$。
③ 中温容器：设计温度 $200℃ < t \leqslant 450℃$。
④ 高温容器：设计温度 $t > 450℃$。

（五）按制造方法分类

分为焊接容器、锻造容器、热套容器、多层包扎式容器、绕带式容器、组合容器等。

（六）按使用方式分类

分为固定式和移动式压力容器。

（七）按几何形状分类

分为圆筒形容器、球形容器、矩形容器等。

另外按制造材料可分为钢制容器、有色金属容器、非金属容器等。

（八）综合分类

为了更有效地实施科学管理和安全监察，我国 TSG 21—2016《固定式压力容器安全技术监察规程》（以下简称《固容规》）按设计压力（p）、容积（V）和介质危害性三个因素确定压力容器类别。根据危险程度的不同，划分为Ⅰ、Ⅱ、Ⅲ类，其中Ⅲ类容器要求最高。类别越高，设计、制造、检验、管理等方面的要求也就越严格。

1. 介质危害性

介质危害性指压力容器在生产过程中因事故致使介质与人体大量接触，发生爆炸或者因经常泄漏引起职业性慢性危害的严重程度，用介质毒性危害程度和爆炸危险程度表示。

（1）毒性介质

综合考虑急性毒性、最高容许浓度和职业性慢性危害等因素。极度危害最高容许浓度小于 $0.1mg/m^3$；高度危害最高容许浓度为 $0.1 \sim 1.0mg/m^3$；中度危害最高容许浓度为 $1.0 \sim 10.0mg/m^3$；轻度危害最高容许浓度大于或者等于 $10.0mg/m^3$。

（2）易爆介质

指气体或者液体的蒸气、薄雾与空气混合形成的爆炸混合物，并且其爆炸下限小于10%，或者爆炸上限和下限的差值大于或者等于20%的介质。

（3）介质毒性危害程度和爆炸危险程度的确定

按照 HG 20660—2017《压力容器中化学介质毒性危害和爆炸危险程度分类标准》确定。HG 20660—2017 没有规定的，由压力容器设计单位参照 GBZ 230—2010《职业性接触毒物危害程度分级》的原则，确定介质组别。

2. 介质分组

压力容器的介质分为两组。

第一组介质：毒性程度为极度危害或高度危害的化学介质、易爆介质、液化气体；

第二组介质：除第一组以外的介质。

3. 分类方法

(1) 基本划分

应当先根据介质特性按照以下要求选择分类图，再根据设计压力 p（单位 MPa）和容积 V（单位 m^3），标出坐标点，确定容器类别。

对于第一组介质，压力容器的类别划分见图 1-6。

对于第二组介质，压力容器的类别划分见图 1-7。

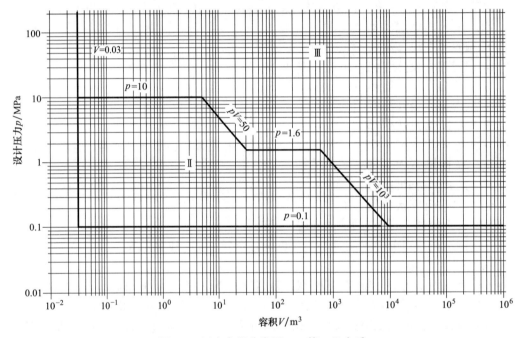

图 1-6 压力容器分类图——第一组介质

(2) 多腔压力容器分类

多腔压力容器（如热交换器的管程和壳程、夹套压力容器等）应当分别对各压力腔进行分类，划分时设计压力取本压力腔的设计压力，容积取本压力腔的几何容积；以各压力腔的最高类别作为该多腔压力容器的类别并且按照该类别进行使用管理，但是应当按照每个压力腔各自的类别分别提出设计、制造技术要求。

(3) 同腔多种介质压力容器分类

一个压力腔内有多种介质时，按照组别高的介质分类。

(4) 介质含量极小的压力容器分类

当某一危害性物质在介质中含量极小时，应当根据其危害程度及其含量综合考虑，按照压力容器设计单位确定的介质组别分类。

(5) 特殊情况的分类

坐标点位于图 1-6 或者图 1-7 的分类线上时，按照较高的类别划分；简单压力容器统一划分为第 I 类压力容器。

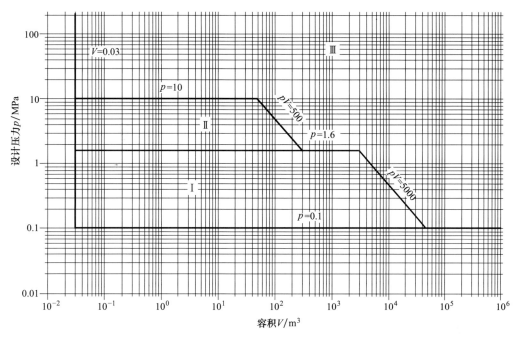

图 1-7 压力容器分类图——第二组介质

注：简单压力容器是指同时满足下列条件的压力容器：

① 压力容器由筒体和平盖、凸形封头（不包括球冠形封头），或者两个凸形封头组成。

② 筒体、封头和接管等主要受压元件的材料为碳素钢、奥氏体不锈钢或者 Q345R。

③ 设计压力小于或者等于 1.6MPa。

④ 容积小于或者等于 $1m^3$。

⑤ 工作压力与容积的乘积小于或者等于 $1MPa \cdot m^3$。

⑥ 介质为空气、氮气、二氧化碳、惰性气体、医用蒸馏水蒸发而成的蒸汽或者上述气（汽）体的混合气体；允许介质中含有不足以改变介质特性的油等成分，并且不影响介质与材料的相容性。

⑦ 设计温度大于或者等于－20℃，最高工作温度小于或者等于 150℃。

⑧ 非直接受火焰加热的焊接压力容器，当内直径小于或者等于 550mm 时允许采用平盖螺栓连接。

任务训练

一、填空

1. _____容器由于制造容易、安装内件方便、承压能力较好，故在工业中应用最为广泛。

2. 压力容器的结构通常由_____、_____、_____、_____、_____、安全附件、开孔及各种工艺接管等零部件组成。

3. _____与_____是构成容器空间的主要受压元件。

4. _____或_____的开设是为了满足工艺过程和检修的需要。

5.《固容规》中规定压力容器的压力不低于_____MPa。

6. 有一容器 D_i=1100mm，D_o=1400mm，操作压力为 20MPa，使用温度为 150℃，按壁厚此容器属于_____容器；按压力大小此容器属于_____容器；按使用温度此容器属于_____容器。

7. 按使用方式，压力容器可分为_____和_____压力容器。

8. 按工艺过程中的作用不同，压力容器可分为_____、_____、_____和_____四类。

二、判断

( ) 1. 压力容器危险性与介质的压力、容器容积大小以及介质的危害程度有关系。
( ) 2. 压力等于 11MPa 的压力容器,属于高压容器。
( ) 3. 化工容器按压力等级分为Ⅰ、Ⅱ及Ⅲ类。
( ) 4. Ⅰ、Ⅱ、Ⅲ类容器中,其中Ⅰ类设计制造要求最高。
( ) 5. 容器内部压力大于外部压力时称为内压容器。
( ) 6. 所有高压容器属于Ⅲ类压力容器。
( ) 7. 压力容器安全附件主要包括:安全阀、爆破片装置、紧急切断装置、安全联锁装置等;仪表包括压力表、液位计、测温仪等。

三、选择

1. 低温容器指设计温度小于或等于( )。
   A. 0℃   B. 20℃   C. −40℃   D. −20℃
2. 下列( )化工设备的代号是 E。
   A. 干燥器   B. 反应釜   C. 过滤器   D. 蒸发器
3. 压力容器的安全等级主要由工作压力、容积和( )几个方面决定。
   A. 介质   B. 结构   C. 制造方法   D. 材料种类
4. 设计压力为 16MPa 的压力容器属于( )。
   A. 低压容器   B. 中压容器   C. 高压容器   D. 超高压容器
5. 某容器设计压力为 0.6MPa,容积为 0.5L,内盛装介质性质为易燃、易爆,该压力容器属于( )。
   A. 第Ⅰ类   B. 第Ⅱ类   C. 第Ⅲ类

任务四　化工设备常用材料分析

任务描述

熟悉常用化工设备材料的性能、种类及选材原则。

任务指导

化工生产的条件苛刻,环境恶劣,它的生产特殊性对化工设备用材提出了更高的要求。不同化工生产工艺的要求不尽相同,如:压力从真空到高压甚至超高压、温度从深冷到高温,介质易燃、易爆、有腐蚀性、有毒甚至剧毒。不同的生产工艺条件对设备材料有不同的要求,例如:对于高温设备中的钢材在高温的长期作用下,材料的力学性能和金属组织都会发生明显的变化,加之承受一定的工作压力,因此在选材时必须考虑到材料的蠕变;对盛装具有腐蚀性介质的设备,则需要考虑材料的耐腐蚀情况;对于频繁开、停车的设备或可能受到冲击载荷作用的设备,还要考虑材料的疲劳等;对于低温条件下操作的设备,则需要考虑材料低温下的脆性断裂问题。因此,合理地选用材料、选用合格的材料是设计及制造化工设备的主要环节。为了保证压力容器安全可靠运行,TSG 21—2016《固定式压力容器安全监察规程》、GB 150.2—2011《压力容器第 2 部分:材料》、GB 713—2014《锅炉和压力容器用钢板》、GB 3531—2014《低温压力容器用钢板》等国家标准都对压力容器用钢作了比较系统的要求和规定。

一、金属材料的性能

在选用化工设备材料时,必须考虑材料的有关性能,使其与设备的设计、制造及使用要求相匹配。金属材料的性能可以分为两大类：工艺性能和使用性能。

（一）工艺性能

工艺性能又叫材料的制造性能，它是反映材料在加工制造过程中所表现出来的特性。对应不同的制造方法，工艺性能分为铸造性能、锻造性能、焊接性能和切削加工性能、热处理性能、冷弯性能等。材料的工艺性能直接影响着设备的制造成本。

（二）使用性能

使用性能反映材料在使用的过程中所表现出来的特性，包括物理性能、化学性能和力学性能。

1. 物理性能

材料所固有的属性，包括材料的导电、导热、密度、熔点、热膨胀性和磁性等。

2. 化学性能

指材料抵抗各种化学介质作用的能力，包括高温抗氧化性和耐腐蚀性等。

3. 力学性能

指材料在一定的温度和外力作用下，在变形和破坏方面所表现出来的性能，如强度、刚度、硬度、塑性、韧性、蠕变、疲劳等。化工设备及零部件在使用过程中都要承受一定外载荷的作用，因此，材料在外力作用下所表现出来的力学性能就显得格外重要，下面重点介绍金属材料的力学性能。金属材料的力学性能是通过各种力学试验得到的。

拉伸试验是确定材料性能的基本试验。试验时是以低碳钢材料为标准试件，如图1-8所示。

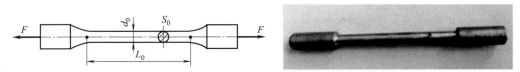

图1-8 低碳钢标准试件

图中d_0为试件直径（常用的$d_0=10\text{mm}$），L_0为试件工作段长度（也称为标距长度，分长、短试样，长试样$L_0=100\text{mm}$，短试样$L_0=50\text{mm}$），S_0为试件横截面积，F为拉力。由拉伸试验机拉伸试件，由附加仪器记录拉伸力F及其对应的试件标距间长度的绝对伸长量ΔL。以F为纵坐标，ΔL为横坐标，做出的F-ΔL曲线，称为拉伸图或F-ΔL曲线，如图1-9（a）所示。物体受到外力作用后其内部各部分之间产生了相互作用力，称为内力，单位面积上的内力称为应力，用R表示。为了消除试件几何尺寸的影响，将拉力F除以试件横截面原面积S_0，得试件横截面上的应力R，将绝对伸长量ΔL除以试件的标距L_0，得试件的应变ε，以ε和R分别为横坐标与纵坐标，绘制出与原拉伸图形状相似的应力-应变

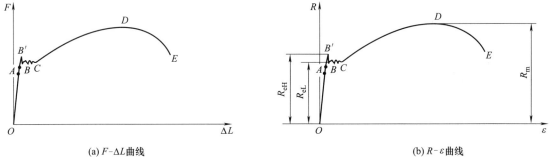

图1-9 低碳钢的F-ΔL和R-ε曲线

图或 R-ε 曲线,如图 1-9(b)所示。它表征了材料的应力与应变间的关系。

(1) 材料的弹性和刚度

由图 1-9(b)可见,试件从开始受力至被拉断,整个过程可分为四个阶段。在 OA 段内,如果停止加载,然后再卸载,则相应的变形也随之完全消失,试件恢复到原状,说明此阶段内只产生弹性变形,故 OA 段称为弹性阶段。在 OA 段内 R-ε 图为直线段,说明应力 R 与应变 ε 成正比例关系,即表示材料服从胡克定律:$R=E\varepsilon$,假设 OA 倾斜角为 α,则 $\tan\alpha=\dfrac{\sigma}{\varepsilon}=E$,式中的 E 称为拉伸或压缩时材料的弹性模量(单位 GPa),与材料的性质有关,它反映了材料抵抗变形的能力,即刚度。E 值越大,材料的刚度越大,越不容易发生弹性变形。几种材料在常温下的弹性模量见表 1-1。

表 1-1 几种材料在常温下的弹性模量 E 单位:GPa

材料	E/GPa	材料	E/GPa
碳素钢	200~210	铝合金	70~81
合金钢	186~206	木材(顺纹)	10~12
灰口铸铁	115~160	橡胶	0.1~1
铜及其合金	72.5~128	聚氯乙烯	0.03~0.1

(2) 材料的强度和塑性

强度是指材料抵抗塑性变形和断裂的能力。如果试件在外力作用下,发生了变形,但并未断裂,当外力消除后,变形也没有完全消失而是有一部分被永久地保留了下来,没有恢复而被永久性保留下来的那一部分变形称为塑性变形,材料能够产生塑性变形的性质称为材料的塑性。当应力超过弹性极限即图 1-9(b)中所对应的 A 点以后,R-ε 曲线上将出现一个锯齿形线段,这表明,应力在此阶段变化不大,而应变却明显增加,材料失去了对变形的抵抗能力,此阶段称为屈服阶段或流动阶段。屈服阶段所对应的应力有两个,分别为上屈服强度 R_{eH}(试样发生屈服而力首次下降前的最大应力)和下屈服强度 R_{eL}(在屈服期间,不计初始瞬时效应时的最小应力)。一般用 R_{eL} 表示材料的屈服强度。应力达到材料屈服点时,材料将产生显著的塑性变形,而零件的塑性变形将影响机器的正常工作,通常在工程中是不允许构件在塑性变形的情况下工作的。过了屈服阶段,曲线又逐渐上升,表示材料恢复了抵抗变形的能力。要使其继续变形,必须增加应力,这种现象称为材料的强化,图中 CD 段所对应的阶段称为强化阶段。强化阶段中的最高点 D 所对应的是材料所能承受的最大应力,称为抗拉强度极限,用 R_m 表示。抗拉强度是材料在断裂前所能承受的最大应力,R_m 越大,材料越不容易断裂。下屈服强度 R_{eL} 和抗拉强度 R_m 是衡量材料强度的两个重要指标。工程中,把 R_{eL} 作为退火、正火、调质状态的碳素钢、低合金结构钢等具有明显屈服现象塑性材料强度设计的依据;对于其他没有明显屈服现象的材料,如不锈钢、淬火状态的碳素钢及低合金钢等,则用规定塑性延伸强度 R_p,例如 $R_{p0.2}$(表示规定塑性伸长率为 0.2%时的应力)作为强度设计的依据;把 R_m 作为脆性材料构件强度设计的依据。

图 1-10 低碳钢的颈缩现象

在强化阶段,试件的变形基本上是均匀的。过 D 点后,变形集中在试件的某一局部范围内,横向尺寸急剧减少,形成颈缩现象,如图 1-10 所示。由于在颈缩部分横截面面积明显减小,使试件继续伸长所需要的拉力也相应减小,故在 R-ε 曲线中,应力由最高点下降到 E 点,最后试件在颈缩段被拉断。试件拉断后,材料残留着塑性变形,可用塑性指标即断后伸长率或断面收缩率来表示材料承受塑性变形的能力。

① 断后伸长率　即试件断后标距的残余伸长（$L_u - L_0$）与原始标距（L_0）之比的百分数，用 A 表示：

$$A = \frac{L_u - L_0}{L_0} \times 100\%$$

式中　L_0——试件标距的原长；
　　　L_u——试件断裂后标距长度。

② 断面收缩率　试件断裂后横截面积的最大缩减量（$S_0 - S_u$）与原始横截面积 S_0 之比的百分数，用 Z 表示：

$$Z = \frac{S_0 - S_u}{S_0} \times 100\%$$

塑性反映材料在外力作用下发生塑性变形而不破坏的能力。如果材料发生较大的塑性变形而不发生破坏，则称材料的塑性好。伸长率与断面收缩率值愈大，材料的塑性就愈好。工程上将 $A \geqslant 5\%$ 的材料称为塑性材料，如低碳钢、铝合金、青铜等均为常见的塑性材料。$A < 5\%$ 的材料称为脆性材料，如铸铁、高碳钢、混凝土等均为脆性材料。低碳钢的伸长率 $A \approx 20\% \sim 30\%$；断面收缩率 Z 约为 60%。

塑性指标在化工设备设计中具有重要意义，有良好的塑性才能进行成形加工，如弯卷和冲压等；良好的塑性性能可使设备在使用中产生塑性变形而避免发生突然的断裂。承受静载荷的容器及零件，其制作材料都应具有一定塑性，一般要求 $A = 10\% \sim 20\%$。

(3) 硬度

硬度是指金属材料对外界物体机械作用（如压陷、刻划）的局部抵抗能力，或者说是反映金属抵抗比它更硬的物体压入其表面的能力。它由采用不同的试验方法来表征不同的抵抗力。在工程技术中应用最多的是压入硬度，常用的指标有布氏硬度（HB，当压头为钢球时表示为 HBS，压头为硬质合金时，则表示为 HBW）、洛氏硬度（HRA、HRB、HRC）和维氏硬度（HV）等。

所得到的硬度值的大小实质上是表示金属表面抵抗压入物体（钢球或锥体）所引起局部塑性变形的抵抗力大小。一般情况下，硬度高的材料耐磨性能较好，而切削加工性能较差。

(4) 冲击韧性

冲击韧性是材料在冲击载荷作用下表现出来的力学性能指标，或指材料在冲击载荷作用下，抵抗破坏的能力。夏比摆锤冲击试验是一种常用的评定金属材料韧性指标的动态试验方法，如图 1-11 所示。在规定温度下，将 U 形或 V 形缺口标准试样置于试验机两支座之间，缺口背向打击面放置，以试验机举起的摆锤作一次冲击，使试样沿缺口冲断，用折断时摆锤重新升起高度差计算试样的吸收功，摆锤冲断试样所消耗的势能即为试样材料断裂所吸收的能量，称为冲击吸收能量 K（单位：J）。冲击吸收能量 K 是反映材料冲击韧性高低的指标。试验时采用的试样缺口有 U 形和 V 形两种，摆锤刀刃半径也有 2mm 和 8mm 两种，因此表示冲击韧性的指标有以下四个符号：

　　KU_2——U 形缺口试样　在刀刃半径为 2mm 摆锤冲断时吸收的能量；
　　KU_8——U 形缺口试样　在刀刃半径为 8mm 摆锤冲断时吸收的能量；
　　KV_2——V 形缺口试样　在刀刃半径为 2mm 摆锤冲断时吸收的能量；
　　KV_8——V 形缺口试样　在刀刃半径为 8mm 摆锤冲断时吸收的能量。

材料的冲击韧性随温度的降低而减小，当低于某一温度时冲击韧性会发生剧降，材料出现脆性，该温度称为脆性转变温度。对于低温工作的设备来说，其选材应注意韧性是否

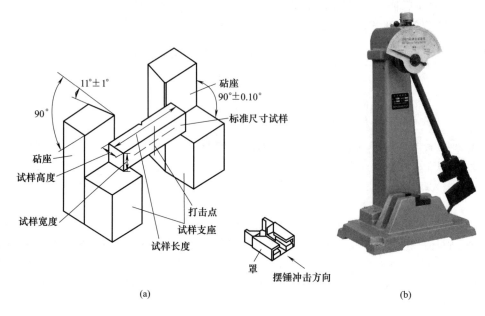

图 1-11 夏比摆锤冲击试验示意图

足够。

(5) 蠕变

金属材料在高于一定温度和一定应力作用下，即使应力小于屈服强度，也会随时间的增长而缓慢地产生塑性变形，这种现象称为蠕变，这种变形最后导致材料断裂称为蠕变断裂。

在化工设备中，很多零部件是长期在高温下工作的，必须考虑温度对其力学性能的影响。金属材料在高温长期工作时，在一定应力下，会随着时间的延长而缓慢地不断发生塑性变形，即"蠕变"现象。例如，高温高压蒸汽管道虽然其承受的应力远小于工作温度下材料的屈服点，但在长期使用中则会产生缓慢而连续的变形使管径日趋增大，最后可能导致破裂。各种金属材料的蠕变温度约为 $0.3T_m$（T_m 为热力学表示的金属熔点）。通常碳素钢超过 300～350℃，低合金钢超过 400～450℃，高合金钢超过 550℃时会有蠕变行为，对于一些低熔点金属如铅、锡等，在室温下就会发生蠕变。

(6) 疲劳

许多机械零件，如各种轴、齿轮、弹簧等，经常受到大小不同和方向变化的循环载荷作用，这种循环载荷常常会使材料在应力小于其强度极限，甚至小于其弹性极限的情况下，经一定循环次数后，并无显著的外观变形却发生断裂，这种现象叫做材料的疲劳。所谓"疲劳破坏"是指金属材料在小于屈服强度极限的循环载荷长期作用下发生破坏的现象。疲劳断裂与静载荷下断裂不同，无论在静载荷下显示脆性还是韧性的材料，在疲劳断裂时，都不产生明显的塑性变形，断裂是突然发生的，因此具有很大的危险性，常常造成严重的事故。金属材料在循环应力下，经受无限次循环而不发生破坏的最大应力称为"疲劳强度"。对于一般钢材，通常以经过 $10^6 \sim 10^7$ 次循环而不被破坏的应力作为疲劳强度极限。

二、化工设备常用金属材料

目前化工设备的金属用材主要是碳钢、合金钢、有色金属及其合金。压力容器及受压元件用钢有板材、管材、型材、锻件及铸件。

（一）钢板

压力容器的筒体大多是由钢板卷焊而成的，封头或球壳则是用钢板加热成型和热加工后再拼焊的方法制造的。按照 GB 150.1～GB 150.4—2011《压力容器（合订本）》中对材料的规定，压力容器可根据不同的工艺条件选用压力容器用碳素钢、合金钢和不锈钢等钢板。工程实际中常用钢板的厚度见表1-2。

表1-2 常用钢板的厚度　　　　　　　　　　　　　　　　　　单位：mm

2、3、4、(5)、6、8、10、12、14、16、18、20、22、25、28、30、32、34、36、38、40、42、46、50、55、60、65、70、75、80、85、90、95、100、105、110、115、120

注：5mm为不锈钢常用厚度。

1. 碳素钢的分类与牌号

碳钢是指含碳的质量分数小于2.11%的铁碳合金。

（1）按钢质量分类

碳钢中硫的存在会使钢产生热脆性，磷的存在会使钢产生冷脆性，因此一般认为硫、磷是碳钢中的有害杂质元素。根据碳钢中硫、磷杂质含量的高低，将碳钢分为普通和优质两种。

① 碳素结构钢（GB/T 700—2006） 这类钢属于普通碳钢。含磷量不大于0.045%，含硫量不大于0.05%，冶炼过程较简单，价格较低。钢的牌号由代表屈服强度的字母Q、屈服强度数值、质量等级符号、脱氧方法符号等4个部分按顺序组成。例如：Q235AF。

牌号中　Q——钢材屈服强度中"屈"字的汉语拼音首字母；

　　　　　A——质量等级，表示质量等级的符号分别有A、B、C、D，A级质量最低，D级最高；

　　　　　235——屈服强度值为235，单位MPa，屈服强度有四个级别，即：Q195、Q215、Q235、Q275；

　　　　　F——沸腾钢"沸"字汉语拼音首字母，炼钢的后期要脱氧，按脱氧方法不同，有沸腾钢（F）、镇静钢（Z）、特殊镇静钢（TZ），沸腾钢脱氧不完全，镇静钢脱氧较完全，特殊镇静钢脱氧完全，在牌号组成表示方法中，表示镇静钢的Z及特殊镇静钢的TZ通常省略不标。

② 优质碳素结构钢（GB/T 699—2015） 这类钢中硫、磷杂质质量分数较小，均小于0.035%，其冶炼工艺严格，组织均匀，质量较好，成本稍高。这类钢共有两类28个钢号，一类是普通含锰量的优质碳素钢，钢号有08、10、15、20、25、30、35、40、45、50、55、60、65、70、75、80、85等共17个；另一类是较高含锰量的优质碳素钢，钢号15Mn、20Mn、25Mn、30Mn、35Mn、40Mn、45Mn、50Mn、60Mn、65Mn、70Mn共11个。代表钢号的数字是钢中碳的平均质量分数的万分值。如20表示平均含碳量是0.2%。

（2）按钢中碳的质量分数分

按钢中碳的质量分数可分为低碳、中碳和高碳钢三类。

① 低碳钢。含碳量 $w_C \leqslant 0.25\%$，常用的钢号有10、15、20、25，这类钢塑性、韧性和焊接性较好，但强度、硬度不高，在化工设备中广泛应用。

② 中碳钢。含碳量 $0.25\% < w_C \leqslant 0.6\%$，具有良好的综合力学性能，但焊接性较差，不适宜制造化工设备，多用于制轴、齿轮、连杆等，常用的钢号有30、35、40、45等。其中45应用广。

③ 高碳钢。含碳量 $w_C > 0.6\%$，钢的强度和硬度均较高，塑性差，常用来制造弹簧、刃具等。常用牌号有：60、65、70等。

2. 低合金高强度结构钢（GB/T 1591—2018）

为了弥补碳钢强度低，使用温度范围窄，不耐蚀等缺点，在碳钢中加入少量的合金元素（如铌、钒、钛、铬、镍、铜、钼、铝等，合金质量分数在5%以内）而形成的钢种，称为低合金高强度结构钢。加入少量合金元素，并采取适当的工艺措施，可有效提高钢的强度、韧性、耐蚀性、耐低温性、耐热性等性能。

钢的牌号由代表屈服强度"屈"字的汉语拼音首字母Q、规定的最小上屈服强度数值、交货状态代号、质量等级符号（B、C、D、E、F）四个部分组成。如：Q355ND。

牌号中　Q——钢的屈服强度的"屈"字汉语拼音的首字母；
　　　　355——规定的最小上屈服强度数值，单位为MPa，根据强度不同共有Q355、Q360、Q390、Q420、Q500、Q550、Q620、Q690八个级别；
　　　　N——交货状态为正火或正火轧制；交货状态为热机械轧制，代号为M；交货状态为热轧时，代号为AR或WAR（通常可省略不标）；
　　　　D——质量等级为D级。

注1：Q+规定的最小上屈服强度数值+交货状态代号，简称为"钢级"（新标准中以Q355钢级替代了Q345钢级）。

注2：当需方要求钢板具有厚度方向性能时，则在上述规定的牌号后加上代表厚度方向（Z向）性能级别的符号，如：Q355NDZ25。

3. 高合金钢

化工设备中使用的高合金钢主要指不锈钢和耐热钢（GB/T 20878）。

（1）耐热钢

指在高温下具有良好的化学稳定性或较高强度的合金钢。

普通碳钢的机械强度在350℃以上有极大的下降，而在570℃以上又会发生显著的氧化，为了适应现代高温高压技术发展的需要，产生了耐热钢。化工设备上常用的耐热钢，按耐热要求的不同，可分为抗氧化钢和热强钢两类。抗氧化钢一般要求有较好的化学稳定性，能抗高温氧化，但强度并不高，抗氧化钢常用作直接着火但受力不大的零部件，如热裂解管、热交换器等。热强钢则要求有较高的高温强度、能抗蠕变，同时也有一定的抗氧化能力。常用作高温下受力的零部件，如加热炉管、再热蒸汽管等。提高钢的热稳定性的途径是在钢中加入铬、铝、硅等元素。这些合金元素在高温下能促使金属表面生成致密的氧化膜（Cr_2O_3、Al_2O_3、SiO_2），这层膜阻止了金属铁原子与高温腐蚀性气体的接触，从而提高了钢材耐高温气体腐蚀的能力。为了增加钢的高温强度，可在钢中溶入镍、锰、铝、铬、铌、钨、钒等元素。其中的镍或锰可使钢材保持为具有较高再结晶温度的奥氏体组织结构。而铝、钨、钒等元素均可和钢中的碳形成比碳化铁稳定的碳化物，这些碳化物分散度很大，硬度极高，从而延缓或阻止了蠕变的进行，使钢材获得较高的高温强度。

（2）不锈钢

是指以不锈、耐蚀性为主要特性，且铬质量分数至少为10.5%，碳质量分数最大不超过1.2%的钢。不锈钢中的主要合金元素是铬、镍、锰、钼、钛。不锈钢的耐蚀性主要来源于铬，铬使不锈钢生成一层致密而稳定的氧化膜，防止金属内部继续腐蚀。当铬的质量分数大于11.7%时，才能显著提高不锈钢的耐蚀性，且质量分数越高耐蚀性越好。但在不锈钢中存在的碳极易与铬生成碳化铬，致使不锈钢中的有效含铬量减少，使钢的耐蚀性降低，故不锈钢中的含碳量都是较低的。

耐热钢和不锈钢在使用范围上有交叉，一些不锈钢兼具耐热钢特性。既可用作不锈钢，同时也可作耐热钢使用。

(3) 高合金钢牌号

最初我国的不锈钢、耐热钢的牌号的表示方法是将含碳量的多少以数字列于牌号之首，后面依次写出所含合金元素的百分数。以数字表示平均含碳量的千分数，其中质量分数小于0.03%记为00；含碳量为0.03%~0.07%记为0；含碳量为0.08%~0.14%记为1或不写；含碳量为0.15%~0.24%记为2，其余类推。合金元素符号后的数字表示该合金元素质量分数的平均百分数。如0Cr18Ni9，表示含碳量约为0.07%，含铬量约为18%，含镍量约为9%。

2007年我国对原1991~1994年的数个不锈钢和耐热钢的牌号进行了修订（GB/T 20878—2007《不锈钢和耐热钢 牌号及化学成分》）。新标准参照了世界上最先进的标准，从编号到技术指标都有一些变化，以满足世界经济一体化要求。新标准的尺寸公差采用了国标标准，技术条件采用了美国材料协会的标准和欧洲标准，可以说新修订的标准已与世界最先进标准达到同等水平。此外，还用"统一数字代号"表示钢材的类别，一个钢号对应一个统一数字代号。

部分不锈钢碳质量分数及新旧牌号对照见表1-3。

表 1-3　部分不锈钢新旧牌号中碳质量分数表示方法

钢的含碳量/%	旧牌号	新牌号	统一数字代号
$w_C \leqslant 0.03\%$			
0.030	00Cr19Ni10	022Cr19Ni10	S30403
0.025	00Cr18Mo2	019Cr19Mo2NbTi	S11972
0.10	00Cr30Mo2	008Cr30Mo2	S13091
$0.03\% < w_C \leqslant 0.10\%$			
0.08	0Cr18Ni9	06Cr19Ni10	S30408
0.08	0Cr13	06Cr13	S41008
0.04~0.10	1Cr17Ni12Mo2	07Cr17Ni12Mo2	S31609
$0.10\% < w_C \leqslant 0.20\%$			
0.12	1Cr18Ni12	10Cr18Ni12	S30510
0.15	1Cr13	12Cr13	S41010
0.11~0.17	1Cr17Ni2	14Cr17Ni2	S43110
$w_C > 0.2\%$			
0.26~0.35	3Cr13	30Cr13	S42030
0.60~0.75	7Cr17	68Cr17	S41070
0.90~1.00	9Cr18	95Cr18	S44090

对表1-3进行分析可以发现，新牌号除了在碳质量分数表示方法上发生了变化（新牌号前的碳质量分数可认为是含碳量的万分数）外，合金元素后面的数字也有变化，个别的合金元素成分也有变化。如0Cr18Ni9的新牌号改成了06Cr19Ni10；00Cr18Mo2的新牌号改成了019Cr19Mo2NbTi。

(4) 耐热钢与不锈钢的应用

部分不锈钢、耐热钢钢板牌号及应用见表1-4。

表 1-4　部分不锈钢、耐热钢钢板牌号及应用

统一数字代号	新牌号	旧牌号	适用温度范围及其主要用途
S30408	06Cr19Ni10	0Cr18Ni9	常称为304不锈钢，是应用最为广泛的一种铬-镍不锈钢。具有良好的耐蚀性、耐热性，低温强度和机械特性；冲压、弯曲等热加工性好，无热处理硬化现象（使用温度-196~800℃）。在大气中耐腐蚀。具有良好的加工性能和可焊性。适用于板式换热器、家庭用品(1、2类餐具、橱柜、室内管线、热水器、锅炉、浴缸)、医疗器具、食品工业等。是国家认可的食品级不锈钢

(续)

统一数字代号	新牌号	旧牌号	适用温度范围及其主要用途
S30403	022Cr19Ni10	00Cr19Ni10	又常称为304L不锈钢,是在304基础上,通过降低碳和稍许提高含镍量的超低碳型奥氏体不锈钢。与304不锈钢相比较,强度稍低,但焊接性能更好。用于制造化工、石油等工业中焊接后不进行热处理的设备、液体冷凝、储缸、容器等
S30409	07Cr19Ni10		07Cr19Ni10是国标的新标准牌号,常称为304H不锈钢,304H是304不锈钢的衍生牌号,将碳质量分数提高到0.10%,增加304不锈钢的强度,并使奥氏体更加稳定,比304不锈钢更适于在低温环境和无磁部件方面使用
S32168	06Cr18Ni11Ti	0Cr18Ni10Ti	有较好的热强性和持久断裂塑性。跟304不锈钢相比,增添了Ti元素来防止晶间腐蚀。适用于石油化工热交换器,耐蚀耐热构件,大型锅炉的过热器、再热器等。适用温度为430~900℃
S31608	06Cr17Ni12Mo2	0Cr17Ni12Mo2	常称为316不锈钢,由于钢中含钼,其耐蚀性能优于304不锈钢,能耐氯化物侵蚀,具有良好的焊接性能,可采用所有标准的焊接方法进行焊接,抗氧化温度不低于870℃。通常用于海洋环境、纸浆和造纸用设备、热交换器等
S31603	022Cr17Ni12Mo2	00Cr17Ni14Mo2	常称为316L不锈钢,为超低碳不锈钢,耐蚀性能优于316不锈钢,常用于对抗晶间腐蚀性有特别要求的产品
S11348	06Cr13Al	0Cr13Al	适用温度范围为700~800℃,常用于制造锅炉、汽轮机、动力机械、工业炉和航空、石油化工等工业部门中在高温下工作的零部件。这些部件除要求高温强度和抗高温氧化腐蚀外,根据用途不同还要求有足够的韧性、良好的可加工性和焊接性,以及一定的组织稳定性

4. 锅炉和压力容器用钢(GB 713—2014)

(1) 牌号表示方法

碳素钢和低合金高强度钢的牌号用屈服强度值和"屈"字、压力容器"容"字的汉语拼音首字母表示。主要牌号有:Q245R、Q345R、Q370R、Q420R。

钼钢、铬-钼钢的牌号,用平均含碳量和合金元素字母,压力容器"容"字的汉语拼音首字母表示。例如:15CrMoR。

(2) 压力容器用钢的特殊要求

压力容器对钢材的要求主要取决于它的用途和工作环境。随着压力容器的用途和工作环境不同,对钢材性能的要求也各不相同。但由于压力容器的制造要求及工作时的承压特点,压力容器对钢材的基本要求是:较高的强度,良好的焊接性和冲击韧性。因此,压力容器用钢和普通结构钢的要求在成分、力学性能、质量检验等各方面都不相同。下面对Q420R与Q420NE进行比较(表1-5)。

表1-5 Q420R与Q420NE部分化学成分及力学性能比较

钢号	标准	交货状态	钢板厚度/mm	化学成分(质量分数)/%		强度极限 R_m/MPa	试验温度下冲击吸收能量	
				P	S		温度/℃	KV_2/J
Q420R	GB 713—2014《锅炉和压力容器用钢板》	正火	10~20	≤0.02	≤0.01	590~720	-20	60
			20~30			570~700		
Q420NE	GB/T 1591—2018《低合金高强度结构钢》	正火	≤100	≤0.025	≤0.02	520~680	-20	纵 47
								横 27

从表中可知，Q420R 的 P、S 含量比 Q420NE 要低，强度极限（R_m）、冲击吸收能量（KV_2）比 Q420NE 要高。

压力容器用钢和普通结构钢相比差别主要体现在两点：在力学性能方面主要体现在压力容器用钢对韧性的要求要高于普通结构钢；在化学成分、力学性能的质量稳定性方面，压力容器用钢也优于普通结构钢。TSG 21—2016《固定式压力容器安全技术监察规程》对压力容器用金属材料的熔炼方法、化学成分、力学性能等都作了详细的规定。

5. Q235 系列钢板用于压力容器

Q235 碳素结构钢不是压力容器的专用钢材，但其中的 Q235B、Q235C 两种钢板允许在规定的压力、温度和介质条件下并限定在一定厚度范围内可以作为压力容器壳体材料。其使用范围如表 1-6 所示。

表 1-6 碳素钢钢板用于压力容器时的使用范围

限制项目	钢号	
	Q235B	Q235C
容器设计压力/MPa	≤1.6	
容器使用温度/℃	20~300	0~300
用于壳体的钢板厚度/mm	≤16	
用于其他受压元件的钢板厚度/mm	≤30	≤40
盛装介质	不得盛装介质毒性为极度、高度危害的介质	

注：1. 钢的化学成分应符合 GB/T 700—2006 规定，其中 w_p≤0.035%，w_s≤0.035%。

2. 厚度大于等于 6mm 的钢板应进行冲击试验，试验结果应符合 GB/T 700—2006 规定。对于使用温度低于 0~20℃、厚度等于或大于 6mm 的 Q235C 钢板，容器制造单位应附加进行横向试样的 0℃冲击试验，3 个标准冲击试样的冲击功平均值 KV_2≥27J。

3. 钢板应进行冷弯试验，合格标准按 GB/T 700—2006 的规定。

6. 低温压力容器用钢板

通常把设计温度小于或等于−20℃时使用的压力容器用钢称为低温用钢。石油化工等行业大量使用液化天然气、液氧、液氨等，为了生产、储存、运输和使用这些液化气体，需要大量的低温容器。低温容器用钢的基本性能要求主要是：低温下具有足够的强度、充分的韧性、良好的耐蚀性、良好的焊接性和冷热加工性。低温下使用的压力容器、最需要防止发生脆性断裂。因此，低温韧性是低温钢很重要的性能指标，包括低温冲击韧性和韧脆转变温度。低温钢的低温冲击韧性越高，韧脆转变温度越低，则其低温韧性越好。为适应工业技术发展的需要，我国颁布了 GB 3531—2014《低温压力容器用钢板》等国家和行业标准。

低温压力容器用钢的牌号用平均碳含量、合金元素字母、低温压力容器"低"和"容"的汉语拼音的首字母表示。例如：16MnDR。

GB/T 150《压力容器》推荐的低温压力容器用钢号有 16MnDR、15MnNiDR、15MnNiNbDR、09MnNiDR、08Ni3DR、06Ni9DR、07MnNiVDR、07MnNiMoDR 八个品种。GB 3531—2014《低温压力容器用钢板》规定的钢号只有前六个品种。

（二）钢管

钢管分为有缝的焊接钢管和热轧或冷拔的无缝钢管两类。

1. 有缝的焊接钢管

GB/T 3091—2015《低压流体输送用焊接钢管》为现用的标准，它适用于输送水、空气、取暖蒸气和燃气等低压流体。其材质一般采用低碳钢，代表材质为 Q235A。输送低压腐蚀性介质时，用不锈钢焊接钢管，标准是 GB/T 12771—2019《流体输送用不锈钢焊接钢管》。代表材质为 06Cr13、06Cr19Ni9、022Cr19Ni10、022Cr18Ti10 等。

2. 无缝钢管

无缝钢管有冷拔管和热轧管，前者直径和壁厚均较小，材料大多是用 10、20 等优质碳素钢，当然也可以采用合金钢。无缝钢管广泛用于压力容器和化工设备中。无缝钢管有多个标准，常用的有：GB/T 8163—2018《流体输送用无缝钢管》；GB 6479—2013《高压化肥设备用无缝钢管》；GB/T 9948—2013《石油裂化用无缝钢管》；GB/T 13296—2013《锅炉、热交换器用不锈钢无缝钢管》和 GB/T 14976—2012《流体输送用不锈钢无缝钢管》5 个。每个标准规定有所使用的钢管的材质、尺寸、外径和壁厚的允许偏差、制造方法、检验项目和要求等。在化工设备设计图样中所使用的无缝钢管（包括做筒体用）都必须注明钢管的标准号，容器制造厂要按标准要求验收所购钢管。

三、化工设备常用非金属材料

非金属材料具有优良的耐蚀性，原料来源丰富，品种多样，适合于因地制宜，就地取材，是一种有着广阔发展前景的化工材料。非金属材料既可以用作单独的结构材料，又能作金属设备的保护衬里、涂层，还可作设备的密封材料、保温材料和耐火材料。

应用非金属材料作化工设备，除要求有良好的耐蚀性外，还应有足够的强度、渗透性、孔隙及吸水性要小，热稳定性好，加工制造容易，成本低以及来源丰富。

非金属材料分为无机非金属材料（主要包括陶瓷、搪瓷、岩石、玻璃等）及有机非金属材料（主要包括塑料、涂料、橡胶等）及复合材料（玻璃钢、不透性石墨等）。

1. 化工陶瓷

陶瓷是一类无机非金属材料。它是人类制造和使用最早的材料之一。随着生产和科学技术的发展，陶瓷的使用范围已逐步扩大，特别是近几十年来陶瓷发展迅速。陶瓷性能硬而脆，耐介质腐蚀。陶瓷的种类很多，按原料和用途分为两大类。

（1）普通陶瓷

用黏土、长石和石英等天然硅酸盐为原料经粉碎、制坯成形和烧结制成普通陶瓷。具有优异的耐蚀性（除氢氟酸和浓热碱外）。主要缺点：质脆，机械强度不高和耐冷热急变性差。

（2）特种陶瓷

采用纯度较高的氧化物、碳化物、氮化物、氟化物等人工化合物为原料制成。它们具有特殊的力学、物理、化学性能。如氮化硅瓷（Si_3N_4）和氮化硼瓷（BN）有接近金刚石的硬度，是比硬质合金更优良的刀具材料，因为它们不但在室温下不氧化，而且在 1000℃ 以上的高温也不氧化，仍能保持很高的硬度；氧化铝（刚玉，Al_2O_3）可耐 1700℃ 高温，能制成耐高温的坩埚。

化工陶瓷广泛用于石油、化工、制药、食品等工业。如填料塔中作填料（图 1-12），如拉西环等，硫酸储槽内表面粘贴的瓷板、泵、阀门、管道、管件等。

2. 化工搪瓷

化工搪瓷由含硅量高的玻璃瓷釉喷涂在钢板或铸铁表面，经 900℃ 左右的高温煅烧，使瓷釉密着在金属表面而成。化工搪瓷设备兼具金属设备的力学性能和瓷釉的耐蚀性双重优点，除了氢氟酸和含氟离子的介质以及高温磷酸或强碱外，能耐各种浓度的无机酸、有机酸、盐类、有机溶剂和弱碱的腐蚀，表面光滑易清洗，并有防止金属离子化学反应干扰和沾污产品的作用，但比基体金属材料脆，不耐冲击。广泛应用于石油、化工、医药生产中，常见于反应釜（图 1-13）、管路及阀门等。

图 1-12 陶瓷填料

图 1-13 搪瓷反应釜

3. 玻璃

玻璃有耐蚀性、清洁、透明、阻力小、价格低等特点，但质脆、耐冷热急变性差，不耐冲击和振动。化工用的玻璃不是一般的钠钙玻璃，而是硼玻璃或高铝玻璃，它们有很好的热稳定性和耐蚀性。在化工生产中可用作管道、管件、隔膜阀、视镜、液面计（图 1-14）等。

4. 不透性石墨

石墨材料包括天然石墨和人造石墨两类。天然石墨矿物杂质含量大，不易精选，可作为表面涂料和胶体润滑剂等。不透性石墨以一般人造石墨制品为基体，浸渍树脂填充基体中孔隙而成，或以石墨粉加树脂为黏结剂，压制或浇注成型，也称塑料石墨。不透性石墨具有耐蚀性优越、导热性好、线胀系数小、耐热冲击性强、加工性能好等特点，但强度低、性脆。常用于化工设备，如块、管式和径向式石墨热交换器（图 1-15）。

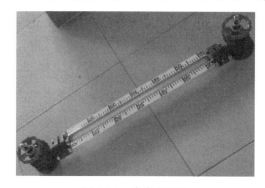

图 1-14 玻璃液面计

图 1-15 石墨热交换器

5. 塑料

塑料是以高分子合成树脂为主要原料，在一定的温度、压力条件下塑制而成的型材或产品。塑料的主要成分是树脂，它是决定塑料性质的主要因素。除树脂外，为了满足各种应用领域的要求，往往加入添加剂以改善产品性能。在工业生产中广泛应用的塑料即为"工程塑料"。塑料的品种很多，根据受热后的变化和性能的不同，可分为热塑性塑料和热固性塑料两大类。热塑性塑料的特点是遇热软化或熔融，冷却后又变硬，这一过程可反复多次。典型产品有聚氯乙烯、聚乙烯等。热固性塑料的特点是在一定温度下，经过一定时间加热或加入固化剂即可固化，质地坚硬，既不溶于溶剂，也不能用加热的方法使之再软化，典型的产品有酚醛树脂、氨基树脂等。由于工程塑料一般具有良好的耐蚀性能、一定的机械强度、良好的加工性能和电绝缘性能，价格较低，因此广泛应用在化工生产中。常用的有以下几种。

（1）聚氯乙烯（PVC）

硬质聚氯乙烯强度高，绝缘性能好，耐酸碱能力强，使用温度为 $-15\sim55℃$，主要用作化工设备衬里及制作贮槽、离心泵、阀门等。软质聚氯乙烯强度较低，但伸长率较大，电绝缘性能好，使用温度为 $-15\sim55℃$，主要用作电缆、电线的绝缘包皮、农膜及日用品等。

（2）聚乙烯（PE）

高压聚乙烯质轻，化学稳定性好，有良好的高频绝缘性、柔软性、耐冲击性和透明性，适宜吹塑成薄膜、软管等用于食品和药品包装，也可用于电缆护套和通信绝缘。低压聚乙烯质地坚硬，有良好的耐磨性、耐蚀性和电绝缘性，但是耐热性差。适于制作塑料板、塑料绳，承受小载荷的齿轮、轴承等。

（3）聚丙烯（PP）

强度、刚度、硬度、耐热性均优于聚乙烯，有较高的抗弯曲疲劳强度，可在 $100℃$ 左右使用。具有良好的电性能和高频绝缘性，不受温度影响。但低温时变脆、不耐磨、易老化。适于制作一般机械零件、耐腐蚀零件和绝缘零件。

（4）聚四氟乙烯（F-4）

亦称塑料王。耐蚀性极好；良好的耐老化性及电绝缘性；优异的耐高、低温性能，可在 $-180\sim250℃$ 长期使用；摩擦系数很小，有自润滑性。主要用作减摩耐磨性密封件、绝缘件和耐蚀件，如填料、垫片、泵、阀零件和高频电缆等。

6. 涂料

涂料是一种高分子胶体的混合物溶液，涂在物体表面，能形成一层附着牢固的涂膜，用来保护物体免遭大气腐蚀及酸、碱等介质的腐蚀。大多数情况下用于涂刷设备、管道的外表面，也常用于设备内壁的防腐涂层。采用防腐涂层的特点是：品种多，选择范围广、适应性强、使用方便、价格低、适于现场施工等。常用的防腐涂料有：防锈漆、底漆、大漆、酚醛树脂漆、环氧树脂漆以及某些塑料涂料，如聚乙烯涂料、聚氯乙烯涂料等。

涂料常采用静电喷涂方法喷涂在零件表面上。这种方法是借助于高压电场的作用，使喷枪喷出的漆雾化并带电，通过静电引力而沉积在带异电的零件表面上。用该方法涂料利用率高，容易进行机械化、自动化的大型生产，减少溶剂和涂料的挥发和飞溅，涂膜质量稳定。缺点是因零件形状不同、电场强弱不同造成涂层不够均匀，流平性差。

四、化工设备及压力容器选材的原则

化工设备及压力容器设计的首要问题是选材，选材不当，不仅会增加总成本，而且可能会导致事故发生。选材时应综合考虑设备的使用和操作条件，材料的制造加工工艺性，设备的使用功能，材料的来源与价格等，同时选材的质量和规格还必须符合 GB 150 等现行的压力容器标准与规范。

1. 考虑设备使用和操作条件

使用和操作条件主要是指操作压力、操作温度、介质特性等。选用材料时，首先要考虑使用和操作条件对设备的影响，例如对一台操作压力很高的设备，选用高强度钢可相应减小壁厚，减少制造难度，同时注意强度与韧性的匹配，在满足强度要求的前提下，尽量选用塑性和韧性较好的材料；对于高温、有氢介质作用的设备，选材时除考虑满足高温下的热强性（考虑蠕变和持久性极限）和抗高温氧化性能外，还要考虑抗氢腐蚀及氢脆性能，通常应选用抗氢腐蚀的钢材，如 15CrMnR 等；对于工作温度低于或等于 $-20℃$ 的环境，应考虑钢材的低温脆性及低温时的冲击韧性，应选用低温专用钢，如 16MnDR；介质无腐蚀性时，可根据温度、压力等情况合理选用 Q235B、Q235C 及 Q245R，有弱腐蚀性可选用低合金高强度钢，如 Q345R，有强腐蚀性，则必须选用不锈钢。

2. 考虑材料的制造加工工艺性

由于压力容器绝大多数采用焊接成型，同时制造中避免不了要进行冷（热）卷、冷（热）冲等加工。因此，在满足操作条件的基础上，应尽量选择具有良好的塑性、焊接工艺性及冷热加工成型性的钢材，并保证伸长率 A 在 15%～20% 以上。

3. 考虑设备的使用功能

如对换热设备，所选材料不仅要考虑介质的压力、温度、腐蚀性等，还应考虑有良好的导热性能；对压力容器支座，主要功能是支撑和固定设备，属非受压元件，且不与介质接触，所以，可以考虑选用一般的钢材，如普通碳素钢中的 Q235A、Q235B 等。

4. 考虑材料的来源与价格

选用材料应考虑有较多的生产厂家，供货应比较方便，并有成功的材料使用实例。另外，还要分析影响材料价格的因素，选用材料的性价比应较高。在必须使用不锈钢及其他贵重合金材料时，如厚度较厚可采用以碳素钢或低合金钢为基层的复合钢板或金属衬里，经济性更显著。

任务训练

一、填空

1. 材料的性能可以分为_____性能和_____性能两类。
2. _____是指材料在外力作用下，在变形和破坏方面所表现出来的性能。
3. 强度是指_____。
4. 可用塑性指标_____和_____来表示材料承受塑性变形的能力。
5. _____是指金属材料对外界物体机械作用（如压陷、刻划）的局部抵抗能力。
6. 非金属材料分为_____（主要包括陶瓷、搪瓷、岩石、玻璃等）及_____（主要包括塑料、涂料、橡胶等）及_____（玻璃钢、不透性石墨等）。

二、判断

（　）1. 含碳量 $\omega_C \leqslant 0.35\%$ 属低碳钢。
（　）2. Q235A 或 Q235B 钢板可用于高度危害介质的压力容器的制造。
（　）3. 金属材料在高温下长期工作时，在一定应力下，会随着时间的延长缓慢地不断发生塑性变形，即"蠕变"现象。
（　）4. 当 Cr 的质量分数大于 11.7% 时，才能显著提高不锈钢的耐蚀性，且质量分数越高耐蚀性越好。
（　）5. 不锈钢中存在的碳极易与铬生成碳化铬，致使不锈钢中的有效含铬量减少，使钢的耐蚀性降低，故不锈钢中的含碳量都是较低的。
（　）6. 钢材最主要的有害元素是 P、S 和 Cr 元素。
（　）7. 碳素钢和低合金高强度钢的牌号用屈服强度值和"屈"字、压力容器"容"字的汉语拼音首字母表示，如：Q245R、Q345R 等。
（　）8. 通常把设计温度小于或等于 −20℃ 使用的压力容器用钢称为低温用钢。

三、选择

1. 合金结构钢的牌号是由含碳量＋合金元素符号＋（　　）三部分组成。
A. 合金千分量　　B. 质量等级　　C. 合金百分量　　D. 屈服强度比

2. 20 钢中的 20 表示钢中平均含碳量为（　　）。
A. 20%　　B. 0.2%　　C. 2.0%　　D. 0.02%

3. 碳素结构钢 Q235AF 中的 F 表示（　　）。
A. 屈服强度　　B. 化学成分　　C. 质量等级　　D. 脱氧方法

4. 化工设备一般都采用塑性材料制成，其所受的应力一般都应小于材料的（　　），否则会产生明显的塑性变形。

　　A. 比例极限　　　B. 弹性极限　　　C. 屈服极限　　　D. 强度极限

5. 下列材料牌号中，属于中碳钢的是（　　）。

　　A. 20　　　　　B. 45　　　　　C. 65Mn　　　　D. GCr15

任务五　化工设备及压力容器常用标准规范认知

任务描述

掌握化工设备及压力容器常用的标准及规范。

任务指导

化工生产的特点决定了化工设备安全的重要性，为确保其安全运行，在设计、制造、安装、使用、检验等方面，世界许多国家都制定了适合本国国情的标准规范，如美国的《ASME 锅炉及压力容器规范》，日本的 JIS B 8270《压力容器（基础标准）》，德国的《AD 压力容器标准》等。中国先后也制定了一系列配套的标准规范，如 GB 150.1～GB 150.4—2011《压力容器（合订本）》、TSG 21—2016《固定式压力容器安全技术监察规程》、GB/T 151—2014《热交换器》、GB 12337—2014《钢制球形储罐》、GB/T 25198—2010《压力容器封头》、GB 713—2014《锅炉和压力容器用钢板》、NB/T 47041—2014《塔式容器标准释义与算例》等。下面简单介绍几个国内外重要的标准规范。

一、ASME（American society of mechanical engineers）规范

美国的《ASME 锅炉及压力容器规范》是国外最具代表性的压力容器规范，从 1915 年正式公布第一部《锅炉制造规则》开始，至今已发展成共 11 卷、20 多个分册的一个完整标准体系。其中包括锅炉、压力容器、核动力装置、焊接、材料、无损检测以及锅炉和压力容器质量保证方面的内容。该规范篇幅庞大、内容丰富，其中与化工设备密切相关的有：第Ⅱ卷材料、第Ⅴ卷无损检测、第Ⅷ卷压力容器建造规则、第Ⅸ卷焊接及钎焊评定、第Ⅹ卷纤维增强塑料压力容器。ASME 规范因其修订及时（每年增补一次，三年出一新版），能迅速反映世界压力容器的最新科学技术而成为世界上影响最大的一部规范。

二、GB 150.1～GB 150.4—2011《压力容器（合订本）》

GB 150.1～GB 150.4—2011《压力容器（合订本）》是一系列标准的组合，规定了压力容器建造的基本要求、典型受压元件的设计计算方法和制造、检验与验收的要求。标准分为四个部分：GB 150.1《压力容器》为第 1 部分：通用要求；GB 150.2《压力容器》为第 2 部分：材料；GB 150.3《压力容器》为第 3 部分：设计；GB 150.4《压力容器》为第 4 部分：制造、检验和验收。

1. GB 150.1—2011《压力容器》第 1 部分：通用要求

本部分由四章正文和六个规范性附录构成。本部分规定了金属制压力容器材料、设计、制造、检验和验收的通用要求，规定了 GB 150.1～GB 150.4—2011 标准适用的范围：

GB 150.1～GB 150.4—2011《压力容器（合订本）》适用的设计压力不大于 35MPa，设计温度范围为 −269～900℃。并且规定下列容器不属于其适用范围：设计压力低于 0.1MPa

且真空度低于0.02MPa的容器；《移动式压力容器安全监察规程》管辖的容器；旋转或往复运动的机械设备（如泵、压缩机、涡轮机、液压缸等）中自成整体或作为部件的受压器室；核能装置中存在中子损伤失效风险的容器；直接火焰加热的容器；内直径（对非圆形截面，指宽度、高度或对角线，如矩形为对角线，椭圆为长轴）小于150mm的容器；搪玻璃容器和制冷空调中另有国家标准或行业标准的容器。

2. GB 150.2—2011《压力容器》第2部分：材料

本部分由七章正文、两个规范性附录和两个资料性附录构成。本部分规定了压力容器受压元件用钢材允许使用的钢号及其标准，钢材的附加技术要求，钢材的使用范围（温度和压力）和许用应力。

3. GB 150.3—2011《压力容器》第3部分：设计

本部分由七章正文、三个规范性附录和两个资料性附录构成。本部分适用于内压圆筒和内压球壳、外压圆筒和外压球壳、封头、开孔和开孔补强以及法兰的设计计算。本部分规定了压力容器基本受压元件的设计要求，给出了非圆形截面容器（规范性附录A）、钢带错绕筒体（规范性附录B）、常用密封结构（资料性附录C）和焊接接头结构（资料性附录D）的基本设计要求，本部分还给出了关于低温压力容器的基本设计要求（规范性附录E）。

4. GB 150.4—2011《压力容器》第4部分：制造、检验和验收

本部分由十三章正文构成。本部分规定了GB/T 150适用范围内的钢制压力容器的制造、检验与验收要求。

三、GB/T 151—2014《热交换器》

本标准规定了金属制热交换器的通用要求，并规定了管壳式热交换器材料、设计、制造、检验、验收及其安装、使用的要求。本标准是由全国锅炉压力容器标准化技术委员会制定，国家质量技术监督局颁布实施的。

本标准分正文和附录两个部分。正文包括通用要求、材料、结构设计、设计计算、制造、检验与验收、安装、操作和维护等。附录包括标准的符合性声明及修订、管壳式热交换器传热计算、流体诱发振动、常见流体的物理性质数据、污垢热阻、金属热导率、换热管特性表、换热管与管板焊接接头的焊缝形式、管板与管箱、壳体的焊接连接、壳体和管束的进口或出口面积计算、波纹换热管热交换器的管板、拉撑管板、挠性管板。

本标准的通用要求适用于管壳式热交换器及其他结构形式热交换器，本标准的所有内容适用于管壳式热交换器。

本标准适用的设计压力：管壳式热交换器的设计压力不大于35MPa；其他结构形式热交换器的设计压力按相应引用标准确定。

本标准适用的设计温度：钢材不得超过GB 150.2—2011列入材料的允许使用温度范围；其他金属材料按相应引用标准中列入材料的允许使用温度确定。

本标准中管壳式热交换器适用的公称直径不大于4000mm，设计压力（MPa）与公称直径（mm）的乘积不大于2.7×10^4。但超出这个范围的管壳式热交换器，也可参照本标准进行建造。本标准不适用于下列热交换器。

① 直接火焰加热的热交换器；
② 烟道式余（废）热锅炉；
③ 核能装置中存在中子辐射损伤失效风险的热交换器；
④ 非金属制热交换器；
⑤ 制冷空调行业中另有国家标准或行业标准的热交换器。

四、TSG 21—2016《固定式压力容器安全技术监察规程》

《固定式压力容器安全技术监察规程》简称《固容规》，是特种设备安全技术规范，由中华人民共和国国家质量监督检验检疫总局颁布，是我国压力容器质量保证体系和安全监督的重要法规，对压力容器的安全可靠运行起监察和监督作用，任何从事压力容器设计、制造、安装、改造、使用、检验检测、维修的单位都必须贯彻执行。内容包括九章正文：总则、材料、设计、制造、安装、改造与维修、使用管理、定期检验、安全附件及仪表。此外还包括：固定式压力容器分类、压力容器产品合格证、压力容器产品铭牌、特种设备代码编号方法、特种设备监督检验联络单、特种设备监督检验意见通知书、特种设备监督检验证书（样式）、压力容器年度检查报告、压力容器定期检验报告和特种设备定期检验意见通知书十个附则。

TSG 21—2016《固定式压力容器安全技术监察规程》适用于同时满足下列条件的压力容器。

① 工作压力大于或者等于 0.1MPa；

② 容积大于或者等于 0.03L 并且内直径（非圆形截面指截面内边界最大几何尺寸）大于或者等于 150mm；

③ 盛装介质为气体、液化气体以及介质最高工作温度高于或者等于其标准沸点的液体。

本标准所规定的固定式压力容器是指安装在固定位置使用的压力容器。但对于为了某一特定用途、仅在装置或者场区内部搬动、使用的压力容器，以及可移动式空气压缩机的储气罐等按照固定式压力容器进行监督管理；过程装置中作为工艺设备的按压力容器设计制造的余热锅炉依据本规程进行监督管理。

任务训练

一、填空

1. 世界上最早的、最完善的压力容器标准是_____国的_____标准。
2. GB/T 150—2011《压力容器》不适用于设计压力低于_____MPa 且真空度低于_____MPa 的容器。
3. TSG 21—2016《固定式压力容器安全技术监察规程》由_____颁布。
4. TSG 是表示_____标准规范。
5.《热交换器》标准是_____。

二、判断

（　　）1.《固容规》即《固定式压力容器安全技术监察规程》。
（　　）2. 按照国家有关法规，压力容器属于特种设备。
（　　）3. 我国颁布的第一版压力容器国家标准是 GB 150—98《钢制压力容器》。
（　　）4. GB/T 151—2014《热交换器》规定了非直接受火管壳式换热器的设计、制造、检验和验收等要求。

三、选择

1. GB 150《压力容器》现行版为（　　）修订。
　A. 1998 年　　B. 2012 年　　C. 2009 年　　D. 2011 年

2. GB 150 适用于设计压力不大于（　　）MPa 的钢制压力容器的设计、制造、检验及验收。
　A. 6　　B. 10　　C. 25　　D. 35

3. TSG 21—2016《固容规》适用于（　　）的压力容器。
　A. 工作压力大于或者等于 0.1MPa
　B. 容积大于或者等于 0.03m³ 并且内径大于或者等于 150mm
　C. 盛装介质为气体、液化气体和最高工作温度高于或者等于标准沸点的液体
　D. 以上同时满足

单元二

内压薄壁容器

学习目标

1. 掌握内压薄壁容器的应力计算。
2. 掌握内压薄壁容器的壳体厚度确定方法、壳体各种厚度之间的关系、设计参数的确定。
3. 掌握内压薄壁容器的强度校核方法。
4. 熟悉耐压试验和泄漏试验的目的、方法,掌握液压试验的要求与步骤。

任务一 内压薄壁容器壳体的应力分析

任务描述

掌握内压薄壁容器的强度计算及强度校核方法。

任务指导

压力容器按厚度可以分为薄壁容器和厚壁容器。所谓厚壁与薄壁并不是按容器厚度的大小来划分,而是一种相对概念,通常根据容器外径 D_o 与内径 D_i 的比值 K 来判断, $K>1.2$ 为厚壁容器, $K\leqslant 1.2$ 为薄壁容器。

一、圆筒形薄壁容器承受内压(气压)时的应力

如图 2-1 所示的薄壁圆筒形壳体是由筒体和封头组成,壳体在内压力作用下必产生应力而向外变形,其直径将会变大,长度也会增加。图 2-2 所示为圆筒形壳体中间部分一段圆弧的变形与受力情况,在内压作用时圆筒会均匀向外膨胀,圆周方向变形前的 AB 弧段和变形

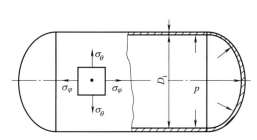

图 2-1 圆筒形壳体二向应力分析

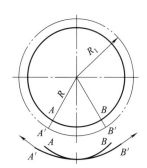

图 2-2 圆筒形壳体环向变形情况

后的 $A'B'$ 弧段曲率半径是不相等的，故必存在拉伸和弯曲应力，因弯曲应力相对于拉伸应力甚小可以略去（采用这一近似方法分析薄壁壳体的理论即称为无力矩理论）。在其圆周的切线方向有拉应力存在，即周向应力或环向应力，用 σ_θ 表示。同时由于内压力作用于两端封头，将使圆筒体在轴向方向发生变形，必有轴向拉应力产生，即轴向应力或经向应力，用 σ_φ 表示。

此外，对于薄壁壳体，可以忽略垂直于承压面的轴（径）向应力，并近似认为环（周）向应力 σ_θ、轴（经）向应力 σ_φ 沿壁厚均匀分布，因此，认为圆筒形壳体上任意一点处于二向应力状态。如图 2-3、图 2-4 所示，设圆筒形壳体的内压力为 p，中间面直径为 D，壁厚为 δ，可以采用材料力学中常用的截面法计算圆筒形壳体的环向应力 σ_θ 和轴向应力 σ_φ。

(1) 环向应力计算

取长度为 L 的一段圆筒，假想用一个纵向截面将圆筒沿其轴线从中间剖开，将圆筒体分为上下两部分，如图 2-3（a）、(b) 所示，取下半部分为研究对象[图 2-3 (b)]，从垂直方向看，该段筒体受二向力平衡，其中的一个力是由作用在筒体内表面上的介质内压力 p 产生的合力，另一个是筒壁纵截面上的环向应力 σ_θ 的合内力。

① 由介质内压力 p 作用于半个筒体上所产生的合力垂直向下，通过简单的积分可得其值为 pLD（式中的 LD 是承压曲面在假想切开的纵向剖面上的投影面积）。

② 由圆筒体纵截面上的环向应力 σ_θ 产生的合内力为 $2L\delta\sigma_\theta$，如图 2-3（b）所示其作用方向向上。

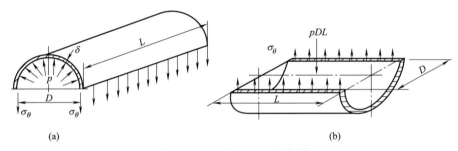

图 2-3　圆筒体纵向截面受力图

根据力学平衡条件，介质内压力 p 作用于半个筒体上所产生的垂直向下的合力与纵截面上产生的环向应力合力相等，即：

$$pLD = 2L\delta\sigma_\theta$$

由此得到纵截面的环向应力：

$$\sigma_\theta = \frac{pD}{2\delta} \tag{2-1}$$

(2) 轴向应力计算

假想用一垂直于圆筒轴线的截面将圆筒分为两部分，取其左半部分作为研究对象，如图 2-4（a）所示，这半个筒体在两个力作用下处于平衡状态。一个是作用在封头内表面上的介质压力 p 的轴向合力 $p\dfrac{\pi}{4}D^2$（不管封头的形状如何，根据前面所得结论，均可按封头内表面在其轴向的投影面积计算），左端封头上的轴向合力指向左方。另一个力是由圆筒体环形横截面上的轴向应力 σ_φ 产生的合力，其值可近似计算为 $\sigma_\varphi\pi D\delta$，作用方向如图 2-4（b）

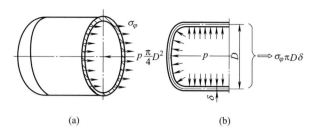

图 2-4 圆筒体横向截面受力图

所示。

同样根据力学平衡原理,内压力产生的轴向合力与壳壁横截面上的轴向总拉力相等,即:

$$p \frac{\pi}{4} D^2 = \sigma_\varphi \pi D \delta$$

由此可得轴（经）向应力:

$$\sigma_\varphi = \frac{pD}{4\delta} \tag{2-2}$$

式中 σ_φ——轴（经）向应力,N/m^2 或 MPa;

p——圆筒形壳体承受的内压力,N/m^2 或 MPa;

D——圆筒体的中间面直径,mm;

δ——圆筒体的壁厚,mm。

由式（2-1）和式（2-2）两式可以看出,$\sigma_\theta = 2\sigma_\varphi$,说明在圆筒形壳体中,环（周）向应力是轴（经）向应力的两倍。因此,在圆筒体上开设椭圆形人孔或手孔时,应当将短轴设计在纵向,长轴在环向,以减小开孔对壳体强度的影响。另外,在制造圆筒形压力容器时,纵向焊缝的质量要求应比环向焊缝高,以确保容器使用的安全可靠性。

二、球形壳体

因球形壳体对称于球心,没有圆筒形壳体那种"轴向"与"环向"之分,因此在球形壳体内虽然也存在着二向应力,但二者的数值相等,过球形壳体上任意一点和球心,不论从何方向将球形壳体截开两半,都可以利用受力平衡条件求得截面上的薄膜应力。

球形壳体在受内压作用时,沿径向方向膨胀,直径会变大,截面上有拉应力存在。如图 2-5 所示,设球形壳体的内压力为 p,中间面直径为 D,壁厚为 δ,通过球心将球形壳体截成两个半球,留取下半部分进行分析。

在介质内压力 p 作用下产生垂直于截面的合力为 $p\frac{\pi}{4}D^2$,在壳体截面上产生拉应力 σ 的合力与之平衡。整个圆环截面上拉应力 σ 产生的合力近似为 $\sigma \pi D \delta$。

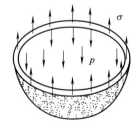

图 2-5 球形壳体受力分析

根据力学平衡原理,介质内压力 p 作用下产生的垂直于截面的总压力与壳体圆环截面上的拉应力相等,即:

$$p \frac{\pi}{4} D^2 = \sigma \pi D \delta$$

可得球形壳体的拉应力:

$$\sigma = \frac{pD}{4\delta} \tag{2-3}$$

比较式（2-1）与式（2-3），可知在相同直径、壁厚和压力的情况下，球形壳体截面上产生的拉应力是圆筒形壳体最大应力（即环向应力）的一半，这是球形壳体显著的优点。

【任务示例 2-1】 圆筒形容器和球形容器均承受气体压力 1.5MPa，内径 D_i 均为 2000mm，壳体壁厚均为 10mm，试求两容器壁中的应力值。

解 ① 计算圆筒形壳体的应力

圆筒体的中间面直径为：$D = D_i + \delta = 2000 + 10 = 2010$（mm）

由式（2-1）可知圆筒体纵截面的环向应力为：

$$\sigma_\theta = \frac{pD}{2\delta} = \frac{1.5 \times 2010}{2 \times 10} = 150.75 \text{（MPa）}$$

由式（2-2）可知圆筒体横截面的轴（经）向应力为：

$$\sigma_\varphi = \frac{pD}{4\delta} = \frac{1.5 \times 2010}{4 \times 10} = 75.375 \text{（MPa）}$$

② 计算球形壳体截面的拉应力

其中间面直径为：$D = D_i + \delta = 2000 + 10 = 2010$（mm）

由式（2-3）可知球形壳体截面的拉应力为：

$$\sigma = \frac{pD}{4\delta} = \frac{1.5 \times 2010}{4 \times 10} = 75.375 \text{（MPa）}$$

从计算结果可见，在相同压力、壁厚及直径的条件下，球形壳体截面的应力值只有圆筒形壳体截面的环向应力值的一半。因此，从受力角度来理解，球形容器优于圆筒形容器。

三、圆锥形壳体

如图 2-6 所示，设受内压作用的圆锥形壳半锥角为 α，A 点处半径为 r，厚度为 δ，则在 A 点处的应力为：

$$\sigma_\varphi = \frac{pr}{2\delta} \times \frac{1}{\cos\alpha} \tag{2-4}$$

$$\sigma_\theta = \frac{pr}{\delta} \times \frac{1}{\cos\alpha} \tag{2-5}$$

式中 r——锥壳经线上任意点的平行圆半径，mm；

α——圆锥形壳体的半锥角，（°）。

其他符号同前。

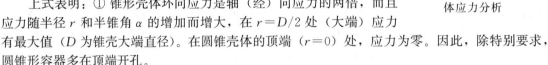

图 2-6 圆锥形壳体应力分析

上式表明：① 锥形壳体环向应力是轴（经）向应力的两倍，而且应力随半径 r 和半锥角 α 的增加而增大，在 $r = D/2$ 处（大端）应力有最大值（D 为锥壳大端直径）。在圆锥壳体的顶端（$r = 0$）处，应力为零。因此，除特别要求，圆锥形容器多在顶端开孔。

② 半锥角 α 越大，则壳体上的应力也越大，故半锥角不宜过大。

四、椭圆形壳体

如图 2-7 所示，受气体内压作用，椭球壳的轴（经）向应力和环向应力分别为：

$$\sigma_\varphi = \frac{p}{2\delta b} [a^4 - x^2(a^2 - b^2)]^{\frac{1}{2}} \tag{2-6}$$

$$\sigma_\theta = \frac{p}{2\delta b} [a^4 - x^2(a^2 - b^2)]^{\frac{1}{2}} \left[2 - \frac{4}{x^2(a^2 - b^2)} \right] \tag{2-7}$$

式中　　a——椭圆长轴半径，mm；
　　　　b——椭圆短轴半径，mm。

从上式得出：

① 椭球壳上各点的应力随 x 值变化，因此椭球壳上的应力是不等的，它与各点的位置有关；

② 椭球壳应力的大小除与内压 p、厚度 δ 有关外，还与长短轴半径之比 a/b 有很大关系。

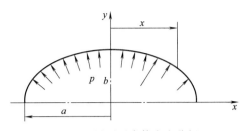

图 2-7　椭圆形壳体应力分析

任务训练

一、填空

1. 压力容器按厚度可以分为＿＿＿＿容器和＿＿＿＿容器。通常根据容器外径 D_o 与内径 D_i 的比值 K 来判断，$K \leqslant 1.2$ 为＿＿＿＿容器。

2. 在圆筒形壳体中，＿＿＿＿应力是＿＿＿＿应力的 2 倍。

3. 在相同直径、壁厚和压力的情况下，球形壳体截面上产生的拉应力是圆筒形壳体最大应力（即环向应力）的＿＿＿＿。

4. 圆筒形容器工作压力为 2MPa，壳体内径为 1000mm，壁厚为 20mm，则圆筒形壳体截面上的环向应力值是＿＿＿＿MPa、轴（经）向应力值是＿＿＿＿MPa。

5. 有一外径为 $\phi 600$ 的储缸，壁厚 δ 为 6.0mm，工作压力为 1.6MPa，则储缸筒壁内的环向应力值为＿＿＿＿MPa、轴（经）向应力值为＿＿＿＿MPa。

二、判断

（　）1. 承受内压的圆筒形容器上开椭圆孔，应使其短轴与筒体轴线平行。

（　）2. 从受力角度来理解，对于内压较大的压力容器选择球形结构较为合适。

（　）3. 在制造圆筒形压力容器时，纵向焊缝的质量应比环向焊缝高。

（　）4. 因球形壳体对称于球心，没有轴向和环向之分。

（　）5. 椭圆形壳体上的应力是不等的，它与各点的位置有关。

三、简答

1. 有一外径为 $\phi 219$ 的氧气瓶，壁厚为 6.5mm，工作压力为 1.6MPa，试求氧气瓶筒壁内的应力。

2. 在圆筒体上开设椭圆形人孔时其长轴应放置在什么位置？

3. 在圆锥体上开孔应注意什么？

任务二　内压薄壁容器壳体厚度的确定

任务描述

熟悉内压薄壁容器的壳体厚度确定方法、壳体各种厚度之间的关系、设计参数的确定。

任务指导

一、内压薄壁圆筒壁厚计算

圆筒容器在内压作用下筒壁处于两向应力状态，计算壳体薄膜应力时应以计算压力 p_c 取代公式（2-1）、式（2-2）中的 p，则：

轴（径）向应力：
$$\sigma_\varphi = \frac{p_c D}{4\delta} \tag{2-8}$$

环向应力：
$$\sigma_\theta = \frac{p_c D}{2\delta} \tag{2-9}$$

为了保证筒体强度，筒体内较大的环向应力应不高于在设计温度下材料的许用应力，即：

$$\frac{p_c D}{2\delta} \leqslant [\sigma]^t$$

容器筒体一般由钢板卷焊而成（除直径较小时可采用无缝钢管制作）。由于在焊接加热过程中，对焊缝金属组织产生不利影响，同时在焊缝处往往形成夹渣、气孔、未焊透等缺陷，导致焊缝及其附近区域强度可能低于钢材本体的强度。故引入焊接接头系数 ϕ（$\phi \leqslant 1$ 的正数）补偿接头对强度的影响，引入焊接接头系数的强度条件为：

$$\sigma_\theta = \frac{p_c D}{2\delta} \leqslant [\sigma]^t \phi$$

此外，石油化工中一般由工艺条件确定的是圆筒内径 D_i，在制造过程中测量的也是圆筒的内径，用内径代替式（2-8）中的中间面直径更为方便，所以将中径 D 换为内径 D_i 来表示，即 $D = D_i + \delta$，则强度条件变为：

$$\frac{p_c (D_i + \delta)}{2\delta} \leqslant [\sigma]^t \phi$$

整理后得内压薄壁圆筒的计算壁厚：

$$\delta = \frac{p_c D_i}{2[\sigma]^t \phi - p_c} \quad (p_c \leqslant 0.4[\sigma]^t \phi) \tag{2-10}$$

式中　δ——圆筒的计算厚度，mm；
　　　$[\sigma]^t$——圆筒材料在设计温度下的许用应力，MPa；
　　　ϕ——圆筒的焊接接头系数，$\phi \leqslant 1.0$；
　　　p_c——圆筒的计算压力，MPa；
　　　D_i——圆筒的内直径，mm。

上式仅是考虑内压（主要指气体压力）作用下推导出的壁厚计算公式。当容器除承受内压外，还承受其他较大的外部载荷时，如风载荷、地震载荷、偏心载荷、温差应力等，式（2-10）就不能作为确定圆筒壁厚的唯一依据，这时需要同时校核由于其他载荷作用所引起的筒壁应力。

二、内压薄壁球壳壁厚计算

同理，以计算压力 p_c 取代公式（2-3）中的 p，取 $D = D_i + \delta$，并考虑焊缝的影响，则内压薄壁球壳的强度条件为：

$$\sigma = \frac{p_c (D_i + \delta)}{4\delta} \leqslant \phi [\sigma]^t$$

解出上式中的 δ，于是可得承受内压的球壳的计算壁厚 δ：

$$\delta = \frac{p_c D_i}{4[\sigma]^t \phi - p_c} \quad (p_c \leqslant 0.6[\sigma]^t \phi) \tag{2-11}$$

式中　ϕ——球壳的焊接接头系数。
　　　其余参数同前。

对比内压薄壁圆筒与球壳壁厚的计算公式（2-10）、公式（2-11）可知：当相同的条件下，球壳容器的壁厚约为圆筒体容器壁厚的一半。而且在相同容积下，球体的表面积比圆柱体的表面积小,因而防护用剂和保温等费用也较少。所以目前在化工、石油、冶金等工业中,许多大容量储罐都采用球形容器。但因球形容器制造比较复杂,因此通常对于直径小于 3m 的容器仍为圆筒形。

三、壳体各厚度的含义与相互关系

1. 各类厚度的含义

(1) 计算厚度 δ

按强度条件公式计算所得厚度,是保证容器强度要求的最小值。

(2) 设计厚度 δ_d

考虑到介质对筒壁的腐蚀作用,在设计筒体所需厚度时,还应在计算厚度 δ 的基础上,增加腐蚀裕量 C_2,即 $\delta_d = \delta + C_2$。

(3) 名义厚度 δ_n

在设计条件下得到的筒体设计厚度,加上钢材厚度负偏差并向上圆整至钢材标准规格的厚度,即 $\delta_n = \delta + C_1 + C_2 + \Delta$(式中 Δ 为向上圆整量)。

(4) 有效厚度 δ_e

指名义厚度减去钢材厚度附加量(厚度负偏差与腐蚀裕量之和),即 $\delta_e = \delta_n - (C_1 + C_2)$。

此外还有成形后的厚度,即制造厂考虑加工减薄量并按钢板厚度规格第二次向上圆整得到的坯板厚度,再减去实际加工减薄量后的厚度,即出厂时容器的实际厚度。一般情况下,只要成形后厚度大于设计厚度即可满足强度要求。各类厚度之间的关系如图 2-8 所示。

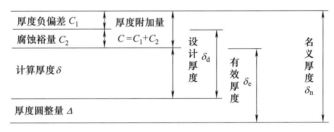

图 2-8 各类厚度之间的关系

计算容器厚度时,首先根据有关公式得出计算厚度 δ,并考虑厚度附加量 C(由钢材的厚度负偏差 C_1 和腐蚀裕量 C_2 组成,$C = C_1 + C_2$),然后圆整为名义厚度 δ_n,但该值还未包括加工减薄量。加工减薄量并非由设计人员确定,一般是由制造厂根据具体制造工艺和板材的实际厚度来确定。

(5) 容器最小厚度 δ_{min}

对于低压或常压容器,按照上述强度公式计算出来的厚度往往很薄,常因刚度不足,不能满足实际需要。例如有一容器内径为 1000mm,在压力为 0.15MPa,温度 $t=35$℃ 条件下工作,材料为 Q235B,$[\sigma]^t = 113$MPa,取焊接接头系数 ϕ 为 0.85,按式(2-10)计算得:

$$\delta = \frac{p_c D_i}{2[\sigma]^t \phi - p_c} = \frac{0.15 \times 1000}{2 \times 113 \times 0.85 - 0.15} = 0.78 \text{(mm)}$$

很明显,如此薄的钢板在焊接时无法得到较高的焊接质量,在运输、吊装过程中也不易保持它原来的形状。因此,GB 150 规定了壳体加工成型后不包括腐蚀裕量的最小厚度 δ_{min}:

① 对碳素钢、低合金钢制容器,δ_{min} 不小于 3mm;

② 对高合金钢制容器 δ_{min} 不小于 2mm；

③ 对标准椭圆形封头和 $R_i=0.9D_i$，$r=0.17D_i$ 的碟形封头，其有效厚度应不小于封头内径的 0.15%；对于其他椭圆形封头和碟形封头，其有效厚度应不小于封头内直径的 0.30%。

当计算封头厚度时，如果已经考虑了内压作用下的弹性失稳，或是按应力分析设计标准对压力容器进行计算，则可不受上述内容的限制。

四、选用参数

1. 选用设计压力

(1) 工作压力 p_w

指在正常工作情况下，容器顶部可能达到的最高压力（表压）。

(2) 设计压力 p

指设定的容器顶部的最高工作压力，用 p 表示，与相应的设计温度一起作为容器的基本设计载荷条件，其值不得低于工作压力。当容器上装有安全阀时，设计压力 p 不得低于安全阀的整定压力；装有爆破片时，不得低于爆破片的爆破压力。容器的设计压力选用可参考表 2-1。

表 2-1　设计压力选用 p_w、p_z

容器的工作状况		设计压力
无安全泄放装置		$p \geqslant p_w$
装有安全阀		根据容器的工作压力 p_w，确定安全阀的整定压力 p_z，一般取 $p_z=(1.05\sim1.1)p_w$（当 $p_w<0.18$MPa 时，可适当提高 p_z 相对于 p_w 的比值）。容器的设计压力 p 必须等于或稍大于整定压力 p_z，即 $p \geqslant p_z$
装有爆破片		按以下步骤确定： ①确定爆破片最低标定爆破压力 p_{smin}，不同形式爆破片的 p_{smin} 取值参见 GB/T 150.1(附录表 B.1) ②选定爆破片的制造范围。爆破片的制造范围参见 GB/T 150.1(附录表 B.2)选定 ③计算爆破片的设计爆破压力 p_b，p_b 加上爆破片制造范围下限(取绝对值) ④确定容器的设计压力 p，p 不小于 p_b 加上所选爆破片制造范围的上限 一般根据所选爆破片形式不同,可在 $(1.15\sim1.75)p_w$ 范围内取值
液化气体	临界温度≥50℃	有可靠保冷设施，p 取可能达到的最高工作温度下的饱和蒸气压
		无保冷设施，p 取 50℃饱和蒸气压
	临界温度<50℃	有可靠保冷设施，取试验实测最高工作温度下的饱和蒸气压
		无保冷设施，取设计所规定的最大充装量时温度为 50℃的气体压力
混合液化石油气	≤异丁烷 50℃饱和蒸气压	有保冷设施，取可能达到的最高工作温度下异丁烷的饱和蒸气压
		无保冷设施，取 50℃异丁烷的饱和蒸气压
	>异丁烷 50℃饱和蒸气压力、≤丙烷 50℃饱和蒸气压	有保冷设施，取可能达到的最高工作温度下丙烷的饱和蒸气压
		无保冷设施，取 50℃丙烷的饱和蒸气压
	>丙烷 50℃饱和蒸气压	有保冷设施，取可能达到的最高工作温度下丙烯的饱和蒸气压
		无保冷设施，取 50℃丙烯的饱和蒸气压

五种介质 50℃时的饱和蒸气压见表 2-2。

表 2-2　五种介质 50℃时的饱和蒸气压　　　　　　　　　　　　　　单位：MPa

介质名称	50℃时的饱和蒸气压	介质名称	50℃时的饱和蒸气压
异丁烷	0.687	氨	2.03
丙烷	1.725	氯	1.43
丙烯	2.16		

(3) 计算压力 p_c

指相应设计温度下，用以确定元件厚度的压力，并且应考虑液柱静压等附加载荷。通常情况下，计算压力等于设计压力 p 加上液柱静压力 p_L，即：$p_c = p + p_L$。当元件所承受的液柱静压小于 5% 设计压力时，可忽略不计，此时计算压力即为设计压力。

2. 确定设计温度

设计温度是指容器在正常工作情况下，在相应的设计压力下，设定的受压元件的金属温度（指沿元件金属截面厚度的温度平均值）。对于 0℃ 以上的金属温度，设计温度不得低于元件金属在工作状态下可能达到的最高温度；对于 0℃ 以下的金属温度，设计温度不得高于元件金属可能达到的最低温度。元件的金属温度可用传热计算求得，或在已使用的同类容器上测得，或按内部介质温度确定。当不可通过传热计算或测试结果确定时，可按以下方法确定。

① 容器内壁与介质直接接触且有保温或保冷设施时，可按表 2-3 确定。

表 2-3　与介质直接接触且有保温或保冷设施时设计温度选用　　　　单位：℃

最高或最低工作温度[①] t_w	设计温度 t	最高或最低工作温度[①] t_w	设计温度 t
$t_w \leq -20$	$t_w - 10$	$15 \leq t_w \leq 350$	$t_w + 20$
$-20 \leq t_w \leq 15$	$t_w - 5$（但最低为 -20）	$t_w > 350$	$t_w + (5 \sim 15)$[②]

① 当工作温度范围在 0℃ 以下时，考虑最低工作温度；当工作温度范围在 0℃ 以上时，考虑最高工作温度；当工作温度范围跨越 0℃ 时，则按对容器不利的工况考虑。
② 当碳素钢容器的最高工作温度为 420℃ 以上，铬-钼钢容器的最高工作温度为 450℃ 以上，不锈钢容器的最高工作温度为 550℃ 时，其设计温度不再考虑裕量。

② 容器内介质被热载体或冷载体间接加热或冷却时，按表 2-4 确定。

表 2-4　介质被热载体加热或冷载体冷却时设计温度选用　　　　单位：℃

传热方式	设计温度	传热方式	设计温度
外加热	热载体的最高工作温度	内加热	被加热介质的最高工作温度
外冷却	冷载体的最低工作温度	内冷却	被冷却介质的最低工作温度

③ 容器内介质用蒸汽直接加热或被内置加热元件（如加热盘管、电热元件等）间接加热时，其设计温度取被加热介质的最高工作温度。

④ 对液化气用压力容器，当设计压力确定后，其设计温度就是与其对应的饱和蒸气压的温度。

⑤ 安装在室外无保温设施的容器，最低设计温度（0℃ 以下）受地区历年月平均最低气温的控制时，对于盛装压缩气体的储罐，最低设计温度取月平均最低气温减 3℃；对于盛装液体体积占容器容积的 1/4 以上的储罐，最低设计温度取月平均最低温度。

当压力容器具有不同的操作工况时，应按最苛刻的工况条件下的设计压力与设计温度的组合设定容器的设计条件。

3. 选用焊接接头系数

通过焊接制成的容器，其焊缝是比较薄弱的。这是因为焊缝中可能存在夹渣、气孔、裂纹、未焊透等缺陷而使焊缝及热影响区的强度受到削弱，因此为了补偿焊接时可能出现的焊接缺陷对容器强度的影响，引入了焊接接头系数 ϕ，它是焊缝金属材料强度与母材强度的比值，反映了由于焊接对材料强度的削弱程度。它的取值与接头形式及对其进行无损检测的长度比例有关。焊接接头系数 ϕ 的选取见表 2-5。

筒体或其他受压元件的纵向、环向接头，包括筒体与封头连接的环向接头都应尽量采用双面对接焊。按照 GB 150 中"制造、检验与验收"的有关规定，容器受压元件之间的焊接接头分为 A、B、C、D 四类，非受压元件与受压元件的连接接头为 E 类，如支座与壳体之间的焊缝，如图 2-9 所示。对于不同类型的焊接接头，其焊接检验要求也各不相同。

表 2-5　焊接接头系数 ϕ

接头形式	结构简图	焊接接头系数 ϕ	
		全部无损检测	局部无损检测
双面焊或相当于双面焊的全焊对接接头		1.00	0.85
带垫板的单面对接焊缝		0.90	0.80

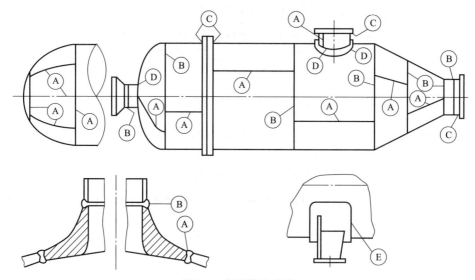

图 2-9　焊接接头分类

GB 150 规定凡符合下列条件之一的容器及受压元件，需采用设计文件规定的方法，对其 A 类和 B 类焊接接头，进行全部射线或超声检测。

① 设计压力大于或等于 1.6MPa 的第Ⅲ类容器；
② 采用气压或气液组合耐压试验的容器；
③ 焊接接头系数取 1.0 的容器；
④ 使用后需要但是无法进行内部检验的容器；
⑤ 盛装毒性为极度或高度危害介质的容器；
⑥ 设计温度低于 −40℃ 的或者焊接接头厚度大于 25mm 的低温容器；
⑦ 奥氏体型不锈钢、碳素钢、Q345R、Q370R 及其配套锻件的焊接接头厚度大于 30mm 者；
⑧ 18MnMoNbR、13MnNiMoR、12MnNiVR 及其配套锻件的焊接接头厚度大于 20mm 者；
⑨ 15CrMoR、14Cr1MoR、08Ni3DR、奥氏体铁素体型不锈钢及其配套锻件的焊接接头厚度大于 16mm 者；
⑩ 铁素体型不锈钢、其他 Cr-Mo 低合金钢制容器；

⑪ 标准抗拉强度下限值 $R_m \geqslant 540\text{MPa}$ 的低合金钢制容器；

⑫ 图样规定须 100% 检测的容器。

除以上规定以外的容器，应对其 A 类及 B 类焊接接头进行局部无损检测，检测方法按设计文件规定进行。其中，对低温容器检测长度不得小于各焊接接头长度的 50%，对非低温容器检测长度不得小于各焊接接头长度的 20%，且不得小于 250mm。

4. 确定厚度附加量

容器厚度不仅要满足强度和刚度的要求，而且还要根据实际制造和使用情况，考虑钢材的厚度负偏差及介质对容器的腐蚀。所以在确定容器厚度时，需要引入钢板或钢管的厚度负偏差 C_1 与腐蚀裕量 C_2。二者之和称为壁厚附加量 C。即：

$$C = C_1 + C_2$$

式中 C——厚度附加量，mm；

C_1——钢材的厚度负偏差，mm；

C_2——腐蚀裕量，mm。

（1）钢板的厚度负偏差 C_1

钢板或钢管在轧制过程中，其厚度可能会出现偏差。若出现负偏差则会使实际厚度偏小，影响其强度，因此需要引入钢材厚度负偏差 C_1 进行预先增厚。常用钢板、钢管厚度负偏差见表 2-6。

表 2-6 钢板的厚度负偏差　　　　　　　　　　　　　　　　　　　　　单位：mm

钢板厚度	2.0~2.5	2.8~4.0	4.5~5.5	6.0~7.0	8.0~25	26~30	32~34	36~40	42~50	50~60	60~80
负偏差 C_1	0.2	0.3	0.5	0.6	0.8	0.9	1.0	1.1	1.2	1.3	1.8

当钢材厚度负偏差不大于 0.25mm，且不超过名义厚度的 6% 时，负偏差可以忽略不计，即 $C_1 = 0$。

（2）腐蚀裕量 C_2

由于容器多与工作介质接触，为防止容器受压元件由于腐蚀、机械磨损而导致厚度削弱减薄，需要考虑腐蚀裕量。腐蚀裕量具体规定如下。

① 对有均匀腐蚀或磨损的元件，应根据预期的容器设计使用年限和介质对金属材料的腐蚀速率（及磨蚀速率）确定腐蚀裕量。

② 介质为压缩空气、水蒸气或水的碳素钢或低合金钢制容器，腐蚀裕量不小于 1mm。

③ 容器各元件受到腐蚀程度不同时，可采用不同的腐蚀裕量。

④ 当资料不全难以具体确定时，可参考表 2-7。

表 2-7 腐蚀裕量选取　　　　　　　　　　　　　　　　　　　　　　　单位：mm

容器类别	碳素钢低合金钢	铬-钼钢	不锈钢	容器类别	碳素钢低合金钢	铬-钼钢	不锈钢	备注
塔及反应器壳体	3	2	0	不可拆内件	3	1	0	包括双面
容器壳体	1.5	1	0	可拆内件	2	1	0	
换热器壳体	1.5	1	0	裙座	1	1	0	
热衬里容器壳体	1.5	1	0					

必须明确的是，腐蚀裕量只对防止发生均匀腐蚀破坏有意义。对于应力腐蚀，氢脆和缝隙腐蚀等非均匀腐蚀，用增加腐蚀裕量的办法来防腐，效果并不佳。此时应着重选择耐腐蚀材料或进行适当防腐处理。

5. 选定许用应力

许用应力是容器壳体、封头等受压元件的材料许用强度，它是由材料的各极限应力（R_{eL}、R_m、R_{eL}^t 等）除以相应的安全系数来确定的。安全系数是为了保证容器受压元件的强度有足够的安全储备量而设定的一个强度"保险"系数，它是可靠性和先进性相统一的系数，是考虑了材料的力学性能、载荷条件、设计计算方法、加工制造及使用等方面的不确定因素后而确定的。各国标准规范中所规定的安全系数均与本国规范所采用的计算、选材、制造及检验方面的规定相适应。

钢制压力容器常用材料（螺栓材料除外）许用应力的取值方法见表2-8。

表2-8　钢材（螺栓材料除外）许用应力的取值

材料	许用应力/MPa 取下列各值中的最小值
碳素钢、低合金钢	$\dfrac{R_m}{2.7}$、$\dfrac{R_{eL}}{1.5}$、$\dfrac{R_{eL}^t}{1.5}$、$\dfrac{R_D^t}{1.5}$、$\dfrac{R_n^t}{1.0}$
高合金钢	$\dfrac{R_m}{2.7}$、$\dfrac{R_{eL}(R_{p0.2})}{1.5}$、$\dfrac{R_{eL}^t(R_{p0.2}^t)}{1.5}$、$\dfrac{R_D^t}{1.5}$、$\dfrac{R_n^t}{1.0}$

为了使用方便和取值统一，GB 150中给出了钢板、钢管、锻件等材料在不同温度下的许用应力。表2-9～表2-13摘录了常见钢板与钢管的许用应力值，当设计温度为中间值时，可用内插法确定。当设计温度低于20℃时，取20℃时的许用应力。

【任务示例2-2】 某内压容器筒体设计。已知筒体内径 $D_i = 1000$mm，设计压力 $p = 0.4$MPa，工作温度 $t_w = 80$℃，内装液体介质，液柱静压力为0.03MPa，筒体材料为Q245R，腐蚀裕量 $C_2 = 1.5$mm。采用双面对接焊，局部无损探伤，试求该容器筒体的名义厚度。

解　（1）确定容器计算厚度 δ

$$\delta = \frac{p_c D_i}{2[\sigma]^t \phi - p_c}$$

因 $5\%p = 0.05 \times 0.4 = 0.02$（MPa），液柱静压力为0.03MPa大于设计压力的5%，所以要考虑液柱静压，$p_c = 0.03 + 0.4 = 0.43$MPa

查表2-3，取设计温度 $t = 100$℃；

查表2-9，Q245R在 $t = 100$℃ 的许用应力为 $[\sigma]^t = 147$MPa（假设名义厚度在3～16mm之间）；

查表2-5，双面对接焊，局部无损检测，焊接接头系数 $\phi = 0.85$；

所以　　$\delta = \dfrac{p_c D_i}{2[\sigma]^t \phi - p_c} = \dfrac{0.43 \times 1000}{2 \times 147 \times 0.85 - 0.43} \approx 1.72$（mm）

（2）确定设计厚度 δ_d

$$\delta_d = \delta + C_2 = 1.72 + 1.5 = 3.22 \text{（mm）}$$

（3）确定名义厚度 δ_n

查表2-6，钢板厚度负偏差 $C_1 = 0.3$mm（假设名义厚度在3～4mm之间），因而可取名义厚度为4mm，但对于碳素钢容器，规定不包括腐蚀裕量在内的最小厚度应不小于3mm，若加上1.5腐蚀裕量，名义厚度至少应取5mm。但根据钢板厚度规格，名义厚度 δ_n 应取6mm。

【任务示例2-3】 某化工厂欲设计一台卧式储罐。工艺要求为：罐体内径 $D_i = 2000$mm，工作压力 $p_w = 1.5$MPa，罐体上装有安全阀，工作温度 $t_w = 40$℃，内装液体介

表 2-9 碳素钢和低合金钢板许用应力

钢号	钢板标准	使用状态	厚度/mm	室温强度指标 R_m/MPa	室温强度指标 R_{eL}/MPa	在下列温度(℃)下的许用应力/MPa ≤20	100	150	200	250	300	350	400	425	450	475	500	525	550	575	600
Q245R	GB 713	热轧,控轧,正火	3~16	400	245	148	147	140	131	117	108	98	91	85	61	41					
			>16~36	400	235	148	140	133	124	111	102	93	86	84	61	41					
			>36~60	400	225	148	133	127	119	107	98	89	82	80	61	41					
			>60~100	390	205	137	123	117	109	98	90	82	75	73	61	41					
			>100~150	380	185	123	112	107	100	90	80	73	70	67	61	41					
Q345R	GB 713	热轧,控轧,正火	3~16	510	345	189	189	183	183	167	153	143	125	93	66	43					
			>16~36	500	325	185	185	183	170	157	143	133	125	93	66	43					
			>36~60	490	315	181	181	173	160	147	133	123	117	93	66	43					
			>60~100	490	305	181	181	167	150	137	123	117	110	93	66	43					
			>100~150	480	285	178	173	160	147	138	120	113	107	93	66	43					
			>150~200	470	265	174	163	153	143	130	117	110	103	93	66	43					
Q370R	GB 713	正火	10~16	530	370	196	196	196	196	190	180	170									
			>16~36	530	360	196	196	196	193	183	173	163									
			>36~60	520	340	193	193	193	180	170	160	150									
18MnMoNbR	GB 713	正火加回火	30~60	570	400	211	211	211	211	211	211	211	207	195	177	117					
			>60~100	570	390	211	211	211	211	211	211	211	203	192	177	117					
13MnNiMoR	GB 713	正火加回火	30~100	570	390	211	211	211	211	211	211	211	203								
			>100~150	570	380	211	211	211	211	211	211	211	200								
15CrMoR	GB 713	正火加回火	6~60	450	295	167	167	167	160	150	140	133	126	122	119	117	88	58	37		
			>60~100	450	275	167	167	157	147	140	131	124	117	114	111	109	88	58	37		
			>100~150	440	255	163	157	147	140	133	123	117	110	107	104	102	88	58	37		
14Cr1MoR	GB 713	正火加回火	6~100	520	310	193	187	180	170	163	153	147	140	135	130	123	80	54	33		
			>100~150	510	300	189	180	173	163	157	147	140	133	130	127	121	80	54	33		
12Cr2Mo1R	GB 713	正火加回火	6~150	520	310	193	187	180	173	170	167	163	160	157	147	119	89	46	37	
12Cr1MoVR	GB 713	正火加回火	6~100	440	245	163	150	140	133	127	117	111	105	103	100	98	95	59	41	
			>100~150	430	235	157	147	140	133	127	117	111	105	103	100	98	95	59	41	
12Cr2Mo1VR	—	正火加回火	30~120	590	415	219	219	219	219	219	219	219	219	219	193	163	134	104	72		

续表

钢号	钢板标准	使用状态	厚度/mm	室温强度指标 R_m/MPa	室温强度指标 R_{eL}/MPa	在下列温度(℃)下的许用应力/MPa ≤20	100	150	200	250	300	350	400	425	450	475	500	525	550	575	600
16MnDR	GB 3531	正火,正火加回火	6~16	490	315	181	181	180	167	153	140	130									
			>16~36	470	295	174	174	167	157	143	130	120									
			>36~60	460	285	170	170	160	150	137	123	117									
			>60~100	450	275	167	167	157	147	133	120	113									
			>100~120	440	265	163	163	153	143	130	117	110									
15MnNiDR	GB 3531	正火,正火加回火	6~16	490	325	181	181	181	173												
			>16~36	480	315	178	178	178	167												
			>36~60	470	305	174	174	173	160												
15MnNiNbDR	—	正火,正火加回火	10~16	530	370	196	196	196	196												
			>16~36	530	360	196	196	196	193												
			>36~60	520	350	193	193	193	187												
09MnNiDR	GB 3531	正火,正火加回火	6~16	440	300	163	163	163	160	153	147	137									
			>16~36	430	280	159	159	157	150	143	137	127									
			>36~60	430	270	159	159	150	143	137	130	120									
			>60~120	420	260	156	156	147	140	133	127	117									
08Ni3DR	—	正火,正火加回火,调质	6~60	490	320	181	181														
			>60~100	480	300	178	178														
06Ni9DR	—	调质	6~30	680	560	252	252														
			>30~40	680	550	252	252														
07MnMoVR	GB 19189	调质	10~60	610	490	226	226	226	226												
07MnNiVDR	GB 19189	调质	10~60	610	490	226	226	226	226												
07MnNiMoDR	GB 19189	调质	10~50	610	490	226	226	226	226												
12MnNiVR	GB 19189	调质	10~60	610	490	226	226	226	226												

资料来源:摘自 GB 150.2—2011。

表 2-10 高合金钢钢板许用应力

钢号	钢板标准	厚度/mm	在下列温度(℃)下的许用应力/MPa																		
			≤20	100	150	200	250	300	350	400	450	500	525	550	575	600	625	650	675	700	725	750	775	800
S11306	GB 24511	1.5~25	137	126	123	120	119	117	112	109														
S11348	GB 24511	1.5~25	113	104	101	100	99	97	95	90														
S11972	GB 24511	1.5~8	154	154	149	142	136	131	125															
S21953	GB 24511	1.5~80	233	233	223	217	210	203																
S22253	GB 24511	1.5~80	230	230	230	230	223	217																
S22053	GB 24511	1.5~80	230	230	230	230	223	217																
S30408	GB 24511	1.5~80	137	137	137	130	122	114	111	107	103	100	98	91	79	64	52	42	32	27				
S30403	GB 24511	1.5~80	137	114	103	96	90	85	82	79	76	74	73	71	67	62	52	42	32	27				
S30409	GB 24511	1.5~80	120	120	118	110	103	98	94	91	88	85	84	83										
			120	98	87	81	76	73	69	67	65													
S31008	GB 24511	1.5~80	137	137	137	130	122	114	111	107	103	100	98	91	79	64	52	42	32	27				
			137	114	103	96	90	85	82	79	76	74	73	71	67	62	52	42	32	27				
S31608	GB 24511	1.5~80	137	137	137	134	125	118	113	111	109	107	106	105	84	61	43	31	23	19	15	12	10	8
			137	121	111	105	99	96	93	90	88	85	84	83	81	61	43	31	23	19	15	12	10	8
S31603	GB 24511	1.5~80	137	137	137	134	125	118	113	111	109	107	106	105	96	81	65	50	38	30				
			137	117	107	99	93	87	84	82	81	79	78	78	76	73	65	50	38	30				
S31668	GB 24511	1.5~80	120	120	117	108	100	95	90	86	84	79												
			120	98	87	80	74	70	67	64	62													
S31708	GB 24511	1.5~80	137	137	137	134	125	118	113	111	109	107	106	105	96	81	65	50	38	30				
			137	117	107	99	93	87	84	82	81	79	78	78	76	73	65	50	38	30				
S31703	GB 24511	1.5~80	137	137	137	134	125	118	113	111	109													
			137	117	107	99	93	87	84	82	81													
S32168	GB 24511	1.5~80	137	137	137	130	122	114	111	108	105	103	101	83	58	44	33	25	18	13				
			137	114	103	96	90	85	82	80	78	76	75	74	58	44	33	25	18	13				
S39042	GB 24511	1.5~80	147	147	147	147	144	131	122															
			147	137	127	117	107	97	90															

资料来源:摘自 GB 150.2—2011。

表 2-11 Q235 钢板的许用应力

钢号	厚度/mm	\\	在下列温度下（℃）的许用应力/MPa					
		≤20	100	150	200	250	300
Q235B	3~16	116	113	108	99	88	81
Q235B	>16~30	116	108	102	94	82	75
Q235C	3~16	123	120	114	105	94	86
Q235C	>16~40	123	114	108	100	87	79

资料来源：摘自 GB 150.2—2011。

表 2-12 碳素钢和低合金钢管许用应力

钢号	钢管标准	使用状态	壁厚/mm	室温强度指标 R_m/MPa	R_{eL}/MPa	在下列温度（℃）下的许用应力/MPa															
						≤20	100	150	200	250	300	350	400	425	450	475	500	525	550	575	600
10	GB/T 8163	热轧	≤10	335	205	124	121	115	108	98	89	82	75	70	61	41					
20	GB/T 8163	热轧	≤10	410	245	152	147	140	131	117	108	98	88	83	61	41					
Q345D	GB/T 8163	正火	≤10	470	345	174	174	174	174	167	153	143	125	93	66	43					
10	GB 9948	正火	≤16	335	205	124	121	115	108	98	89	82	75	70	61	41					
20	GB 9948	正火	≤16	335	195	124	117	111	105	95	85	79	73	67	61	41					
20	GB 9948	正火	>16~30	410	245	152	147	140	131	117	108	98	83	83	61	41					
20	GB 6479	正火	≤16	410	235	152	140	133	124	111	102	93	83	78	61	41					
20	GB 6479	正火	>16~40	410	235	152	140	133	124	117	108	98	83	83	61	41					
16Mn	GB 6479	正火	≤16	490	320	181	180	173	167	153	140	130	123	93	66	43					
16Mn	GB 6479	正火	>16~40	490	310	181	181	181	160	147	133	123	117	93	66	43					
12CrMo	GB 9948	正火加回火	≤16	410	205	137	137	115	108	101	95	88	82	80	79	74	50				
12CrMo	GB 9948	正火加回火	>16~30	410	195	130	130	111	105	98	91	85	79	77	75	72	50				
15CrMo	GB 9948	正火加回火	≤16	440	235	157	157	140	131	124	117	111	101	97	93	91	90	58	37		
15CrMo	GB 9948	正火加回火	>16~30	440	225	150	150	133	124	117	111	105	101	97	91	89	88	58	37		
15CrMo	GB 9948	正火加回火	>30~50	440	215	143	143	124	117	111	105	103	97	91	87	86	85	58	37		
12Cr2Mo1	—	正火加回火	≤30	450	280	167	167	163	157	153	150	147	143	140	137	119	89	61	46	37	
1Cr5Mo	GB 9948	退火	≤16	390	195	130	130	111	108	105	101	98	95	93	91	83	52	46	35	26	18
1Cr5Mo	GB 9948	退火	>16~30	390	185	123	117	105	101	98	95	91	88	86	85	82	52	46	35	26	18
12Cr1MoVG	GB 5310	正火加回火	≤30	470	255	170	153	143	133	127	117	111	105	103	100	98	95	82	59	41	
09MnD	—	正火	≤8	420	270	156	156	150	143	130	120	110									
09MnNiD	—	正火	≤8	440	280	163	163	157	150	143	137	127									
08Cr2AlMo	—	正火加回火	≤8	400	250	148	148	140	130	123											
09CrCuSb	—	正火	≤8	390	245	144	144	137	127												

资料来源：摘自 GB 150.2—2011。

表 2-13 高合金钢管许用应力

钢号	钢管标准	壁厚/mm	在下列温度(℃)下的许用应力/MPa																					
			≤20	100	150	200	250	300	350	400	450	500	525	550	575	600	625	650	675	700	725	750	775	800
0Cr18Ni9 (S30408)	GB 13296	≤14	137	137	137	130	122	114	111	107	103	100	98	91	79	64	52	42	32	27				
0Cr18Ni9 (S30408)	GB/T 14976	≤28	137	114	103	96	90	85	82	79	76	74	73	71	67	62	52	42	32	27				
0Cr18Ni9 (S30408)	GB 13296	≤14	137	137	137	130	122	114	111	107	103	100	98	91	79	64	52	42	32	27				
0Cr18Ni9 (S30408)	GB/T 14976	≤28	137	114	103	96	90	85	82	79	76	74	73	71	67	62	52	42	32	27				
00Cr19Ni10 (S30403)	GB 13296	≤14	117	117	117	110	103	98	94	91	88													
00Cr19Ni10 (S30403)	GB/T 14976	≤28	117	97	87	81	76	73	69	67	65													
00Cr19Ni10 (S30403)	GB 13296	≤14	117	117	117	110	103	98	94	91	88													
00Cr19Ni10 (S30403)	GB/T 14976	≤28	117	97	87	81	76	73	69	67	65													
0Cr18Ni10Ti (S32168)	GB 13296	≤14	137	137	137	130	122	114	111	108	105	103	101	83	58	44	33	25	18	13				
0Cr18Ni10Ti (S32168)	GB/T 14976	≤28	137	114	103	96	90	85	82	80	78	76	75	74	58	44	33	25	18	13				
0Cr18Ni10Ti (S32168)	GB 13296	≤14	137	137	137	130	122	114	111	108	105	103	101	83	58	44	33	25	18	13				
0Cr18Ni10Ti (S32168)	GB/T 14976	≤28	137	114	103	96	90	85	82	80	78	76	75	74	58	44	33	25	18	13				
0Cr17Ni12Mo2 (S31608)	GB 13296	≤14	137	137	137	134	125	118	113	111	109	107	106	105	96	81	65	50	38	30				
0Cr17Ni12Mo2 (S31608)	GB/T 14976	≤28	137	117	107	99	93	87	84	82	81	79	78	78	76	73	65	50	38	30				
0Cr17Ni12Mo2 (S31608)	GB 13296	≤14	137	137	137	134	125	118	113	111	109	107	106	105	96	81	65	50	38	30				
0Cr17Ni12Mo2 (S31608)	GB/T 14976	≤28	137	117	107	99	93	87	84	82	81	79	78	78	76	73	65	50	38	30				
00Cr17Ni14Mo2 (S31603)	GB 13296	≤14	117	117	117	108	100	95	90	86	84													
00Cr17Ni14Mo2 (S31603)	GB/T 14976	≤28	117	97	87	80	74	70	67	64	62													
0Cr18Ni12Mo2Ti (S31668)	GB 13296	≤14	137	137	137	134	125	118	113	111	109	107												
0Cr18Ni12Mo2Ti (S31668)			137	117	107	99	93	87	84	82	81	79												

资料来源：摘自 GB 150.2—2011。

质，密度 ρ 为 $1100kg/m^3$，介质有弱腐蚀性。采用双面对接焊，局部无损探伤。试选择罐体材料并确定罐体名义厚度。

解 （1）选择罐体材料

由于介质有弱腐蚀，故选用 Q345R 作为罐体材料。

（2）确定各设计参数

因塔体上装有安全阀，则设计压力为 $p=1.5\times(1.05\sim1.1)$，取 $p=1.6MPa$。

液柱静压力 $p_L=\rho gh=1100\times9.8\div10^9\times2000\approx0.022$ （MPa）。

$5\%p=0.05\times1.6=0.08MPa$，液柱静压力 $p_L<5\%p$，故可忽略。

所以 $p_c=p=1.6MPa$。

查表 2-3，取设计温度 $t=60℃$。

查表 2-5，罐体双面对接焊，局部无损检测，焊接接头系数 $\phi=0.85$。

查表 2-9，Q345R 在 $t=60℃$ 的许用应力 $[\sigma]^t=189MPa$（假设名义厚度在 3～16mm 之间）。

（3）确定罐体壁厚

计算厚度 $\delta=\dfrac{p_cD_i}{2[\sigma]^t\phi-p_c}=\dfrac{1.6\times2000}{2\times189\times0.85-1.6}\approx10.00$ （mm）。

查表 2-6，钢板厚度负偏差 $C_1=0.8$ （mm）。

取腐蚀裕量 $C_2=2mm$，厚度附加量 $C=C_1+C_2=2.8$ （mm）。

设计厚度 $\delta_d=\delta+C_2=10.00+2=12.00$ （mm），

$\delta_n=\delta_d+C_1+\Delta=12.00+0.8+1.2=14$ （mm）

按钢板厚度规格向上圆整后取罐体名义厚度 $\delta_n=14mm$，此值在初始假设的厚度范围之间。

📝 任务训练

一、填空

1. 容器筒体一般由_____而成（除直径较小时可采用无缝钢管制作外）。

2. 在化工、石油、冶金等工业中，许多大容量储罐都采用_____。但因球形容器制造比较复杂，因此通常对于直径小于 3m 的容器仍为_____形。

3. _____厚度是保证容器强度要求的最小值。

4. 当容器上装有安全阀时，设计压力 p 不得低于_____，一般取安全阀整定压力等于 1.05～1.1 倍容器的工作压力。

5. 当容器上装有爆破片时，设计压力 p 不得低于爆破片的爆破压力。其值可以根据爆破片的类型确定，通常可取_____倍最高工作压力。

二、判断

（ ）1. 当相同的条件下，球壳容器的壁厚约为圆筒体容器壁厚的一半。

（ ）2. 在设计条件下得到的筒体设计厚度，加上钢材厚度负偏差后向上圆整至钢材标准规格的厚度称为设计厚度。

（ ）3. 工作压力是指在正常工作情况下，容器顶部在工作过程中可能达到的最高压力（表压）。

（ ）4. 对碳素钢制容器，δ_{min} 不小于 3mm；对低合金钢、高合金钢制容器 δ_{min} 不小于 2mm。

三、选择

1. 受气体压力作用的薄壁圆筒，其环向应力和轴向应力的关系是（   ）。

A. 环向应力是轴向应力的 2 倍　　　　　　B. 轴向应力是环向应力的 2 倍

C. 环向应力和轴向应力一样大

2. 有效厚度一定不小于（   ）。

A. 名义厚度　　　　　B. 计算厚度　　　　　C. 设计厚度
3. 压力容器设计时的计算压力是指（　　）。
A. 正常操作情况下容器顶部出现的最高压力
B. 设定的容器顶部的最高压力
C. 用以确定元件厚度的压力
4. 对于压力容器，以下说法正确的是（　　）。
A. 压力容器的最高工作压力大于设计压力
B. 压力容器的设计压力小于安全阀的开启压力
C. 压力容器受压元件金属表面温度不得超过钢材的允许使用温度
5. 已知压力容器圆筒体的名义壁厚为12mm，壁厚附加量为2mm，则有效壁厚为（　　）mm。
A. 12/2=6　　　　　B. 12×2=24　　　　　C. 12-2=10
6. 某一圆筒形压力容器，其工作压力为2.8MPa，安全阀的整定压力为3MPa，则计算壁厚时，其设计压力可为（　　）MPa。
A. 2.8　　　　　　B. 2.95　　　　　　C. 3
7. 计算容器厚度时，需考虑厚度附加量C，C包含（　　）。
A. 厚度负偏差　　　　B. 腐蚀裕量　　　　C. 厚度负偏差和腐蚀裕量
8. 工作温度与设计温度的关系为（　　）。
A. 工作温度高于设计温度　　　　　　　　B. 工作温度低于设计温度
C. 工作温度高于或低于设计温度

四、计算

1. 某化工厂欲设计一台石油气分离工程中的乙烯精馏塔。工艺要求为：塔体内径 $D_i=800$mm；工作压力 $p_w=2.0$MPa，塔体上装有安全阀，工作温度 $t=-20\sim-3℃$。采用双面对接焊，全部无损探伤。试选择塔体材料并确定塔体厚度。

2. 设计一台不锈钢制（S30408）承压容器，工作压力为1.6MPa，装防爆片防爆，工作温度为150℃，容器内径为1.2m，纵向焊缝为双面对接焊，进行局部无损探伤，确定筒体厚度。

任务三　内压薄壁容器强度校核

 任务描述

掌握内压薄壁容器的强度校核方法。

 任务指导

工程中常常会有在役压力容器变更操作条件、久置容器改造使用等情况，这种情况下需计算容器的最大允许工作压力及操作工况下容器的强度，以确定容器的安全可靠性。若已知圆筒形及球形容器的温度、压力、壁厚等条件，对式（2-10）、式（2-11）稍加变形则可得到相应的最大允许工作压力计算公式及设计温度下圆筒及球壳的强度校核公式。

① 设计温度下圆筒的最大允许工作压力为：

$$[p_w]=\frac{2\delta_e[\sigma]^t\phi}{D_i+\delta_e}\leqslant p_c \tag{2-12}$$

② 设计温度下圆筒的计算应力为：

$$\sigma^t=\frac{p_c(D_i+\delta_e)}{2\delta_e}\leqslant[\sigma]^t\phi \tag{2-13}$$

③ 设计温度下球壳的最大允许工作压力为：

$$[p_w] = \frac{4\delta_e[\sigma]^t \phi}{D_i + \delta_e} \leq p_c \qquad (2\text{-}14)$$

式中 δ_e——壳体的有效厚度，mm。

④ 设计温度下球壳的计算应力为：

$$\sigma^t = \frac{p_c(D_i + \delta)}{4\delta} \leq \phi[\sigma]^t \qquad (2\text{-}15)$$

式中其他各参数的意义及单位同前。

【任务示例 2-4】 某化工厂一圆筒形储存器久置未用，测得内径 1200mm，厚度为 10mm，材料为 Q345R 钢，常温工作，双面焊局部无损探伤，取壁厚附加量 $C=1.8$mm，问该容器能承受多大的压力。

解 圆筒的最大允许工作压力：

$$[p_w] = \frac{2\delta_e[\sigma]^t \phi}{D_i + \delta_e}$$

式中，有效厚度 $\delta_e = 10 - 1.8 = 8.2$ （mm），$D_i = 1200$mm

查表 2-9，$[\sigma]^t = 189$MPa

查表 2-5，焊接接头系数 $\phi = 0.85$，

将各参数值代入上式得：

$$[p_w] = \frac{2\delta_e[\sigma]^t \phi}{D_i + \delta_e} = \frac{2 \times 8.2 \times 189 \times 0.85}{1200 + 8.2} = 2.18 \text{（MPa）}$$

故该圆筒形储存器能承受的最大压力为 2.18MPa。

任务训练

1. 计算圆筒形容器的最大允许工作压力。该容器的材质为 Q345R，常温下工作，内径 $D_i = 4000$mm，壁厚 $\delta_n = 22$mm，取壁厚附加量 $C = 1.8$mm，采用双面焊，全部无损探伤。

2. 校核乙烯储罐强度。罐的内径 $D_i = 1500$mm。壁厚 $\delta_n = 16$mm，计算压力为 $p_c = 2.5$MPa，工作温度为 $-3.5℃$，材质为 Q345R，采用双面焊对接焊，局部无损检测，壁厚附加量 $C = 3$mm。

任务四　内压封头的设计计算

任务描述

熟悉封头的选型，了解各类封头的厚度计算方法。

任务指导

一、封头类型

封头又称端盖，按其结构形状可分为凸形封头、锥形封头和平板形封头三类，凸形封头包括半球形封头、椭圆形封头、碟形封头和球冠封头等，如图 2-10 所示。

1. 半球形封头

如图 2-10（a）所示，是由半个球壳构成的，大型（直径 $D_i > 2.5$m）半球形封头，通常将数块钢板先在水压机上用模具压制成型后再进行拼焊；小型半球形封头通常采取整体热成型的方法。半球形封头与球壳具有相同的优点。从受力来看，球形封头是最理想的结构形

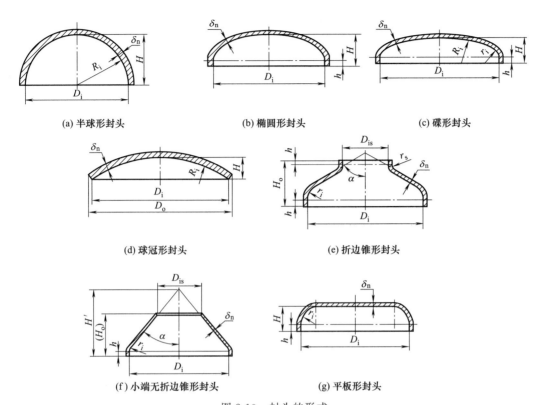

图 2-10 封头的形式

式，但缺点是深度大，直径小时整体冲压困难；大直径采用分瓣冲压，其拼焊工作量亦较大。因此对一般中、小直径的容器很少采用半球形封头。

2. 椭圆形封头

椭圆形封头如图 2-10（b）所示，是由半个椭球面和高度为 h 的短圆筒（通称为直边）两部分所构成。直边的作用是为了避免筒体与封头间的环向连接焊缝处出现边缘应力与热应力叠加，以改善封头与圆筒连接处的受力情况。直边 h 的取值见表 2-14。

表 2-14 椭圆形封头直边高度 h 的选用

封头材料	碳素钢		普通低合金钢	复合钢板	不锈钢、耐酸钢		
封头厚度 δ_n	4～8	10～18		≥20	3～9	10～18	≥20
直边高度 h	25	40		50	25	40	50

椭圆形封头各点曲率半径虽不一样，但变化是连续的，故封头中的应力分布比较均匀。另外椭圆形封头深度较半球形封头小得多，易于冲压成型，因此椭圆形封头是目前中、低压容器中应用较为普遍的一种。

理论分析证明，当椭圆形封头的长半轴与短半轴之比 $a/b \approx D_i/2h_i = 2$ 时，椭圆形封头的应力分布较好，且封头的壁厚与相连接的筒体壁厚大致相等，便于焊接、经济合理，所以我国将此定为标准椭圆形封头。

3. 碟形封头

碟形封头又称带折边的球形封头，由以 R_i 为半径的球面、以 r 为半径的过渡圆弧（即折边）和高度为 h 的直边三部分构成，如图 2-10（c）所示。在碟形封头中设置直边部分的作用与椭圆形封头相同，直边段 h 的取值同椭圆形封头。球面半径越大，折边半径越小，封头的深度将越浅，这对于加工成型有利。但是考虑到球面部分与过渡区连接处的局部高应力，规定碟形封头球面部分的半径一般不大于筒体内径（$R_i \leqslant D_i$），而折边内半径 r 在任何情况下均不得小于筒体内径的10%（$r \geqslant 10\% D_i$），且应不小于3倍封头名义壁厚。碟形封头的折边部位有较大的峰值应力存在，是封头的薄弱环节。

4. 球冠形封头

为了进一步降低凸形封头的高度，将碟形封头的直边及过圆弧部分去掉，只留下球面部分，这就构成了球冠形封头，如图2-10（d）所示。这种封头也称为无折边球形封头。该种封头与筒体连接处有较大的边缘应力存在。

5. 锥形封头

锥形封头是漏斗形状，便于设备底部的物料收集，锥形的壳体两端可以连接直径不一的筒体部分。因此，它被广泛应用于许多化工设备（如蒸发器、喷雾干燥器、结晶器及沉降器等）的底盖，便于物料收集并从底部放出；在塔设备中常用来作为变径段，连接上下直径不等的筒节。

锥形封头分为两端都无折边、大端有折边而小端无折边、两端都有折边三种形式，其结构如图2-11所示。

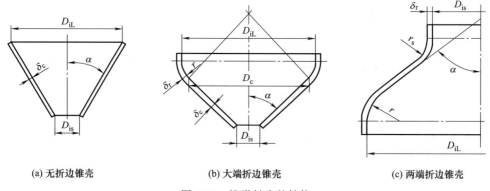

(a) 无折边锥壳　　　　(b) 大端折边锥壳　　　　(c) 两端折边锥壳

图 2-11　锥形封头的结构

工程设计中根据封头半顶角 α 的不同采用不同的结构形式，锥形封头的结构设计要求见表2-15，当半顶角 $\alpha > 60°$ 时，其厚度可按平盖计算或用应力分析方法确定。带折边的锥形封头由于折边的存在，使得封头与筒体连接处过渡平缓，有效地降低了峰值应力，因此，它的受力状况优于无折边锥形封头，但制造困难。

表 2-15　锥形封头折边设计要求

锥形封头半顶角 α	$\leqslant 30°$	$\leqslant 45°$	$\leqslant 60°$	$>60°$
锥壳大端	允许无折边	应有折边 $r \geqslant 10\% D_{iL}$，且 $\geqslant 3\delta_c$		按平盖计算（或应力分析）
锥壳小端	允许无折边		应有折边 $r \geqslant 5\% D_{is}$，且 $\geqslant 3\delta_c$	

6. 平板形封头

平板形封头又称平盖封头，有圆形、椭圆形、矩形和方形等多种形式，是使用最早的封头。常用的平板形封头是圆形平板封头。圆形平板封头与承受内压的圆筒体和其他形状的封头不同，封头在内压作用下发生的是弯曲变形，平板形封头内存在数值比其他形状封头大得多且分布不均匀的弯曲应力。因此，在相同情况下，它比各种凸形封头和锥形封头的厚度要大得多。由于这个缺点，平板形封头的应用受到很大限制，承压设备的封头一般不采用平板形。但是，由于平板形封头结构简单，制造方便，故在压力不高，直径较小的容器中，压力容器上常需要拆卸的人孔、手孔的盖，操作时需要用盲板封闭的地方等都可采用平板形封头。

另外，在高压容器中，平板形封头用得较为普遍。这是因为高压容器的封头很厚，直径又相对较小，凸形封头的制造较为困难。

综上所述：从承压能力的角度来看，半球形封头、椭圆形封头最好，碟形封头、带折边的锥形封头次之，而球冠形封头、不带折边的锥形封头和平板形封头较差。

二、几种常用内压封头的壁厚设计

1. 半球形封头

参照球壳的厚度计算方法。

2. 椭圆形封头

椭圆形封头中最大应力的位置和大小均随其长短轴之比 a/b 值（约为 $D_i/2h_i$ 值）的变化而改变，容器标准中引入封头最大应力与壳体环向应力的比值 K 来反映 $D_i/2h_i$ 的影响。

椭圆形封头的设计计算公式为：

$$\delta_h = \frac{Kp_cD_i}{2[\sigma]^t\phi - 0.5p_c} \tag{2-16}$$

式中 δ_h——椭圆形封头的计算厚度，mm；

D_i——封头内直径，mm；

p_c——计算压力（表压），MPa；

$[\sigma]^t$——封头材料在设计温度下的许用应力，MPa；

ϕ——焊接接头系数，若为整块钢板制造，则 $\phi=1.0$。

K——椭圆形封头的形状系数，K 值可按式（2-17）计算，也可按表 2-16 选用。标准椭圆形封头的形状系数 $K=1.0$。

$$K = \frac{1}{6}\left[2+\left(\frac{D_i}{2h_i}\right)^2\right] \tag{2-17}$$

式中 h_i——封头曲面高度，mm。

表 2-16 椭圆形封头形状系数 K 值

$D_i/2h_i$	2.6	2.5	2.4	2.3	2.2	2.1	2.0	1.9	1.8
K	1.46	1.37	1.29	1.21	1.14	1.07	1.00	0.93	0.87
$D_i/2h_i$	1.7	1.6	1.5	1.4	1.3	1.2	1.1	1.0	
K	0.81	0.76	0.71	0.66	0.61	0.57	0.53	0.50	

当椭圆形封头 $D_i<1200$mm 时，一般用整块钢板冲压成型，此时 $\phi=1$；当 $D_i \geqslant 1200$mm 时，因受钢板尺寸的限制，需要由几块钢板拼焊成坯料，然后加热冲压成型，此时 ϕ 值根据焊接结构及无损检测情况而定。

椭圆形封头的最大允许工作压力按式（2-18）计算：

$$[p_w] = \frac{2[\sigma]^t\phi\delta_{eh}}{KD_i + 0.5\delta_{eh}} \tag{2-18}$$

式中 $[p_w]$——封头最大的允许工作压力，MPa；

δ_{eh}——封头的有效厚度，mm。

$D_i/2h_i \leqslant 2$ 的椭圆形封头的有效厚度应不小于封头内直径的 0.15%，$D_i/2h_i > 2$ 的椭圆形封头的有效厚度应不小于封头内直径的 0.30%。但当确定封头厚度时已考虑了内压下的弹性失稳问题，可不受此限制。

3. 碟形封头

在建立其厚度计算公式时，采用了与椭圆形封头类似的方法，引入形状系数或应力增强系数 M，得到碟形封头厚度计算公式，即：

$$\delta_h = \frac{Mp_c R_i}{2[\sigma]^t \phi - 0.5 p_c} \tag{2-19}$$

式中 M——碟形封头形状系数，$M = \frac{1}{4}\left(3 + \sqrt{\frac{R_i}{r}}\right)$，也可按表 2-17 查取；

R_i——碟形封头球面部分内半径，mm；

r——碟形封头过渡段转角内半径，mm。

表 2-17 碟形封头形状系数 M

R_i/r	1.0	1.25	1.50	1.75	2.0	2.25	2.50	2.75	3.0	3.25	3.5	4.0
M	1.00	1.03	1.06	1.08	1.10	1.13	1.15	1.17	1.18	1.20	1.22	1.25
R_i/r	4.5	5.0	5.5	6.0	6.5	7.0	7.5	8.0	8.5	9.0	9.5	10.0
M	1.28	1.31	1.34	1.36	1.39	1.41	1.44	1.46	1.18	1.50	1.52	1.54

碟形封头球面半径越大，过渡圆弧半径 r 越小，封头的深度将越浅，制造方便，但是边缘应力也越大。碟形封头球面部分的内半径应不大于封头的内直径，封头转角内半径应不小于封头内直径的 10%，且不得小于 3 倍封头的名义厚度 δ_{nh}。

GB 150 中推荐取 $R_i = 0.9 D_i$，$r = 0.17 D_i$，$M = 1.33$ 的碟形封头可视为标准碟形封头。这时球面部分的壁厚与圆筒相近，封头深度也不大，便于制造。

碟形封头的最大允许工作压力按式（2-20）计算：

$$[p_w] = \frac{2[\sigma]^t \phi \delta_{eh}}{MR_i + 0.5\delta_{eh}} \tag{2-20}$$

对于 $R_i/r \leqslant 5.5$ 的碟形封头，其有效厚度应不小于封头内直径的 0.15%，其他碟形封头的有效厚度应不小于封头内直径的 0.30%。但当确定封头厚度时已考虑了内压下的弹性失稳问题可不受此限制。

【任务示例 2-5】 按任务示例 2-3 的条件分别确定半球形封头、椭圆形封头、碟形封头的厚度，并选择合适的封头形式。

解 已知：$p_c = p = 1.6\text{MPa}$，许用应力 $[\sigma]^t = 189\text{MPa}$，$D_i = 2000\text{mm}$，$\phi = 0.85$。取钢板厚度负偏差 $C_1 = 0.8\text{mm}$（估计壁厚 8~25mm），腐蚀裕量 $C_2 = 2\text{mm}$。

(1) 半球形封头

半球形封头的计算厚度为：

$$\delta_h = \frac{p_c D_i}{4[\sigma]^t \phi - p_c} = \frac{1.6 \times 2000}{4 \times 189 \times 0.85 - 1.6} = 4.99 \text{ (mm)}$$

半球形封头的名义厚度为：

$$\delta_{nh} = 4.99 + 2 + 0.8 + \Delta = 8 \text{ (mm)}$$

即半球形封头的名义厚度按钢板厚度规格向上圆整后为 8mm。

(2) 椭圆形封头

采用标准椭圆形封头，$K = 1.0$，其他参数同半球形。

标准椭圆形封头计算厚度为：

$$\delta_\mathrm{h} = \frac{kp_\mathrm{c}D_\mathrm{i}}{2[\sigma]^t\phi - 0.5p_\mathrm{c}} = \frac{1.0 \times 1.6 \times 2000}{2 \times 189 \times 0.85 - 0.5 \times 1.6} = 9.97 \text{ (mm)}$$

标准椭圆形封头名义厚度为：

$$\delta_\mathrm{nh} = 9.97 + 2 + 0.8 + \Delta = 14 \text{ (mm)}$$

即标准椭圆形封头名义厚度按钢板厚度规格向上圆整后为 $\delta_\mathrm{n} = 14\text{mm}$。

(3) 碟形封头

采用 GB 150 中推荐的 $R_\mathrm{i} = 0.9D_\mathrm{i}$，$r = 0.17D_\mathrm{i}$ 的标准碟形封头，其形状系数 $M = 1.33$。

标准碟形封头计算厚度为：

$$\delta_\mathrm{h} = \frac{Mp_\mathrm{c}R_\mathrm{i}}{2[\sigma]^t\phi - 0.5p_\mathrm{c}} = \frac{1.33 \times 1.6 \times 0.9 \times 2000}{2 \times 189 \times 0.85 - 0.5 \times 1.6} = 11.9 \text{ (mm)}$$

标准碟形封头名义厚度为：

$$\delta_\mathrm{nh} = 11.9 + 2 + 0.8 + \Delta = 16 \text{ (mm)}$$

即标准碟形封头名义厚度按钢板厚度规格向上圆整后为 16mm。

根据上述计算可知：半球形封头受力最好，壁最薄、质量小，但深度大，制造较难，故中、低压小设备不宜采用；碟形封头比较浅，制造比较容易，但碟形封头母线曲率不连续，存在边缘应力，故受力不如椭圆形封头，且封头比筒体厚度大了 2mm，结构不合理。因此，从强度结构和制造等方面考虑，以采用标准椭圆形封头最为理想。

4. 锥形封头

(1) 受内压无折边锥形封头

无折边锥形封头或锥形筒体适用于锥形封头半顶角 $\alpha \leqslant 30°$。

锥壳计算厚度按式（2-21）计算：

$$\delta_\mathrm{c} = \frac{p_\mathrm{c}D_\mathrm{c}}{2[\sigma]_\mathrm{c}^t\phi - p_\mathrm{c}} \times \frac{1}{\cos\alpha} \tag{2-21}$$

式中　D_c——锥壳计算内直径（取锥壳大端内直径），mm；

　　　δ_c——锥壳计算厚度，mm；

　　　p_c——计算压力，MPa；

　　　$[\sigma]_\mathrm{c}^t$——设计温度下锥壳所用材料的许用应力，MPa；

　　　ϕ——焊接接头系数；

　　　α——锥壳半顶角，(°)。

对无折边锥形封头来说，锥体大、小端与筒体连接处存在着较大的边缘应力，由于边缘应力的影响，有时在连接处需要加强。

① 锥体大端　锥体大端与圆筒连接时，应按以下步骤确定连接处锥壳大端的厚度：

先根据半顶角 α 及 $\dfrac{p_\mathrm{c}}{[\sigma]^t\phi}$，按图 2-12 判定大端连接处是否需要加强。当其交点位于曲线的上方时，不必局部加强；当其交点位于曲线下方时，则需要局部加强。

无需加强时，锥体大端壁厚按式（2-21）计算。

如果需要加强，则应在锥壳与圆筒之间设置加强段，锥壳大端加强段和与其连接的圆筒加强段应具有相同的厚度 δ_r。

当 $\delta/R_\mathrm{L} < 0.002$ 时，按式（2-22）确定加强段厚度。

$$\delta_\mathrm{r} = 0.001Q_1D_\mathrm{iL} \tag{2-22}$$

当 $\delta/R_\mathrm{L} \geqslant 0.002$ 时，则按式（2-23）确定加强段厚度。

式中 δ——与锥壳大端相连的圆筒计算厚度，mm；
R_L——锥壳大端直边段中间半径，mm。

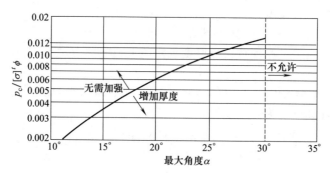

图 2-12 确定锥壳大端连接处的加强图

$$\delta_r = \frac{Q_1 p_c D_{iL}}{2[\sigma]^t \phi - p_c} \tag{2-23}$$

式中 δ_r——锥壳大端及其相邻圆筒加强段的计算厚度，mm；
Q_1——应力增值系数，由图 2-13 查取；
D_{iL}——锥壳大端内直径，mm。

应力增值系数 Q_1 与 ($p_c/[\sigma]^t \phi$) 及 α 值有关。由图 2-13 查取，中间值用内插法。在任何情况下，加强段的厚度不得小于相连接的锥壳厚度。锥壳加强段的长度 L_1 不应小于 $\sqrt{\dfrac{2D_{iL}\delta_r}{\cos\alpha}}$，圆筒加强段长度 L 不小于 $\sqrt{2D_{iL}\delta_r}$。

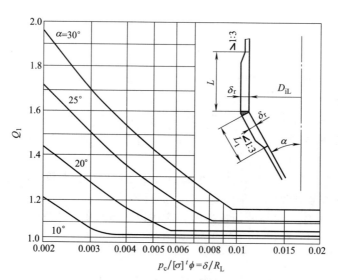

图 2-13 锥壳大端连接处的 Q_1 值图

② 锥形封头小端 与大端计算方法相似，根据半顶角 α 及 $\dfrac{p_c}{[\sigma]^t \phi}$，按图 2-14 判定小端是否需要加强，若无需加强，则小端无加强段。锥体小端壁厚按式（2-20）计算。如需要增加厚度时，则应在锥壳与圆筒之间设置加强段，封头小端加强段和与其连接的圆筒加强段应具有相同的厚度。

当 $\delta/R_S < 0.002$ 时，按式（2-24）确定加强段厚度。

$$\delta_r = 0.001 Q_2 D_{is} \tag{2-24}$$

当 $\delta/R_S \geqslant 0.002$ 时，则按式（2-25）确定加强段厚度。

$$\delta_r = \frac{Q_2 p_c D_{is}}{2[\sigma]^t \phi - p_c} \tag{2-25}$$

式中 δ——与锥壳小端相连的圆筒计算厚度，mm；

R_S——锥壳小端直边段中面半径，mm；

δ_r——锥壳小端及其相邻圆筒加强段的计算厚度，mm；

Q_2——封头小端应力增值系数，由图 2-15 查取；

D_{is}——锥壳小端内直径，mm。

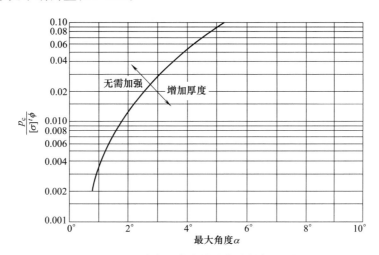

图 2-14 确定锥壳小端连接处的加强图

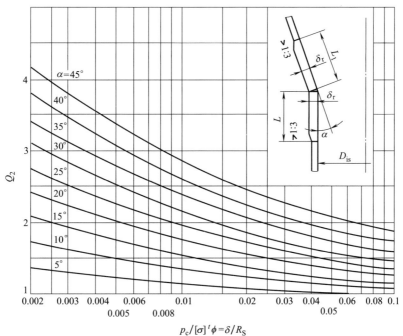

图 2-15 锥壳小端连接处的 Q_2 值图

其余符号意义及单位同前。应力增值系数 Q_2 与 $(p_c/[\sigma]^t\phi)$ 及 α 值有关。由图 2-15 查取，中间值用内插法。封头小端加强段的厚度不得小于相连接的锥壳厚度。锥壳加强段的长度 L_1 应不小于 $\sqrt{\dfrac{D_{is}\delta_{r2}}{\cos\alpha}}$，圆筒加强段长度 L 不小于 $\sqrt{D_{is}\delta_{r2}}$。

(2) 受内压带折边锥形封头

为了减少锥形封头与圆筒连接处的局部应力，常采用带折边的锥形封头以降低因结构不连续而引起的边缘应力。最常用的是半顶角为 30°和 45°的折边锥形封头。

① 带折边锥形封头大端　厚度取下列两计算值之大值。

过渡段厚度：

$$\delta_r = \frac{Kp_c D_{iL}}{2[\sigma]_c^t \phi - 0.5p_c} \tag{2-26}$$

与过渡段相连处的锥壳厚度：

$$\delta = \frac{fp_c D_{iL}}{[\sigma]_c^t \phi - 0.5p_c} \tag{2-27}$$

式中　K——系数，其值见表 2-18；

f——系数，其值见表 2-19，$f = \dfrac{1 - \dfrac{2r}{D_{iL}}(1-\cos\alpha)}{2\cos\alpha}$；

r——锥形封头大端过渡区内半径，mm；

D_{iL}——锥形封头大端内直径，mm。

表 2-18　系数 K 值

α	r/D_i					
	0.10	0.15	0.20	0.30	0.40	0.50
10°	0.6644	0.6111	0.5789	0.5403	0.5168	0.5000
20°	0.6956	0.6357	0.5986	0.5522	0.5223	0.5000
30°	0.7544	0.6819	0.6357	0.5749	0.5329	0.5000
35°	0.7980	0.7161	0.6629	0.5914	0.5407	0.5000
40°	0.8547	0.7604	0.6981	0.6127	0.5506	0.5000
45°	0.9253	0.8181	0.7440	0.6402	0.5635	0.5000
50°	1.0270	0.8944	0.8045	0.6765	0.5804	0.5000
55°	1.1608	0.9980	0.8859	0.7249	0.6028	0.5000
60°	1.3500	1.1433	1.0000	0.7923	0.6337	0.5000

资料来源：摘自 GB 150。

注：中间值用内插法。

表 2-19　系数 f 值

α	r/D_i					
	0.10	0.15	0.20	0.30	0.40	0.50
10°	0.5062	0.5055	0.5047	0.5032	0.5017	0.5000
20°	0.5257	0.5225	0.5193	0.5128	0.5064	0.5000
30°	0.5619	0.5542	0.5465	0.5310	0.5155	0.5000
35°	0.5883	0.5773	0.5663	0.5442	0.5221	0.5000
40°	0.6222	0.6069	0.5916	0.5611	0.5305	0.5000
45°	0.6657	0.6450	0.6243	0.5828	0.5414	0.5000
50°	0.7223	0.6945	0.6668	0.6112	0.5556	0.5000
55°	0.7973	0.7602	0.7230	0.6486	0.5743	0.5000
60°	0.9000	0.8500	0.8000	0.7000	0.6000	0.5000

资料来源：摘自 GB 150。

注：中间值用内插法。

② 带折边锥形封头小端　根据锥形封头半顶角 α 值的不同，分三种情况进行讨论：

当锥壳半顶角 α≤45°时，若采用小端无折边，其小端厚度与无折边锥形封头小端厚度计算方法相同；如需采用小端有折边，其小端过渡段厚度按式（2-24）计算，式中 Q_2 值由图 2-15 查取。

当锥形封头半顶角 45°<α≤60°时，小端过渡段厚度仍按式（2-24）计算，但式中 Q_2 值由图 2-16 查取。

与过渡段相接的锥壳和圆筒的加强段厚度应与过渡段厚度相同。锥壳加强段的长度 L_1 应不小于 $\sqrt{\dfrac{D_{is}\delta_r}{\cos\alpha}}$；圆筒加强段的长度 L 应不小于 $\sqrt{D_{is}\delta_r}$。

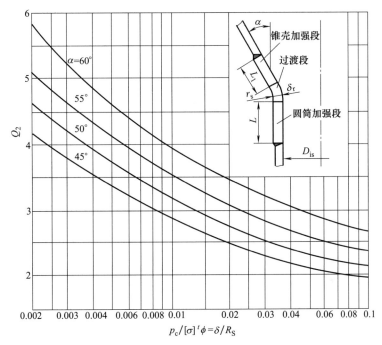

图 2-16　锥壳小端带过渡段连接 Q_2 值图

当锥壳半顶角 α>60°时，按平板设计。

无论在哪种情况下，加强段的厚度不得小于相连接处的锥壳厚度。当考虑折边封头只由一种厚度组成时，为制造方便应取上述各部分厚度中的最大值作为整个封头的厚度。

锥形封头的结构强度比半球形和椭圆形差，但优于平板形封头，锥形封头与筒体的连接应采用全焊透焊缝。

5. 圆形平盖厚度

平盖的壁厚按式（2-28）计算：

$$\delta_p = D_c\sqrt{\dfrac{Kp_c}{[\sigma]^t\phi}} \tag{2-28}$$

式中　δ_p——平盖计算壁厚，mm；
　　　D_c——平盖计算直径，见表 2-20，mm；
　　　K——平盖结构特征系数，见表 2-20；
　　　$[\sigma]^t$——设计温度下平盖材料的许用应力，MPa。

其他符号意义和单位同前。

表 2-20 平盖系数 K 选择表

固定方法	序号	简图	结构特征系数 K	备注
与圆筒一体或对焊	1		0.145	仅适用于圆形平盖 $p_c \leqslant 0.6\text{MPa}$ $L \geqslant 1.1\sqrt{D_i \delta_e}$ $r \geqslant 3\delta_{ep}$
角焊缝或组合焊缝连接	2		圆形平盖 $0.44m$ ($m=\delta/\delta_e$),且不小于 0.3; 非圆形平盖 0.44	$f \geqslant 1.4\delta_e$
	3		圆形平盖 $0.44m$ ($m=\delta/\delta_e$),且不小于 0.3 非圆形平盖 0.44	$f \geqslant \delta_e$
	4		圆形平盖 $0.5m$ ($m=\delta/\delta_e$),且不小于 0.3 非圆形平盖 0.5	$f \geqslant 0.7\delta_e$
	5			$f \geqslant 1.4\delta_e$
锁底对接焊缝	6		$0.44m$ ($m=\delta/\delta_e$), 且不小于 0.3	仅适用于圆形平盖, 且 $\delta_1 \geqslant \delta_e + 3\text{mm}$

续表

固定方法	序号	简图	结构特征系数 K	备注
锁底对接焊缝	7		0.5	
螺栓连接	8		圆形平盖或非圆形平盖：0.25	仅适用于圆形平盖，且 $\delta_1 \geqslant \delta_e + 3\text{mm}$
螺栓连接	9		圆形平盖： 操作时， $0.3 + \dfrac{1.78 W L_G}{p_c D_c^3}$ 预紧时，$\dfrac{1.78 W L_G}{p_c D_c^3}$	
螺栓连接	10		非圆形平盖： 操作时， $0.3Z + \dfrac{6 W L_G}{p_c L a^2}$ 预紧时，$\dfrac{6 W L_G}{p_c L a^2}$	

【任务示例 2-6】 材料为 Q345R 的反应器，其设计压力为 1.5MPa，设计温度 400℃，筒体内径为 1200mm，装有安全阀，采用双面焊，局部无损探伤，求与之相连的半顶角为 $\alpha = 30°$ 的无折边锥形封头的厚度（锥壳大端与圆筒，锥壳材料与筒体相同）。

解 （1）锥体大端与圆筒连接，判定大端连接处是否需要加强。

查表 2-9，Q345R 在设计温度 $t = 400℃$ 时 $[\sigma]^t = 125\text{MPa}$（假设名义厚度在 3～16mm 之间）；

查表 2-5，双面对接焊，局部无损检测，焊接接头系数 $\phi = 0.85$；

$$\frac{p_c}{[\sigma]^t \phi} = \frac{1.6}{125 \times 0.85} = 0.015$$

根据半顶角 α 及 $\dfrac{p_c}{[\sigma]^t \phi}$ 查图 2-12 可知，大端不需要加强。

（2）确定锥壳计算厚度：

$$\delta_c = \frac{p_c D_c}{2[\sigma]_c^t \phi - p_c} \times \frac{1}{\cos\alpha} = \frac{1.6 \times 1200}{2 \times 125 \times 0.85 - 1.6} \times \frac{1}{\cos 30°} = 10.5 \text{（mm）}$$

(3) 确定锥壳名义厚度 δ_{nc}：

查表 2-6，取钢板厚度负偏差 $C_1=0.8mm$，取腐蚀裕量 $C_2=1.5mm$

则
$$\delta_{nc}=\delta_c+C_1+C_2+\Delta=14(mm)$$

即锥壳名义厚度为 14mm。

任务训练

一、填空

1. 在高压容器中，_____封头用得较为普遍。这是因为高压容器的封头很厚，直径又相对较小，凸形封头的制造较为困难。
2. 封头又称端盖，按其结构形状可分为_____封头、_____封头和_____封头三类。
3. 凸形封头包括_____封头、_____封头、_____和球冠封头四种。
4. 锥形封头分为_____与_____两种。

二、判断

(   ) 1. 一般中、小直径的容器很少采用半球形封头。
(   ) 2. 碟形封头是目前中、低压容器中应用最为普遍的一种。
(   ) 3. 在碟形封头中设置直边部分的作用与椭圆形封头相同。
(   ) 4. 当椭圆形封头 $D_i<1200mm$ 时，一般用整块钢板冲压成型，此时 $\phi=1$。
(   ) 5. 碟形封头球面半径越大，过渡圆弧半径 r 越小，封头的深度将越浅，制造方便，但是边缘应力也越大。

三、选择

1. 标准椭圆形封头 $D_i/2h_i$ 的比值为（   ）。
 A. 1　　　　　　　　B. 1.5　　　　　　　　C. 2
2. 从承压能力的角度来看，（   ）封头最好。
 A. 半球形　　　　　　B. 椭圆形　　　　　　C. 碟形
3. GB 150 中推荐取（   ）的碟形封头，可视为标准碟形封头。
 A. $R_i=0.9$，$r=0.17D_i$，$M=1.33$
 B. $R_i=0.8$，$r=0.17D_i$，$M=1.33$
 C. $R_i=0.8$，$r=0.17D_i$，$M=1.43$
4. 锥形封头的结构优于（   ）。
 A. 椭圆形封头　　　　B. 平板形封头　　　　C. 碟形封头

四、计算

1. 圆筒形容器材料为 Q245R，内径 $D_i=1600mm$，常温工作，工作压力为 1.5MPa，单面对接焊，全部无损探伤；介质无毒且非易燃、易爆；装有安全阀。确定分别采用半球形、标准椭圆形、标准碟形封头时其封头壁厚值。

2. 某化工厂一容器的下封头为无折边锥形封头，设计压力为 1.8MPa，设计温度为 300℃，装有安全阀，直径 $D_i=800mm$，腐蚀裕量 $C_2=1.5mm$，用 Q245R 钢制造，单面对接焊，局部无损探伤，试求半顶角 $\alpha=30°$ 时无折边锥形封头厚度。

3. 一不锈钢（06Cr19Ni10）反应釜，设计压力为 1.6MPa，设计温度为 320℃，双面对接焊，局部无损探伤，装有安全阀，圆筒釜体内径 $D_i=1200mm$，为方便出料，釜体底部为一大端带折边的锥壳，半顶角为 30°，试确定锥壳壁厚。

任务五　压力容器的耐压试验和泄漏试验

 任务描述

熟悉耐压试验和泄漏试验的目的、方法，掌握液压试验的要求与步骤。

任务指导

按强度、刚度计算确定出容器壁厚度，但由于材质、钢板弯卷、焊接及安装等制造加工过程的不完善，有可能导致容器不安全，会在规定的工作压力下发生过大变形或焊缝有渗漏现象，因此，新制造的容器或大检修后的容器在交付使用之前都必须进行耐压试验或泄漏试验，前者的试验目的主要是检验在超工作压力条件下容器的强度及密封结构和焊缝有无泄漏；后者是对密封性要求高的重要容器在强度合格后进行的泄漏检查。

一、耐压试验

1. 需要进行耐压试验对象

有下列情况之一的压力容器应当进行耐压试验。
① 根据工艺条件设计制造的新设备；
② 用焊接方法修理改造，更换主要受压元件的；
③ 改变使用条件，超过原设计参数且强度校核合格的；
④ 需要更换衬里的（重新更换衬里前进行耐压试验）；
⑤ 停止使用两年后重新复用的；
⑥ 从外单位拆来新安装的或本单位内部移装的；
⑦ 受压元件焊补深度大于 1/2 壁厚的；
⑧ 使用单位对压力容器的安全性能有怀疑的。

2. 耐压试验的通用要求

① 耐压试验前，压力容器各连接部位的紧固件，应当装配齐全，紧固妥当。
② 试验用压力表必须用两个量程相同并经校验的压力表，压力表的量程应为试验压力的 1.5～3 倍，宜为试验压力的 2 倍，试验用压力表应当安装在被试验压力容器顶部便于观察的位置。压力表的精度不得低于 1.6 级，表盘直径不得小于 100mm。容器的开孔补强应在压力试验前通入 0.4～0.5MPa 的压缩空气检查焊接接头质量。
③ 耐压试验时，压力容器上焊接的临时受压元件，应当采取适当的措施，保证其强度和安全性。
④ 耐压试验场地应当有可靠的安全防护设施，并且经过制造单位技术负责人和安全管理部门检查认可。
⑤ 耐压试验保压期间不得采用连续加压以维持试验压力不变，试验过程中不得带压拧紧紧固件或对受压元件施加外力。
⑥ 耐压试验后所进行的返修，如返修深度大于壁厚一半的容器，应重新进行耐压试验。
⑦ 带夹套容器应先进行内筒耐压试验，合格后再焊夹套，然后再进行夹套内的耐压试验。
⑧ 外压容器按内压容器进行耐压试验。

3. 耐压试验方法

耐压试验分为液压试验、气压试验以及气液组合试验。一般采用液压试验。在相同压力和容积下，试验介质的压缩系数越大，容器所储存的能量也越大，爆炸也就越危险。常温时，液体的压缩系数比气体要小得多，因而是常用的试验介质。只有因结构或支承等原因不能向容器内充灌水或其他液体，以及运行条件不允许残留液体时，如高塔，液压试验时液体重力可能超过基础承受能力时，才用气压试验。如果考虑重等原因无法进行液压试验，进行气压试验又耗时过长，则可以采用组合压力试验，如在进行大型压力容器的耐压试验过程中，可以采用注入部分液体，然后用压缩空气（氮气）来加压以代替液压试验。气液组合试验一般应按气压试验要求进行。

4. 液压试验

液压试验是将液体注满容器后，再用泵逐步增压到试验压力，检验容器的强度和致密性。图 2-17 所示为压力容器液压试验示意图。

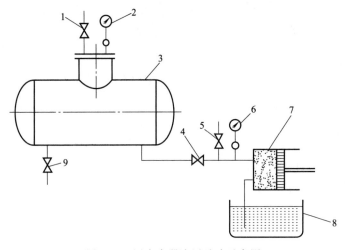

图 2-17　压力容器液压试验示意图
1—排气阀；2—压力表；3—容器；4—直通阀；5—安全阀；
6—压力表；7—试压泵；8—水槽；9—排液阀

（1）试验介质

供试验用的液体一般为洁净的水，需要时也可采用不会发生危险的其他液体，但试验时液体的温度应低于其闪点或沸点，并有可靠的安全措施。氯离子能破坏奥氏体不锈钢表面钝化膜，使其在拉应力作用下发生应力腐蚀破坏。因此奥氏体不锈钢制压力容器进行液压试验时，应控制水中的氯离子质量浓度不超过 25mg/L，并在试验后应立即将水渍清除干净。

（2）试验温度

在液压试验时，为防止材料发生低应力脆性破坏，液体温度不得低于容器壳体材料的韧脆转变温度。Q345R、Q370R、07MnMoVR 制容器进行液压试验时，液体温度不得低于 5℃；其他碳钢和低合金钢制容器进行液压试验时，液体温度不得低于 15℃；低温容器液压试验的液体温度应不低于壳体材料和焊接接头的冲击试验温度（取其高者）加 20℃。如果由于板厚等因素造成材料无塑性转变温度升高，则需相应提高试验温度。

（3）试验程序和步骤

① 试验时容器顶部应设有排气口，容器内的气体应当排净并充满液体，试验过程中，应保持容器观察表面的干燥。

② 当试验容器器壁金属温度与液体温度接近时，方可缓慢升压至设计压力，确认无泄漏后继续升压至规定的试验压力，保压时间一般不少于 30min，然后降至设计压力，保压足够时间进行检查，检查期间压力应保持不变。

③ 对于夹套容器，先进行内筒液压试验，合格后再焊夹套，然后进行夹套内的液压试验。

④ 液压试验完毕后，应将液体排尽并用压缩空气将内部吹干。

试验过程中应保持容器观察表面的干燥。

（4）液压试验合格标准

进行液压试验的压力容器，符合以下条件为合格。

① 无渗漏；

② 无可见的变形；

③ 试验过程中无异常的响声。

（5）试验压力的确定

试验压力是进行压力试验时规定容器应达到的压力,该值反映在容器顶部的压力表上。耐压试验的最低试验压力按照公式(2-29)计算。

$$p_T = \eta p \frac{[\sigma]}{[\sigma]^t} \tag{2-29}$$

式中　p_T——液压试验压力,MPa;
　　　η——耐压试验压力系数,按照表2-21选用;
　　　p——压力容器的设计压力或者压力容器铭牌上规定的最高允许工作压力(对在用压力容器为检验确定的允许使用压力或者监控使用压力),MPa;
　　　$[\sigma]$——容器元件材料在试验温度下的许用应力,MPa;
　　　$[\sigma]^t$——容器元件材料在设计温度下的许用应力,MPa。

在确定试验压力时需要注意如下几点:

① 容器铭牌上规定有最大允许工作压力时,公式中应以最大允许工作压力替代设计压力 p;

② 压力容器各主要受压元件,如筒体、封头、接管、设备法兰(或者人、手孔法兰)及其紧固件等所用材料不同时,应取各元件材料 $[\sigma]/[\sigma]^t$ 比值中最小者;

③ $[\sigma]^t$ 不得低于材料受抗拉强度和屈服强度控制的许用应力最小值。

表2-21　耐压试验的压力系数

压力容器的材料	压力系数 η	
	液(水)压	气压、气液组合
钢和有色金属	1.25	1.10
铸铁	2.00	—

(6) 试验应力校核

耐压试验时,由于容器承受的试验压力 p_T 高于设计压力 p,因此在耐压试验前,应校核各受压元件在受压条件下的应力水平。要求在试验压力下圆筒产生的最大应力不超过圆筒材料在试验温度(常温)下屈服点的90%,即:

$$\sigma_T = \frac{p_T(D_i + \delta_e)}{2\delta_e} \leqslant 0.9 R_{eL}(R_{p0.2})\phi \tag{2-30}$$

式中　σ_T——试验压力下圆筒的应力,MPa;规定塑性伸长率为0.2%时的应力;
　　　D_i——圆筒内直径,mm;
　　　δ_e——圆筒的有效厚度,mm;
　　　R_{eL}——材料在试验温度下的屈服强度,MPa;
　　　$R_{p0.2}$——材料在试验温度下的规定塑性抗拉强度(材料没有明显屈服现象时,伸长率为0.2%时的应力),MPa。

计算试验压力时需注意以下两点:

① 对立式容器采用卧置进行液压试验时,试验压力应计入立置试验时的液柱静压力,即试验压力为 $p'_T = p_T + p_L$。

② 工作条件下内装介质的液柱静压力大于液压试验的液柱静压力时,应适当考虑相应增加试验压力。

5. 气压试验和气液组合压力试验

气压试验和气液组合压力试验应有安全措施,试验单位的安全管理部门应当派人进行现场监督。

(1) 试验介质

试验所用的气体应为干燥洁净的空气、氮气或其他惰性气体,试验液体与液压试验的规定相同。容器作定期检查时若其内有残留易燃气体存在将导致爆炸时,则不得使用空气作为试验介质,对高压及超高压容器不宜采用气压试验。

(2) 试验温度

气压试验和气液组合压力试验的试验温度要求与液压试验相同。

(3) 试验程序和步骤

试验时应先缓慢升压至规定试验压力的10%,保压5min,并且对所有焊接接头和连接部位进行初次检查,确认无泄漏后,再继续升压至规定试验压力的50%;如无异常现象,其后按规定试验压力的10%逐级升压,直到规定的试验压力,保压10min;然后降至设计压力,保压足够时间后进行检查,检查期间后压力应保持不变。

(4) 气压试验和气液组合压力试验的合格标准

对于气压试验,容器应无异常声响,经肥皂液或其他检漏液检查无漏气,无可见的变形;对于气液组合压力试验,应保持容器外壁干燥,经检查无液体泄漏后,再以肥皂液或其他检漏液检查无漏气,无异常声响,无可见的变形。

(5) 试验压力的确定

气压试验的试验压力略低于液压试验的试验压力,其值为:

$$p_T = 1.10 p \frac{[\sigma]}{[\sigma]^t} \tag{2-31}$$

式中各符号的含义同液压实验。

(6) 试验应力校核

气压试验时要求在试验压力下圆筒产生的最大应力不超过圆筒材料在试验温度(常温)下屈服点的80%,即:

$$\sigma_T = \frac{p_T(D_i + \delta_e)}{2\delta_e} \leqslant 0.8 R_{eL}(R_{p0.2})\phi \tag{2-32}$$

式中 p_T——气压试验压力,MPa。

其余符号意义同前。

【任务示例2-7】 试对任务示例2-3中储缸进行液压试验前的应力校核。已知:设计压力 $p=1.6$,工作温度 $t_w=40℃$,双面对接焊局部无损探伤,罐体材料Q345R,$C_2=2mm$,筒体名义厚度 $\delta_n=14mm$。

解 (1) 试验压力的确定

查表2-9,Q345R在试验温度下的许用应力与设计温度下的许用应力相同,即:

$$[\sigma] = [\sigma]^t = 189 MPa$$

由式(2-28)确定试验压力:

$$p_T = 1.25 p \frac{[\sigma]}{[\sigma]^t} = 1.25 \times 1.6 \times \frac{189}{189} = 2.0 (MPa)$$

(2) 试验应力校核

液压试验时应满足的条件为:

$$\sigma_T = \frac{(p_T + p_L)(D_i + \delta_e)}{2\delta_e} \leqslant 0.9 R_{eL}\phi$$

Q345R在试验温度时屈服强度 $R_{eL}=345MPa$;

查表2-6,钢板厚度负偏差 $C_1=0.8mm$;

$\delta_e = \delta_n - C = 14 - 2.8 = 11.2$ (mm);

由任务示例 2-3 可知,液柱静压可忽略不计,取 $p_L=0$;

则:$\sigma_T = \dfrac{p_T(D_i+\delta_e)}{2\delta_e} = \dfrac{2.0\times(2000+11.2)}{2\times 11.2} = 179.6(\text{MPa})$

$$0.9R_{eL}\phi = 0.9\times 345\times 0.85 = 263.9(\text{MPa})$$

179.6MPa<263.9MPa,即 $\sigma_T < 0.9R_{eL}\phi$,所以液压试验时容器强度满足要求。

二、泄漏试验

耐压试验合格后,对于盛装毒性危害程度为极度、高度危害介质或者设计上不允许有微量泄漏的压力容器,应当进行泄漏试验。

泄漏试验根据试验介质的不同,分为气密性试验以及氨检漏试验、卤素检漏试验和氦检漏试验等。

气压试验合格的压力容器,是否需要再做泄漏试验,需要设计单位在图样上做出规定。

1. 气密性试验

气密性试验所用气体要求与气压实验相同,应为干燥洁净的空气、氮气或其他惰性气体。气密性试验压力为容器的设计压力。试验时压力应缓慢上升,达到规定压力后保持足够长的时间,对所有焊接接头和连接部位进行泄漏检查。

气密性试验可采用气泡试验法和沉水试验法两种。气泡试验法是在受压容器内部充以一定压力的气体,在待检外部涂刷肥皂水等吹泡剂,由泄漏部位形成的气泡来指示泄漏和泄漏位置;沉水试验法是将受压元件沉入水中,内部充以压缩空气,当压力升至规定的试验压力时,观察待检部位有无气泡,以此检测设备有无泄漏,此方法适用于小型压力容器及换热器与管板连接部位等的泄漏试验。

2. 氨检漏试验

氨检漏试验是利用氨易溶于水、在微湿空间极易渗透检漏的特点,在压力容器中充入100%、30%或10%氨气,然后通过观察覆在可疑表面上试纸或试布颜色的改变来确定漏孔位置。根据设计图样的要求,可采用氨-空气法、氨-氮气法、100%氨气法等氨检漏方法。氨的浓度、试验压力、保压时间由设计图样规定。

3. 卤素检漏试验

卤素检漏的原理是金属铂在800~900℃温度下会发生正离子发射,当遇到卤素气体时,这种发射会急剧增加,称为"卤素效应"。卤素检漏试验是将压力容器抽真空后,用含有卤素(氟、氯、溴、碘)的气体为示漏气体(如氟里昂、氯仿、碘仿、四氯化碳等),在压力容器的待检部位用卤素检漏仪的铂离子吸气探针探测受检部位的泄漏情况。假如有卤素气体从压力容器泄漏,正离子发射将加剧,因此电极间电阻降低,离子流增高,经检漏仪电流放大,用电表与声响来指示卤素气体的泄漏。卤素检漏仪由传感器(铂电极间热式二极管)、测量线路(稳压器、直流放大器、音频发生器和整流器等)和气路三大部分组成。

卤素检漏试验时,容器内的真空度要求、采用的卤素气体的种类、试验压力、保压时间以及试验操作程序,按照设计图样的要求执行。

4. 氦检漏试验

氦检漏试验是将压力容器抽真空后,利用氦压缩气体作为示漏气体,在压力容器的待检部位用氦质谱仪的吸气探针探测受检部位的泄漏情况。对工件的清洁度和试验环境要求高,一般仅对有特殊要求的设备才采用这种检漏方法。

各种检漏试验方法的适用范围和灵敏度比较见表 2-22。

表 2-22　各种检漏试验方法的适用范围

泄漏监测方法		适用范围
气密性试验	气泡试验	无特殊要求的设备
	沉水试验	小型容器或有泄漏率要求的设备
氨检漏试验		衬里设备焊缝或有较高致密性要求的设备
卤素检漏试验		有较高致密性要求的设备
氦检漏试验		有更高致密性要求的设备,如盛装高度和极度危害介质的容器

任务训练

一、填空

1. 压力试验的目的是检验容器在_____条件下容器的宏观_____;检验_____的可靠性及_____的致密性。
2. 耐压试验有_____、_____和_____三种。
3. 耐压试验必须用___个量程相同并经过校正的压力表,压力表的量程在试验压力的___倍左右为宜,不应低于___倍和高于___倍的试验压力。
4. 耐压试验合格后,对于_____或者设计上不允许有微量泄漏的压力容器,应当进行泄漏试验。
5. 泄漏试验根据试验介质的不同,分为_____、_____、_____和_____等。

二、判断

(　　) 1. Q345R、Q370R、07MnMoVR 制容器进行液压试验时,液体温度不得低于 5℃;其他碳钢和低合金钢制容器进行液压试验时,液体温度不得低于 15℃。
(　　) 2. 气压试验所用的气体应为干燥洁净的空气、氮气或其他惰性气体。
(　　) 3. 高压及超高压容器不宜采用气压试验。
(　　) 4. 气压试验的试验压力和液压试验的试验压力相同。
(　　) 5. 泄漏试验应在液压试验合格后进行。

三、选择

1. 校核压力试验时壳体强度所用壁厚为(　　)。
   A. 设计厚度　　B. 有效厚度　　C. 名义厚度　　D. 最小厚度
2. 奥氏体不锈钢制压力容器进行水压试验时,应控制水中的氯离子质量浓度不超过(　　) mg/L。
   A. 25　　B. 15　　C. 34　　D. 20
3. 钢制压力容器液压试验时的试验压力为(　　)。
   A. $p_T = 1.25 \dfrac{[\sigma]}{[\sigma]^t}$　　B. $p_T = 1.1 \dfrac{[\sigma]}{[\sigma]^t}$
   C. $p_T = 1.0 \dfrac{[\sigma]}{[\sigma]^t}$　　D. $p_T = 1.15 \dfrac{[\sigma]}{[\sigma]^t}$
4. 常温压力容器作水压试验,设计压力为 2MPa,其试验压力选(　　)。
   A. 1.6MPa　　B. 2MPa　　C. 2.5MPa　　D. 3MPa
5. 气压试验时的试验压力为(　　)。
   A. $p_T = 1.25 \dfrac{[\sigma]}{[\sigma]^t}$　　B. $p_T = 1.1 \dfrac{[\sigma]}{[\sigma]^t}$
   C. $p_T = 1.0 \dfrac{[\sigma]}{[\sigma]^t}$　　D. $p_T = 1.15 \dfrac{[\sigma]}{[\sigma]^t}$

四、计算

一台内径为 1200mm 的圆筒形容器。在常温下工作,最高工作压力为 1.2MPa,筒体采用双面对接焊,局部无损检测,采用标准椭圆形封头,容器装有安全阀。容器材质为 Q235C,确定该容器筒体及封头壁厚,并校核压力试验强度。

单元三

化工设备主要零部件

学习目标

1. 掌握化工设备主要零部件的结构形式和相关标准。
2. 能根据工艺条件合理选用各类标准零部件的材质及规格。

任务一 法 兰 选 用

任务描述

掌握法兰的分类、选用原则、方法与步骤,能根据设计压力、温度、介质特性等条件合理选择标准压力容器法兰及管法兰类型、密封面结构形式及与之相匹配的垫片类型。

任务指导

由于生产工艺或制造、安装、运输、检修的要求,化工设备和管道常由可拆卸的部分连接在一起而构成。常见的可拆连接有法兰连接、螺栓连接和插承连接。为了安全,可拆连接必须满足刚度、强度、密封性及耐腐蚀的要求,法兰连接是一种能较好满足上述要求的可拆连接,在化工设备和管道中得到广泛应用。

法兰连接可分为压力容器法兰和管法兰连接,它们的结构相似,如图 3-1 所示。法兰连接由一对法兰、数个螺栓、螺母和一个垫片组成。垫片较软,在螺栓预紧力的作用下,垫片变形后填平法兰两个密封表面的不平处,阻止介质泄漏,达到密封的目的。压力容器法兰用于筒体与封头、筒体与筒体或封头与管板之间的连接;管法兰则用于容器与外管道、管子与管子、管子与管件或阀门之间的连接。

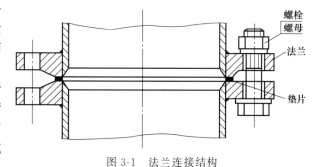

图 3-1 法兰连接结构

一、压力容器法兰选用

1. 压力容器法兰的类型及参数

标准压力容器法兰分为平焊法兰与对焊法兰两类,平焊法兰又分为甲型平焊法兰和乙型平焊法兰两种。各种压力容器法兰分类及系列参数见表 3-1。

表 3-1　标准压力容器法兰分类及系列参数

类型	平焊法兰 甲型				平焊法兰 乙型						对焊法兰 长颈					
标准号	NB/T 47021—2012				NB/T 47022—2012						NB/T 47023—2012					
公称压力 PN /MPa	0.25	0.6	1.0	1.6	0.25	0.6	1.0	1.6	2.5	4.0	0.6	1.0	1.6	2.5	4.0	6.4
DN 300	按PN1.0		●	●								●	●	●	●	●
DN 350	按PN1.0		●	●								●	●	●	●	●
DN 400	按PN1.0		●	●								●	●	●	●	●
DN 450	按PN0.6	●	●	●							●	●	●	●	●	●
DN 500	按PN0.6	●	●	●							●	●	●	●	●	●
DN 550	按PN0.6	●	●	●							●	●	●	●	●	●
DN 600	按PN0.6	●	●	●		●	●	●	●	●	●	●	●	●	●	●
DN 650	按PN0.6	●	●	●		●	●	●	●	●	●	●	●	●	●	●
DN 700	按PN0.6	●	●	●		●	●	●	●	●	●	●	●	●	●	●
DN 800	按PN0.6	●	●	●		●	●	●	●	●	●	●	●	●	●	●
DN 900	按PN0.6	●	●	●		●	●	●	●	●	●	●	●	●	●	●
DN 1000	按PN0.6	●	●	●		●	●	●	●	●	●	●	●	●	●	●
DN 1100	按PN0.6	●	●	●		●	●	●	●	●	●	●	●	●	●	●
DN 1200	按PN0.6	●	●	●		●	●	●	●	●	●	●	●	●	●	●
DN 1300						●	●	●	●	●	●	●	●	●	●	●
DN 1400						●	●	●	●	●	●	●	●	●	●	●
DN 1500						●	●	●	●	●	●	●	●	●	●	●
DN 1600						●	●	●	●	●	●	●	●	●	●	●
DN 1700						●	●	●	●	●	●	●	●	●	●	●
DN 1800						●	●	●	●	●	●	●	●	●	●	●
DN 1900						●	●	●	●	●	●	●	●	●	●	●
DN 2000						●	●	●	●	●	●	●	●	●	●	●
DN 2200					按PN0.6	●	●	●	●	●						
DN 2400					按PN0.6	●	●	●	●	●						
DN 2600					按PN0.6	●	●	●	●	●						
DN 2800					按PN0.6	●	●	●	●	●						
DN 3000					按PN0.6	●	●	●	●	●						

注：1. 表中带括号的公称直径尽量不采用。
2. 甲型平焊法兰适用温度为 −20～300℃，乙型平焊法兰适用温度为 −20～350℃，长颈法兰适用温度为 −20～450℃。

(1) 甲型平焊法兰 [图 3-2（a）]

法兰盘直接焊接在设备筒体或管道上，法兰在预紧和工作时都会在容器壁中产生附加的弯曲应力，法兰刚性较差，容易变形，造成密封失效，所以只适应于压力等级较低和筒体直径较小的情况。甲型平焊法兰配有平面形和凹凸形两种密封面，只限使用非金属垫片。

(2) 乙型平焊法兰 [图 3-2（b）]

与甲型平焊法兰相比，多了一圆筒形短节，其厚度 t 为 12mm 或 16mm，这个厚度要比相同公称直径和公称压力下的筒体壁厚大得多，所以它加强了法兰的刚性。因此适用于较大直径和较高压力的场合。这种法兰配有平面形、凹凸形和榫槽形三种密封面，可以使用非金属垫片、金属包垫片或缠绕式垫片。

(3) 对焊法兰 [图 3-2 (c)]

对焊法兰又称高颈法兰或长颈法兰。这种法兰用根部增厚且与法兰盘为一整体的颈取代了乙型平焊法兰中的短节,从而进一步提高了法兰的整体刚性。此外,法兰与筒体(或管壁)的连接是对接焊缝,比平焊法兰的角焊缝强度好,故对焊法兰适用于更高压力(PN 为 0.6~6.4MPa)或更大直径(DN 为 0.3~2m)范围内。

平焊法兰和长颈对焊法兰都有带衬环与不带衬环的两种。不带衬环的法兰用碳钢或低合金钢制造;带衬环的法兰衬环用不锈钢制造,其他部分用碳钢或低合金钢,内挂不锈钢衬里,用于不锈钢设备,可以节省不锈钢。图 3-2 (d) 是带不锈钢衬里的榫槽密封面对焊法兰,各类型容器法兰的参数如表 3-1 所示。

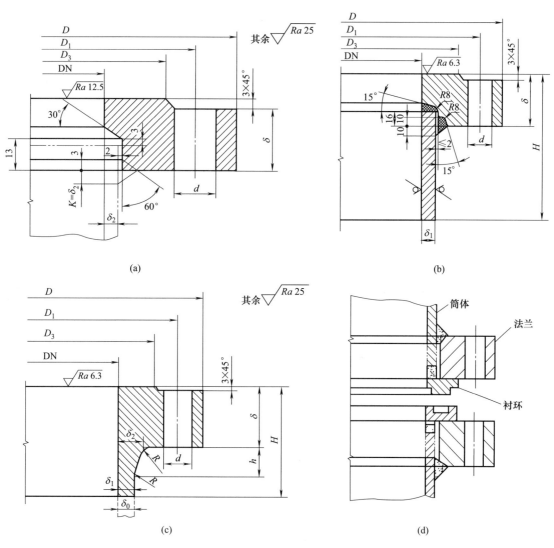

图 3-2 压力容器法兰

2. 容器法兰密封面结构形式

压力容器法兰常用的密封面有平面形、凹凸形和榫槽形三种形式,如图 3-3 所示。选择法兰密封面的形式,既要考虑容器内介质的性质和工作压力的高低,也要考虑垫片的材质和形状。一般希望密封面的加工精度和光洁度不要过高，而且所需要的螺栓拧紧力不要过大。

(1) 平面形密封面 [图 3-3 (a)]

平面形密封面表面是一个光滑的平面，也可车制 2～3 条沟槽以提高密封性能。这种密封面结构简单，加工方便。但是，这种密封面垫片接触面积较大，预紧时垫片容易往两边挤，不易压紧，密封性能差，故只能用于介质无毒、压力和温度不高的场合，适应的压力范围是 PN<2.5MPa。

(2) 凹凸形密封面 [图 3-3 (b)]

凹凸形密封面是由一个凸面和一个凹面相配合组成，在凹面上放置垫片。压紧时，由于凹面的外侧有挡台，垫片不会向外侧挤出来，同时也便于两个法兰对中。其密封性能比平面形好，故可适用于易燃、易爆、有毒介质及压力稍高的场合，在现行标准中，可用于公称直径 DN≤800mm，PN≤6.4MPa，随着直径增大，公称压力降低。

(3) 榫槽形密封面 [图 3-3 (c)]

榫槽形密封面是由一个榫和一个槽所组成，垫片置于槽中，不会被挤动。垫片可以较窄，因而压紧垫片所需的螺栓力也就相应较小。即使用于压力较高之处，螺栓尺寸也不致过大。因而，它比以上两种密封面更易获得良好的密封效果。这种密封面的缺点是结构与制造比较复杂，更换挤在槽中的垫片比较困难。此外，榫面部分容易损坏，在拆装或运输过程中应加以注意。榫槽密封面适于易燃、易爆、剧毒的介质以及压力、温度较高的场合。当压力不大时，即使直径较

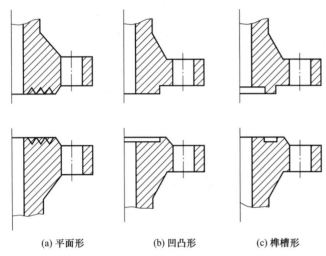

(a) 平面形　　(b) 凹凸形　　(c) 榫槽形

图 3-3　压力容器法兰的密封面形式

大，也能很好地密封。当公称直径 DN=800mm 时，可以用到公称压力 PN=20MPa。

甲型平焊法兰有平面形与凹凸形两种密封面，乙型平焊法兰与长颈对焊法兰则有平面形、凹凸形和榫槽形三种密封面。

3. 压力容器法兰垫片的选用

垫片是构成密封的重要元件，垫片的作用是封住两法兰密封面之间的间隙，阻止流体泄漏。垫片的材质、形状和尺寸对法兰连接的密封性能有很大的影响。对垫片材质的要求是：具有良好的变形能力和回弹能力，以适应操作压力和温度的波动；耐介质的腐蚀，不易硬化或软化；有一定的机械强度和适当的柔软性，确保垫片经久耐用。

最常用的垫片按材料的不同可分为非金属、金属、非金属与金属组合式垫片。

(1) 非金属垫片

材料有橡胶石棉板、聚四氟乙烯和膨胀石墨等，非金属垫片结构形式如图 3-4 所示。这些材料的断面形状一般为平面或 O 型，柔软，耐腐蚀，但使用压力较低，耐温度和压力的性能较金属垫片差。通常只适用于常、中温和中、低压设备和管道的法兰密封。常用的非金属垫片材料如表 3-2 所示。

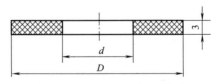

图 3-4　非金属垫片结构形式

表 3-2 常用非金属垫片材料

材料类别	名称	代号	使用压力/MPa	使用温度范围/℃
橡胶	氯丁橡胶	CR	≤1.6	-20~100
	丁腈橡胶	NBR	≤1.6	-20~110
	三元乙丙橡胶	EPDM	≤1.6	-30~140
	氟橡胶	FKM	≤1.6	-20~200
石棉橡胶	石棉橡胶板	XB350	≤2.5	-40~300
		XB450	≤2.5	-40~300
	耐油石棉橡胶板	NY400	≤2.5	-40~300
聚四氟乙烯	聚四氟乙烯板	PTFE	≤4.0	-50~100
柔性石墨	增强柔性石墨板	RSB	1.0~6.4	-240~650

(2) 金属与非金属组合垫片

有金属包垫片及缠绕垫片等。金属包垫片是用薄金属板（镀锌薄钢板或不锈钢片等）将非金属包起来制成的；金属缠绕垫片是薄低碳钢带（或合金钢带）与石棉带一起绕制而成。这种缠绕式垫片有不带定位圈的A、B型和带定位圈的C、D型两种（图3-5）。金属包垫片及缠绕垫片较单纯的非金属垫片有较好的性能，适应的温度与压力范围较高一些。

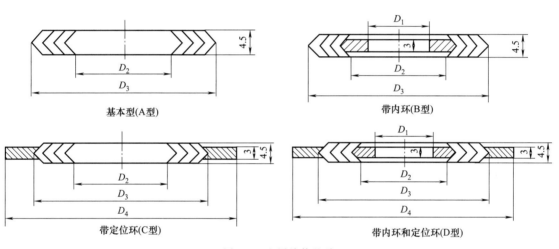

图 3-5 金属缠绕垫片

(3) 金属垫片结构

如图3-6所示，断面形状有平面形、波纹形、齿形、八角形及透镜形等。常用的金属垫片材料一般并不要求强度高，而是要求软韧，对压紧面的加工质量和精度要求较高，如软铝、铜、软钢和不锈钢等。它主要用于中、高温（$t \geqslant 350℃$）和中、高压（$p \geqslant 6.4MPa$）的法兰连接密封，常用的金属垫片材料见表3-3。

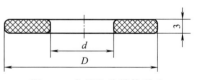

图 3-6 金属垫片结构形式

表 3-3 金属垫片常用材料

金属板材	材料标准	代号	最高工作温度/℃
镀锡薄钢板	GB/T 2520	A	400
镀锌薄钢板	GB/T 2518	B	400
碳钢	GB/T 711	C	400
铜 T2	GB/T 2040	D	300

续表

金属板材	材料标准	代号	最高工作温度/℃
1060(铝 L2)	GB/T 3880	E	200
06Cr13	GB/T 3280	F	500
06Cr19Ni10	GB/T 3280	G	600

垫片材料的选择应根据温度、压力以及介质的腐蚀情况决定，同时还要考虑密封面的形式、螺栓力的大小以及装卸要求等，其中操作压力与温度是影响密封的主要因素，是选用垫片的主要依据。对于高温高压的情况，一般采用金属垫片；中温、中压可采用金属与非金属组合式或非金属垫片；中、低压情况多采用非金属垫片；高真空或深冷温度下以采用金属垫片为宜。非金属软垫片用于平面密封面和凹凸密封面。缠绕式垫片和金属包垫片适用于乙型平焊和长颈对焊法兰的各种密封面上。

具体选用时读者可参照 NB/T 47024—2012《非金属软垫片》、NB/T 47025—2012《缠绕垫片》和 NB/T 47026—2012《金属包垫片》进行选取。同时应重视从实践中总结出的使用经验。

4. 压力容器法兰标准及选用

法兰使用面广、量大，为了成批生产，各国都制定有统一的法兰标准。在工程应用中，除特殊工作参数和结构要求的法兰需自行设计外，一般都选用标准法兰，这样可以减少压力容器设计计算量，增加法兰互换性，降低成本，提高制造质量。我国目前使用较多的压力容器法兰的标准是 NB/T 47020~47027—2012《压力容器法兰分类与技术条件》。法兰连接的基本参数是公称直径和公称压力。

（1）公称直径

规定公称直径的目的是使容器的直径成为一系列一定的数值，以便于零部件的标准化。公称直径以符号"DN"表示。

对由钢板卷制的筒体和成形封头来说，公称直径是指它们的内直径，其值见表 3-4。设计容器时容器的内直径应符合表 3-4 的直径标准。例如工艺计算得到容器的内径为 970mm，则应调整为最接近的标准值 1000mm，这样可以选用 DN1000 的各种标准零部件。

表 3-4 压力容器的公称直径 DN　　　　　　　　　　单位：mm

300	(350)	400	(450)	500	(550)	600	650
700	800	900	1000	1100	1200	(1300)	1400
(1500)	1600	(1700)	1800	(1900)	2000	(2100)	2200
(2300)	2400	2600	2800	3000	3200	3400	3600
3800	4000	4200	4400	4500	4600	4800	5000

注：表中带括号的公称直径应尽量不采用。

对于管子来说，公称直径也称为公称通径，它既不是指管子的外径，也不是指管子的内径，而是小于外径的一个数值。只要管子的公称直径一定，管子的外径也就确定了，管子的内径因壁厚不同而有不同的数值。

如果采用无缝钢管做筒体时，筒体或封头的公称直径就不是管子原来的公称直径，而是指钢管的外径，见表 3-5。化工厂用来输送水、煤气以及用于取暖的管子往往采用有缝钢管，这种有缝钢管的公称直径既可用公制（mm）表示，也可用英制（in）表示，它们的尺寸系列见表 3-6。

表 3-5　无缝钢管的公称直径 DN 与外径 D_o　　　　　　　　单位：mm

公称直径 DN	80	100	125	150	175	200	225	250	300	250	400	450	500
外径 D_o	89	108	133	159	194	219	245	273	325	377	426	480	530
无缝钢管做筒体时的公称直径 DN						219		273	325	377	426		

表 3-6　水、煤气输送钢管的公称直径 DN 与外径 D_o　　　　　　单位：mm

公称直径 DN	mm	6	8	10	15	20	25	32	40	50	70	80	100	125	150
	in	$\frac{1}{8}$	$\frac{1}{4}$	$\frac{3}{8}$	$\frac{1}{2}$	$\frac{3}{4}$	1	$1\frac{1}{4}$	$1\frac{1}{2}$	2	$2\frac{1}{2}$	3	4	5	6
外径 D_o	mm	10	13.5	17	21.25	26.75	33.5	42.5	48	60	75.5	88.5	114	140	165

（2）公称压力

在制定零部件标准时，仅有公称直径这一个参数是不够的。因为，即使公称直径相同的筒体、封头或法兰，只要它们的工作压力不相同，那么它们的其他尺寸也就不会一样，所以还需要将压力容器、管子及零部件所承受的压力，也分成若干个规定的压力等级。这种规定的标准压力等级我们称为公称压力，用符号"PN"表示。目前我国所规定的公称压力等级为：0.25、0.6、1.0、1.6、2.5、4.0、6.4（MPa）。

（3）压力容器法兰的公称直径和公称压力

压力容器法兰的公称直径是指与法兰相配的筒体或封头的内径。带衬环的甲型平焊法兰的公称直径是指衬环的内径。

压力容器法兰的公称压力是指在规定的设计条件下，在确定法兰结构尺寸时所采用的设计压力，即一定材料和温度下的最大工作压力。按标准化的要求，压力容器法兰的公称压力分为七个等级：0.25、0.60、1.00、1.60、2.50、4.00、6.40（MPa）。法兰标准中的尺寸系列即是按法兰的公称压力与公称直径来编排的。

（4）压力容器法兰尺寸选用

压力容器法兰的尺寸是在规定设计温度为 200℃，法兰材料为 Q345R 或 Q345，根据不同形式的法兰，确定了垫片的形式、材质、尺寸和螺柱材料的基础上，按照不同的公称直径和公称压力，通过多种方案的比较计算得到的。

① 甲型平焊法兰密封面结构形式如图 3-7 所示；法兰尺寸如表 3-7 所示。

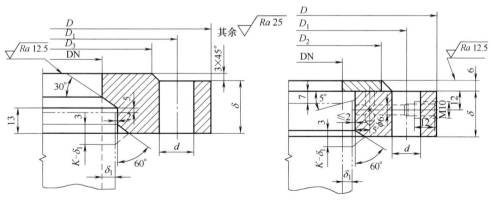

(a) 平面密封面　　　　　　　　(b) 衬环平面密封面

图 3-7

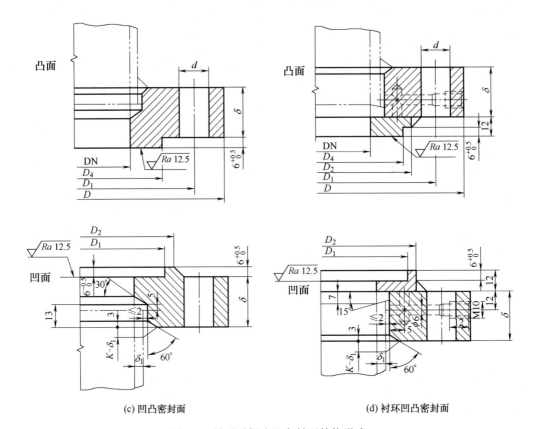

(c) 凹凸密封面　　　　　　　　　(d) 衬环凹凸密封面

图 3-7　甲型平焊法兰密封面结构形式

表 3-7　甲型平焊法兰尺寸

公称压力 PN/MPa	公称直径 DN/mm	法兰/mm							螺柱	
		D	D_1	D_2	D_3	D_4	δ	d	规格	数量
0.25	700	815	780	750	740	737	36	18	M16	28
	800	915	880	850	840	837	36	18		32
	900	1015	980	950	940	937	40	18		36
	1000	1130	1090	1055	1045	1042	40	23	M20	32
	1200	1330	1290	1255	1241	1238	44	23		36
	1400	1530	1490	1455	1441	1438	46	23		40
	1600	1730	1690	1655	1641	1638	50	23		48
	1800	1930	1890	1855	1841	1838	56	23		52
	2000	2130	2090	2055	2041	2038	60	23		60
0.6	450	565	530	500	490	487	30	18	M16	20
	500	615	580	550	540	537	30	18		20
	550	665	630	600	590	587	32	18		24
	600	715	680	650	640	637	32	18		24
	650	765	730	700	690	687	36	18		28

续表

公称压力 PN/MPa	公称直径 DN/mm	法兰/mm							螺柱	
		D	D_1	D_2	D_3	D_4	δ	d	规格	数量
0.6	700	830	790	755	745	742	36	23	M20	24
	800	930	890	855	845	842	40	23		24
	900	1030	990	955	945	942	44	23		32
	1000	1130	1090	1055	1045	1042	48	23		36
	1200	1330	1290	1255	1241	1238	60	23		52
1.0	300	415	380	350	340	337	26	18	M16	16
	400	515	480	450	440	437	30	18		20
	500	630	590	555	545	542	34	23	M20	20
	600	730	690	655	645	642	40	23		24
	700	830	790	755	745	742	46	23		32
	800	930	890	855	845	842	54	23		40
	900	1030	990	955	945	942	60	23		48
1.6	300	430	390	355	345	342	30	23	M20	16
	350	480	440	405	395	392	32	23		16
	400	530	490	455	445	442	36	23		20
	450	580	540	505	495	492	40	23		24
	500	630	590	555	545	542	44	23		28
	550	680	640	605	595	592	50	23		36
	600	730	690	655	645	642	54	23		40
	650	780	740	705	695	692	58	23		44

资料来源：摘自 NB/T 47021—2012。

② 乙型平焊法兰密封面结构形式如图 3-8 所示；法兰尺寸如表 3-8 所示。

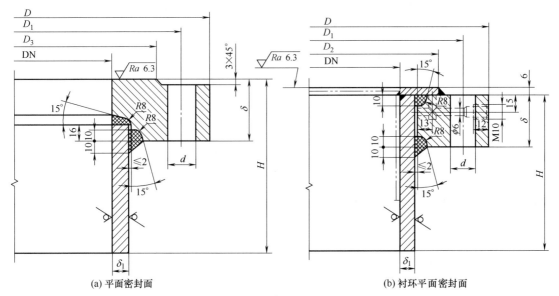

(a) 平面密封面　　(b) 衬环平面密封面

图 3-8

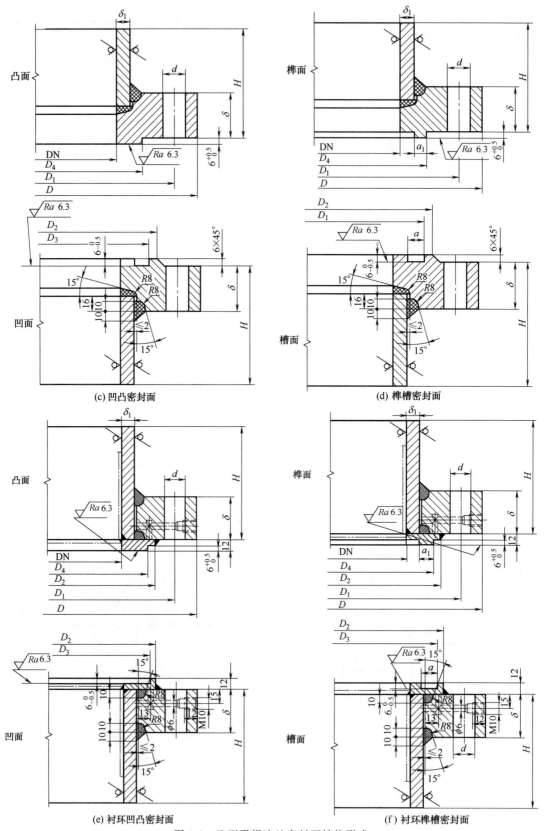

图 3-8 乙型平焊法兰密封面结构形式

表 3-8 乙型平焊法兰尺寸

PN/MPa	DN/mm	法兰/mm							δ_t	a	a_1	d	螺柱	
		D	D_1	D_2	D_3	D_4	δ	H					规格	数量
0.25	2600	2760	2715	2676	2656	2653	96	345	16	21	18	27	M24	72
	2800	2960	2915	2876	2856	2853	102	350						80
	3000	3160	3115	3076	3056	3053	104	355						84
0.6	1300	1460	1415	1376	1356	1353	70	270	16	21	18	27	M24	36
	1400	1560	1515	1476	1456	1453	72	270						40
	1500	1660	1615	1576	1556	1553	74	270						40
	1600	1760	1715	1676	1656	1653	76	275						44
	1800	1960	1915	1876	1856	1853	80	280						52
	2000	2160	2115	2076	2056	2053	87	285						60
	2200	2360	2315	2276	2256	2253	90	340						64
	2400	2560	2515	2476	2456	2453	92	240						68
1.0	1000	1140	1100	1065	1055	1052	62	260	12	17	14	23	M20	40
	1100	1260	1215	1176	1156	1153	64	265						32
	1200	1360	1315	1276	1256	1253	66	265						36
	1300	1460	1415	1376	1356	1353	70	270						40
	1400	1560	1515	1476	1456	1453	74	270	16	21	18	27	M24	44
	1500	1660	1615	1576	1556	1553	78	275						48
	1600	1760	1715	1676	1656	1653	82	280						52
	1700	1860	1815	1776	1756	1753	88	280						56
	1800	1960	1915	1876	1856	1853	94	290						60
1.6	700	860	815	776	766	763	46	200	16	21	18	27	M24	24
	800	960	915	876	866	863	48	200						24
	900	1060	1015	976	966	963	56	205						28
	1000	1160	1115	1076	1066	1063	66	260						32
	1100	1260	1215	1176	1156	1153	76	270						36
	1200	1360	1315	1276	1256	1253	85	280						40
	1300	1460	1415	1376	1356	1353	94	290						44
	1400	1560	1515	1476	1456	1453	103	295						52
2.5	300	440	400	365	355	352	35	180	12	17	14	23	M20	16
	350	490	450	415	405	402	37	185						16
	400	540	500	465	455	452	42	190						20
	450	590	550	515	505	502	43	190						20
	500	660	615	576	566	563	43	190						20
	550	710	665	626	616	613	45	195						20
	600	760	715	676	666	663	50	200	16	21	18	27	M24	24
	650	810	765	726	716	713	60	205						24
	700	860	815	776	766	763	66	210						28
	800	960	915	876	866	863	77	220						32
4.0	300	460	415	376	366	363	42	190	16	21	18	27	M24	16
	350	510	465	426	416	413	44	190						16
	400	560	515	476	466	463	50	200						20
	450	610	565	526	516	513	61	205						20
	500	660	615	576	566	563	75	220						24
	550	710	665	626	616	613	75	220						28
	600	760	715	676	666	663	81	225						32

资料来源：摘自 NB/T 47022—2012。

③ 长颈对焊法兰。长颈对焊法兰的密封面结构形式如图 3-9 所示，结构尺寸参数如表 3-9 所示。

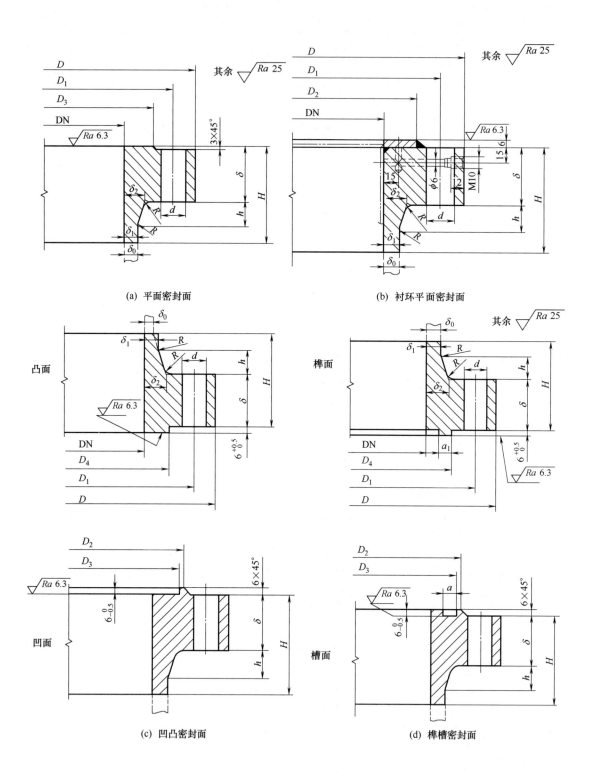

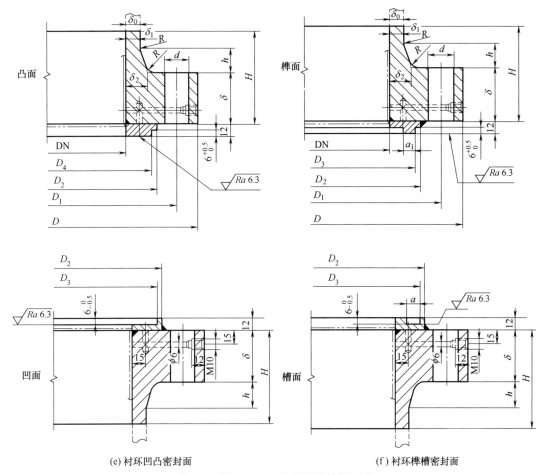

(e) 衬环凹凸密封面　　　　　(f) 衬环榫槽密封面

图 3-9　长颈对焊法兰密封面结构形式

表 3-9　长颈对焊法兰尺寸

PN /MPa	DN /mm	法兰/mm														螺柱		对接筒体最小厚度 δ_0/mm
		D	D_1	D_2	D_3	D_4	δ	H	h	a	a_1	δ_1	δ_2	R	d	规格	数量	
0.6	1400	1560	1515	1476	1456	1453	62	135	40	21	18	16	26	12	27	M24	44	12
	1600	1760	1715	1676	1656	1653	66	145									52	12
	1800	1960	1915	1876	1856	1853	70	150									52	14
	2000	2160	2115	2076	2056	2053	76	150									60	14
	2200	2375	2325	2276	2256	2253	96	165				18	28				64	16
	2400	2590	2535	2476	2456	2453	104	175	50			20	30	15	30	M27	56	18
	2500	2695	2640	2576	2556	2553	106	175				22	32				60	20
	2600	2795	2740	2676	2656	2653	110	180									64	20
1.0	300	440	400	365	355	352	30	85	25	17	14	12	22	12	23	M20	16	4
	400	540	500	465	455	452	34	95									20	4
	500	640	600	565	555	552	38	100									24	6
	600	740	700	665	655	652	44	105									28	6
	700	840	800	765	755	752	50	105									32	8
	800	940	900	865	855	852	50	105									32	8
	900	1040	1000	965	955	952	54	110									36	10
	1000	1140	1100	1065	1055	1052	56	110									40	10

续表

PN /MPa	DN /mm	法兰/mm													螺柱		对接筒体
		D	D_1	D_2	D_3	D_4	δ	H	h	a	a_1	δ_1	δ_2	R	d	规格	数量	最小厚度 δ_0/mm
1.0	1200	1360	1315	1276	1256	1253	56	125	35	21	18	16	26	12	27	M24	36	12
	1400	1560	1515	1476	1456	1453	62	140	40	21	18	16	26	12	27		44	12
	1600	1760	1715	1676	1656	1653	70	145									52	12
	1800	1970	1915	1876	1856	1853	80	150	40	21	18	18	26	12	30	M27	56	14
	2000	2195	2140	2098	2078	2075	94	165	30	21	18	20	32	15	30		60	16
1.6	300	440	400	365	355	352	30	85	25	17	14	12	22	12	23	M20	16	6
	400	540	500	465	455	452	34	95									20	6
	500	640	600	565	555	552	38	100								M20	24	8
	600	740	700	665	655	652	44	105									28	10
	700	860	815	776	766	763	46	115	35	21	18	16	26	12	27	M24	24	10
	800	960	915	876	866	863	48	115									24	12
	900	1060	1015	976	966	963	52	115									28	12
	1000	1160	1115	1076	1066	1063	56	120									32	12
	1200	1360	1315	1276	1256	1253	64	130	40	21	1	1	26	12	27		40	14
	1400	1560	1515	1476	1456	1453	84	150									52	14
	1600	1795	1740	1698	1678	1675	86	165	48	21	18	20	32	15	30	M27	52	16
	1800	1995	1940	1898	1878	1875	94	170	48	21	18	22	32	15	30		64	18
	2000	2215	2155	2110	2090	2087	102	190	56	26	23	24	36	15	33	M30	64	20
2.5	300	440	400	365	355	352	32	85	25	17	17	12	22	12	23	M20	16	6
	400	540	500	465	455	452	36	95	25	17	14	12	22	12	23		20	8
	500	660	615	576	566	563	40	105									20	10
	600	760	715	676	666	663	42	110	35	21	18	16	26	12	27	M24	24	10
	700	860	815	776	766	763	50	120									28	10
	800	960	915	876	866	863	58	125	35	21	18	16	26	12	27		32	12
	900	1095	1040	998	988	985	60	145	42	21	18	20	32	15	30	M27	32	12
	1000	1195	1140	1098	1088	1085	68	155									36	14
	1200	1395	1340	1298	1278	1275	84	185	48	21	18	22	32	15	30		48	14
	1400	1595	1540	1498	1478	1475	100	195									60	16
	1600	1815	1755	1710	1690	1687	112	210	56	26	23	24	36	15	33	M30	64	20
	1800	2050	1980	1929	1909	1906	122	235								M36	56	22
	2000	2250	2180	2129	2109	2106	144	245	64	26	23	28	12	18	39		68	24

资料来源：摘自 NB/T 47023—2012。

公称压力为 4.0MPa、6.4MPa 的数据请查标准。

(5) 压力容器法兰最大允许工作压力选用

制定压力容器法兰标准时，将法兰材料 Q345R 或 Q345 在工作温度 200℃时的最大允许工作压力规定为公称压力。同一公称压力级别的法兰，如果法兰材料不是 Q345R 或 Q345，工作温度不是 200℃，法兰的最大允许工作压力也不同。甲、乙型平焊法兰及长颈对焊法兰在不同材料和不同温度时的最大允许工作压力如表 3-10、表 3-11 所示。

表 3-10 甲、乙型平焊法兰的最大允许工作压力/MPa

公称压力 PN/MPa	法兰材料		工作温度/℃				备注
			$-20\sim200$	250	300	350	
0.25	板材	Q235B	0.16	0.15	0.14	0.13	$t \geqslant 0℃$
		Q235C	0.18	0.17	0.15	0.14	$t \geqslant 0℃$
		Q245R	0.19	0.17	0.15	0.14	
		Q345R	0.25	0.24	0.21	0.20	

续表

公称压力 PN/MPa	法兰材料		工作温度/℃				备注
			−20～200	250	300	350	
0.25	锻件	20	0.19	0.17	0.15	0.14	
		16Mn	0.26	0.24	0.22	0.21	
		20MnMO	0.27	0.27	0.26	0.25	
0.6	板材	Q235B	0.40	0.36	0.33	0.30	$t \geqslant 0℃$
		Q235C	0.44	0.40	0.37	0.33	$t \geqslant 0℃$
		Q245R	0.45	0.40	0.36	0.34	
		Q345R	0.60	0.57	0.51	0.49	
	锻件	20	0.45	0.40	0.36	0.34	
		16Mn	0.61	0.59	0.53	0.50	
		20MnMo	0.65	0.64	0.63	0.60	
1.0	板材	Q235B	0.66	0.61	0.55	0.50	$t \geqslant 0℃$
		Q235C	0.73	0.67	0.61	0.55	$t \geqslant 0℃$
		Q245R	0.74	0.67	0.60	0.56	
		Q345R	1.00	0.95	0.86	0.82	
	锻件	20	0.74	0.67	0.60	0.56	
		16Mn	1.02	0.98	0.88	0.83	
		20MnMo	1.09	1.07	1.05	1.00	
1.6	板材	Q235B	1.06	0.97	0.89	0.80	$t \geqslant 0℃$
		Q235C	1.17	1.08	0.98	0.89	$t \geqslant 0℃$
		Q245R	1.19	1.08	0.96	0.90	
		Q345R	1.60	1.53	1.37	1.31	
	锻件	20	1.19	1.08	0.96	0.90	
		16Mn	1.64	1.56	1.41	1.33	
		20MnMo	1.74	1.72	1.68	1.60	
2.5	板材	Q235C	1.83	1.68	1.53	1.38	
		Q245R	1.86	1.69	1.50	1.40	
		Q345R	2.50	2.39	2.14	2.05	$t \geqslant 0℃$ DN<1400 DN≥1400
	锻件	20	1.86	1.69	1.50	1.40	
		16Mn	2.56	2.44	2.20	2.08	
		20MnMo	2.92	2.86	2.82	2.73	
		20MnMo	2.67	2.63	2.59	2.50	
4.0	板材	Q245R	2.97	2.70	2.39	2.24	
		Q345R	4.00	3.82	3.42	3.27	
	锻件	20	2.97	2.70	2.39	2.24	DN<1500 DN≥1500
		16Mn	4.09	3.91	3.52	3.33	
		20MnMo	4.64	4.56	4.51	4.36	
		20MnMo	4.27	4.20	4.14	4.00	

资料来源：摘自 NB/T 47020—2012。

表 3-11 长颈法兰最大允许工作压力

公称压力 PN/MPa	法兰材料（锻件）	工作温度/℃								备注
		−70～−40	−40～−20	−20～200	250	300	350	400	450	
0.60	20			0.44	0.40	0.35	0.33	0.30	0.27	
	16Mn			0.6	0.57	0.52	0.49	0.46	0.29	
	20MnMo			0.65	0.64	0.63	0.60	0.57	0.50	
	15CrMo			0.61	0.59	0.55	0.52	0.49	0.46	
	14Cr1Mo			0.61	0.59	0.55	0.52	0.49	0.46	
	12Cr2MoI			0.65	0.63	0.60	0.56	0.53	0.50	
	16MnD		0.6	0.60	0.57	0.52	0.49			
	09MnNiD	0.6	0.6	0.60	0.60	0.57	0.53			

续表

公称压力 PN/MPa	法兰材料（锻件）	工作温度/℃								备注
		−70~−40	−40~−20	−20~200	250	300	350	400	450	
1.00	20			0.73	0.66	0.59	0.55	0.50	0.45	
	16Mn			1.00	0.96	0.86	0.81	0.77	0.49	
	20MnMo			1.09	1.07	1.05	1.00	0.94	0.83	
	15CrMo			1.02	0.98	0.91	0.86	0.81	0.77	
	14Cr1Mo			1.02	0.98	0.91	0.86	0.81	0.77	
	12Cr2MoI			1.09	1.04	1.00	0.93	0.88	0.83	
	16MnD		1.00	1.00	0.96	0.86	0.81			
	09MnNiD	1.00	1.00	1.00	1.00	0.95	0.88			
1.60	20			1.16	1.05	0.94	0.88	0.81	0.72	
	16Mn			1.60	1.53	1.37	1.30	1.23	0.78	
	20MnMo			1.74	1.72	1.68	1.60	1.51	1.33	
	15CrMo			1.64	1.56	1.46	1.37	1.30	1.23	
	14Cr1Mo			1.64	1.56	1.46	1.37	1.30	1.23	
	12Cr2MoI			1.74	1.67	1.60	1.49	1.41	1.33	
	16MnD		1.60	1.60	1.53	1.37	1.30			
	09MnNiD	1.60	1.60	1.60	1.60	1.51	1.41			
2.50	20			1.81	1.65	1.46	1.37	1.26	1.13	
	16Mn			2.50	2.39	2.15	2.04	1.93	1.22	
	20MnMo			2.92	2.86	2.82	2.73	2.58	2.45	DN<1400
	20MnMo			2.67	2.63	2.59	2.50	2.37	2.24	DN≥1400
	15CrMo			2.56	2.44	2.28	2.15	2.04	1.93	
	14Cr1Mo			2.56	2.44	2.28	2.15	2.04	1.93	
	12Cr2MoI			2.67	2.61	2.50	2.33	2.20	2.09	
	16MnD		2.50	2.50	2.39	2.15	2.04			
	09MnNiD	2.50	2.50	2.50	2.50	2.37	2.20			
4.00	20			2.90	2.64	2.34	2.19	2.01	1.81	
	16Mn			4.00	3.82	3.44	3.26	3.08	1.96	
	20MnMo			4.64	4.56	4.51	4.36	4.13	3.92	DN<1500
	20MnMo			4.27	4.20	4.14	4.00	3.80	3.59	DN≥1500
	15CrMo			4.09	3.91	3.64	3.44	3.26	3.08	
	14Cr1Mo			4.09	3.91	3.64	3.44	3.26	3.08	
	12Cr2MoI			4.26	4.18	4.00	3.73	3.53	3.35	
	16MnD		4.00	4.00	3.82	3.44	3.26			
	09MnNiD	4.00	4.00	4.00	4.00	3.79	3.52			
6.40	20			4.65	4.22	3.75	3.51	3.22	2.89	
	16Mn			6.40	6.12	5.50	5.21	4.93	3.13	
	20MnMo			7.42	7.30	7.22	6.98	6.61	6.27	DN<400
	20MnMo			6.82	6.73	6.63	6.40	6.07	5.75	DN≥400
	15CrMo			6.54	6.26	5.83	5.50	5.21	4.93	
	14Cr1Mo			6.54	6.26	5.83	5.50	5.21	4.93	
	12Cr2MoI			6.82	6.68	6.40	5.97	5.64	5.36	
	16MnD		6.40	6.40	6.12	5.50	5.21			
	09MnNiD	6.4	6.40	6.40	6.40	6.06	5.64			

资料来源：摘自 NB/T 47020—2012。

(6) 标准压力容器法兰的选用和标记

标准法兰的选用就是根据容器的设计压力、设计温度、介质特性等由法兰标准确定法兰的类型、材料、公称直径、公称压力、密封面的形式，垫片的类型、材料及螺栓、螺母的材料等。对于压力容器法兰，应使在工作温度下法兰的材料的允许工作压力不小于设计压力，由此确定法兰的公称压力等级。当需要为一台压力容器的筒体或封头选配标准法兰时，可按以下步骤进行。

① 按设计压力小于或等于公称压力的原则就近选择公称压力以确定其公称压力等级。

② 由法兰的公称直径、设计温度、公称压力等级查表 3-1 初步选定法兰的结构形式。

③ 由法兰类型、材料、工作温度和初定的公称压力查表 3-10、表 3-11 得其最大允许的工作压力。并比较，若所得到的最大允许的工作压力大于等于设计压力，则原初定的公称压力就是所选法兰的公称压力；若最大允许的工作压力小于设计压力则调换优质材料或提高公称压力等级，使得最大允许的工作压力大于等于设计压力，从而最后确定出法兰的公称压力和类型。

④ 由工作介质特性确定法兰密封面的形式。

⑤ 由法兰类型、公称直径、公称压力、查表 3-8、表 3-9 确定法兰的具体尺寸。

压力容器法兰选定后，应在图样上予以标记，标记由 7 部分组成。

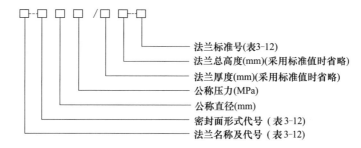

表 3-12　法兰名称、密封面形式及代号

	法兰类别		标准号
法兰标准号	甲型平焊法兰		NB/T 47021—2012
	乙型平焊法兰		NB/T 47022—2012
	长颈对焊法兰		NB/T 47023—2012
	密封面形式		代号
	平面密封面		RF
密封面形式及代号	凹凸密封面	凹密封面	FM
		凸密封面	M
	榫槽密封面	榫密封面	T
		槽密封面	G
	法兰类型		名称及代号
法兰名称及代号	一般法兰		法兰
	衬环法兰		法兰 C

【**任务示例 3-1**】　某精馏塔内径为 1000mm，设计压力为 1.15MPa，设计温度为 100℃，介质易燃、易爆，筒体材料为 Q345R，若两筒节为法兰连接，试为该设备选择标准法兰。

解

（1）确定法兰公称压力

由容器设计压力为 1.15MPa，就近取法兰公称压力 1.6MPa。

（2）初步选定法兰类型

根据 DN=1000mm，PN=0.6MPa，t=100℃，查表 3-1 初步选取乙型平焊法兰。

（3）根据筒体材料选择法兰材料为 Q345R

查表 3-10 可知公称压力为 1.6MPa、法兰材料为 Q345R 的乙型平焊法兰，在操作温度为 100℃时的最大允许工作压力为 1.6MPa，适合该塔使用。

(4)选择密封面

由于工作介质易燃、易爆,故宜选用凹凸型密封面。

(5)查表3-8确定法兰各部分尺寸

法兰盘外径 $D=1160\text{mm}$;

螺栓孔中心圆直径 $D_1=1115\text{mm}$;

凹面密封面外径 $D_2=1076\text{mm}$;

凹面密封面内径 $D_3=1066\text{mm}$;

凸面密封面外径 $D_4=1063\text{mm}$;

法兰盘厚度 $\delta=66\text{mm}$;

短节高 $H=260\text{mm}$;

短节厚度 $\delta_1=16\text{mm}$;

螺栓孔直径 $d=27\text{mm}$;

螺栓数量32个;

螺纹M24。

(6)写出法兰标记

法兰——FM(或M)1000——1.6 NB/T 47022—2012。

二、管法兰选用

1. 管法兰类型

管法兰用于管道之间或设备上的接管与管道的连接。标准管法兰的种类较多,常用的有板式平焊法兰(PL)、带颈平焊法兰(SO)、带颈对焊法兰(WN)等类型,结构如图3-10

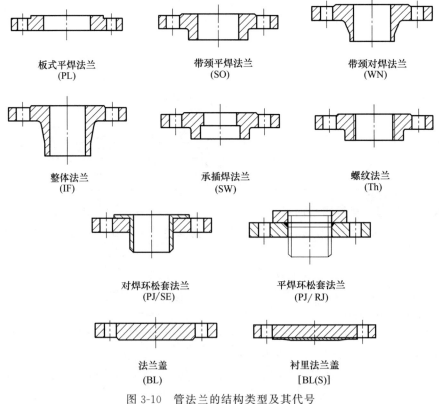

图3-10 管法兰的结构类型及其代号

所示。板式平焊法兰直接与钢管焊接，在操作时法兰盘会产生变形，使法兰盘产生弯曲应力，也给管壁附加了弯曲应力。采用带颈平焊管法兰时，由于增加了一个厚壁的短节——法兰颈，因此可以增加法兰刚度，承受附加给管壁的弯曲应力，减小法兰变形。带颈对焊管法兰的颈比长颈平焊法兰的还要长，俗称高颈法兰，法兰的刚度更好，加之与管子之间采用的是对焊连接，便于施焊，受力时焊接接头产生的应力集中小，能承受较高的压力，适用范围广。

2. 选用管法兰密封面形式

管法兰的密封面形式有突面、凹凸面、全平面，榫槽面和环面五种，其结构如图 3-11 所示。前四种为常用的密封面。突面和全平面密封的垫圈没有定位挡台，密封效果差；凹凸型和榫槽型的垫圈放在凹面或槽内，不容易被挤出，密封效果较突面和全平面密封有较大的改进。

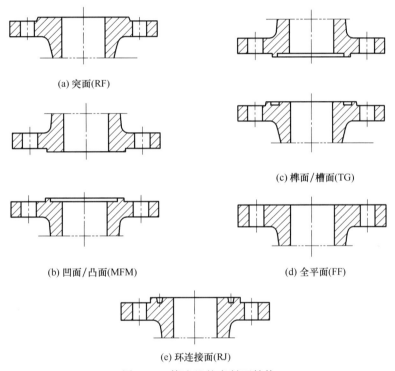

图 3-11 管法兰的密封面结构

适用于板式平焊法兰的密封面有突面和全平面密封面；适用于带颈平焊法兰的密封面有突面、凹凸面、榫槽面和全平面四种。带颈对焊法兰的密封面则五种均适应。

常用的三类管法兰及法兰的密封面形式、标准代号以及适用的公称直径和公称压力范围如表 3-13 所示。

表 3-13 常用管法兰的密封面形式及其适用范围

法兰类型	密封面形式	公称压力/bar(1bar=10^5Pa)								
		2.5	6	10	16	25	40	63	100	160
板式平焊法兰(PL)	突面(RF)	DN10~2000	DN10~600					—		
	全平面(FF)	DN10~2000	DN10~600				—			

续表

法兰类型	密封面形式	公称压力/bar(1bar=10^5Pa)								
		2.5	6	10	16	25	40	63	100	160
带颈平焊法兰(SO)	突面(RF)	—	DN10~300	DN10~600				—		
	凹面(FM) 凸面(M)	—		DN10~600				—		
	榫面(T) 槽面(G)	—		DN10~600				—		
	全平面(FF)	—	DN10~300	DN10~600				—		
带颈对焊法兰(WN)	突面(RF)	—	DN10~2000				DN10~600	DN10~400	DN10~350	DN10~300
	凹(FM) 凸面(M)	—		DN10~600				DN10~400	DN10~350	DN10~300
	榫面(T) 槽面(G)	—		DN10~600				DN10~400	DN10~350	DN10~300
	全平面(FF)			DN10~2000				—		
	环连接面(RJ)	—					DN15~400		DN15~300	

资料来源：摘自 HG/T 20592—2009。

3. 管法兰标准及选用

国际通用的管法兰标准有两大体系：以德国为代表的欧洲管法兰体系和以美国为代表的美洲体系。我国广泛使用的管法兰标准有两个：一个是国家标准 GB/T 9124.1—2019，另一个是化工部颁发的行业标准 HG/T 20592~20635—2009《钢制管法兰、垫片、紧固件》。HG 标准包含了欧洲和美洲两大体系，内容完整，体系清晰、适合国情。

(1) 管法兰的公称直径和公称压力

管法兰的公称直径是指与其相连接的管子的公称直径，既不是管子的内径，也不是管子的外径，而是与内径相近的某个数值。管子的公称直径系列详见表 3-14。HG/T 20592—2009 中，管法兰的公称压力分为九个等级：PN2.5、PN6、PN10、PN16、PN25、PN40、PN63、PN100、PN160（单位 bar，1bar=10^5Pa）。法兰标准中的尺寸系列即是按法兰的公称压力与公称直径来编排的。

(2) 管法兰的连接尺寸选用

标准钢制管法兰与配用的钢管外径系列密切相关，目前我国使用两套配管用的外径系列：一套是国际通用的钢管外径系列，通称"英制管"；另一套是我国广泛使用的钢管外径，通称"公制管"。

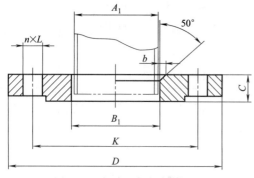

图 3-12　板式平焊钢制管法兰

管法兰的结构尺寸及连接尺寸可查管法兰标准。由于篇幅限制，本书只列出了 DN10~400mm 板式平焊法兰（图 3-12）的连接尺寸，如表 3-14 所示。

(3) 管法兰允许的最大工作压力选用

管法兰材料一般应采用锻件，不推荐用钢板制造。钢板仅可用于法兰盖、衬里法兰盖、板式平焊法兰、对焊环松套法兰、平焊环松套法兰。法兰材料尽量与管子一致。确定了管法兰材料和工作温度后，应根据管道的设计压力不得高于设计温度下法兰允许的最大工作压力的原则，按表 3-15 确定所选法兰的公称压力级别，再从相应的标准中查法兰的具体尺寸。

表 3-14　部分管法兰的连接尺寸

公称压力 PN/bar (1bar=10⁵Pa)		公称直径 DN															
		10	15	20	25	32	40	50	65	80	100	125	150	200	250	300	350	400
		钢管外径/mm																
		14	18	25	32	38	45	57	76	89	108	133	159	219	273	325	350	426
2.5 6.0	D	75	80	90	100	120	130	140	160	190	210	240	265	320	375	440	490	540
	K	50	55	65	75	90	100	110	130	150	170	200	225	280	335	395	445	495
	L	11	11	11	11	14	14	14	14	18	18	18	18	18	18	22	22	22
	Th	M10	M10	M10	M10	M12	M12	M12	M12	M16	M16	M16	M16	M16	M16	M20	M20	M20
	n	4	4	4	4	4	4	4	4	4	8	8	8	12	12	12	16	16
10	D	90	95	105	115	140	150	165	185	200	220	250	285	340	395	445	505	565
	K	60	65	75	85	100	110	125	145	160	180	210	240	295	350	400	460	515
	L	14	14	14	14	18	18	18	18	18	18	18	22	22	22	22	22	26
	Th	M12	M12	M12	M12	M16	M16	M16	M16	M16	M16	M16	M20	M20	M20	M20	M20	M24
	n	4	4	4	4	4	4	4	4	4	8	8	8	8	12	12	16	16
16	D	90	95	105	115	140	150	165	185	200	220	250	285	340	405	460	520	580
	K	60	65	75	85	100	110	125	145	160	180	210	240	295	355	410	470	525
	L	14	14	14	14	18	18	18	18	18	18	18	22	22	26	26	26	30
	Th	M12	M12	M12	M12	M16	M16	M16	M16	M16	M16	M16	M20	M20	M24	M24	M24	M27
	n	4	4	4	4	4	4	4	4	8	8	8	8	12	12	12	16	16
25	D	90	95	105	115	140	150	165	185	200	235	270	300	360	425	485	555	620
	K	60	65	75	85	100	110	125	145	160	190	220	250	310	370	430	490	550
	L	M14	M14	M14	M14	M18	M18	M18	M18	M18	M22	M26	M26	M26	M30	M30	M33	M36
	Th	M12	M12	M12	M12	M16	M16	M16	M16	M16	M24	M24	M24	M27	M27	M27	M30	
	n	4	4	4	4	4	4	8	8	8	8	8	12	12	16	16	16	
40	D	90	95	105	115	140	150	165	185	200	235	270	300	360	425	485	555	620
	K	60	65	75	85	100	110	125	145	160	190	220	250	320	385	450	510	585
	L	14	14	14	14	18	18	18	18	18	22	26	26	30	33	33	36	39
	Th	M12	M12	M12	M12	M16	M16	M16	M16	M20	M24	M24	M27	M30	M30	M33	M36	
	n	4	4	4	4	4	4	4	8	8	8	8	8	12	12	16	16	16

资料来源：摘自 HG/T 20592—2009。

注：D—法兰外径；K—螺栓孔中心圆直径；L—螺栓孔直径；n—螺栓孔数量；Th—螺纹公称直径。

表 3-15　管法兰在不同温度下的最大允许工作压力

公称压力 /bar (1bar=10⁵Pa)	法兰材质	工作温度/℃										
		≤20	50	100	150	200	250	300	350	375	400	425
		最大允许工作压力/bar										
2.5	20	2.3	2.2	2.0	2.0	1.9	1.8	1.6	1.6	1.6	1.4	1.2
6		5.5	5.4	5.0	4.8	4.7	4.5	4.1	4.0	3.9	3.5	3.0
10		9.1	9.0	8.3	8.1	7.9	7.5	6.9	6.6	6.5	5.9	5.0
16		14.7	14.4	13.4	13.0	12.6	12.0	11.2	10.7	10.5	9.4	8.0
25		23.0	22.5	20.9	20.4	19.7	18.8	17.5	16.7	16.5	14.8	12.6
2.5	Q345	2.5	2.5	2.5	2.5	2.5	2.5	2.3	2.2	2.1	1.6	1.4
6		6.0	6.0	6.0	6.0	6.0	6.0	5.5	5.3	5.1	4.0	3.3
10		10.0	10.0	10.0	10.0	10.0	10.0	9.3	8.8	8.5	6.7	5.5
16		16.0	16.0	16.0	16.0	16.0	16.0	14.9	14.2	13.7	10.8	8.9
25		25.0	25.0	25.0	25.0	25.0	25.0	23.3	22.2	21.4	16.9	14.0
2.5	0Cr18Ni9	2.3	2.2	1.8	1.7	1.6	1.5	1.4	1.3	1.3	1.3	1.3
6		5.5	5.3	4.5	4.1	3.8	3.6	3.4	3.2	3.2	3.1	3.0

续表

公称压力/bar (1bar=10⁵Pa)	法兰材质	工作温度/℃ ≤20	50	100	150	200	250	300	350	375	400	425
		最大允许工作压力/bar										
10	0Cr18Ni9	9.1	8.8	7.5	6.8	6.3	6.0	5.6	5.4	5.4	5.2	5.1
16		14.7	14.2	12.1	11.0	10.2	9.6	9.0	8.7	8.6	8.4	8.2
25		23.0	22.1	18.9	17.2	16.0	16.0	15.0	14.2	13.7	13.5	13.2
2.5	16MnDR	2.5	2.5	2.4	2.3	2.3	2.1	2.0	1.9	1.8	1.5	1.3
6		6.0	6.0	5.8	5.7	5.5	5.2	4.8	4.6	4.5	3.8	3.1
10		10.0	10.0	9.7	9.4	9.2	8.7	8.1	7.7	7.5	6.3	5.3
16		16.0	16.0	15.6	15.2	14.7	14.0	13.0	12.4	12.1	10.1	8.4
25		25.0	25.0	24.4	23.7	23.0	21.9	20.4	19.4	18.8	15.9	13.3

(4) 标准管法兰的选用和标记

管法兰的选用主要是根据工作压力、工作温度和介质特性；同时要注意与之相连的设备、机器的接管和阀门、管件的连接形式和公称直径。选用标准管法兰的方法与选用压力容器法兰类似，但也有不同之处，具体按以下步骤进行：

① 按照"管法兰与相连接的管子应具有相同公称直径"的原则选取管法兰的公称直径。

② 选定管法兰的材质，并按"同一设备的主体、接管、管法兰设计压力相同"的原则，确定管法兰的设计压力。

③ 根据法兰的材质和工作温度，以及"管道的设计压力不得高于设计温度下法兰允许的最大工作压力"的原则查表 3-15 确定管法兰的公称压力。

④ 根据公称压力和公称直径查表 3-13 确定法兰及密封面的形式。

⑤ 查标准得管法兰的相关尺寸。

同样，管法兰选定后，也需要在图上给予标记，其标记规则如下：

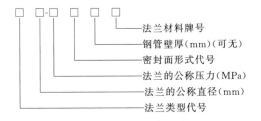

示例　钢管公称直径 100mm，壁厚为 4mm，公称压力 1.0MPa，配用板式平焊法兰，突面密封，法兰材料为 20，其标记为：

HG/T 20593—2009　法兰　PL100-1.0　RF　S=4mm　20

【任务示例 3-2】 某精馏塔的内径是 1200mm，操作温度为 300℃，设计压力为 0.2MPa。介质易燃、易爆，塔体材料为 Q245R。下方有一物料出口管，管子材料为 20 钢，管子的规格为 $\phi 159mm \times 6mm$，试选择一接管法兰。

解

(1) 定管法兰公称直径

由表 3-14 可知，管子外径为 159mm 时，其公称直径为 150mm。

(2) 定管法兰的公称压力

根据管子材料选择法兰材料为 20 锻件；管道设计压力为 0.2MPa，根据管道的设计压力不得高于设计温度下管法兰的最大允许工作压力的原则，查表 3-15 可知，可选公称压力为 0.6MPa 的公制管法兰。

(3) 选择管法兰及密封面形式

根据法兰的公称直径和公称压力查表 3-13 可知，合适的法兰为板式平焊法兰，合适的密封面形式为突面。

(4) 查表 3-14 得法兰的连接尺寸

法兰盘外径：$D=265\text{mm}$；

螺栓孔中心圆直径：$K=225\text{mm}$；

螺栓孔直径：$L=18\text{mm}$；

螺栓数量：$n=8$；

螺纹公称直径：$Th=16\text{mm}$。

(5) 法兰标记

板式平焊法兰，突面密封面标记为：

HG 20593—2009 法兰 PL150-0.6 RF 20。

任务训练

一、填空

1. 法兰连接结构由一对_____、数个_____和一个_____组成。
2. 标准压力容器法兰分为_____法兰与_____法兰两类，平焊法兰又分为_____和_____两种。
3. 标准管法兰常用的有_____、_____和_____等类型。
4. 压力容器法兰常用的密封面有_____、_____和_____等形式。
5. 管法兰常用的密封面有_____、_____、_____、_____和环连接面等形式。
6. 甲型平焊法兰配有_____型和_____型两种密封面，只限使用_____垫片。
7. 法兰连接的基本参数是____和____。

二、判断

( ) 1. 对由钢板卷制的筒体和成形封头来说，公称直径是指它们的外径。

( ) 2. 如果采用无缝钢管做筒体，筒体或封头的公称直径是指钢管的内径。

( ) 3. 管子的公称直径既不是指管子的外径也不是指管子的内径。

( ) 4. 压力容器法兰的公称直径是指与法兰相配的筒体或封头的公称直径。

( ) 5. 管法兰用于管道之间或设备上的接管与管道的连接。

三、选择

1. 法兰垫片的要求主要是（   ）。

A. 良好的变形和回弹能力　　　　B. 耐介质的腐蚀

C. 有一定的机械强度　　　　　　D. 以上都是

2. 压力容器中的甲型、乙型平焊法兰，在结构方面的主要区别是（   ）。

A. 甲是整体法兰，乙是活套法兰

B. 甲较乙多了一个刚度较大的圆筒形短节

C. 乙带有一个壁厚为 12mm 或 16mm 的圆筒形短节，甲不带这种短节

3. 选择垫片材料要考虑（   ）。

A. 介质　　　　　　　　　　　　B. 温度

C. 压力　　　　　　　　　　　　D. 介质、压力、温度都要考虑

4. 法兰的密封表面上允许存在的痕迹是（   ）。

A. 环状沟痕　　　B. 浅裂纹　　　C. 砂眼　　　D. 辐射方向沟痕

四、简答题

1. 标准压力容器法兰及其密封面形式有哪些？如何选用？
2. 某填料塔内径为 1000mm，设计压力为 1.65MPa，设计温度为 40℃，筒体及法兰材料为 Q235R，若两筒节为法兰连接，塔的下部有一出料管，公称直径为 100mm，试选配合适的容器法兰与管法兰。

任务二 支座选用

任务描述

掌握常见的卧式及立式容器支座类型及其选型。

任务指导

支座的作用是支撑或固定化工设备。常用的支座主要有卧式容器支座、立式容器支座和球形容器支座等三大类。卧式容器支座可分为鞍式、圈式和支腿式三种支座,如图3-13所示,其中应用最普遍的是鞍式支座,简称鞍座。因自身质量可能造成严重挠曲的大直径薄壁容器和真空容器可采用圈式支座,圈式支座使容器支承处的筒体得到加强,能降低支承处的局部应力。支腿式支座结构简单,但支承反向作用力只集中作用于局部壳体上,一般只用于小型卧式设备。支座是标准件,自2018年7月1日开始用NB/T 47065—2018《容器支座》替代原标准JB/T 4712—2007《容器支座》,它分为五部分:鞍式支座NB/T 47065.1—2018;腿式支座NB/T 47065.2—2018;耳式支座NB/T 47065.3—2018;支承式支座NB/T 47065.4—2018;刚性环支座NB/T 47065.5—2018。

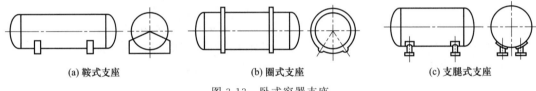

(a) 鞍式支座   (b) 圈式支座   (c) 支腿式支座

图3-13 卧式容器支座

立式支座应用较广泛的有裙式、支承式、耳式和腿式四种,如图3-14所示。球形容器支座有柱式、裙式、半埋式和高架式等四种形式,如图3-15所示,目前大多采用柱式支座和裙式支座。

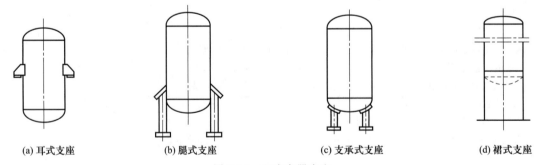

(a) 耳式支座   (b) 腿式支座   (c) 支承式支座   (d) 裙式支座

图3-14 立式容器支座

一、鞍式支座选用

1. 鞍座(NB/T 47065.1—2018)**类型**

鞍座是卧式容器广泛采用的一种支座。它分为焊制与弯制两种形式,如图3-16 (a) 所示为一焊制鞍座。焊制鞍座通常由底板、腹板、筋板和垫板组焊而成;而弯制式鞍座的腹板与底板是由同一块钢板弯成的,两板之间没有焊缝,只有DN≤900mm的设备才使用弯制

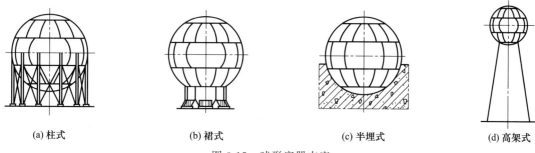

(a) 柱式　　(b) 裙式　　(c) 半埋式　　(d) 高架式

图 3-15　球形容器支座

式鞍座，如图 3-16（b）所示。

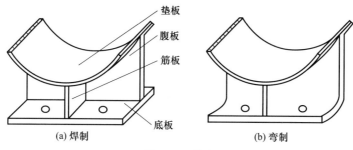

(a) 焊制　　(b) 弯制

图 3-16　鞍座

为了使容器的壁温发生变化时能够沿轴线方向自由伸缩，鞍座的底板有两种，一种底板上的螺栓孔是圆形的，为固定式支座（代号 F），另一种底板上的螺栓孔是椭圆形的，为滑动式支座（代号 S），图 3-17 所示。安装时，F 型鞍座固定在基础上，S 型鞍座使用两个上

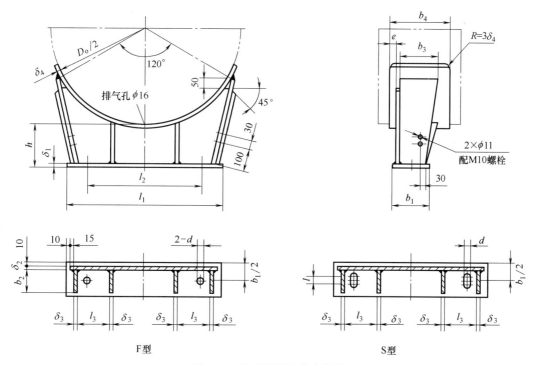

F型　　　　　　　　　S型

图 3-17　轻型焊制式鞍座结构

（DN1000～2000）

螺母，先拧上去的螺母较松，用第二个螺母锁紧，当设备出现热变形时，鞍座可以随设备一起轴向移动。

鞍式支座的鞍座包角为120°或150°，以保证容器在支座上安放稳定。同一公称直径的容器由于长度和质量（包括介质、保温等质量）不同，所以同一公称直径的鞍座按其允许承受的最大载荷分为轻型（代号为A）和重型（代号为B）两类，其中重型鞍式支座按制作方式、包角及附带垫板情况分为BI～BV五种型号。各种型号的鞍式支座结构特征见表3-16。轻型和重型的区别在于筋板、底板和垫板等尺寸不同或数量不同，重型鞍座的筋板、底板和垫板的厚度都比A型的稍厚，有时筋板的数量也较多，因而承载能力大，适用于换热器等较重的容器。对DN＜900mm的鞍座，由于直径小，轻重型差别不大，故只有重型没有轻型。

表 3-16 鞍座结构特征

类型	代号	通用公称直径 DN/mm	结构特征
轻型	A	1000～2000	焊制,120°包角,带垫板,4筋
		2100～4000	焊制,120°包角,带垫板,6筋
		4100～6000	焊制,120°包角,带垫板,6筋
重型	BI	168～406	焊制,120°包角,带垫板,1筋
		300～450	
		500～950	焊制,120°包角,带垫板,2筋
		1000～2000	焊制,120°包角,带垫板,4筋
		2100～4000	焊制,120°包角,带垫板,6筋
		4100～6000	焊制,120°包角,带垫板,6筋
	BII	1000～2000	焊制,150°包角,带垫板,4筋
		2100～4000	焊制,150°包角,带垫板,6筋
		4100～6000	焊制,150°包角,带垫板,6筋
	BIII	168～406	焊制,120°包角,不带垫板,1筋
		300～450	
		500～950	焊制,120°包角,不带垫板,2筋
	BIV	168～406	弯制,120°包角,带垫板,1筋
		300～450	
		500～950	弯制,120°包角,带垫板,2筋
	BV	168～406	弯制,120°包角,不带垫板,1筋
		300～450	
		500～950	弯制,120°包角,不带垫板,2筋

2. 鞍座的数目及安装位置

一台卧式容器的鞍式支座，一般情况下不宜多于两个。因为鞍座水平高度的微小差异都会造成各支座间的受力不均，从而引起筒壁内的附加应力。

采用双鞍座时，为了减小筒体内因自重产生的弯曲应力，充分利用封头对筒体邻近部分的加强作用，鞍座与筒体端部的距离 A 值与筒体长度 L 及筒体外直径 D_o 的关系（图3-18）

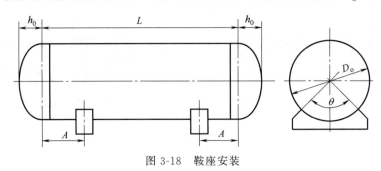

图 3-18 鞍座安装

可按下述原则确定。

① 当筒体 L/D_o 较大，且鞍座所在平面内又无加强圈时，应尽量利用封头对支座处筒体的加强作用，取 $A \leqslant 0.25 D_o$。

② 当筒体的 L/D_o 较小，δ_e/D_o 较大，或鞍座所在平面内有加强圈时，取 $A \leqslant 0.2L$。

3. 鞍座尺寸和标记

（1）鞍座的尺寸

鞍座尺寸和质量可从相应标准（NB/T 47065—2018）查到。本书只摘编了 DN＝1000～2000mm、120°包角轻型带垫板鞍式支座的结构和尺寸及 DN＝500～950mm、包角为120°重型 B 带垫板或不带垫板鞍式支座的结构和尺寸。

DN＝1000～2000mm、120°包角轻型带垫板鞍式支座的结构和尺寸应符合图 3-17 和表 3-17 的规定；DN＝500～950mm、包角为 120°重型 B 带垫板或不带垫板鞍式支座的结构和尺寸应符合图 3-19 和表 3-18 的规定。

表 3-17 轻型（DN＝1000～2000mm）120°包角鞍式支座尺寸

公称直径 DN	允许载荷 Q/kN	鞍式支座高度 h	底板 l_1	底板 b_1	底板 δ_1	腹板 δ_2	筋板 l_3	筋板 b_2	筋板 b_3	筋板 δ_3	垫板 弧长	垫板 b_4	垫板 δ_4	垫板 e	螺栓间距 间距 l_2	螺栓间距 螺孔 d	螺栓间距 螺纹 M	螺栓间距 孔长 l	鞍式支座质量/kg	增加100mm高度增加的质量/kg
1000	158	200	760	170	10	6	170	140	200	6	1160	320	6	57	600	24	M20	40	48	6.1
1100	160	200	820	170	10	6	185	140	200	6	1280	330	6	62	660	24	M20	40	52	6.4
1200	162	200	880	170	10	6	200	140	200	6	1390	350	6	72	720	24	M20	40	58	6.7
1300	174	200	940	170	10	8	215	140	220	6	1510	380	8	76	780	24	M20	40	79	8.4
1400	175	200	1000	170	10	8	230	140	220	6	1620	400	8	86	840	24	M20	40	87	8.8
1500	257	250	1060	200	12	8	242	170	240	8	1740	410	8	81	900	27	M24	45	113	10.8
1600	259	250	1120	200	12	8	257	170	240	8	1860	420	8	86	960	27	M24	45	121	11.2
1700	262	250	1200	200	12	8	277	170	240	8	1970	440	8	96	1040	27	M24	45	130	11.7
1800	334	250	1280	220	12	10	296	190	260	8	2090	470	10	100	1120	27	M24	45	171	14.7
1900	338	250	1360	220	12	10	316	190	260	8	2200	480	10	105	1200	27	M24	45	182	15.3
2000	340	250	1420	220	12	10	331	190	260	8	2320	490	10	110	1260	27	M24	45	194	15.8

表 3-18 DN＝500～950mm、包角为 120°重型带垫板或不带垫板鞍式支座尺寸

公称直径 DN	允许载荷 Q/kN	鞍式支座高度 h	底板 l_1	底板 b_1	底板 δ_1	腹板 δ_2	筋板 l_3	筋板 b_3	筋板 δ_3	垫板 弧长	垫板 b_4	垫板 δ_4	垫板 e	螺栓间距 间距 l_2	螺栓间距 螺孔 d	螺栓间距 螺纹 M	螺栓间距 孔长 l	鞍式支座质量/kg 带垫板	鞍式支座质量/kg 不带垫板	增加100mm高度增加的质量/kg
500	123	200	460	170	10	8	250	150	8	580	230	6	36	330	24	M20	30	23	17	4.7
550	126	200	510	170	10	8	280	150	8	640	240	6	41	360	24	M20	30	26	19	5.0
600	127	200	550	170	10	8	300	150	8	700	250	6	46	400	24	M20	30	28	20	5.3
650	129	200	590	170	10	8	330	150	8	750	260	6	51	430	24	M20	30	30	21	5.5
700	131	200	640	170	10	8	350	150	8	810	270	6	56	460	24	M20	30	33	23	5.8
750	132	200	680	170	10	8	380	150	8	870	280	6	61	500	24	M20	30	36	24	6.1
800	207	200	720	170	10	10	400	170	10	930	280	6	50	530	24	M20	30	44	32	8.2
850	210	200	770	170	10	10	430	170	10	990	290	6	55	558	24	M20	30	48	34	8.6
900	212	200	810	170	10	10	450	170	10	1040	300	6	60	590	24	M20	30	51	36	8.9
950	213	200	850	200	10	10	470	170	10	1100	310	6	65	630	24	M20	30	54	38	9.3

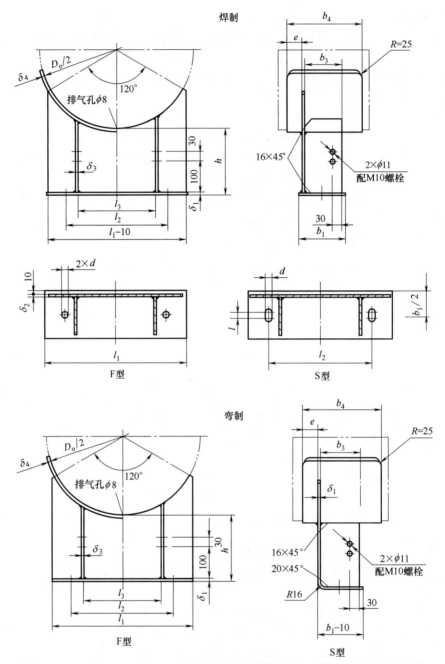

图 3-19　DN=500~950mm、包角为120°重型带垫板或不带垫板鞍式支座结构

（2）鞍座材料

鞍座主体材料包括垫板、腹板、底板、筋板，其常用牌号、使用温度及许可应力如表 3-19 所示。

表 3-19　鞍座材料、使用温度及许可应力

材料	使用温度/℃	许可应力/MPa
Q235B	-20~200	147
Q345B	-20~200	170
Q345R	-40~200	170

(3) 鞍座标记

标记方法：

NB/T 47065.1—2018，鞍座

注：当鞍座高度 h，垫板宽度 b_4，垫板厚度 δ_4，滑动鞍座底板上的螺栓孔长度 l 与标准尺寸不同时，应在设备图样零件名称栏或备注栏注明。如：$h=450$、$b_4=200$、$\delta_4=12$、$l=30$。

标记示例 1：设备的公称直径为 1000mm，支座包角 120°，重型、带垫板、标准高度的固定式焊制支座，鞍座材料为 Q235B，其标记为：

NB/T 47065.1—2018，鞍座 BⅠ 1000-F

材料栏内注：Q235B

标记示例 2：设备公称直径 DN1600mm，150°包角，重型滑动鞍式支座，材料为 Q235B，垫板材料 S30408，鞍式支座高度为 400mm，垫板厚度为 12mm，滑动长孔长度为 60mm。标记为：

NB/T 47065.1—2018，鞍式支座 BⅡ 1600-S，$h=400$，$\delta_4=12$，$l=60$

材料栏内注：Q235B/S30408

4. 鞍座的选用原则

① 按鞍式支座实际承载的大小确定选用轻型或重型鞍式支座，鞍座实际承受的最大载荷 Q_{max} 必须小于鞍座的允许载荷 $[Q]$。

② 按容器圆筒体强度的需要确定选用 120°包角或 150°包角的鞍式支座。

③ 换热器优先选用 120°包角或 150°包角的重型鞍式支座。

④ 对于 DN≤900mm 的设备，鞍座有带垫板和不带垫板两种结构，具有下列情况之一时，需选用带垫板的鞍座。

a. 当设备壳体的有效厚度≤3mm 时；

b. 当设备有热处理要求时；

c. 当壳体与鞍座间的温差大于 200℃时；

d. 当壳体材料与鞍座材料不具有相同或相近的化学成分和性能指标时。

【任务示例 3-3】 有一管壳式换热器，如图 3-20 所示，试选择一对鞍式支座。已知换热器总质量为 2200kg，内径为 600mm，壳体壁厚为 6mm，封头为标准椭圆形封头，换热管长 $L_1=4.5$m，规格为 25mm×2.5mm，根数为 196，其左、右两端管箱短节的长度分别为 120mm、400mm，管板厚度 $\delta=32$mm，管程物料为水，壳程物料为甲苯。

解 查物理性能手册得甲苯密度为 842.4kg/m³，比水的密度低，故换热器在做水压试验时的总质量为设备的最大质量。

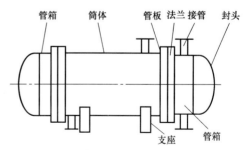

图 3-20 带鞍式支座的管壳式换热器

(1) 计算设备的总容积

封头的容积 V_1，查相关标准 GB/T 25198—2010 得 $V_1=0.0353$m³；

中间筒节的长度 $L=L_1-2\delta=4.5-2\times0.032\approx4.44$（m），则：

筒体的容积 $V_2=\dfrac{(0.12+0.4+4.44)\pi}{4}D_i^2=4.96\times3.14\times0.6^2/4=1.4$（m³）；

换热管金属的容积：

$$V_3 = \frac{Ln\pi(d_0^2 - d_i^2)}{4} = \frac{4.44 \times 196 \times 3.14 \times (0.025^2 - 0.02^2)}{4} = 0.16 \text{ (m}^3\text{)};$$

换热器总容积 $V = V_1 + V_2 - V_3 = 0.0353 \times 2 + 1.4 - 0.16 = 1.31$ （m³）。

（2）计算设备的最大质量

水压试验时，水的质量：$m_1 = V\rho = 1.31 \times 1000 = 1320$ （kg）；

设备的最大质量：$m = 1310 + 2200 = 3510$ （kg）。

（3）鞍座的选择

每个鞍座承重：$G = \frac{mg}{2} = \frac{3510 \times 9.8}{2} \approx 17200$ （N）$= 17.2$ （kN）。

查表 3-16，可选用 B 型支座。换热器的公称直径小于 900mm，可以不带垫板，选择 BⅢ型 120°包角、焊制、双筋、不带垫板的鞍式支座。查表 3-18，DN600 时其允许载荷为 127kN，可以使用。

两个鞍座的标记分别为：

NB/T 47065.1—2018，鞍座 BⅢ 600-F；

NB/T 47065.1—2018，鞍座 BⅢ 600-S。

二、腿式支座选用（NB/T 47065.2—2018）

1. 腿式支座的形式及结构尺寸

腿式支座用于立式设备，常用容器直径范围 DN=300～2000mm，容器结构简图及支腿布置如图 3-21 所示，当容器直径较小时用三个支腿，容器直径较大时用四个支腿。

腿式支座有 A 型、AN 型、B 型、BN 型、C 型、CN 型六种结构。A 型和 AN 型是角钢支柱；B 型和 BN 型是钢管支柱；C 型和 CN 型是 H 型钢支柱。A、B、C 型带垫板；AN、BN、CN 型不带垫板，腿式支座形式特征见表 3-20。

腿式支座结构主要由一块底板、一块盖板、一个支柱焊接而组成。如图 3-22、图 3-23 所示，分别为 AN 型（不带垫板）和 A 型（带垫板）结构图，其系列尺寸参数见表 3-21。

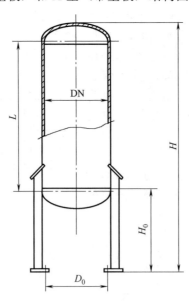

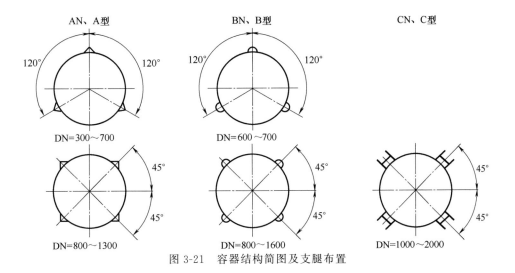

图 3-21 容器结构简图及支腿布置

表 3-20 腿式支座形式特征

形式		支座号	垫板	适应公称直径 DN/mm
角钢支柱	AN	1～6	无	300～1300
	A		有	
钢管支柱	BN	1～6	无	600～1600
	B		有	
H型钢支柱	CN	1～6	无	1000～2000
	C		有	

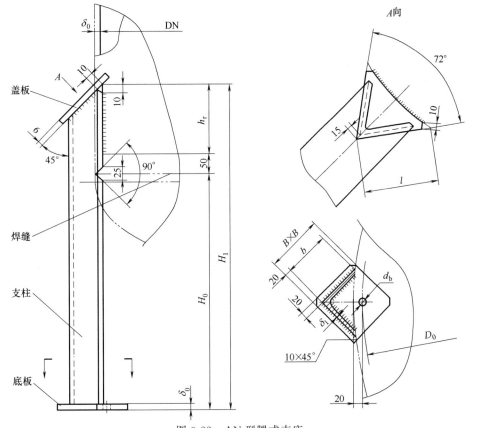

图 3-22 AN 型腿式支座

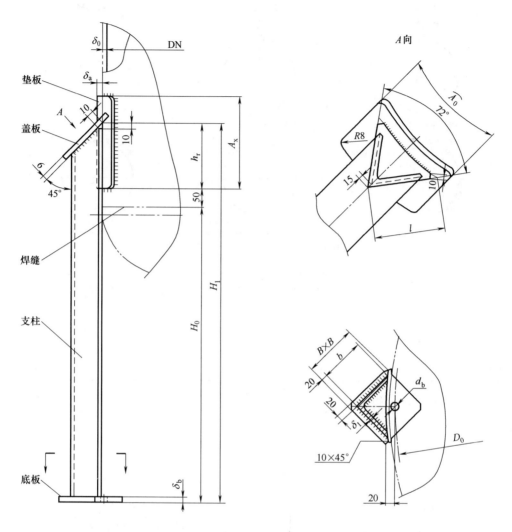

图 3-23 A 型腿式支座

2. 腿式支座选用

腿式支座适用于安装在刚性基础上,且符合下列条件的容器。

① 公称直径 DN=300~2000mm。
② 圆筒切线长度 L 与公称直径 DN 之比 $L/DN \leqslant 5$。
③ 对角钢支柱与钢管支柱,容器总高 $H_1 \leqslant 5m$;对 H 型钢支柱,不大于 8m。
④ 设计温度: $t=-20 \sim 200℃$。
⑤ 设计基本风压值: $q_0=800Pa$,地面粗糙度为 A 类。
⑥ 设计地震设防烈度:8 度(Ⅱ类场地土),设计基本地震加速度 $0.2g$。

腿式支座不适用于通过管线直接与产生脉动载荷的机器设备刚性连接的容器。

⑦ 当具备下列情况之一者,宜选用带垫板的支腿:
a. 合金钢制容器;
b. 有焊后热处理要求的容器;
c. 与支腿连接处的圆筒有效厚度小于表 3-21 给出的最小厚度。

表 3-21 AN、A 型腿式支座系列参数尺寸

支座号	适用公称直径 DN/mm	支腿数量	壳体最大切线距 L_{max}/mm	最大支承高度 H_{0max}/mm	单根支腿所允许的最大载荷（H_{0max}高度下）Q_v/kN	角钢支柱 规格 $b \times b \times d$	角钢支柱 长度 L_H	角钢支柱 H_1	焊缝长度 h_f	底板 边长 B	底板 厚度 δ_a	盖板 边长 l	垫板 宽度 A_a	垫板 长度 A_x	垫板 厚度 δ_a	孔径 d_0	地脚螺栓 规格	中心距 参数 D	直径 D_2	单根支腿质量/kg 支柱	底板	盖板	总质量（不含垫板）
1	300	3	1500	600	4	50×50×5	708	720	70	90	12	130	190	105	一般取与圆筒厚度相等	20	M16	260	$D_下-D+2g$	2.7	0.8	0.4	3.9
2	400	3	1500	800	5	63×63×8	924	940	90	103	16	160	220	140		20	M16	362		6.9	1.3	0.6	8.8
	500	3	2000	800	6	63×63×8												463					
3	600	3	2000	800	8	80×80×10	945	965	115	120	20	190	260	180		20	M16	563		11	2.3	0.8	14.3
	700	3	2000	800	9	80×80×10												665					
4	800	4	2500	1000	10	90×90×10	1160	1180	130	130	20	200	280	200		24	M20	764		16	2.7	0.9	19.2
	900	4	2500	1000	11	90×90×10												864					
5	1000	4	3000	1100	15	100×100×12	1173	1195	145	140	22	220	300	220		24	M20	966		21.0	3.4	1.0	25.4
	1100	4	3000	1100	17	100×100×12												1067					
6	1200	4	3500	1100	23	110×110×12	1288	1310	160	150	22	230	320	240		24	M20	1166		26	3.9	12	30.6
	1300	4	3500	1100	26	110×110×12												1266					

注：1. 不带垫板时，δ 取圆筒或封头名义厚度；带垫板时，δ 取圆筒名义厚度与垫板名义厚度之和。
2. 支柱长度 $L_H = H_1 -$ 底板名义厚度 δ_a，该数值是按最大支撑高度（H_{0max}）所计算，其他支撑高度下的值应进行相应调整。

3. 腿式支座标记方法

规定如下：

NB/T 47065.2—2018，支腿

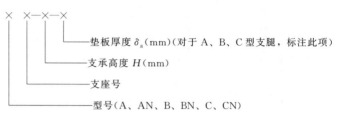

标记示例：容器公称直径为 DN800mm，钢管支柱支腿，带垫板，垫板厚度 δ_a 为 10mm，支承高度 H 为 1000mm，支座号 4，其标记为：

NB/T 47065.2—2018，支腿 B4-1000-10

三、耳式支座选用（NB/T 47065.3—2018）

耳式支座也称悬挂式支座，由底板或支脚板、筋板和垫板组成，如图 3-24 所示。适用于公称直径不大于 4000mm 的立式容器。它的优点是简单、轻便，但对器壁会产生较大的局部应力。因此，当设备较大或器壁较薄时，应在支座与器壁间加一垫板，增加接触面积，降低筒壁的局部应力。垫板材料一般应与容器材料相同，垫板厚度一般与筒体厚度相同，也可根据实际需要确定。当设备公称直径不超过 900mm，且壳体有效壁厚大于 3mm，壳体材料与支座材料相同或相近时，也可以采用不带垫板的耳式支座。

1. 耳式支座类型

小型设备的耳式支座可以支撑在管子或型钢的立柱上，而较大型的直立设备的耳式支座一般紧固在钢梁或混凝土基础上。为使容器的重力均匀地传给基础，底板的尺寸不宜过小，以免产生过大的压应力，筋板也应有足够的厚度，以保证支座的稳定性。按筋板长度的不同，耳式支座有短臂（代号为 A）、长臂（代号为 B）和加长臂（代号为 C）3 种。耳式支座的形式特征如表 3-22 所示。

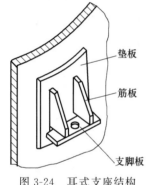

图 3-24 耳式支座结构

耳式支座垫板材料一般应与容器材料相同，筋板和底板材料分为 3 种，其代号见表 3-23。

表 3-22 耳式支座形式特征

形式		支座号	垫板	盖板	适应公称直径 DN/mm
短臂	A	1～5	有	无	300～2600
		6～8	有	有	1500～4000
长臂	B	1～5	有	无	300～2600
		6～8	有	有	1500～4000
加长臂	C	1～4	有	无	300～1400
		4～8	有	有	1000～4000

表 3-23 耳式支座材料代号

材料代号	Ⅰ	Ⅱ	Ⅲ
支座筋板或底板材料	Q235B	S30408	15CrMoR
允许使用温度/℃	-20～200	-100～200	-20～300

2. 耳式支座基本尺寸参数

A 型支座的结构及系列参数分别见图 3-25、图 3-26 和表 3-24，B 型和 C 型可查 NB/T

47065.3—2018。

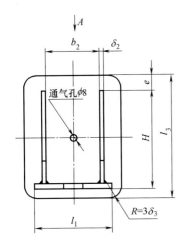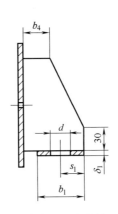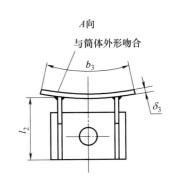

图 3-25　A 型耳式支座（支座号 1～5）

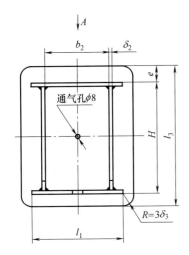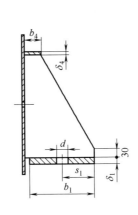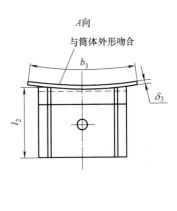

图 3-26　A 型耳式支座（支座号 6～8）

表 3-24　A 型耳式支座系列参数尺寸　　　　　　　　　　　　　　　　　　　　单位：mm

支座号	支座本体允许载荷 $[Q]$/kN			适用容器公称直径 DN/mm	高度 H	底板				筋板			垫板				盖板		地脚螺栓	支座质量 /kg
	Ⅰ	Ⅱ	Ⅲ			l_1	b_1	δ_1	s_1	l_2	b_2	δ_2	l_3	b_3	δ_3	e	b_4	δ_4	d	规格	
1	12	11	14	300～600	125	100	60	6	30	80	70	4	160	125	6	20	30	—	24	M20	1.7
2	21	19	24	500～1000	160	125	80	8	40	100	90	5	200	160	6	24	30	—	24	M20	3.0
3	37	33	43	700～1400	200	160	105	10	50	125	110	6	250	200	8	30	30	—	30	M24	6.0
4	75	67	86	1000～2000	250	200	140	14	70	160	140	8	315	250	8	40	30	—	30	M24	11.1
5	95	85	109	1300～2600	320	250	180	16	90	200	180	10	400	320	10	48	30	—	30	M24	21.6
6	148	134	171	1500～3000	400	320	230	20	115	250	230	12	500	400	12	60	50	12	36	M30	42.7
7	173	156	199	1700～3400	480	375	280	22	130	300	280	14	600	480	14	70	50	14	36	M30	69.8
8	254	229	292	2000～4000	600	480	360	26	145	380	350	16	720	600	16	72	50	16	36	M30	123.9

注：表中支座质量是以表中的垫板厚度为 δ_3 计算的，如果 δ_3 的厚度改变，则支座的质量应相应改变。

3. 耳式支座的标记

耳式支座的标记：

NB/T 47065.3—2018，耳式支座

注 1. 若垫板厚度 δ_3 与标准尺寸不同，则在设备图样中零件名称或备注栏注明，如 $\delta_3=12$；
2. 支座及垫板材料应在设备图样的材料栏内标注，表示方法如下：支座材料/垫板材料。

示例：B 型，3 号耳式支座，支座材料为 Q235B，垫板材料为 15CrMoR，垫板厚度为 12mm，其标记为：

NB/T 47065.3—2018，耳式支座 B3—Ⅰ，$\delta_3=12$

材料：Q235B/15CrMoR

4. 耳式支座的选择

① 根据公称直径 DN 及 NB/T 47065.3—2018 中的附录 A 规定的方法计算出耳式支座承受的实际载荷 Q（kN），按此实际载荷 Q 值在标准中选取一标准耳式支座，并使 $Q \leqslant [Q]$；

② 一般情况下，应校核耳式支座处圆筒所受的支座弯矩 M_L，$M_L \leqslant [M_L]$，对于有衬里的容器，则有：$M_L = \dfrac{[M_L]}{1.5}$，式中，M_L 为耳式支座处圆筒所受的支座弯矩，kN·m，具体计算参考标准 NB/T 47065.3—2018。

③ 耳式支座通常要设置垫板，当 DN≤900mm 时，可不设置垫板，但必须满足如下条件：

a. 容器壳体的有效厚度大于 3mm；

b. 容器壳体材料与支座材料具有相同或相近的化学成分和力学性能。

四、支承式支座选用（NB/T 47065.4—2018）

1. 支承式支座的类型

支承式支座适用于只满足下列条件的钢制立式圆筒形容器：

① 公称直径为 DN=800～4000mm；

② 圆筒长度 L 与公称直径 DN 之比 L/DN 不大于 5；

③ 容器总高度 H_0 不大于 10m；

④ 允许使用温度为 -20～200℃。

支承式支座与筒体接触面积小，会使壳壁产生较大的局部应力，所以，需在支座和壳壁间加一块垫板，以改善筒壁的受力状况。该支座分为两种，即如图 3-27、图 3-28 所示用数块钢板焊制而成的 A 型支承式支座及图 3-29 所示用钢管制作的 B 型支承式支座。A 型支承式支座适用于 DN=800～3000mm 的容器，B 型支承式支座则适用于 DN=800～4000mm 的容器，它们均焊在容器的下封头上，其形式特征见表 3-25。

表 3-25 支承式支座形式特征

形式		支座号	垫板	适用公称直径 DN/mm
钢板焊接	A	1～4	有	800～2200
		5～6		2400～3000
钢管制作	B	1～8	有	800～4000

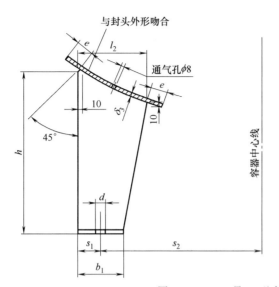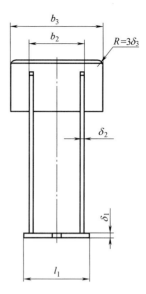

图 3-27　1~4 号 A 型支承式支座

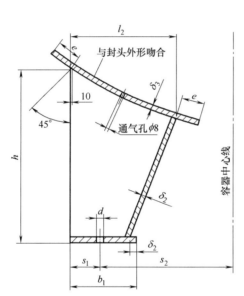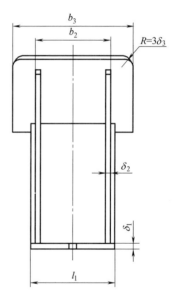

图 3-28　5~6 号 A 型支承式支座

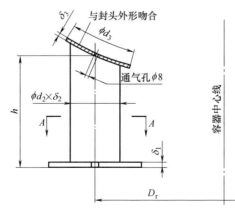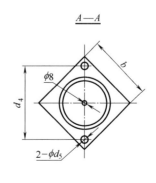

图 3-29　1~8 号 B 型支承式支座

2. 支承式支座的基本尺寸参数

A型支承式支座的系列参数尺寸见表3-26，B型支承式支座的系列参数尺寸见表3-27。

表 3-26　A型支承式支座系列参数尺寸　　　　　　单位：mm

支座号	支座本体允许载荷 $[Q]$/kN	使用容器公称直径 DN/mm	高度 h	底板 l_1	底板 b_1	底板 δ_1	底板 S_1	筋板 l_2	筋板 b_2	筋板 δ_2	垫板 b_3	垫板 δ_3	e	地脚螺栓 d	地脚螺栓 规格	地脚螺栓 S_2	支座质量/kg
1	16	800	350	130	90	8	45	150	110	8	190	8	40	24	M20	280	8.2
		900														315	
		1000														350	
2	27	1100	420	170	120	10	60	180	140	10	240	10	50	24	M20	370	15.8
		1200														420	
		1300														475	
		1400														525	
3	54	1500	460	210	160	14	80	240	180	12	300	12	60	30	M24	550	28.9
		1600														600	
		1700														625	
		1800														675	
4	70	1900	500	230	180	16	90	270	200	14	320	14	60	30	M24	700	40.3
		2000														750	
		2100														775	
		2200														825	
5	180	2400	540	260	210	20	95	330	230	14	370	16	70	36	M30	900	67.2
		2600														975	
6	250	2800	580	290	240	24	110	360	250	16	390	18	70	36	M30	1050	90.1
		3000														1125	

表 3-27　B型支承式支座系列参数尺寸　　　　　　单位：mm

支座号	支座本体允许载荷 $[Q]$/kN	使用容器公称直径 DN/mm	高度 h	底板 b	底板 δ_1	钢管 d_2	钢管 δ_2	垫板 d_3	垫板 δ_3	地脚螺栓 d_4	地脚螺栓 d_5	地脚螺栓 规格	D_1	支座质量/kg	每增加100mm高度的质量/kg	支座高度上限值 h_{max}
1	32	800	310	150	10	89	4	120	6	160	20	M16	500	4.8	0.8	500
		900											580			
2	49	1000	330	160	12	108	4	150	8	180	20	M16	630	6.8	1	550
		1100											710			
		1200											790			
3	95	1300	350	210	16	159	4.5	220	8	235	24	M20	810	13.8	1.7	750
		1400											900			
		1500											980			
		1600											1050			
4	173	1700	400	250	20	219	6	290	10	295	24	M20	1060	26.6	2.9	800
		1800											1150			
		1900											1230			
		2000											1310			
		2100											1390			
		2200											1470			
5	220	2400	420	300	22	273	8	360	12	350	24	M20	1560	47	5.2	850
		2600											1720			
6	270	2800	460	350	24	325	8	420	14	405	24	M20	1820	67.3	6.3	950
		3000											1980			
		3200											2140			

续表

支座号	支座本体允许载荷 [Q]/kN	使用容器公称直径 DN/mm	高度 h	底板		钢管		垫板		地脚螺栓			D_1	支座质量 /kg	每增加100mm高度的质量/kg	支座高度上限值 h_{max}
				b	δ_1	d_2	δ_2	d_3	δ_3	d_4	d_5	规格				
7	312	3400	490	410	26	377	9	490	16	470	24	M20	2250	95.5	8.2	1000
		3600											2420			
8	366	3800	510	460	28	426	9	550	18	530	30	M24	2520	124.2	9.3	1050
		4000											2680			

3. 支承式支座材料

① 支座垫板材料一般应与容器封头材料相同；
② 支座底板的材料为 Q235B；
③ A 型支座筋板的材料为 Q235B，B 型支座钢管材料为 10 号钢，使用性能见表 3-28。

表 3-28 支承式支座使用性能

支座类型	A 型支座	B 型支座
材料牌号	Q235B	10
允许使用温度/℃	$-20\sim200$	

4. 标记方法

① 支承式支座采用以下标记方法：

NB/T 47065.4—2018，支座 × ×

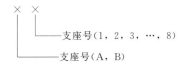

支座号(1, 2, 3, …, 8)
支座号(A, B)

② 当支座高度 h 和垫板厚度 δ_3 与表 3-27 中的标准不一致时，依次标上 h、δ_3。
③ 支座及垫板材料应在设备图样中的材料栏内用"支座材料/垫板材料"的形式表示。

标记示例 1：钢板焊制的 3 号支承式支座，支座与垫板材料均为 Q235B 和 Q245R，其标记则为：

NB/T 47065.4—2018，支座 A3
材料 Q235B 和 Q245R

标记示例 2：钢管制作的 4 号支承式支座，支座高度为 600mm，垫板厚度为 12mm，钢管材料为 10 号钢，底板为 Q235B。

其标记为：NB/T 47065.4—2018，支座 B4，h=600，δ_3=12
材料：10，Q235B/S30408

五、裙式支座

1. 裙式支座结构

裙式支座简称裙座，由裙座体、基础环和地脚螺栓座组成。座圈上开有人孔、引出管孔、排气孔和排污孔，如图 3-30（a）所示。座圈焊在基础环上，并通过基础环将载荷传给基础，地脚螺栓座焊制在基础环上，由两块筋板、一块压板和一块垫板组成，如图 3-30（b）所示。地脚螺栓通过地脚螺栓座将裙座牢牢地固定在基础上。裙座体除圆筒形外，还可做成半锥角不超过 15°的圆锥形。当地脚螺栓数量较多，或者基础环下的混凝土基础表面承受压力过大时，往往需采用锥形裙座。

裙座与塔体的焊接可以采用搭接焊或对接焊，如图 3-31（a）为搭接焊。裙座体内径应

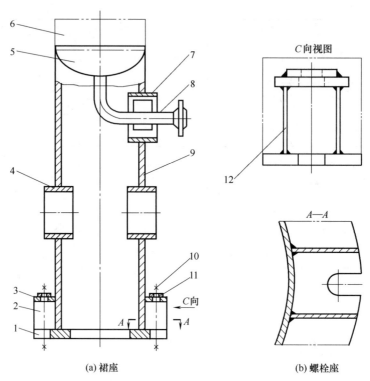

图 3-30 裙式支座结构简图
1—基础环；2—地脚螺栓座；3—盖板；4—检查孔；5—封头；6—塔体；
7—引出孔；8—引出管；9—裙座体；10—地角螺栓；11—垫板；12—筋板

稍大于塔体外径，焊接接头的位置既可以在封头直边处也可以在筒体上。这种连接结构中焊缝将受到剪切力的作用，焊缝受力状况不好，故一般多用于直径小于 1000mm 的塔设备。为了保证支座具有较好的承载能力，搭接焊缝距封头与塔体连接的对接焊缝的距离应符合下列规定：在封头直边处，两焊缝的中心距离为裙座圈内径的（1.7～3）倍；在筒体上，两焊缝的中心距离不得小于塔体壁厚的 3 倍。

采用对接焊缝时，裙座体的外径与下封头外径基本一致，如图 3-31（b）所示。这种结构由于采用的是对接焊缝，因此焊缝承受压缩载荷，封头局部承载。

如果塔体封头上有拼接焊缝，裙座圈的上边缘可以留缺口以避免出现十字焊缝，缺口形状为半圆形，如图 3-31（c）所示。

2. 裙座的材质

由于裙座不与介质直接接触，也不受设备内的压力作用，因此不受压力容器用材所限，可选用较经济的普通碳素结构钢。但是，在选取裙座的材质时，还应考虑塔的操作条件、载荷大小以及环境温度。常用的裙座圈及地脚螺栓材质为 Q235-A 和 Q235-A.F，但这两种材质不适用于温度过低的条件。当设计温度≤−20℃时，它们的材质应选择 16Mn。当塔的封头材质为低合金或高合金钢时，裙座应增设与塔封头相同材质的短节，短节的长度一般取保温层厚度的 4 倍。

3. 裙座的计算

裙座为非标件，为一台直立设备配置裙座时，首先需要对塔设备及其裙座进行系统分析与计算，如塔设备受力、带裙座体的应力校核、裙座圈计算、地脚螺栓计算、基础环计算

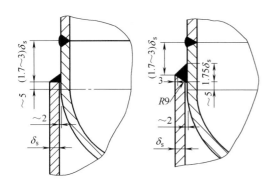
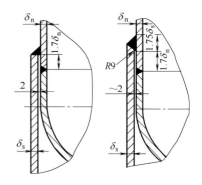

(a) 裙座与塔体搭接焊

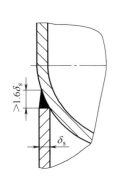
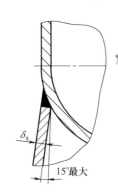
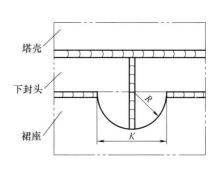

(b) 裙座与塔体对接焊接   (c) 裙座体开缺口

图 3-31　裙座与塔体的连接结构

等。具体计算方法和要求可以参见《钢制塔式容器》标准中的有关内容。

任务训练

一、填空

1. 支座的作用是____和____化工设备。
2. 常用的支座主要有_____支座、_____支座和球形容器支座等三大类。
3. 卧式容器最常用的支座是_____。
4. 同一公称直径的鞍座按其允许承受的最大载荷分为_____和_____两类。
5. 立式容器支座形式有_____、_____、_____、_____四种。
6. 卧式容器一般设有两个鞍座，一个为_____式，另一个为_____式。
7. 鞍座可分为_____制与_____制两种，其中弯制鞍座是由同一块钢板弯成的，两板之间没有焊缝。

二、判断

（　）1. 一台卧式容器有三个鞍式支座，应选一个 F 型，两个 S 型的。
（　）2. 只有 DN≤900mm 的设备才使用焊制鞍座。
（　）3. 轻型和重型鞍座的区别在于筋板、底板和垫板等尺寸不同或数量不同，重型鞍座的筋板、底板和垫板的厚度都比 A 型的稍厚，因而承载能力大。
（　）4. 对 DN＜900mm 的鞍座，由于直径小，轻、重型差别不大，故只有轻型没有重型。
（　）5. 腿式支座有 A 型、AN 型、B 型、BN 型、C 型、CN 型六种结构。

3、选择

1. 高大直立的塔设备常采用（　　）。

A. 耳式支座　　　B. 腿式支座　　　C. 裙式支座　　　D. 支承式支座

2. 一台卧式容器的鞍式支座，一般情况下不宜多于（　　）个。

A. 2　　　　　　B. 3　　　　　　C. 4　　　　　　D. 5

3. 当筒体 L/D_o 较大，且鞍座所在平面内又无加强圈时，应尽量利用封头对支座处筒体的加强作用，取（　　）。

A. $A \leqslant 0.25D_o$　　B. $A \leqslant 0.2L$　　C. $A \geqslant 0.25D_o$　　D. $A \geqslant 0.2L$

4. 鞍式支座的鞍座包角为（　　）。

A. 120°或150°　　B. 120°　　　　C. 150°　　　　D. 130°或150°

5. 塔设备裙座体有圆筒形和锥形，其中锥形的半锥角不超过（　　）。

A. 5°　　　　　B. 10°　　　　　C. 15°　　　　　D. 20°

任务三　附件的选用

任务描述

掌握视镜、液面计、人孔（手孔）及安全阀、爆破片等附件的结构、类型及其选用。

任务指导

化工设备的附件有视镜、液面计、人孔（手孔）及安全附件安全阀、爆破片装置等，它们是化工设备正常工作不可或缺的组成部分。

一、视镜（NB/T 47017—2011）

视镜是用来观察设备内部物料的化学和物理变化的情况。视镜玻璃可能与设备内部的物料接触，所以它除了承受工作压力之外，还应具有耐高温和耐腐蚀的能力。

1. 视镜结构形式

（1）视镜基本形式

视镜作为标准组合部件，由视镜玻璃、视镜座、密封垫、压紧环、螺母和螺柱等组成。其基本形式如图 3-32 所示。

（2）视镜与容器的连接形式

视镜与容器的连接形式有两种：一种是视镜座外缘直接与容器的壳体或封头相焊，如图 3-33 所示；另一种是视镜座由配对管法兰（或法兰凸缘）夹持固定如图 3-34 (a)、(b) 所示。

（3）冲洗装置

根据需要可以选配冲洗装置用于视镜玻璃内侧的喷射清洗，如图 3-35 所示。

（4）射灯

当需要有光线射向容器内部时，可在视镜上安装射灯。在视镜压紧环上均布设有 4 个 M6 螺栓孔，用螺钉将射灯的铰接支架安装在视镜压紧环上，如图 3-36 所示。若不需安装射灯时，可用螺塞（见表 3-30 中序

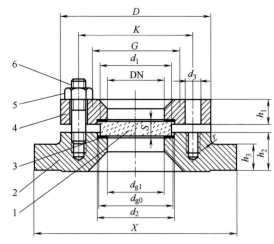

图 3-32　视镜的基本形式

1—视镜玻璃；2—视镜座；3—密封垫；
4—压紧环；5—螺母；6—双头螺柱

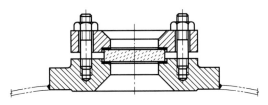

图 3-33 与容器壳体直接相焊式

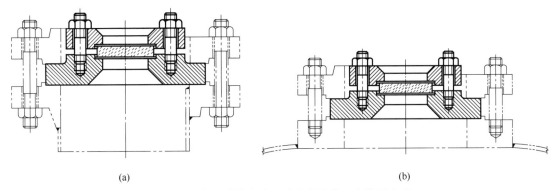

(a)　　　　　　　　　　　　　　　(b)

图 3-34 由配对管法兰（或法兰凸缘）夹持固定式

号 7）将螺栓孔堵死。

与视镜组合使用的射灯分为非防爆 SB 型和防爆 SF 型两种。当视镜单独作为光源孔时，容器需要另行安装一个不带灯的视镜作为窥视孔。

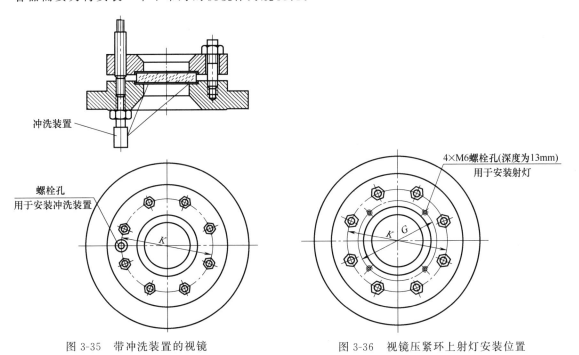

图 3-35 带冲洗装置的视镜　　　　图 3-36 视镜压紧环上射灯安装位置

2. 视镜的规格及系列

视镜的规格取决于公称直径和公称压力。视镜的公称压力与压力容器的公称压力含义相同，但只有四级：0.6MPa、1.0MPa、1.6MPa、2.5MPa。视镜的公称直径是指视孔的直径，最多有六种级别：50mm、80mm、100mm、125mm、150mm、200mm。每种视镜的公称直径大小取决于公称压力的级别，例如，公称压力为 1.0MPa 的带颈视镜，其公称直径有五级，但公称压力为 2.5MPa 的带颈视镜，公称直径只有三级（50mm、80mm、100mm）。压力容器视镜的规格及系列见表 3-29。

表 3-29 视镜的规格及系列

公称直径 DN/mm	公称压力 PN/MPa				射灯组合形式	冲洗装置
	0.6	1.0	1.6	2.5		
50	—	√	√	√	不带射灯结构 非防爆型射灯结构	不带冲洗装置
80	—	√	√	√		
100	—	√	√	√	不带射灯结构	
125	√	√	√	—	非防爆型射灯结构 防爆型射灯结构	带冲洗装置
150	√	√	√	—		
200	√	√	—	—		

适用于公称压力不大于 2.5MPa、公称直径为 50～200mm、介质最高允许温度为 250℃、最大冷热急变温差为 230℃ 的压力容器。

3. 基本参数

(1) 材料明细表

视镜标准件（图 3-32）的材料应符合表 3-30 的规定。

表 3-30 视镜标准件材料

序号	名称	数量	材料 I	材料 II	备注
1	视镜玻璃	1	钢化硼硅玻璃		GB/T 23259—2009
2	视镜座	1	Q245R	不锈钢（S30408 等）	HG/T 20606—2009
3	密封垫	2	非石棉纤维橡胶板		
4	压紧环	1	Q245R	不锈钢（S30408 等）	GB/T 6170—2015
5	螺母	见尺寸表	8 级	A2-70	
6	双头螺柱	见尺寸表	8.8 级	A2-70	GB/T 897—1988 B 型
7	螺塞 M6	4	35		

注：1. 若视镜座和压紧环选用不锈钢材料时，可直接选用 S30408、S30403、S31608、S31603 等不锈钢。其中，若选用 S30408 以外的其他不锈钢材料时，需在订货时注明。
2. 若视镜座和压紧环采用本标准以外的材料，选用者应确保结构的强度和刚度的基本要求，并在订货时注明。
3. 密封用的垫片材料可以根据操作条件及介质特性选用。选用本标准以外的材料时，应在订货时注明。

(2) 尺寸表

视镜的基本尺寸应符合表 3-31 的规定。

表 3-31 视镜的基本尺寸

公称直径 DN	公称压力 PN/MPa	视镜							视镜片		密封垫		螺柱	
		X	D	K	G	h_1	h_2	h_3	d_1	s	d_{gi}	d_{go}	数量 n	螺纹
50	1.0	175	115	85	80	16	25	20	65	10	50	67	4	M12
	1.6					16				10				
	2.5					20				12				
80	1.0	203	165	125	110	16	30	25	100	15	80	102	4	M16
	1.6					16				15				
	2.5					20				20				
100	1.0	259	200	160	135	20	30	25	125	15	100	127	8	M16
	1.6					20				20				
	2.5					25				25				

续表

公称直径 DN	公称压力 PN/MPa	视镜 X	视镜 D	视镜 K	视镜 G	视镜 h_1	视镜 h_2	视镜 h_3	视镜片 d_1	视镜片 s	密封垫 d_{gi}	密封垫 d_{go}	螺柱数量 n	螺柱螺纹
125	0.6	312	220	180	160	18	30	25	150	20	125	152	8	M16
	1.0					22				20				
	1.6					22				25				
150	0.6	312	250	210	185	18	30	25	175	20	150	177	8	M16
	1.0					25				20				
	1.6					25				25				
200	0.6	363	315	270	240	20	36	30	225	25	200	227	8	M20
	1.0					35				30				

注：表内未注明的单位均为 mm。

4. 选型

① 大直径的设备，或易污染的情况，宜选用较大规格的视镜。

② 当需要观察设备内部情况时，应选用带灯视镜或另设一视镜孔作照明用；用于观察界面不明显的液相分层视镜，应在对角线处设一个照明视镜。

③ 旧设备需增设视镜时，不需重新开孔，可利用原有接口选用组合视镜。

④ 视镜因为介质结晶、水汽冷凝等原因而影响观察时，应选用带冲洗口的视镜或装设冲洗装置。

5. 夹持法兰的选择

视镜夹持配对法兰采用现有欧洲体系的管法兰标准（HG/T 20592），压力等级与视镜公称压力一致，与视镜相对应的配对法兰规格及形式见表 3-32、表 3-33。

表 3-32　配对管法兰规格

名称	公称直径 DN/mm					
视镜	50	80	100	125	150	200
配对法兰	125	150	200	250	250	300

表 3-33　配对管法兰形式

视镜公称压力 PN/MPa	接管法兰（或法兰凸缘）		夹持配对法兰	
	密封面	法兰类型	密封面	法兰类型
0.6 1.0	凹面	带颈平焊	突面	板式平焊 带颈平焊
1.6 2.5	凹面	带颈对焊	突面 凹面	带颈平焊 带颈平焊

根据需要，也可以自己选择其他标准，其他形式的夹持配对法兰，但不能低于上述密封要求。

6. 标记

视镜标记如下：

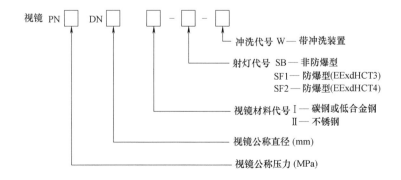

示例：公称压力为 2.5MPa，公称直径为 50mm，材料为不锈钢 S30408，不带射灯，带冲洗装置的视镜。

标记为：视镜 PN2.5DN50Ⅱ-W

二、液面计

1. 液面计类型与结构

液面计是用来观察设备内部液位变化的一种装置，为生产和设备操作提供部分现场依据。液面计为标准件，可直接查标准选用。常用的有玻璃板液面计（HG 21588—1995）和玻璃管液面计（G 型）（HG 21592—1995），玻璃板式液面计又包括透光式液面计（T 型）、反射式液面计（R 型）、视镜式液面计（S 型）三种，另外还有防霜液面计等特殊条件使用的液面计。

（1）透光式与反射式液面计

这两种液面计有普通型和保温型（夹套型）两种结构形式，通过管法兰与设备壳体连接。反射式与透光式液面计均有针形阀，如图 3-37 所示，通过针形阀将料液自容器中引入到液面计中观察液面高度。它们的结构强度高，但制造较困难，用于中高压或要求较高的场合。

透光式液面计在料液的前后两侧均装有玻璃板，因此适用于无色透明的液体介质，用于光线较好，观察位置较好的场合，还可在背后加设照明装置，以用于光线较差处。

反射式液面计只有一侧装有玻璃板，液面是借助光的反射显示的。这种液面计的气体与液体之间有清晰的界限，它适用于稍有色泽的液面介质，而且环境光线较好的场合。

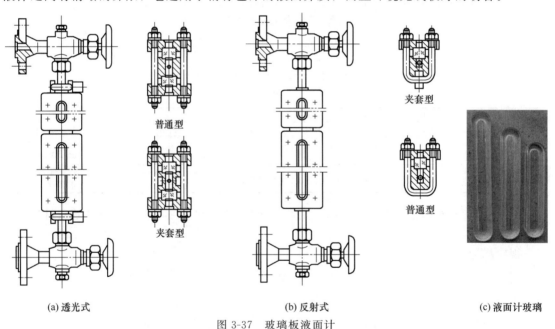

(a) 透光式　　　　　　(b) 反射式　　　　　　(c) 液面计玻璃

图 3-37　玻璃板液面计

（2）视镜式液面计

视镜式液面计分为带颈和不带颈两种结构形式，带颈液面计的结构如图 3-38（a）所示，这种液面计的承压能力低。它的安装方式是在设备壳体上开一个长孔，液面计嵌入孔内焊接在设备壳体上，并通过液面计的玻璃板直接观察设备内的液面高度。

不带颈液面计用于有悬浮物的液相介质，不易出现沉积和堵塞；带颈液面计只能用于常压或低压设备。

(3) 玻璃管液面计

玻璃管液面计的结构简单，如图 3-38（b）所示。可直接指示液位高度，制造方便，适用于低压设备。它是用管法兰与设备壳体连接的，玻璃管脆性大，安装时方法应得当。

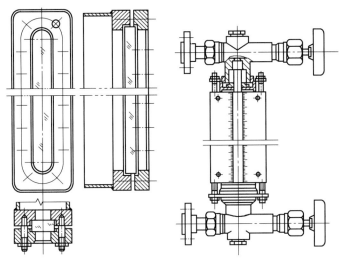

(a) 带颈视镜式液面计　　(b) 玻璃管式

图 3-38　视镜式与玻璃管式液面计

(4) 防霜液面计

防霜液面计是在玻璃板上安装了一块有机玻璃防霜翅片，如图 3-39 所示。在低温下仍

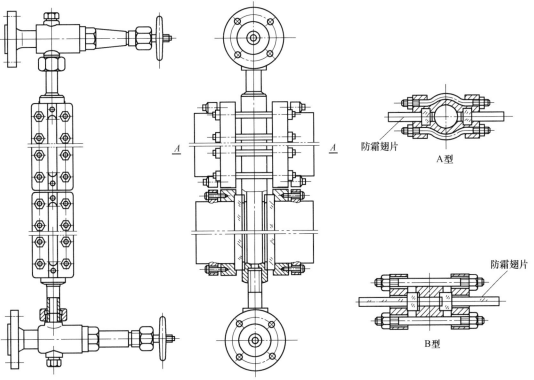

图 3-39　防霜液面计

可透过有机玻璃板观察内部液体界面,适用于低温操作,但所用材料必须满足低温设备操作的要求。

(5) 磁性液面计

磁性液面计由强磁浮标与液位翻板箱等构成,能承受较高的压力,主要零件均用不锈钢制造,耐蚀性能好,密封点少,不易破碎,可制成任意长度。

(6) 浮子液面计

浮子液面计的主要特点是不易被液体介质中的固体颗粒堵塞,易制成防腐蚀结构,但不能承受较高压力。

2. 常用液面计的规格及标记

液面计的规格主要取决于两个重要参数:公称压力和公称长度。液面计的公称压力类似于压力容器的公称压力,公称长度则与型号有关。反射式与透光式液面计和玻璃管液面计的公称长度是指上下接口法兰的中心距,而视镜式液面计的公称长度是指压盖的高度。

(1) 玻璃板式液面计的标记

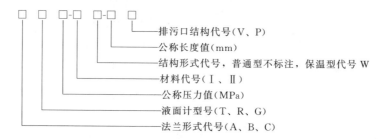

示例1:透光式、公称压力为2.5MPa、碳钢、保温型、排污口配阀门、带颈对焊突面法兰连接(HG/T 20592—2009),公称长度$L=1450$mm的液面计,其标记为:

液面计 AT 2.5-W-1450V

示例2:反射式、公称压力为4.0MPa、不锈钢、普通型、排污口配螺塞、长颈对焊凸面法兰,公称长度$L=850$mm的液面计,其标记为:

液面计 BR4.0-Ⅱ-850P

示例3:公称压力为1.6MPa、碳钢、保温型、带颈平焊突面管法兰(HG/T 20594—2009),公称长度$L=500$mm的玻璃管式液面计,其标记为:

液面计 AG1.6-ⅠW-500

(2) 视镜式玻璃板液面计的标记

示例1:视镜式、常压、不锈钢材料、嵌入连接型的液面计,其标记为:

液面计 S-Ⅱ Q

示例2:视镜式、公称压力0.6MPa、衬里、带颈液面计,其标记为:

液面计 S0.6-Ⅲ J

3. 液面计的选用

液面计应根据设备的操作条件、介质特性、安装位置及环境条件等因素合理地选用,选用原则是:

① 设备高度为 3m 以下，液体介质流动性好，且不含固体颗粒时，一般采用玻璃管或玻璃板式液面计；玻璃管液面计的适用压力为 1.6MPa 以下，玻璃板式液面计为 1.6MPa 以上；透光式液面计用于无色透明的液体，反射式液面计适用于略带色泽、干净、无腐蚀的液体。

② 设备高度为 3m 以上，压力和使用安全性要求较高的场合，应选用磁性液面计。

③ 低温场合必须采用防霜液面计。

④ 浮子液面计不易堵塞，易制成防腐蚀结构，特别适用于地下储槽，但承压能力低，不适用于有搅拌和液面波动较大的设备。

⑤ 对需要显示全部高度范围内的液面变化的设备，应选取液面计的公称长度略高于设备高度（储槽外径），如图 3-40（a）所示；只需显示中部的液面变化的设备，则可以选取液面计的公称长度等于设备高度，如图 3-40（b）所示；对于大型储罐，其外径超过液面计的最大公称长度时，可用两支液面计上下错开安装，如图 3-40（c）所示。

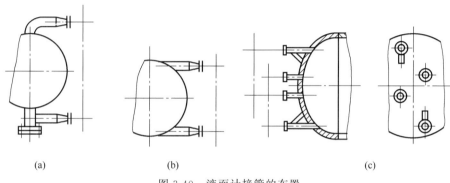

图 3-40　液面计接管的布置

三、接管

化工设备上使用的接管大致可分为两类。一类是通过接管与供物料进出的工艺管道相连接，这类接管一般都是带法兰的短接管、直径较粗，如图 3-41 所示。其接管伸出长度 L 需要考虑保温层的厚度及便于安装螺栓，可按表 3-34 选取。接管上焊缝与焊缝之间的距离不得小于 50mm，对于铸造设备的接管可与设备一起铸造，如图 3-42 所示。

表 3-34　接管伸出长度 L　　　　单位：mm

保温层厚度	接管公称直径	伸出长度 L	保温层厚度	接管公称直径	伸出长度 L
0～75	10～100	150	76～100	10～50	150
	125～300	200		70～300	200
	350～600	250		350～600	250
101～125	10～150	200	151～175	10～250	250
	200～600	250		200～600	300
126～150	10～50	200	176～200	10～50	250
	70～300	250		70～300	300
	350～600	300		350～600	350

对于直径较小、伸出长度较大的接管，则应采用管接头进行加固，如图 3-43 所示。对于 DN≤25mm，伸出长度 L≥200mm，以及 DN=32～50mm，伸出长度 L≥300mm 的任意方向的接管，均应设置支撑筋板，如图 3-44 所示，筋板断面尺寸见表 3-35。

表 3-35　筋板断面尺寸

筋板长度/mm	200～300	230～400
$B×T$/mm	30×3	40×5

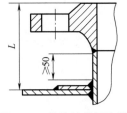
图 3-41 带法兰的短接管

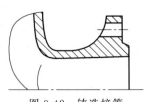
图 3-42 铸造接管

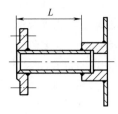
图 3-43 管接头加固

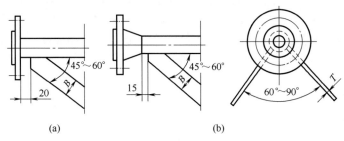
图 3-44 筋板支撑结构

另一类接管是为了控制工艺操作过程,在设备上需要装设一些接管,以便和压力表、温度计、液面计等相连接。此类接管直径较小,可用带法兰的短接管,也可用带内、外螺纹的短管直接焊在设备上。

四、人孔和手孔

为了设备内部构件的安装和检修方便,需要在设备上设置检查孔,即:人孔或手孔。

压力容器上检查孔的开设与否及数量需要根据具体情况来定。

1. 容器上开设人孔、手孔的规定

(1) 最少数量和最小尺寸的规定

容器上开设人孔或手孔的最少数量与最小尺寸规定见表 3-36。

表 3-36 检查孔最少数量与最小尺寸

内直径 D_i/mm	检查孔最少数量	检查孔最小尺寸/mm		备注
		人孔	手孔	
$300 < D_i \leqslant 500$	手孔 2 个		圆孔 $\phi 75$ 长圆孔 75×50	
$500 < D_i \leqslant 1000$	人孔 1 个 当容器无法开 人孔时,手孔 2 个	圆孔 $\phi 400$ 长圆孔: 400×250 380×280	圆孔 $\phi 150$ 长圆孔 100×80	
$D_i > 1000$			圆孔 $\phi 150$ 长圆孔 150×100	球罐人孔 $\phi 500$

(2) 符合下列条件之一的压力容器可不开设检查孔

① 筒体内径小于等于 300mm 的压力容器;

② 压力容器上设有可以拆卸的封头、盖板或其他能开关的盖子,而且它们的尺寸不小于表 3-36 的规定;

③ 无腐蚀或轻微腐蚀,无须做内部检查和清理的压力容器;

④ 制冷装置用压力容器;

⑤ 换热器。

2. 钢制人孔、手孔标准

人孔（HG/T 21514～21527—2014）和人孔（HG/T 21528～21535—2014）已制有标准，设计时可根据设备的公称压力，工作温度以及所用材料等按标准直接选用，化工设备上常用的人孔结构如图 3-45～图 3-48 所示。

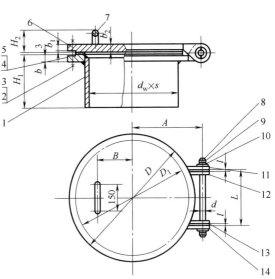

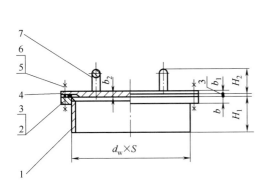

图 3-45 常压人孔
1—筒节；2—法兰；3—垫片；
4—法兰盖；5—螺栓；
6—螺母；7—把手

图 3-46 回转盖板式平焊法兰人孔
1—筒节；2—螺栓；3—螺母；4—法兰；5—垫片；
6—法兰盖；7—把手；8—轴销；9—销；
10—垫圈；11，14—盖轴耳；12，13—法兰轴耳

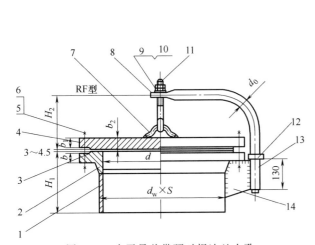

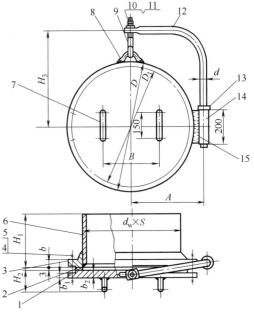

图 3-47 水平吊盖带颈对焊法兰人孔
1—筒节；2—法兰；3—垫片；4—法兰盖；5—螺柱；
6—螺母；7—吊环；8—转臂；9—垫圈；10—螺母；
11—吊钩；12—环；13—无缝钢管；14—支承板

图 3-48 垂直吊盖带颈平焊法兰人孔
1—法兰盖；2—垫片；3—法兰；4—螺柱；5—螺母；
6—筒节；7—把手；8—吊钩；9—吊钩；10—螺母；
11—垫圈；12—转臂；13—环；
14—无缝钢管；15—支承板

3. 钢制人孔、手孔的标记

(1) 标记说明

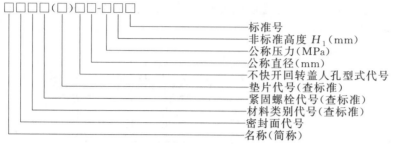

各方格填写说明：

① 名称只填写简称"人孔"或"手孔"；

② 密封面代号按所用的密封面填写，如果在标准中只有一种密封面则省去不填写；

③ 材料类别：如果人孔、手孔各组成部分的材料只有一种，则可省去不填写；紧固件代号及垫片代号请查标准附录 A/B；

④ 不快开回转盖人孔型式代号按标准里边的规定填写"A"或"B"，其他型式不填写；

⑤ 公称直径只写数字，不带单位 mm；

⑥ 公称压力只写数字，不带单位，对于常压人孔、手孔不写此项；

⑦ 标准号要填写完整；

⑧ 非标准高度填写"$H_1=xxx$"，标准的高度不填写。

(2) 标记示例

① 常压人孔公称直径 DN450、$H_1=160$、采用石棉橡胶板垫片的常压人孔，其标记为：

人孔（A·XB350）450HG/T 21515—2014

因为只有一种密封面（FF），且不涉及材料类别，紧固件也规定只是一种材料，所以标记中的第 2、3、4 项均不必填写，没有回转盖又是常压，所以第 6、8 项也不填写。

② 回转盖板式平焊法兰 PN0.6、DN450、$H_1=220$、A 型盖轴耳、Ⅰ类材料、采用六角头螺栓、非金属平垫的回转盖板式平焊法兰人孔，其标记为：

人孔Ⅰ　b-8.8（NM·XB350）　A　450-0.6　HG/T 21516—2014

因只有一种密封面（FF），采用的 H_1 是标准中规定的数值，所以第 2、9 项不填写。

五、安全阀

化工设备可能会有一些不可控制的因素使操作压力在较短时期超过设计压力，为了保证化工设备的安全运行，除了从根本上消除或减少可能引起超压的各种因素外，装设安全泄压装置是一个行之有效的措施。安全阀就是安全泄压装置之一，它常用于处理因物理过程而产生超压，对介质允许有微量泄漏的场合。

1. 安全阀的构造及工作原理

安全阀已广泛用于各类压力容器和设备，是一种自动阀门，它是利用介质本身的压力，通过阀瓣的开启来排放额定数量的流体，以防止设备内的压力超过允许值。当压力恢复正常后，阀门自动关闭以阻止介质继续排出。安全阀按其加载方式有重锤式、杠杆式和弹簧式三种，其中以弹簧式安全阀最为常用，具体结构如图 3-49 所示。弹簧式安全阀的加载结构是压紧在阀瓣上的弹簧，通过调整阀杆上的锁紧螺母来改变弹簧的压缩量，达到调整安全阀开启压力的目的。安全阀泄放动作的全过程，如图 3-50 所示，可分为以下四个阶段。

① 正常工作阶段　此时阀瓣处于关闭密封状态，由加载结构加上的压紧力与介质压力

对阀瓣的作用力之差，应不低于阀口处的密封压力。

② 泄漏阶段　当介质压力上升到某一定值时，使阀瓣上的密封力降低，密封口开始泄漏，但阀瓣仍无法开启。

③ 开启、泄放阶段　当介质压力继续上升到阀的开启压力时，阀瓣上受到的向上和向下合力为零，内压稍微上升，介质连续排出，安全泄放。

④ 关闭阶段　随着介质的不断泄放，设备内压力下降，降至回座压力时阀瓣闭合，重新达到密封状态。

2. 安全阀的选用

选用安全阀应从以下几方面考虑。

结构形式。选用什么形式的安全阀主要决定于设备的工艺条件和工作介质的特性，一般情况下大多选用弹簧式安全阀。若容器的工作介质有毒、易燃、易爆，则选用封闭式（介质全部通过阀的泄放口排出）的安全阀；对高压容器及安全泄放量较大的中、低压容器可选用全启式（阀瓣的开启高度较大）安全阀。

泄放量。安全阀的额定泄放量必须大于或等于容器的安全泄放量。安全阀的额定泄放量可由其铭牌查取，容器的安全泄放量按 GB 150 的有关规定计算。

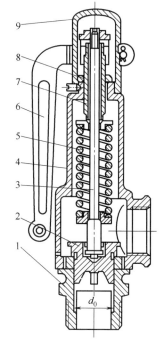

图 3-49　弹簧式安全阀

1—阀体；2—阀瓣；3—阀杆；
4—阀盖；5—弹簧；6—提升手柄；
7—调整螺杆；8—锁紧螺母；9—阀帽

压力范围。安全阀是按公称压力标准系列设计制造的，每一种安全阀都有一定的工作压力范围。选用时应使安全阀在容器设计温度下的许可压力大于等于容器的设计压力。

3. 安全阀的调节和日常维护

安全阀在安装前以及在压力容器定期检验时，应进行强度试验、密封试验、校正和调整。

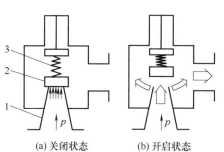

图 3-50　弹簧式阀的动作示意图

1—阀座；2—阀瓣；3—弹簧

（1）强度试验

强度试验是验证安全阀是否具有承受工作压力的能力的一种措施。一般试样进口侧的阀体体腔，试验压力为安全阀公称压力的 1.5 倍，并保持试验压力 30min 以上；试验介质为水或其他合适的液体。在试验压力下无变形或阀体渗漏等现象，即认为强度试验合格。

（2）密封试验

密封试验是检验密封结构的密封程度。试验介质为常温空气；空气或其他气体用安全阀，试验压力取整定压力的 90%，水蒸气用安全阀试验压力取整定压力的 90% 或回座压力最小值中的较小者。试验时检查其泄漏率是否超过规定值。

（3）校正

校正是调节施加在阀瓣上的载荷来校正阀门的开启压力；对于弹簧式安全阀，就是调整弹簧的压缩量，对于重锤式安全阀，就是调节重锤在杠杆上的位置。安全阀的开启压力应小于压力容器的设计压力，大于工作压力，以防止设备在超压状态下运行，且在正常工作条件下有良好的密封性。因此安全阀的开启压力为工作压力的 1.1 倍。

（4）调整

安全阀的调整是调节安全阀调节圈的位置，使其与阀瓣之间有适当的间隙，排放压力和回座压力在技术指标范围内。一般要装在压力容器上进行，排放压力过大，则应把下调节圈往上调，使它与阀瓣之间的间隙缩小。如果回座压力小于工作压力，则应增加间隙。

六、爆破片装置

爆破片装置是化工设备中的另一种安全附件，可以与安全阀串联使用，也可以单独使用。

1. 爆破片装置的构造及工作原理

爆破片装置是由爆破片、夹持器及接管法兰组成。爆破片是由金属或非金属制成的薄片，是爆破元件、起控制爆破压力的作用，夹持器的作用是以一定的方式将爆破片固定，然后装在容器的接口法兰上，也可以不设夹持器直接用接管法兰夹紧爆破片。爆破片装置的结构如图 3-51 所示。

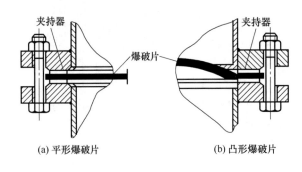

图 3-51　爆破片装置结构

爆破片的动作示意如图 3-52 所示。爆破片在设备处于正常操作时是密封的，一旦超压，膜片本身即爆破，超压介质迅速泄放，直至与环境压力相等，保护设备本身免受损伤。爆破压力应高于容器的最大工作压力，但不得超过容器的设计压力。爆破片所用的材料有纯铝、铜、镍、银及合金、奥氏体不锈钢、蒙乃尔合金等金属材料，以及石墨、聚四氟乙烯等非金属材料。

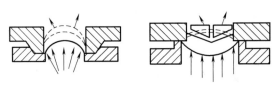

图 3-52　爆破片在夹持器中的动作示意图

2. 爆破片的适用范围

爆破片装置是靠爆破片的破裂来泄压的，爆破片破裂后不能继续工作，容器也被迫停止运行。所以爆破片一般适用在以下不宜安装安全阀的容器上。

由于物料的化学反应或其他原因，内压力在瞬间急剧上升的场合，这时如果使用安全阀，由于受惯性的影响不能及时开启和泄放压力。

工作介质为剧毒气体或极为昂贵气体的场合，使用任何形式的安全阀在正常工作时都会有微量的泄漏。

工作介质易于结晶、聚合，黏性较大，容易堵塞安全阀或使阀瓣被粘住。

3. 爆破片的安装和使用要求

① 由库房取出的爆破片，应仔细核对铭牌上的各项指标：爆破片的型号、泄放口径、材质、爆破时的温度及相对的爆破压力（标定爆破压力）、泄放量等，应与被保护的容器的要求一致。

② 安装前应将爆破片和夹持器的密封面擦拭干净，但不要伤及密封面，无固体微粒时

才可将爆破片固定好。

③ 爆破片装置与容器的连接管线应为直管，其通道截面积不得小于爆破片的泄放面积；泄放管线应尽可能垂直安装，且应避开邻近的设备和一般操作人员能接近的空间。对易燃、易爆或剧毒应引至安全地点并妥善处理。

④ 爆破片装置泄放管的内径应不小于爆破片的泄放口径，若爆破片破裂有碎片产生时，应装设拦网或采取其他不使碎片堵塞管道的措施。

⑤ 在爆破片装置与容器之间一般不允许装任何阀门，如果由于特殊原因装了截止阀或其他截断阀时，应采取相应措施确保在运行中该阀处于全开状态。

⑥ 爆破片装置有明确的安装方向。爆破片是用夹持器来安装定位的，成套爆破片，夹持器会与爆破片装配在一起，上标有泄放侧方向，在更换夹持器中的爆裂片时，应保证爆破片铭牌上所标注的泄放侧与夹持器铭牌上标明的一致。爆破片在夹持器中安装正确后，要注意夹持器在夹持法兰中的安装方向，要使夹持器上的箭头方向与泄放时介质的流向一致。

⑦ 在使用过程中要注意维持爆破压力的恒定。爆破片装置在制造时，爆破片与夹持器间已有密封结构，如果在使用过程中有泄漏，应与制造厂联系，不能自行附加密封垫片，否则会引起爆破压力的较大变化。夹持器也不能作任何修理，法兰的螺栓要均匀上紧，这些都会影响到爆破压力的变化。

⑧ 爆破片需定期检查及更换。应定期检查爆破片外表面是否有伤痕、腐蚀和明显变形，有无异物黏附等。爆破片一般在使用一年后予以更换。

任务训练

一、填空
1. 用来观察设备内部物料的化学和物理变化的情况的附件是_____。
2. _____是用来观察设备内部液位变化的一种装置。
3. 液面计的规格主要取决于两个重要参数：_____和_____。
4. 为了设备内部构件的安装和检修方便，需要在设备上设置_____或_____。

二、判断
（   ）1. 当设备的直径超过 900mm 时，应开设人孔。
（   ）2. 手孔和人孔已制有标准，设计时可根据设备的公称压力，工作温度以及所用材料等按标准直接选用。
（   ）3. 爆破片爆破压力应高于容器的最大工作压力，但不得超过容器的设计压力。
（   ）4. 爆破片一般在使用两年后予以更换。

三、选择
1. 设备高度为 3m 以上，压力和使用安全性要求较高的场合，应选用（   ）。
   A. 磁性液面计　　　　B. 防霜液面计　　　　C. 玻璃板液面计　　　　D. 玻璃管液面计
2. 手孔直径一般为（   ）。
   A. 150～250mm　　　B. 150～200mm
   C. 150～300mm　　　D. 150～350mm
3. 安全阀出现（   ）情况时应停止使用。
   A. 安全阀的阀芯和阀座密封不严且无法修复　　B. 安全阀阀芯与阀座粘死
   C. 安全阀弹簧严重腐蚀、生锈　　　　　　　　D. 以上都是
4. 低温场合必须采用（   ）。
   A. 磁性液面计　　　　　　　　　　　　　　　B. 防霜液面计
   C. 玻璃板液面计　　　　　　　　　　　　　　D. 玻璃管液面计

任务四　开孔补强计算

任务描述

掌握压力容器上开孔补强的方法、类型，能用等面积补强法进行补强计算。

任务指导

为了满足工艺、安装、检修的要求，往往需要在容器的筒体和封头上开各种形状、大小的孔或连接接管。压力容器壳体上开孔后，除器壁强度受到削弱外，在壳体和接管的连接处，因结构的连续性遭到破坏，在孔周边还会产生很高的应力集中现象，这种开孔边缘处的最大应力称为峰值应力。峰值应力通常较高，有可能达到甚至超过材料的屈服极限。较大的局部应力，加之容器材质和制造缺陷等因素的综合作用，往往会成为容器的破坏源。因此，为了降低峰值应力，需要对结构开孔部位进行补强，以保证容器安全运行。

一、孔周围的应力集中现象的特点

应力集中会影响压力容器的安全，因此，需要尽量降低应力集中。通过简单分析，孔周围的应力集中现象有如下特点。

① 开孔附近的应力集中具有局限性，其作用范围极为有限。

② 开孔孔径的相对尺寸 d/D 越大，应力集中系数越大，所以开孔不宜过大。

③ 被开孔壳体的 δ/D 越小，应力集中系数越大；将开孔四周壳体厚度增大，则可以明显地降低应力集中系数。

④ 增大接管壁厚也可以降低应力集中系数，因此可以用增厚的接管来缓解应力集中程度。

⑤ 在球壳上开孔，应力集中程度较圆筒上开孔低，因此，在椭球封头上开孔优于在筒体上开孔。

二、对压力容器开孔的限制

压力容器开孔后会引起应力集中，从而削弱容器强度。为降低开孔附近的应力集中，必须采取适当的补强措施。根据国家标准 GB 150.1～150.4—2011《压力容器》规定，按等面积补强准则进行补强时，开孔尺寸会有一定的限制，如表 3-37 所示。若开孔直径超出表 3-37 中的范围，应按特殊开孔处理。

表 3-37　压力容器开孔尺寸的限制

开孔部位	允许开孔孔径
筒体	$D_i \leqslant 1500\text{mm}$ 时，$d \leqslant \frac{1}{2}D_i$，且不大于 520mm $D_i > 1500\text{mm}$ 时，$d \leqslant \frac{1}{3}D_i$，且不大于 1000mm
凸形封头	$d \leqslant \frac{1}{2}D_i$
锥形封头	$d \leqslant \frac{1}{3}D_k$（$D_k$ 为开孔中心处锥体内直径）

注：D_i—圆筒内径；d—考虑腐蚀后的开孔直径。

三、 补强方法与局部补强结构

容器开孔补强的形式概括起来分为整体补强和局部补强两种。整体补强是指采用增加整个壳体的厚度，适用于容器上开孔较多且分布比较集中的场合。考虑到应力集中在离孔口不远处就衰减了，因此可在孔口边缘局部加强即局部补强。显然，局部补强的办法是合理的也是经济的，因此它广泛应用于容器开孔的补强上。

局部补强是在开孔处的一定范围内增加筒壁厚度，以使该处达到局部增强的目的。常用局部补强的结构形式有补强圈补强、补强管补强和整体锻件补强。

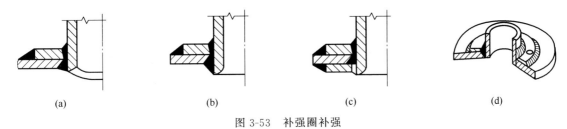

图 3-53 补强圈补强

1. 补强圈补强

补强圈补强是指在壳体开孔周围贴焊一圈钢板，即补强圈。补强圈一般与器壁采用搭接结构，材料与器壁相同，补强圈尺寸可参照标准确定，也可按等面积补强原则进行计算。当补强圈厚度超过 8mm 时，一般采用全焊透结构，使其与器壁同时受力，否则不起补强作用。为了焊接方便，补强圈可以置于器壁外表面或内表面，或内外表面对称放置，如图 3-53 所示，但为了焊接方便，一般是把补强圈放在外面进行单面补强。

补强圈结构简单，易于制造，使用经验成熟，广泛用于中压、低压容器上。但它与补强管补强和整体锻件补强相比存在以下缺点。

① 补强圈所提供的补强金属过于分散，补强效率不高。

② 补强圈与壳体之间存在着一层静止的气隙，传热效果差，致使二者温差与热膨胀差较大，容易引起温差应力。

③ 补强圈与壳体相焊时，焊件刚性变大，对角焊缝的冷却收缩起较大的约束作用，容易在焊缝处造成裂纹。特别是高强度钢，对焊接裂纹比较敏感，更易开裂。

④ 由于补强圈和壳体或接管金属没有形成一个整体，因而抗疲劳性能差。

由于存在上述缺点，采用补强圈补强的压力容器必须同时满足以下条件。

① 壳体材料的标准抗拉强度不超过 540MPa，以免出现焊接裂纹。

② 补强圈厚度不超过被补强壳体名义厚度的 1.5 倍。

③ 补强壳体名义厚度 $\delta_n \leqslant 38mm$。

2. 补强管补强

补强管补强也称接管补强，即利用在补强有效区内的接管管壁多余金属截面积，补足被挖去的壳壁承受应力所必需的金属截面积，如图 3-54 所示。

这种结构由于用来补强的金属全部集中在最大应力区域，因而能比较有效地降低开孔周围的应力集中。图 3-54（c）所示的结构比图 3-54（a）、（b）效果更好，但内伸长度要适当，如过长，补强效果反而会降低。补强管补强结构简单、焊缝少、焊接质量容易检验、效果好，已广泛用于各种化工设备，特别是高强度低合金钢制造的化工设备一般都采用此结构补强。对于重要设备，焊接处还应采用全焊透结构。

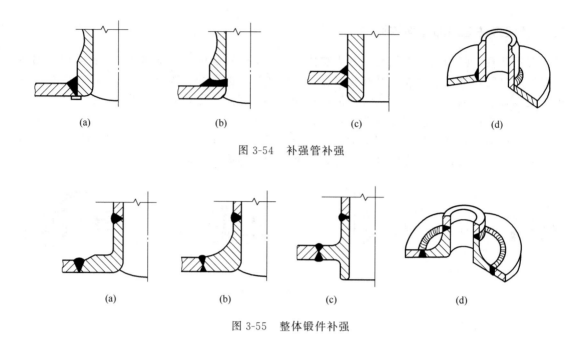

图 3-54 补强管补强

图 3-55 整体锻件补强

3. 整体锻件补强

整体锻件补强是在开孔处焊上一个特制的整体锻件，结构如图 3-55 所示，它相当于把补强圈金属与开孔周围的壳体金属熔合在一起。补强金属是全部集中在应力最大的部位，而且它与被开孔的壳体之间采用的都是对接接头，受力状态较好，因此，整体锻件补强的补强效果最好，同时能使焊缝及热影响区远离最大应力点的位置，故抗疲劳性能好。若采用密集补强的方式，并加大过渡圆角半径，则补强效果更好。整体锻件补强的缺点是机加工的工作量大，锻件来源较补强接管困难，因此多用在有较高要求的压力容器和设备上。

四、不另行补强的最大开孔直径

容器上的开孔并不是都需要补强。这是因为在计算壁厚时考虑了焊接接头系数而使壁厚有所增加，又因为钢板具有一定规格，壳体的壁厚往往超过实际强度的需要，厚度增加，使最大应力值降低，相当于容器已被整体加强。而且容器上的开孔总有接管相连，其接管多于实际需要的壁厚，也起补强作用。同时由于容器材料具有一定的塑性储备，允许承受不是十分过大的局部应力，所以当孔径不超过一定数值时，可不进行补强，但得满足下述全部条件。

① 设计压力小于或等于 2.5MPa。
② 两相邻开孔中心的间距（对曲面间距以弧长计算）应不小于两孔直径之和；对于 3 个或以上相邻开孔，任意两孔中心的间距（对曲面间距以弧长计算）应不小于该两孔直径之和的 2.5 倍。
③ 接管公称外径小于或等于 89mm。
④ 接管最小壁厚满足表 3-38 的要求。
⑤ 开孔不得位于 A、B 类焊接接头上。
⑥ 钢材的标准抗拉强度下限值 $R_m \geqslant 540$MPa 时，接管与壳体的连接宜采用全焊透的结构形式。

表 3-38 接管最小壁厚　　　　　　　　　　　　　　单位：mm

接管公称外径	25	32	38	45	48	57	65	76	89
最小壁厚	≥3.5			≥4.0		≥5.0		≥6.0	

注：1. 钢材的标准抗拉强度下限值 R_m >540MPa 时，接管与壳体的连接宜采用全焊透的结构形式。
　　2. 接管的腐蚀裕量为 1mm。

五、等面积补强计算

补强计算包括补强圈和补强管计算。补强圈计算的准则为等面积补强，补强管的准则是等厚度补强。

等面积补强就是所需的补强金属截面积必须大于或等于开孔中心在壳体的纵截面内因开孔而被削弱的壳壁面积。补强材料应与壳体相同或相近，其强度不应小于壳体材料强度的 75%。等面积补强的计算方法在 GB 150.1～GB 150.4—2011 中有详细的规定，下面以内压圆筒单个开孔为例介绍 GB 150.1～GB 150.4—2011 中等面积补强的计算方法。

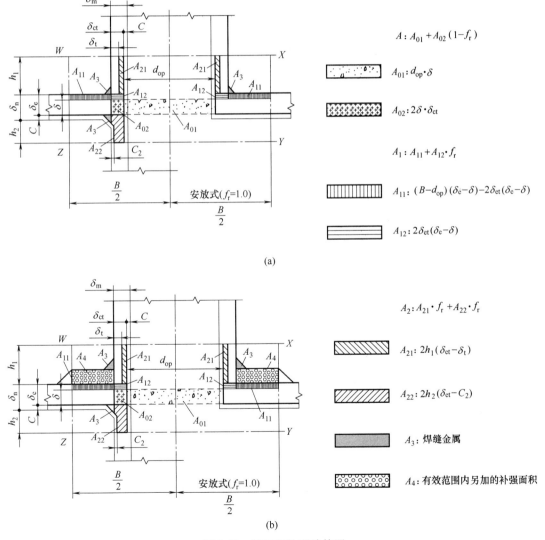

图 3-56 等面积补强计算图

1. 有效补强范围

计算开孔补强时，有效补强范围及补强面积按图 3-56 中矩形 WZXY 范围确定。

① 有效宽度 B 按式（3-1）计算，取二者中较大值：

$$B = \begin{cases} 2d_{op} \\ d_{op} + 2\delta_n + 2\delta_{nt} \end{cases} \tag{3-1}$$

② 有效高度按式（3-2）和式（3-3）计算，分别取式中较小值：

外伸接管有效补强高度：

$$h_1 = \begin{cases} \sqrt{d_{op}\delta_{nt}} \\ 接管实际外伸高度 \end{cases} \tag{3-2}$$

内伸接管有效补强高度：

$$h_2 = \begin{cases} \sqrt{d_{op}\delta_{nt}} \\ 接管实际内伸高度 \end{cases} \tag{3-3}$$

2. 补强面积

在有效补强范围内，可作为补强的截面积按下式计算：

$$A_e = A_1 + A_2 + A_3$$

式中　A_e——有效补强区范围内另加的补强面积，mm^2；

A_1——壳体有效厚度减去计算厚度之外的多余面积，按下式计算，mm^2。
$A_1 = (B - d_{op})(\delta_e - \delta) - 2\delta_{et}(\delta_e - \delta)(1 - f_r)$；（注：对于安放式接管 $f_r = 1.0$）

A_2——接管有效厚度减去计算厚度之外的多余面积，按下式计算，mm^2，$A_2 = 2h_1(\delta_{et} - \delta_t)f_r + 2h_2(\delta_{et} - C_2)f_r$；

A_3——焊缝金属面积，mm^2，若：$A_e \geqslant A$，则开孔不需要另外补强；$A_e < A$，则开孔需要另加补强，其另加补强面积按下式计算：$A_4 \geqslant A - A_e$；

A——开孔削弱所需要的补强截面积，mm^2；

d_{op}——开孔直径，mm；

δ——圆筒或球壳开孔处的计算厚度，mm；

δ_{et}——接管的有效厚度，$\delta_{et} = \delta_{nt} - C$，mm；

δ_{nt}——接管名义厚度，mm；

f_r——材料强度削弱系数，即设计温度下接管材料与壳体材料许用应力的比值，当 f_r 大于 1.0 时，取 $f_r = 1.0$；

δ_t——接管的计算厚度，无缝钢管则不需要考虑焊缝系数，mm；

δ_e——壳体开孔处的有效厚度，mm；

C_2——腐蚀裕量，mm。

对于椭圆形和碟形封头的开孔补强计算可参考 GB 150.1～GB 150.4—2011 中的有关规定。

六、标准补强圈结构及选用

为了使补强设计和制造更为方便，我国对常用的补强圈及补强管制定了相应的标准，即 JB/T 4736—2002。其中标准补强圈就是按照等面积补强准则的计算而得出其直径和厚度的。对于限定范围内的开孔，只要选用与被补强壳体材质相同的标准补强圈，对壳体开孔的补强强度是完全可以满足的。

1. 标准补强圈结构

补强圈结构详见图 3-57。根据内侧的焊接坡口的不同，补强圈可分为 A、B、C、D、

E、F 六种结构形式，它们各有不同的适用范围。

A 型适用于无疲劳、无低温及大的温度梯度的一类压力容器，且要求设备内有较好的施焊条件。

B 型适用于中、低压及内部有腐蚀的工况，不适用于高温、低温、大的温度梯度及承受疲劳载荷的设备。S 取管子名义壁厚的 0.7 倍，一般 $\delta_{nt}=\delta_n/2$。

C 型适用于低温、介质有毒或有腐蚀性的操作工况，采用全焊透结构，要求 $\delta_{nt} \geqslant \delta_{n/2}$（当 $\delta_n \leqslant 16$ 时）或 $\delta_{nt} \geqslant 8$（当 $\delta_n > 16$ 时）。

D 型适用于壳体内不具备施焊条件或进入设备施焊不便的场合，采用全焊透结构，要求 $\delta_{nt} \geqslant \delta_{n/2}$（当 $\delta_n \leqslant 16$ 时）或 $\delta_{nt} \geqslant 8$（当 $\delta_n > 16$ 时）。

E 型适用于贮存有毒介质或腐蚀介质的容器，采用全焊透结构，要求 $\delta_{nt} \geqslant \delta_n/2$（当 $\delta_n \leqslant 16$ 时），或 $\delta_{nt} \geqslant 8$（当 $\delta_n > 16$ 时）。

δ_{nt}——接管名义厚度；

δ_n——壳体名义壁厚度。

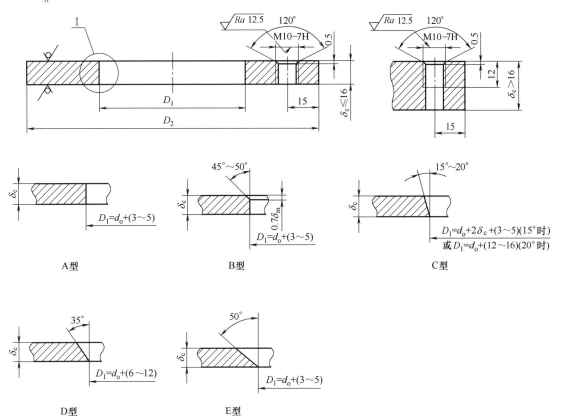

图 3-57 补强圈结构

补强圈焊接后，补强圈和器壁要求很好地贴合，使其与器壁一起受力，否则起不到补强作用。为检验焊缝的紧密性，在补强圈上，设置有一个 M10 的螺纹孔，如图 3-57 所示。当补强圈焊接后，可以由此通入 0.4~0.5MPa 的压缩空气，并通过在补强圈焊缝周围涂肥皂液的方法检查焊接质量。

2. 补强圈尺寸

补强圈的尺寸可直接从标准中查取，表 3-39 即为常用的补强圈尺寸。标准补强圈的尺寸选定后，还应写出其标记，补强圈标记按如下规定：

①×②—③—④⑤

式中　①——D_N 及其数值，mm，接管公称直径；

②——补强圈厚度，mm；

③——按图 3-57 规定的坡口形式；

④——补强圈材料；

⑤——标准号：JB/T 4736—2002。

示例：

接管公称直径 $D_N=100$mm、补强圈厚度为 8mm、坡口形式为 D 型、材质为 Q235-B 的补强圈，其标记为：

D_N100×8-D-Q235-B JB/T 4736—2002

表 3-39　补强圈尺寸系列　　　　　　　　　单位：mm

接管公称直径	50	65	80	100	125	150	175	200	225	250	300	350	400	450	500	600
外径 D_2	130	160	180	200	250	300	350	400	440	480	550	620	630	760	840	980
内径 D_1	按图 3-56 确定															
厚度	4,6,8,10,12,14,16,18,20,22,24,26,28,30															

资料来源：摘自 JB/T 4736—2002。

3. 标准补强圈的选用

通过国家标准 GB 150.1～GB 150.4—2011 中的计算方法确定补强圈的厚度以后，可查表 3-39 并结合图 3-56 确定补强圈的尺寸，再由设备的工艺参数决定补强圈的结构形式。

【任务示例 3-4】 有一根 $\phi 108 \times 6$ 的接管，焊接于内径为 1400mm、壁厚为 16mm 的筒体上，接管内伸长度为 25mm，材质为 10 号无缝钢管，负偏差为 0.9mm，筒体材质 Q235B，容器的设计压力 $p=1.6$MPa，设计温度 $t=200$℃，腐蚀裕量 1mm，开孔未与筒体焊缝相交，筒体的焊缝系数为 0.85；设备内介质无毒、有轻微腐蚀。钢管的厚度负偏差量 $C_1=0.9$mm、许用应力 $[\sigma]^t=101$MPa，筒体在设计温度下材料的许用应力 $[\sigma]^t=99$MPa，试确定此开孔是否需要补强？如果采用等面积补强，确定补强圈结构形式和尺寸。

解

（1）按照 GB 150.1～GB 150.4—2011 规定，由于接管公称外径已经大于不另行补强的最大直径 89mm，故此开孔需要补强计算。

（2）补强计算

① 计算开孔后被削弱的金属截面 A。

接管的壁厚附加量 C：

$C=C_1+C_2=0.9+2=2.9$（mm）

开孔直径：$d_{op}=d_i+2C=(108-6\times 2)+2\times 2.9=101.8$（mm）

已知筒体在设计温度下材料的许用应力 $[\sigma]^t=99$MPa，钢管的许用应力 $[\sigma]_t^t=101$MPa，故强度削弱系数：

$$f_r=\frac{[\sigma]_t^t}{[\sigma]^t}=\frac{101}{99}=1.02>1 \quad 取\ f_r=1.0$$

得出壳体开孔处的计算厚度 δ：

$$\delta=\frac{pD_i}{2[\sigma]^t\varphi-p}=\frac{1.6\times 1400}{2\times 99\times 0.85-1.6}=13.45\ (\text{mm});$$

接管有效厚度：$\delta_{et}=\delta_{nt}-C=6-2.9=3.1$ (mm)；
壳体开孔所需补强面积：$A=d_{op}\times\delta+2\times\delta\times\delta_{et}(1-f_r)$
$\qquad\qquad\qquad =101.8\times13.45+2\times13.45\times3.1\times0$
$\qquad\qquad\qquad =101.8\times13.45$
$\qquad\qquad\qquad =1369.2$ (mm^2)。

② 确定有效补强范围。
因 $\quad B=2d_{op}=2\times101.8=203.6$ (mm)；
$\qquad B=d_{op}+2\delta_n+2\delta_{nt}=101.8+2\times18+2\times6=149.8$ (mm)；
故取大值 $\quad B=203.6$ (mm)；
外侧有效高度 $h_1=\sqrt{d_{op}\times\delta_{nt}}=\sqrt{101.8\times6}=24.7$ (mm)；
因 $\sqrt{d_{op}\times\delta_{nt}}=24.7$ (mm)，而接管的实际内伸长度为 25mm；
故内侧有效高度取：$h_2=24.7$mm。

③ 计算有效范围内用来补强的多余金属截面积 A_e。
$\delta_e=\delta_n-C=16-1.8=14.2$ (mm)，
$A_1=(B-d_{op})(\delta_e-\delta)-2(\delta_{nt}-C)(\delta_e-\delta)(1-f_r)$
$\quad =(203.6-101.8)\times(14.2-13.45)=76.35$ (mm^2)。

计算接管多余的管壁截面积 A_2：
$\delta_{et}=6-2.9=3.1$ (mm)，
$\delta_t=\delta=\dfrac{pD_i}{2[\sigma]_t^t\varphi-p}=\dfrac{1.6\times96}{2\times101\times1-1.6}=0.77$ (mm)，
所以 $\quad A_2=2h_1(\delta_{et}-\delta_t)f_r+2h_2(\delta_{et}-C_2)f_r$
$\qquad\qquad =2\times24.7(3.1-0.77)+2\times24.7(3.1-1)=218.7$ (mm^2)。

计算焊缝金属截面积 A_3：
取焊角高度为 8mm，故焊缝截面积 $A_3=\dfrac{2\times8^2}{2}=64$ (mm^2)，
用来补强的多余金属截面积为：
$A_e=A_1+A_2+A_3=76.35+218.7+64=359.05$ (mm^2)，
由于 $A_e=A_1+A_2+A_3=359.05<A=1369.2$mm^2，故需要另行补强。

(3) 确定标准补强圈尺寸
由以上计算可知，需要由补强圈提供的金属截面积：
$A_4\geqslant A-A_e=1369.2-359.05=1010.15$ (mm^2)，
取补强圈厚度 $\delta_C=12$mm，板厚负偏差 $C_1=0.8$mm，
由于补强圈与空气接触，有轻微腐蚀，取腐蚀裕量 $C_2=1$mm，
故补强圈效厚度 $\delta_{ce}=12-(0.8+1)=10.2$ (mm)，
根据接管公称直径（100mm），查表 3-39 得补强圈外径 $D_2=200$mm，
补强圈的有效面积 $A_c=10.2\times(200-108)=938.4$(mm)^2，
$A_c=938.4$mm$^2<A_4=1010.15$mm^2，故需要重新选择加强圈厚度。
按表 3-39 选用补强圈厚度 $\delta_C=14$mm，由此得到由补强圈提供的有效金属截面积：
$A_c=12.2\times(200-108)=1122.4>A_4=1010.15$ (mm^2)。

(4) 确定补强圈的结构形式
根据设备的工艺条件，可选择 B 型补强圈，查图 3-57 中的 B 型加强圈，内径

$D_i = 112$mm。

其标记为：$D_N 100 \times 14$-B-Q235BJB/T 4736—2002

任务训练

一、填空

1. 容器开孔补强的形式分为_____和_____两种。
2. 局部补强的结构形式有_____、_____和_____。
3. GB 150.1～GB 150.4—2011 规定不另行补强的设计压力应≤_____MPa。

二、判断

( ) 1. 由于容器开孔，导致开孔处强度削弱和应力集中，故容器开孔均需补强。
( ) 2. GB 150.1～GB 150.4—2011 规定壳体开孔当采用补强圈补强时，壳体名义厚度$\delta_n \leq 38$mm。
( ) 3. 压力容器壳体材料的 $R_m > 540$MPa 时，不应采用补强圈补强。
( ) 4. 圆筒开孔应力集中系数比球壳开孔应力集中系数大。
( ) 5. GB 150.1～GB 150.4—2011 规定当采用补强圈补强时补强圈厚度小于或等于 $1.5\delta_n$。

三、选择

1. 容器的开孔补强应在压力试验（　　）通入 0.4～0.5MPa 压缩空气检查补强圈焊接接头质量。
A. 之前　　　B. 过程中　　　C. 之后　　　D. 其他
2. 补强圈焊接后，为检验焊缝的紧密性，在补强圈上设置有一个（　　）。
A. M10 的光孔　B. M10 的螺纹孔　C. M12 螺纹孔　D. M8 螺纹孔
3. GB 150.1～GB 150.4—2011 规定不另行补强的最大开孔直径为（　　）。
A. $\phi 89$　　　B. $\phi 108$　　　C. $\phi 76$

四、计算

内径 $D_i = 1800$mm 的圆柱形容器，采用标准椭圆形封头，在封头中心设置 $\phi 159 \times 4.5$ 的内平齐接管。封头名义厚度 $\delta_n = 18$mm，设计压力 $p = 2.5$MPa，设计温度 $t = 150$℃，接管外伸高度 $h_1 = 200$mm。封头和补强圈材料为 Q345R，其许用应力 $[\sigma]^t = 163$MPa，接管材料为 10 号钢，其许用应力 $[\sigma]^t = 108$MPa。封头和接管的厚度附加量均取 2mm，液体静压力可以忽略。试作开孔补强设计。

单元四

厚壁容器

学习目标

熟悉厚壁容器的类型、特点及应用；了解厚壁容器密封结构的类型及其特点。

任务一　认识厚壁圆筒的结构与类型

任务描述

了解厚壁容器的应用、设计要点。熟悉其基本结构形式、特点及应用。

任务指导

一、厚壁容器在石油化工中的应用

TSG 21—2016《固定式压力容器安全技术监察规程》将设计压力为 $10MPa \leqslant p < 100MPa$ 的容器划分为厚壁容器。厚壁容器是在较高压力和应力水平下工作的一类特殊设备。一般来讲，容器承受的压力越高，其壁厚也就会越大，所以，高压容器又称为厚壁容器。

1888 年，法国化学家、物理学家 Le Chatlier 第一个提出了利用高压技术完成氮和氢反应的设想，并在 10MPa 以上的高压、500℃温度和有效催化剂存在的条件下，直接实现了氨的合成；1910 年，德国化学家、工程师 Haber 等将操作压力提高到 20MPa，并第一次获得了氨的工业品；近 100 多年以来，厚壁容器在石油化工、煤炭液化等生产领域不断获得迅速的发展，例如合成氨工业中的厚壁容器压力为 15～60MPa；合成甲醇工业中高压设备压力为 20MPa；乙烯气体在超过 100MPa 的超高压下进行聚合反应，石油加氢工业中，加氢精制、加氢脱硫、加氢裂化等工艺过程的压力一般为 8～22MPa。能使工业生产中高压工艺过程得以实现，厚壁容器及设备在其中起到了关键性作用。

二、厚壁容器的设计要求

石油化工中使用的厚壁容器，大多数不仅承受高压，而且在高温或低温下操作，例如加氢反应器设计温度高达 450～500℃，我国第一台煤直接液化反应器设计温度为 482℃，液氮洗工艺的温度低至 -196℃ 等，同时在大多数操作工况中还伴随有强烈腐蚀作用。例如合成氨反应器除承受高压、高温外，壳体还同时受到 H_2、N_2、NH_3 等高温气体的腐蚀作用；尿素合成塔（通常设计压力、温度分别为 15.78MPa、193℃）存在甲胺及其中间产物氰酸

和氰酸铵、尿素、氨、二氧化碳等介质的强烈腐蚀作用等。

厚壁容器操作压力高，一旦发生事故产生的危害很大，因此，对于厚壁容器设计，安全性是最基本的要求，必须首先考虑要保证厚壁容器在满足工艺过程的功能的需求下，能安全可靠地长期运行。厚壁容器承压高，其受压元件壁必然较厚，钢材量需用大，制造和检验费用较高，并且随着装置大型化的发展趋势，所需的厚壁容器的直径和质量越来越大，因此在保证安全的前提下，还需考虑到制造容易、造价低等经济性的目标，实现安全性与经济性的统一，这是对厚壁容器设计的综合要求。所以厚壁容器的设计，需要从工艺操作条件出发，对结构、选材、制造和检验等各方面都进行综合地比较和分析。

在厚壁容器设计过程中，应充分重视和考虑以下一些主要问题。

（一）合理的选材

厚壁容器与低压容器相比，在选材的要求上有所差异。为了确保厚壁容器的使用安全，选用材料时，除了遵循一般压力容器的选材原则外，还应根据厚壁容器的使用特点，充分考虑载荷性质、工作温度、介质特性、结构形式以及加工制造等方面的影响，使所选材料尽量满足厚壁容器的特殊使用要求。

1. **具有较高的机械强度，塑性要好**

由于厚壁容器特殊的使用条件，一般应选择具有较高强度的材料来制造容器。但对同一钢种，由于热处理条件不同，它的强度也会随之不同。另外，强度级别的提高，势必会引起材料塑性和韧性指标的降低，因此，在选用高强度钢材的同时，还应充分考虑材料的塑性指标，对于焊接或多层厚壁容器，一般选择材料的伸长率应不小于 $15\%\sim20\%$。

2. **要有较好的冲击韧性和断裂韧性**

厚壁容器在实际操作时有可能出现载荷波动，包括周期性循环载荷和操作条件突然变化而引起的压力变化。因此，制造厚壁容器的材料，应当要有较高的冲击韧性。另外，随着材料强度级别的提高，以及加载速度的增加，一些金属材料断裂韧性的数值将有所降低，难以预测的低应力破坏的倾向也就会增大，这时当强度指标相差不大时，应尽可能考虑选用断裂韧性较高的钢种来制造容器。

3. **具有较好的抗蠕变性能**

厚壁容器除了承受高压外，有时还要受到高温的作用。在应力作用下，当温度超过所用材料承受的某一数值时，材料就会发生蠕变。应力越大，温度越高，蠕变速率也就越快。所以适当地选用钢种可避免出现过大的蠕变。

4. **较好的耐蚀性能**

用于石油和化工的厚壁容器，在高温、高压下都有可能受到介质的腐蚀，在选材时尤其要考虑应力腐蚀问题。

5. **要有良好的加工工艺性能**

除了充分考虑钢材的可焊性、可锻性以及抗氧化性能外，对于厚壁容器的热套结构或必须对容器本身进行自增强处理的结构，还必须进行一些特殊考虑。

6. **要充分考虑本国资源及使用的经济性**

在选用材料时除了考虑材料的力学性能、加工性能、耐蚀性能、制造工艺性能等以外，还应考虑到材料的使用性能和供应问题，应尽量根据本国资源及冶金设备能力选用常用易得的材料。

（二）合理的总体结构设计

1. **高压外筒和内件之间在承受压力和实现过程功能要求方面的互相配合**

如氨合成塔内件催化剂筐内，氢气和氮气的合成反应温度可达 500℃，为使承受高压的外筒避免处于热壁临氢的工作状态，内件的壳体外表面上设置有极好的保温结构，外筒和内筒之间还设计有一定尺寸的环隙通道，供冷的氢气、氮气流通，以维持高压外筒内壁的温度不至于过高。内筒与外筒联接处的结构也要精心设计，在确保符合工艺操作要求的前提下，做到易于安装和拆卸，还必须考虑到能补偿内件和外筒因温差而产生的轴向膨胀量的不一致的问题。

2. 高压筒体的形状为轴对称

厚壁容器由于承受高压作用，应力水平较高，考虑到轴对称受力情况较好，以及制造方便和操作时容易密封，一般都用轴对称圆筒形容器。

3. 高压筒体的长径比尽量大

高压外筒筒体的厚度随直径的加大和所承受压力的升高而增加，因此大直径的厚壁容器筒身的壁厚会很厚，这给选材、制造和检验等方面都带来许多困难。大直径的厚壁容器还面临密封结构的设计、制造和内件的安装、拆卸的难度，因此，厚壁容器的总体结构设计中，工艺和设备设计人员应共同仔细研讨，在满足工艺操作要求的前提下，当容积一定时，以采用较大的长径比为宜，并要求有效地利用高压空间。

4. 高压筒体尽量不开孔

厚壁容器由于筒壁的应力水平比较高，如果在筒壁开孔，则开口附近的应力必然很高，为了不削弱筒壁的强度、工艺性或其他必要的性能，开孔尽可能不开在高压筒体上。直径在1000mm 以下的厚壁容器，在其一端设计为带有可拆封头的敞开结构，其敞开端较多地采用筒体端部法兰和平盖连接的结构。由于平盖受压的性能差，计算厚度大，当应用于大直径和高压时，材料消耗多，而且大型锻件的质量也较难保证。另外，高压密封随着直径增大，其设计制造难度也增大，因此，对于大直径厚壁容器的设计，可采用在不可拆的半球形封头上开大孔的结构，开孔的尺寸须能保证内件的顺利装拆。

厚壁容器的另一端大多为不可拆的底封头，小直径的可采用带直边的紧缩口封头，大直径的采用半球形封头。

5. 高压筒体结构形式多样

由于厚壁容器在承受高压时，其筒体应力状态与薄壁容器有很大差异：

① 厚壁容器是三向应力状态，三个应力中环向应力最大。

② 三个应力中，除轴向应力，其余两个应力（周向与径向）沿壁厚非均匀分布。

③ 筒体周向应力沿筒壁厚度的分布情况与 K 值有关（$K=D_o/D_i$）。筒壁越厚（即 K 值增大）应力分布越不均匀，内壁的应力值越高。当材料负荷已接近极限值时，外壁的应力仍偏低，材料的强度未能充分发挥。

根据应力特性，厚壁容器不能单纯从增加厚度和提高材料强度级别来提高强度，而更需要从结构上改变应力分布。因此，厚壁容器除了常见的整体式结构外，还有多种组合形式。

6. 厚壁容器的密封结构

厚壁容器上的密封结构形式较多，结构也比较特殊。由于在高压工况下，用纤维黏结压制的非金属垫片在使用中易发生渗透泄漏，防渗透的黏结剂和填充剂在高温下易老化、失效，因此在高温、高压下，一般采用金属制密封垫。

高压密封的结构设计首先要保证在高压下的可靠密封，同时又要考虑装卸方便，所以，出现了多种形式有自紧作用的密封结构，即尽可能地利用介质的高压作用来压紧密封垫。

三、厚壁圆筒结构形式

厚壁容器筒体常见的结构形式主要有：单层圆筒结构和多层圆筒结构。单层圆筒结构包括整体锻造式、锻焊式、单层卷焊式、单层瓦片式、无缝钢管式等；多层圆筒结构包括多层包扎式、多层热套式、多层焊缝错开式、多层绕板式、绕带式和螺旋绕板式等。

（一）单层整体式厚壁圆筒

1. 整体锻造式

整体锻造式是厚壁容器制造中最早采用的一种形式，其制造方法是，首先铸出一个巨大的钢锭，然后将钢锭两头品质不良的部分切去，再将钢锭放到万吨水压机上锻成圆柱形，然后加热，用棒形冲头以150MPa的压力把钢锭通心，再把钢锭套在心轴上锻内壁，使内壁大致达到需要的尺寸，退火消除内应力并降低硬度，在内外壁进行切削加工，如图4-1所示。

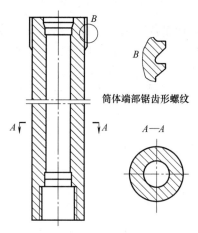

图4-1 整体锻造式圆筒

这种结构形式比较简单，而且由于锻造前钢锭中有缺陷的部分已被切除，其余部分质量都比较好，经过锻压后，材料性质均匀，机械强度得到提高，一般没有薄弱环节，是比较安全可靠的。这种结构的锻造过程需要庞大的冶炼、锻造及热处理设备，生产周期长，金属切削工作量大、材料利用率低、制造成本高。一般用于直径小于1500mm、长度不超过12m的压力容器。特别适用于直径为100～800mm的超厚壁容器。

2. 锻焊式

锻焊式厚壁容器是在整体锻造式的基础上发展起来的。因为制造较大容量的厚壁容器，会受到冶炼、锻造、热处理及金属加工设备的限制，因此，可以根据筒体设计长度，先锻造成若干个筒节，然后通过深环焊缝将各个筒节连接起来，最后进行焊后热处理消除热应力和改善焊缝区的金相组织，如图4-2（a）、图4-2（b）所示。

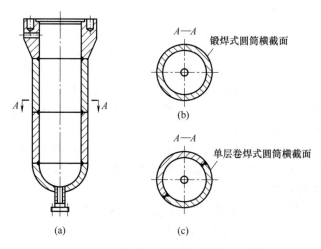

图4-2 锻焊式圆筒和单层卷焊式圆筒

锻焊式直径可适当加大，总长度不受限制；但由于分段制造，工作量加大，且深环焊缝焊接工艺要求较高并对筒体强度有所削弱。造价高，故常用于制造一些有特殊要求和安全性较高的压力设备，如制造热壁加氢反应器、煤液化反应器、核容器等。

3. 单层卷焊式

这种形式制造与中低压容器的制造方法基本相同，是将经检验合格的厚钢板（一般达

120mm 厚度)加热至 700～900℃后,在大型卷板机上卷成圆筒,然后焊接纵缝即得筒节。再通过焊接环缝,将筒节连接成需要长度的筒体,如图 4-2(a)、图 4-2(c)所示。

单层卷焊式加工工序少,制造比较简单,自动化程度高,生产效率高,可以利用调质等热处理方法提高材料性能等。但需要采用大型卷板机,若圆筒直径过小则无法卷筒,一般直径>400mm 才可使用此种结构;可卷制的厚度也受到卷板机能力的限制,厚钢板的综合性能不如薄钢板,冲击韧性较差,当壁厚较大时要注意材料的韧性指标,以防容器低应力下发生脆性破坏。

4. 单层瓦片式

当卷板机能力不够大时,可以将厚钢板加热后在水压机上压制成瓦片形状的"瓦坯",再用焊接纵焊缝的方法将"瓦坯"组对成圆筒节,然后按照需要的长度组焊成圆筒体。由于每一个筒节都有两条或两条以上的纵焊缝,而且"瓦坯"组对时,需要一定数量的工夹具,因此,较费工时,且制造方法相对较复杂,一般较少采用此种圆筒结构,这种结构只有在卷板机不够大,而且又具备水压机时才能采用。

5. 无缝钢管式

用高压无缝钢管也可制造单层的厚壁圆筒,但高压无缝钢管的最大直径不超过 500mm,所以不能用来制造大直径的厚壁圆筒。

6. 电渣焊成型式容器

厚壁容器筒体由连续堆焊熔化的熔敷金属构成,熔化的金属形成一条连续的螺圈条,直到所设计的筒体长度为止。堆焊过程中的螺圈内、外表面需进行机械加工,以达到所要求的内、外径尺寸,然后将筒节组焊成筒体,如图 4-3 所示。采用电渣焊螺圈堆焊制造厚壁容器筒体,方法较简单,工艺过程自动化程度较高。据有关资料介绍,制作一台 $\phi 1200mm \times 50mm \times 3000mm$ 厚壁容器筒体,采用不间断 3 连续螺旋堆焊只需 80h。堆焊过程中,转盘的转速、电极送进速度、焊剂供给量以及电压、电流等操作参数全部采用自动反馈控制。

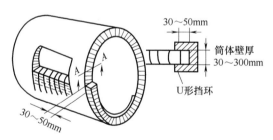

图 4-3 螺圈堆焊厚壁容器

上述几种圆筒结构,尽管结构简单,使用经验丰富,但它们都有一些共同的缺点。

① 除整体锻造式厚壁圆筒外,不能完全避免较薄弱的深焊缝(包括纵焊缝和环焊缝),焊接检验和消除均较困难,结构本身缺乏阻止裂纹快速扩展的自保能力。

② 大型锻件及厚钢板的性能不及薄钢板,不同方向力学性能差异较大,发生低应力脆性破坏的可能性也较大。

③ 单层式厚壁容器均存在应力沿壁厚分布不均匀的问题,筒壁材料沿厚度方向得不到充分利用,对于内径一定的容器,当设计压力达到一定程度时,无论壁厚有多厚,都不可避免地会使内壁达到屈服。

由于以上因素而使以上几种结构的厚壁容器使用受到限制,从而相继出现了多种多层组合式的高压厚壁容器。

(二) 多层组合式厚壁容器

1. 多层包扎式厚壁圆筒

多层包扎式厚壁圆筒是由内筒与层板两部分组成，如图 4-4（a）所示。首先用厚度 4～24mm 的优质碳素钢板或 8～13mm 的不锈钢板卷焊成内筒筒节，然后将焊接后的纵焊缝磨平并进行无损检测和机械加工，再把厚度为 4～12mm 的薄钢板卷成半圆形瓦片，并作为层板包扎到内筒外面直至需要的厚度，以构成一个筒节。一个筒节的长度视所选择钢板的宽度而定，层数则随需要的厚度而定。最后，筒节两端再加工出环焊缝坡口，并通过深环焊缝焊接将筒节连成一个筒体。每个筒节还开设有直径为 6mm 的安全孔和数个通气孔，如图 4-4（b）所示。一方面可以防止环焊缝焊接时把空气密封在层板间造成不良影响；另一方面可作为操作时的安全孔使用，一旦内筒因腐蚀或其他一些原因产生破裂，高压介质必然会从安全孔渗漏出来，通过该孔便能很方便地进行观察和处理，以防止恶性事故的发生。

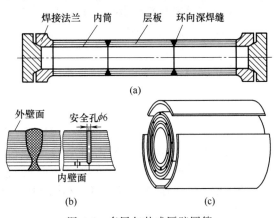

图 4-4 多层包扎式厚壁圆筒

制造这种结构的厚壁容器不需要大型复杂的加工设备，一般中等规模的压力容器专业厂都能制造；使用的层板较薄，其塑性较好，脆性转变温度较低，如果发生破裂，也只是逐层开裂，不会产生大量碎片；另外，层板部分的纵焊缝始终错开（75°），任何轴向剖面上均无两条以上的焊缝，如图 4-4（c）所示，减小了焊缝区因缺陷或应力集中对整个容器强度的影响，具有较高的安全可靠性；层板在包扎和焊接过程中，由于受到钢丝绳或液压钳的拉紧力，以及 C 类焊缝的冷却收缩作用，筒体沿壁厚将会产生一定的压缩预应力。当受内压作用时，该预应力即可以抵消一部分由内压引起的拉应力，使厚壁圆筒在壁厚方向的应力分布比单层筒体更均匀，由此提高了容器的承载能力；当介质有腐蚀时，内筒可选用耐蚀钢板，而层板则用普通碳钢材料，降低成本。但制造工序多，包扎工艺难度大，生产周期长；对钢板厚度均匀性要求较高，钢材利用率较低（仅 60% 左右）；筒节间存在深环焊缝，对筒体的制造质量和安全有显著影响，特别是焊接缺陷，使其成为低应力脆性断裂的根源等。

其应用范围为：最大设计压力 70MPa，设计温度 −45～550℃，最大直径 6000mm，最大壁厚 533mm。

2. 多层热套式厚壁圆筒

将两个或多个圆筒套在一起组成的厚壁圆筒，如图 4-5 所示。首先是把 25～80mm 的中厚钢板卷焊成几个直径不同但可以过盈配合的筒节，然后将外层筒节加热，套入内层筒节，当外筒冷却后产生收缩，紧紧地贴在内筒上，使内筒受到一定的压应力。最后再将套好后的高压筒节通过深环焊缝组焊成一个筒体。

多层热套式容器筒体均需设排气孔，其作用是防止层间气体聚集或作为泄氢孔之用（对于临氢设备），同时也作为套合过程中排出空气之用。故排气孔应在套合前开设，孔径一般为 φ6。

目前有两种套合方法，即整体套合和分段套合。整体套合是将内筒制好后分段热套外筒，外筒之间（轴向）不焊接，如图 4-5（b）所示，容器的轴向力完全由内筒承受。这种制造方法由于只有内筒的环焊缝，易于保证焊缝质量，但对于筒体太长的容器套合施工的难

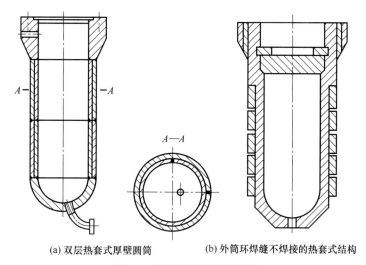

(a) 双层热套式厚壁圆筒　　(b) 外筒环焊缝不焊接的热套式结构

图 4-5　多层热套式厚壁圆筒

度较大，容器整体套合后一般须进行超压处理。分段套合是先用热套法分段预制好多层筒节，然后通过环焊缝焊接组成容器。这种方法技术成熟，采用较广泛。

多层热套式容器是目前制造较多的厚壁容器形式，由于其制造技术的进展，可以采用厚板作为内、外筒，从而减少了热套的层数，可以对其进行自增强处理，从而不需要严格控制套合的过盈量；由于可以选用厚板作内筒，使其承受全部轴向力，从而可使外筒的环焊缝不需焊接（外筒仅承受周向和径向应力）。因此，热套式容器与多层包扎式容器相比，具有工序较少、制造周期较短、材料利用率高、容器纵焊缝可进行 100% 探伤检查等优点，但由于采用中、厚板作筒体，抗脆性比多层包扎式容器差，但优于单层厚壁容器。

常用范围是：设计压力 10～70MPa，设计温度 -45～538℃，内直径 600～4000mm，壁厚 50～500mm，筒体长度 2.4～38m。

3. 多层绕板式厚壁圆筒

这种结构是在多层包扎式容器技术基础上发展起来的。用绕板代替层板包扎，从而大大减少了纵焊缝，节省了焊接工作量和制造工期，且材料利用率和机械化水平较高，多层绕板筒体由内筒、绕板层、外保护筒组成，多层绕板式圆筒横截面如图 4-6 所示。

制造方法是：把筒体分成多个筒节，其内筒厚度为 10～40mm，内筒的长度与所绕钢板的宽度相同。开绕时，由于绕板的厚度会在起始端出现一个台阶，为此在起绕处先点焊一个楔形板，并且一端磨尖，另一端与绕板厚度相同并与绕板连接。绕板时，首先将厚度为 3～5mm 的薄板端部与楔形板的厚端焊接，然后将薄板连续地缠绕在内筒上，达到筒体的设计厚度为止。最后与起始处一样，焊接一块外楔形板，再包上 6～12mm 厚的钢板作为保护筒，即构成一个高压筒节，图 4-7 和图 4-8 所示是绕板式圆筒筒节的制作过程和卷制示意图，图 4-9 为绕板式厚壁圆筒结构示意图。

4. 多层绕带式厚壁圆筒

绕带式厚壁圆筒因缠绕钢带形式的不同可分为两种：型槽绕带式与扁平钢带倾角错绕式。

（1）型槽绕带式厚壁圆筒

型槽绕带式厚壁圆筒是用特制的型槽钢带螺旋缠绕在特制的内筒上，断面形状见图 4-10，即首先将内筒外壁加工出与钢带相啮合的螺旋状凹槽，然后缠绕相应形状的钢带，

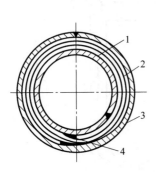

图 4-6 多层绕板式圆筒横截面
1—内筒；2—绕板；
3—外保护筒；4—楔形板

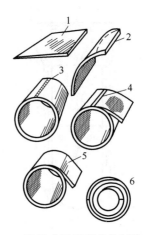

图 4-7 绕板式圆筒筒节的制作过程
1—楔形板下料；2—弯曲成形；3—纵焊缝点焊；4—与钢板点焊；5—沿纵焊缝焊接并绕制；6—绕板结束，焊接外楔形板

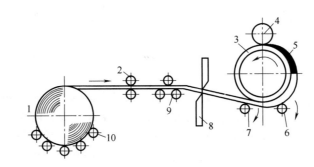

图 4-8 绕板式圆筒筒节的卷制示意图
1—钢板滚筒；2—加紧辊；3—内筒；4—加压辊；
5—楔形板；6—主动辊；7—从动辊；
8—切板机；9—校正辊；10—托辊

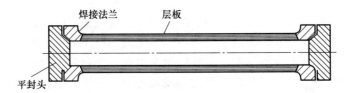

图 4-9 绕板式厚壁圆筒结构示意图

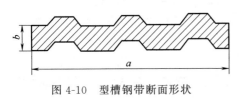

图 4-10 型槽钢带断面形状

缠绕时，钢带先经 600~820℃ 电加热预热，再进行螺旋缠绕，绕制后依次用空气和水进行冷却，使其收缩产生预紧力，使钢带与内筒及各层钢带之间互相紧紧啮合，各层钢带之间靠凹槽和凸肩相互啮合。钢带经特殊轧制而成，厚度为 6~10mm，宽度一般为厚度的 10 倍。

型槽绕带式的突出优点是缠绕层除能承受周向应力外，还能承受一部分轴向应力。但需要使用特殊轧制的型槽钢带和专用缠绕机床，型槽钢带形状和尺寸需严格控制，否则很难啮合，或者出现啮合间隙，削弱轴向强度。这种型槽绕带筒体制造过程大部分是机械化，因此生产效率高，适用于成批生产。

（2）扁平钢带倾角错绕式厚壁圆筒

扁平式钢带倾角错绕式容器的筒体由内筒、筒体端部和绕带层等组成，其结构如图4-11所示。内筒厚度约占总壁厚的1/6~1/4，其制造要求同单层厚壁容器。对于板焊式结构，须经钢板卷制、焊接、热处理、探伤、焊缝打磨等工序，然后与筒体端部组成需要的长度。筒体端部一般为锻件，缠绕钢带为宽约80~160mm、厚约4~16mm的扁钢盘状带，材质为碳钢或低合金钢，一般采用"预应力冷绕"和"压辊预弯贴紧技术"，环向15°~30°倾角在薄内筒外缠绕扁平钢带。钢带始末两端与筒体端部焊接，钢带之间不焊接，为了抵消扭矩的影响，缠绕层以左旋和右旋相间交错缠绕，故钢带一般为偶数层。

与型槽绕带式厚壁容器相比，扁平钢带倾角错绕式厚壁容器能够承担较大的轴向负荷，具有较高的轴向强度，不会出现型槽绕带容器在大变形时可能发生钢带"脱扣"引起轴向断裂的情况。GB 150.3—2011附录B（规范性附录）规定了钢带错绕筒体适用于筒体内直径≥500mm的厚壁容器设计。

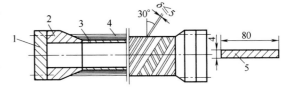

图4-11　扁平钢带倾角错绕式厚壁容器筒体
1—平顶盖；2—筒体端部；3—内筒；
4—钢带层；5—钢带横断面形状及尺寸

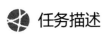

任务训练

一、填空

1. 厚壁容器是_____应力状态，三个应力中_____应力最大；三个应力中，除轴向应力，其余两个应力沿壁厚_____。
2. 厚壁容器筒体常见的结构形式主要有：_____结构和_____结构。
3. 单层圆筒结构包括_____、_____、_____、_____、_____和电渣焊成型式等。
4. 多层圆筒结构包括_____、_____、_____和多层绕带式等，其中多层绕带式又包括_____和_____两种。
5. 厚壁容器的形状一般为_____形_____对称。

二、判断

（　）1. 厚壁容器不能单纯从增加厚度和提高材料强度级别来提高强度，而更需要从结构上改变应力分布。
（　）2. 一般来讲，容器承受的压力越高，其壁厚也就会越大，所以，厚壁容器大多是高压厚壁容器。
（　）3. 厚壁容器的工艺性或其他必要的开孔尽可能开在筒体上。
（　）4. 厚壁容器密封面加工要求较高，多一个密封面，则多一个泄漏的机会，因此，厚壁容器一般设计成一端可拆、另一端不可拆。

三、简答

1. 单层厚壁容器与多层厚壁容器比主要缺点有哪些？
2. 有人认为多层厚壁容器是厚壁容器发展的主要形式，你认为对吗？试说明。

任务二　厚壁容器的密封结构选用

任务描述

熟悉厚壁容器的密封结构及其特点。

任务指导

厚壁容器的密封结构形式是保证其能否正常运行的重要组成部分。所谓密封就是将两种不同介质、压力、温度等不同参数的空间相互隔开并紧密封住,根据密封的结构和机理可分为静密封和动密封两大类,这里仅介绍厚壁容器静密封,按其结构形式可分为强制式密封、自紧式密封和半自紧式密封三类。强制式密封是由外部螺栓来压紧顶盖及筒体或法兰密封面间的密封元件。这类密封在压力高、筒体内径大时,螺栓及筒体法兰尺寸较大,结构较笨重,并且由于内压上升后螺栓的变形、顶盖上升或变形减少了接触压力,要求有较大的螺栓预紧力,以保证在操作工况下顶盖和筒体端部之间有一定的接触力来达到密封。自紧式密封则是依靠自身结构上的特点,使压力升高后的压紧力反而自动加大,以适应密封的需要,其密封性能在高压工况下更加可靠,预紧螺栓时只需保证初始密封所需的预紧力即可,从而使顶盖设计较强制式密封轻便。厚壁容器的密封结构,除强制式和自紧式密封外,还有介于两种密封之间的结构形式,称为半自紧式密封,半自紧式密封兼有强制与自紧式密封的部分特点。

一、强制式密封

强制式密封常见的形式有平垫密封和卡扎里密封。

1. 平垫密封

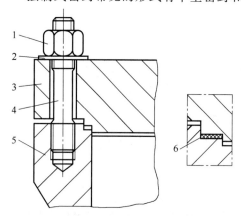

图 4-12 平垫密封结构形式
1—主螺母;2—垫圈;3—平盖;4—主螺栓;
5—筒体端部;6—平垫片图

如图 4-12 所示为平垫密封结构形式。平垫密封的垫片一般由软金属材料制成,放置于筒体顶部和平盖连接表面之间,在螺栓预紧力作用下,接触面的机械加工不平处被垫片材料产生的塑性变形填充封闭,从而堵塞了操作介质可能漏出的间隙或孔道,达到密封效果。在有些情况下,为改善密封性能,在筒体端部和平盖的密封面上加 1~2 条三角形截面沟槽。

平垫密封结构简单,在直径小、压力不高时密封可靠,垫片及密封面加工容易,但在直径大、压力高、温度高(200℃以上)或压力、温度波动较大时,要求有较大的预紧力从而导致密封结构笨重,而且密封也不可靠,一般只适用于温度不高的中小型厚壁容器上。平垫密封的一般使用范围见表 4-1。

表 4-1 平垫密封的适用范围

密封结构形式	设计温度/℃	设计压力/MPa	内直径 D_i/mm
金属平垫密封	0~200	≤16	≤1000
		>16~22	≤800
		>22~35	≤600

资料来源:摘自 GB 150。

2. 卡扎里密封

卡扎里密封有三种形式:外螺纹卡扎里密封,如图 4-13 所示;内螺纹卡扎里密封,如图 4-14 所示;改良卡扎里密封,如图 4-15 所示。这三种密封的共同特点是都用压环和预紧螺栓压紧密封元件(三角形垫片),和平垫密封相比,其工作介质作用在顶盖上的轴向力,对于内、外螺纹卡扎里密封是由螺纹套筒或端部法兰螺纹承受，改良型卡扎里密封仍由主螺栓承受。保证密封垫片密封比压的载荷都是由预紧螺栓承担，工作中如果发现预紧螺栓松动，可及时上紧，因此密封可靠。

外螺纹卡扎里密封结构较其他两种好，国内采用较多。其螺纹套筒内壁的上下两段是锯齿形螺纹。为便于与平盖相互连接和快拆，上段套筒环向开有六个间隔为 30° 的凹凸槽（螺纹被断开），图 4-13 所示。装配时将顶盖（同样开有六个 30° 凹凸槽的间断螺纹）插入套筒中旋转 30° 即可使顶盖与筒体连接。为避免压环自由移动，装有专门拉紧螺栓将其拉住。

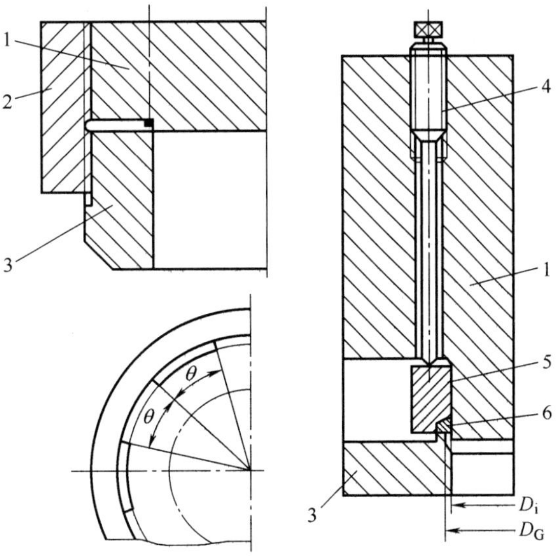

内螺纹卡扎里密封顶盖与筒体端部螺纹连接部位直接与操作介质接触，螺纹易受介质腐蚀，顶盖占有较大的高压空间，锻件较笨重，上紧螺纹时不如外螺纹卡扎里密封省力，故仅对于小直径厚壁容器采用较合适。而改良型卡扎里密封仍保留有大螺栓，顶盖上主螺栓数量多，结构较复杂，与别的密封结构比较优点不显著，这两种密封结构现已很少采用。

外螺纹卡扎里密封的主要优点是装卸方便，而缺点是锯齿形螺纹加工困难。它一般用于 $D_i \geqslant 1000$mm，$t \leqslant 350℃$，$p \geqslant 30$MPa 的条件下。

图 4-13 外螺纹卡扎里密封结构
1—平盖；2—螺纹套筒；3—筒体端部；
4—预紧螺栓；5—压环；6—密封垫图

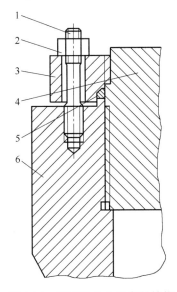

图 4-14 内螺纹卡扎里密封结构
1—螺栓；2—螺母；3—压环；
4—平盖；5—密封垫；6—筒体端部图

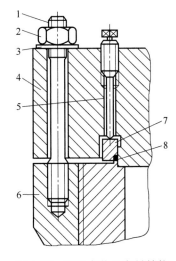

图 4-15 改良卡扎里密封结构
1—主螺栓；2—主螺母；3—垫圈；4—平盖；
5—预紧螺栓；6—筒体端部法兰；
7—压环；8—密封垫图

二、自紧式密封

1. 伍德密封

伍德式密封属于轴向弹性垫自紧式密封,密封结构主要由顶盖、筒体端部、四合环、压垫、牵制螺栓、牵制环、拉紧螺栓、楔形压垫等组成,如图4-16所示。楔形压垫受力分析如图4-17所示。此密封结构中,顶盖与压垫、压垫与筒体端部之间的密封预紧力由拧紧牵制螺栓产生,相应地在上紧牵制螺栓时,四合环向外扩张,将楔形压垫压紧在顶盖的球面上,达到预紧密封要求。当内压作用后,顶盖向上移动,使顶盖球面部分和楔形垫之间的密封压力进一步增加,起到轴向自紧式密封效果。压垫是用强度比较高的材料制成开有环槽的弹性体,操作过程中,当顶盖受压力、温度波动影响而产生微量的上下移动时,压垫可以随着伸缩,对温度与压力波动适应性较好,轴向自紧作用强,高压下密封性能好。密封结构开启较快,适用于快开场合。另外介质作用于顶盖上的轴向力,并不靠螺栓来承受,而是通过四合环作用于筒体端部,故不需要大螺栓,拆卸与安装比较方便。但它的结构比较复杂,筒体端部锻件尺寸较大,占去容器内较大的高压空间,对密封元件加工精度和表面粗糙度要求较高。

伍德式密封一般用在 $D_i = 600\sim 800$mm、$p \geqslant 30$MPa、$t < 350$℃厚壁容器上。

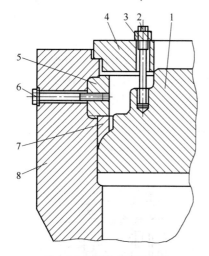

图4-16 伍德式密封结构

1—顶盖;2—牵制螺栓;3—螺母;4—牵制环;
5—四合环;6—拉紧螺栓;7—楔形压垫;8—筒体端部

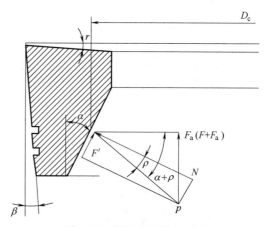

图4-17 楔形压垫受力分析

2. 八角垫与椭圆垫密封

八角垫[图4-18(a)]与椭圆垫[图4-18(b)]密封属于径向自紧密封。当拧紧连接螺栓后,它靠梯形槽内外锥面(主要是外锥面)与垫圈接触而形成密封,槽底不起密封作用,锥面与槽中心线夹角为23°。当压力升高时,由于垫圈径向自紧作用,在压力和温度波动下仍具有良好的密封性能,主螺栓预紧力比平垫密封小,但仍高于其他一些新型自紧密封的预紧力,且仍需用大螺栓[图4-18(c)],对垫圈的加工精度和表面粗糙度要求高。

3. C形环密封

C形环密封属轴向自紧密封,如图4-19所示。它是依靠环的两个凸出的圆弧与端盖及筒体端部的平面形成线接触而实现密封的。当拧紧连接螺栓后,密封环受到压缩,环的两凸缘与法兰及筒体端部平面接触处产生塑性变形,变初始的线接触为窄环带接触,并建立初始

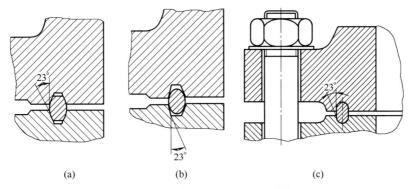

图 4-18 八角垫与椭圆垫密封结构

密封。当内压上升后，顶盖上浮，密封环一方面因回弹张开，另一方面受环腔介质压力的作用而进一步张开，使原接触处仍旧压紧，且压力越高压得越紧。这种结构的优点是：预紧力较小并能严格控制，没有主螺栓，结构紧凑，加工方便，特别适合快开连接，自紧作用明显，密封性能可靠。但由于使用于大型设备的经验不多，一般只用于 $D_i \leqslant 800 \sim 1000\text{mm}$，$p \leqslant 32 \sim 35\text{MPa}$，$t \leqslant 200 \sim 350\text{°C}$ 的场合。

4. 金属 O 形环密封

金属 O 形环密封有三种结构形式，即非自紧式、充气式和轴向弹性垫自紧式密封三种，如图 4-20 所示。

非自紧式 O 形环密封 [图 4-20 (a)]，适用于真空或压力较低的密封以及密封有腐蚀性的液体或气体介质，工作压力一般为 $p \leqslant 7\text{MPa}$；

充气式 O 形环密封 [图 4-20 (b)] 管内充有惰性气体（一般为 $p = 3.5\text{MPa}$、7.5MPa、10.5MPa），由于高温下气体压

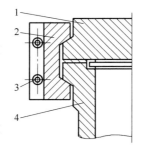
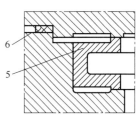

图 4-19 C 形环密封结构
1—顶盖；2—卡箍；3—紧固螺栓和螺母；4—筒体顶部；5—C 形密封环；6—垫块

力的增长补偿了 O 形环管材强度的降低，实际上增加了回弹能力，可适用于 $400 \sim 800\text{°C}$ 工况下的高、中压容器。

自紧式 O 形环密封 [图 4-20 (c)] 在环的内侧钻有若干个小孔，工作时依靠由环内进入的介质压力使环张开增加自紧作用，达到密封效果。只要法兰和紧固件具有足够的强度和刚度，理论上可密封无限高的压力，适用于超高压场合，通常适用压力可达 350MPa，这是此类密封中承压能力最高的结构。在高压、超高压设备中采用这种结构，能获得较好的密封效果。

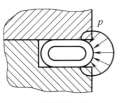
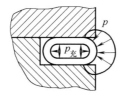
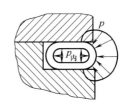

(a) 非自紧式O形环　　　　(b) 充气式O形环　　　　(c) 轴向弹性垫自紧式O形环

图 4-20 金属 O 形环密封

5. 三角垫密封

三角垫密封属径向自紧式密封，三角垫密封原理如图 4-21 所示。将三角垫置于筒体法兰和顶盖的 V 形槽内。考虑到密封效果，三角垫的内径最好要比顶盖及法兰槽的直径略大些。当拧紧螺栓时，三角垫受径向压缩与上、下槽贴紧，并有反弹的趋势。在三角垫的上、下两端点产生塑性变形，建立初始密封。

当工作内压作用后，介质压力的作用使刚性小的三角垫向外弯曲变形，两斜面与上、下槽贴紧，压力愈高，贴得愈紧，并且逐渐由线接触过渡为面接触，既可减小预紧力，又能适应较大的温度和压力波动。当压力下降时则由面接触转为线接触。故三角垫密封可用于压力高以及温度和压力经常波动和波动幅度较大的厚壁容器。

三角垫密封预紧力小、开启方便、尺寸紧凑、节省材料，但对加工精度、表面粗糙度和安装质量的要求和控制较严格。

三角垫密封适用范围一般为：$D \leqslant 1000 \mathrm{mm}$，$10 \mathrm{MPa} \leqslant p \leqslant 70 \mathrm{MPa}$，$t \leqslant 350 ℃$。

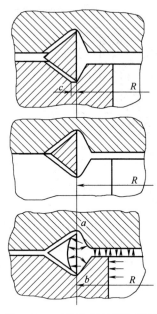

图 4-21 三角垫密封工作原理

三、半自紧式密封

双锥密封是半自紧式密封的典型代表，也是国内外用得比较多的密封结构之一。如图 4-22 所示，在密封锥面上放有厚 1mm 左右的金属软垫片（现在大多用铝片），当主螺栓拧紧时，软垫片便发生塑性变形，而且双锥环也被迫向内收缩，造成一定的回弹力，达到预紧密封。为了增加密封的可靠性，双锥环密封面上开有两条半径为 1～1.5mm，深 1mm 的半圆形或三角形沟槽，托环用来支承双锥环，以便于装拆。

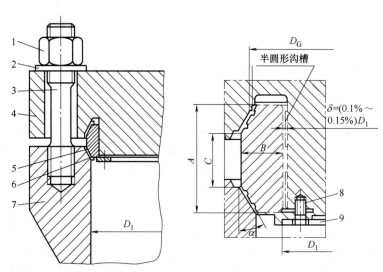

图 4-22 双锥密封结构

1—主螺母；2—垫圈；3—主螺栓；4—平盖；5—双锥环；6—软金属垫片；7—筒体端部；8—螺栓；9—托环

平盖的圆柱面上铣有若干纵向半圆形沟槽，当内压上升时，介质进入双锥环与平盖的环形间隙中，使双锥环向外扩张，增加了密封压力，从而达到径向自紧作用。由于这种密封结构在操作时的密封压力除部分由内压的自紧作用产生外，还有一部分是由垫片的回弹力（由螺栓预紧力产生）产生，故称它为半自紧密封。

预紧时，为了限制双锥环过分变形，平盖与双锥环内表面之间应保持一定的间隙，此间隙一般控制在 $(0.1\%\sim0.15\%)D_i$ 范围，D_i 为双锥环内圆柱面的直径；当螺栓拧紧时，双锥环贴向平盖成为一整体，使双锥环的变形受到限制，从而不超出弹性变形范围。

这种密封结构简单，加工精度要求不高，能在较大的压力、温度和直径范围内使用，因密封具有径向自紧作用，故在压力、温度有波动的情况下，仍能保持良好的密封效果。双锥密封所需的螺栓预紧力也比平垫密封小。这些优点使它得到广泛的应用。

双锥密封一般适用范围为：$D_i=400\sim2000\mathrm{mm}$，$t=0\sim400℃$，$p=6.4\sim35\mathrm{MPa}$。

还有一些密封形式，如楔形密封、B 型环密封等。

任务训练

一、填空

1. 厚壁容器密封结构有_____、_____以及介于它们之间的_____三大类型。
2. 强制密封是依靠_____来保证一定的压紧力，以达到密封。
3. 自紧式密封则是依靠它们各自结构上的特点，使_____，以适应密封的需要，而螺栓仅用来_____。
4. 强制式密封有_____和_____等结构。
5. 自紧式密封有_____、_____、_____、_____、三角垫密封等结构。

二、判断

（　）1. 自紧式密封比强制式密封可靠，尤其是当内压较高时或压力与温度有波动时优点更为显著。
（　）2. 双锥密封是自紧式密封的典型代表。
（　）3. 三角垫密封属轴向自紧式密封。
（　）4. 金属 O 形环密封属径向自紧密封。
（　）5. 平垫密封一般只适用于温度不高的中小型厚壁容器上。

三、简答

请详细调查一台具体的高压设备的密封结构，说明它采用的密封结构类型、原理、材料、特点等。

单元五

外压容器

学习目标

了解外压容器的失效形式及临界压力的概念,掌握承受外压圆筒、球壳与封头的计算方法。

任务一 外压圆筒厚度确定

任务描述

熟悉外压容器筒体厚度的确定方法。

任务指导

一、外压容器失效形式分析

外压容器是指容器外面的压力大于里面压力的容器。例如深海潜水艇、石油分馏中的减压蒸馏塔、多效蒸发中的真空冷凝器、带有蒸汽加热夹套的反应釜以及真空干燥、真空结晶设备等。

当容器承受外压力时,容器壁厚的强度计算方法与内压容器相同,只是器壁中的应力,在受内压时为拉应力,受外压时为压应力。但是容器在受外压作用后(当外压达到某一数值时),往往在强度能满足要求的情况下,壳体会突然失去原来的形状而出现褶皱,这种现象和压杆失稳现象类似,称为失稳现象。如果压缩应力超过材料的屈服点或强度点时,和内压圆筒一样,将发生强度破坏。然而,这种情况极少发生,往往是容器的强度足够却突然失去了原有的形状,筒壁被压瘪,筒壁的圆环截面一瞬间变成了曲波形。容器的失稳实质上是由原来的平衡状态进入一个新的平衡状态。对于受外压的容器,在保证壳体强度的同时,保证壳体的稳定性是外压容器能够正常操作的必要条件。

外压容器的失稳与其他弹性体失稳一样,是独立于强度以外的问题。它与材料的弹性性能(如弹性模量和泊松比)和几何尺寸(如直径、壁厚和长度等)有关,但是出现非弹性失稳现象时,还和材料的屈服极限有关,外压容器失稳时的压力称为临界压力。外压圆筒形壳体失稳后,横截面形状由圆形变为波浪形,波数可能是两个、三个、四个,如图5-1所示。

必须指出,外压容器的失稳不是由于壳体不圆、材料的化学成分不均匀、力学性能不一致以及壳体壁厚不均匀造成的,而是外压容器的固有性质。但是,壳体不圆与材料各种性质及壳体壁厚不均匀会降低容器的临界压力数值。

外压容器的失效主要有两种形式，一是刚度不够引起的失稳，二是强度不够造成的破裂。对于常用的外压薄壁容器，刚度不够引起的失稳是主要的失效形式。

图 5-1　外压圆筒失稳后的形状

二、用解析法确定外压薄壁圆筒的壁厚

1. 外压薄壁圆筒的临界压力的计算

致使外压容器发生失稳的最小外压值称为临界压力，临界压力用符号 p_{cr} 表示。圆筒在外压 p 作用下不产生强度失效的同时，还要具有足够的稳定性，即限制：

$$p_c \leqslant [p] = \frac{p_{cr}}{m} \tag{5-1}$$

式中　$[p]$——许用设计外压，MPa；

　　　p_{cr}——临界压力，MPa；

　　　p_c——计算外压力，MPa；

　　　m——稳定系数，我国钢制压力容器标准圆筒一般可取 $m=3$。

外压薄壁容器在载荷作用下产生失稳是它固有的性质，每一具体的外压圆筒结构，都客观上对应着一个固有的临界压力值，其数值大小与筒体几何尺寸、材质及结构因素有关。临界压力 p_{cr} 的大小通常可用解析法或图算法来确定。

根据受外压力的圆筒出现的失稳现象，工程上将外压设备分为长圆筒、短圆筒与刚性筒三种类型。

（1）长圆筒临界压力计算

当筒体足够长，两端刚性较高的封头对筒体中部的变形不能起到有效支撑作用，此筒体最容易失稳压瘪，出现 $n=2$ 的扁圆形，这种圆筒称长圆筒。长圆筒的临界压力 p_{cr} 仅与圆筒的相对厚度 δ_e/D_o 有关。与圆筒的相对长度 L/D_o 无关。其临界压力的勃莱斯（Bress）公式为：

$$p_{cr} = 2.2E^t \left(\frac{\delta_e}{D_o}\right)^3 \tag{5-2}$$

式中　D_o——圆筒的外直径，mm；

　　　δ_e——圆筒的有效厚度，mm；

　　　E^t——圆筒材料在设计温度下的弹性模量，MPa。

（2）短圆筒临界压力计算

若圆筒两端的封头对筒体变形有约束作用，圆筒失稳破坏的波数 n 大于 2，出现三个波、四个波……的曲波形，这种圆筒称短圆筒。短圆筒的失稳情况比较复杂。

短圆筒的临界压力 p'_{cr} 不仅与 δ_e/D_o 有关，同时也随 L/D_o 而变化。L/D_o 愈大，封头的约束作用愈弱，临界压力降低。临界压力的计算公式为：

$$p'_{cr} = 2.59E^t \frac{\delta_e^2}{LD_o\sqrt{D_o/\delta_e}} \tag{5-3}$$

式中，L 为外压圆筒的计算长度，mm；其他符号同前。

为了提高外压圆筒的抗失稳能力，可以缩短圆筒的长度或在不改变圆筒长度的条件下，在筒体上焊上数个加强圈，将长圆筒变为能够得到封头或加强圈支撑的短圆筒。筒体焊上加强圈后，筒体的几何长度对于计算临界压力就没有了直接意义，这时需要的是所谓计算长度。计算长度是指两相邻加强圈的间距，对与封头相连的那段筒体而言，应计入凸形封头中的 1/3 的凸面高度，见图 5-2。

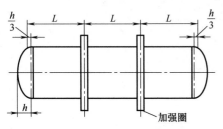

图 5-2 外压圆筒的计算长度

(3) 刚性圆筒

若容器筒身较短、筒壁较厚、容器的刚性较好，不存在因失稳而丧失工作能力的可能性，这种圆筒称刚性圆筒。刚性圆筒是强度破坏，其强度校核公式与内压圆筒相同，刚性圆筒所能承受的最大外压力为：

$$p_{\max} = \frac{2\delta_e R_{eL}^t}{D_o} \tag{5-4}$$

式中 R_{eL}^t ——圆筒或管子材料在设计温度下的屈服强度（或 0.2% 非比例延伸强度），MPa。

其他各符号同前。

2. 临界长度计算

由于长圆筒与短圆筒的临界压力计算公式不同，所以要计算某一圆筒的临界压力 p_{cr} 时，首先要判断该圆筒是属于长圆筒还是短圆筒。外压圆筒究竟是长圆筒还是短圆筒，可借助临界长度 L_{cr} 进行判别。短圆筒的临界压力高于相同直径与壁厚的长圆筒临界压力。随着长度增加，封头对筒壁的支撑作用渐渐减弱，p_{cr} 随之减小。当其长度增加到某一数值时，封头的支撑作用开始完全消失，此时短圆筒的临界压力下降到与用长圆筒计算的临界压力相等，即：

$$2.19E\left(\frac{\delta_e}{D_o}\right)^3 = 2.59E \frac{\delta_e^2}{LD_o\sqrt{D_o/\delta_e}}$$

解出区别长、短圆筒的临界长度：

$$L_{cr} = 1.17 D_o \sqrt{\frac{D_o}{\delta_e}} \tag{5-5}$$

式中 L_{cr} ——临界长度。

同理，当短圆筒与刚性圆筒的临界压力相等时，由式：

$$p'_{cr} = 2.59E \frac{\delta_e^2}{LD_o\sqrt{D_o/\delta_e}} = \frac{2\delta_e R_{eL}^t}{D_o}$$

解得短圆筒和刚性圆筒的临界长度为：

$$L'_{cr} = \frac{1.3 E \delta_e}{R_{eL}^t \sqrt{D_o/\delta_e}} \tag{5-6}$$

因此，当圆筒的计算长度 $L \geqslant L_{cr}$ 时，为长圆筒；当圆筒的计算长度 $L < L_{cr}$ 时，筒壁可以得到封头或加强构件的支撑作用，此类圆筒属于短圆筒；当 $L < L'_{cr}$ 时，此圆筒为刚性圆筒。

3. 影响临界压力的因素

经实验研究证明，影响外压薄壁圆筒临界压力的因素主要有如下几点：

① 圆筒的 δ_e/D_o 值大，临界压力也大；

② 在圆筒的 δ_e/D_o 相同时，若圆筒的计算长度 L 较短，封头对器壁的支撑作用较强，圆筒的临界压力就大一些，否则相反；

③ 有加强圈者临界压力大；

④ 圆筒壳体的不圆度 e 对临界压力有较大影响。不圆度 e 越大，会导致其临界压力降低。

一般要求不圆度不超过 0.5%，即

$$e = \frac{D_{max} - D_{min}}{D_n} \leqslant 0.5\% \tag{5-7}$$

式中　D_{max}——圆筒横截面的最大内直径，mm；
　　　D_{min}——圆筒横截面的最小内直径，mm；
　　　D_n——圆筒名义内直径，mm。

⑤ 材料对临界压力的影响　外压圆筒的失稳，不是因为强度不足而引起，所以临界压力与材料的屈服强度没有直接关系，然而材料的弹性模量 E 则直接影响筒体的临界压力。弹性模量 E 大的材料抵抗变形能力强，因而其临界压力也高。但高强度钢与一般碳钢相比 E 相差不大，因此采用高强度的钢材代替一般碳钢制造外压容器，只会增加制造成本，而不会大幅度提高其临界压力。

4. 临界压力计算公式的应用条件

利用式（5-5）或式（5-6）计算一已知几何圆筒的临界压力应满足以下两个条件：

① 要判断筒体失稳时的环向压缩临界应力 σ_{cr} 是不是小于或等于材料的比例极限 σ_p，即 $\sigma_{cr} = \frac{p_{cr} D_o}{2\delta_e} \leqslant \sigma_p$。

这是因为在临界压力计算公式中有 E 值，而 E 值只有当构件中的应力在不超过材料比例极限的条件下才是常数，才可以从手册中查到它的数值。如果该圆筒是在完全弹性状态下失稳，且失稳时筒壁内的临界应力 σ_{cr} 小于或等于材料的比例极限 σ_p，则 E 值可从手册查取，如果失稳时 $\sigma_{cr} > \sigma_p$，这时材料的 E 值已不再是常数，无法从手册中查到。

② 圆筒圆度要符合 GB 150 规定。

5. 解析法确定外压薄壁容器壁厚计算步骤

① 假设名义厚度 δ_n，确定壁厚附加量 C，计算有效厚度 δ_e，$\delta_e = \delta_n - C$；

② 确定计算长度 L；

③ 计算临界长度 L_{cr}，并与计算长度 L 比较，确定圆筒类型；

④ 计算临界压力 p_{cr}、临界应力 σ_{cr}；

⑤ 计算许用压力 $[p]$，比较许用外压 $[p]$ 与计算外压 p_c。若 $p_c \leqslant [p]$，假设壁厚 δ_n 可用，若小得过多，可将 δ_n 适当减小，重复上述计算；若 $p_c > [p]$，需增大初设的 δ_n，重复上述计算，直至使 $p_c < [p]$ 且接近 p 为止。

【任务示例 5-1】 用解析法求真空分馏塔容器壁厚，已知内直径 $D_i = 1600\text{mm}$，圆筒壳体长度 4000mm（不包括封头），两端为标准椭圆封头，直边高度 40mm，最高工作温度 150℃，材料 Q345R，150℃时，弹性模量 $E = 2.06 \times 10^5 \text{MPa}$，规定塑性延伸强度 $R_p = 255\text{MPa}$（工程上材料的比例极限 σ_p 可按规定塑性延伸强度 R_p 进行取值）。

解　① 假设封头名义厚度 $\delta_n = 12\text{mm}$，取钢板腐蚀裕量为 $C_2 = 1\text{mm}$，钢板负偏差 $C_1 =$

0.8mm，则有效厚度 $\delta_e = \delta_n - C = 12 - 1.8 = 10.2$（mm）。

② 确定计算长度 L，$L = 4000 + 40 \times 2 + \frac{1600}{4} \times 2 \times \frac{1}{3} = 4346.7$（mm）。

③ 计算临界长度 L_{cr}，$L_{cr} = 1.7 D_o \sqrt{\frac{D_o}{\delta_e}} = 1.17 \times 1624 \times \sqrt{\frac{1624}{7.2}} = 28589.07$（mm），因 $L < L_{cr}$ 故属短圆筒。

④ 计算临界压力 P_{cr}、临界应力 σ_{cr}，

$$P_{cr} = 2.59 E \frac{\delta_e^2}{L D_o \sqrt{\frac{D_o}{\delta_e}}} = 2.59 \times 2.06 \times 10^5 \times \frac{10.2^2}{4346.7 \times 1624 \times \sqrt{\frac{1624}{10.2}}} \approx 0.62 \text{(MPa)}$$

$$\sigma_{cr} = \frac{P_{cr} D_o}{2 \delta_e} = \frac{0.62 \times 1624}{2 \times 7.2} \approx 69.92 \text{(MPa)} < 255 \text{(MPa)}$$

计算许用压力 $[p]$，比较许用外压 $[p]$ 与计算外压 p_c。

$[p] = \frac{p_{cr}}{3} = \frac{0.62}{3} \approx 0.21$（MPa），真空操作，则 $p_c = 0.1$ MPa，故 $[p] > p_c$

所以假设的名义厚度 $\delta_n = 12$ mm 符合要求。

三、用图算法确定外压薄壁圆筒的厚度

图算法中许用外压 $[p]$ 是通过算图及简易计算确定的。图 5-3 表示了外压圆筒失稳时环向临界应变 ε（图中记为系数 A）与圆筒几何尺寸 L/D_o、D_o/δ_e 的关系。图的上部为垂直线簇，这是长圆筒情况，表明失稳时应变量与圆筒长度 L/D_o 无关。图的下部是倾斜线簇，属短圆筒情况，表明失稳时的应变量与 L/D_o、D_o/δ_e 都有关。图中垂直线与倾斜线交接点处所对应的 L/D_o 是临界长度与外径的比。此算图与材料的弹性模量 E 无关，因此，对各种材料的外压圆筒都能适用。

为了减少从图上查取系数 A 的麻烦，所需 A 值可从附录中查取。

图 5-4 至图 5-13 为不同材料的 A-B 关系图。系数 $B = \frac{2}{3} E \varepsilon = \frac{2}{3} \sigma$，$A$-$B$ 曲线的实质是材料的 ε-$\frac{2}{3}\sigma$ 曲线。同类钢材 E 值大致相同，故可将屈服极限 R_{eL}（$R_{p0.2}$）相近钢种的 A-B 的关系曲线画在一张图上（即数种钢材合用一张 A-B 图）。由于材料的 E 值及拉伸曲线随温度不同而不同，所以每图中都有一组与温度对应的曲线，表示该材料在不同温度下的 A-B 关系，称材料的温度线。每一条 A-B 曲线的形状都与对应温度的 σ-ε 曲线相似，其直线部分表示应力 σ 与应变 ε 成正比，材料处于弹性阶段。这时，E 值可从手册中查出。B 值可通过 $B = 2/3 EA$ 算出，故无须将此直线部分全部画出。图中画出了接近屈服时的弹性直线段，而将直线部分截去。

利用算图确定外压圆筒壁厚的步骤如下：

仅介绍 $D_o/\delta_e \geqslant 20$，即筒壁厚度不大于筒体外径的 $\frac{1}{20}$ 的外压圆筒及外压管。

(1) 假设 δ_n

计算 $\delta_e = \delta_n - C$ 算出所要设计筒体的 L/D_o、D_o/δ_e 值。

(2) 确定外压应力系数 A

① 根据 L/D_o 和 D_o/δ_e，查取外压应变系数 A 值（遇中间值用内插法）；

在图 5-3 的纵坐标轴上找到 L/D_o 值的所在点，由此点向右引水平线与 D_o/δ_e 直线相交（遇中间值，则用内插法）。由此交点引垂直线向下读出横坐标上的 A 值（A 就是该圆筒失稳时的环向应变值 ε）。

② 若 L/D_o 值大于 50，则用 $L/D_o=50$ 查图，若 L/D_o 值小于 0.05，则用 $L/D_o=0.05$ 查图（也可以直接在附录表中查取 A 值）。

(3) 确定外压应力系数 B

① 按所用材料，查表 5-1 确定对应的外压应力系数 B 曲线图（图 5-4～图 5-13），由 A 值查取 B 值（遇中间值用内插法）；

② 若 A 值超出设计温度曲线的最大值，则取对应温度曲线右端点的纵坐标值为 B 值；

③ 若 A 值小于设计温度曲线的最小值，则按式 (5-8) 计算 B 值：

$$B=\frac{2}{3}E^t A \tag{5-8}$$

式中　E^t——设计温度下材料的弹性模量，MPa。

(4) 确定许用外压力

根据 B 值，并按下式计算许用外压力 $[p]$，即：

$$[p]=\frac{B}{D_o/\delta_e} \tag{5-9}$$

(5) 比较许用外压 $[p]$ 与设计外压 p_c

计算得到的 $[p]$ 应大于或等于 p_c，否则须调整设计参数，重复上述计算，直到满足设计要求。

若 $p_c \leqslant [p]$，假设的壁厚 δ_n 可用，若小得过多，可将 δ_n 适当减小，重复上述计算；

若 $p_c > [p]$，需增大初设的 δ_n，重复上述计算，直至使 $[p]>p$ 且接近 p 为止。

表 5-1　外压应力系数 B 曲线图选用表

序号	钢号	$R_{eL}(R_{p0.2})$/MPa	设计温度范围/℃	适用 B 曲线图
1	10	205	≤475	图 5-4
2	20	245	≤475	图 5-6
3	Q245R	245	≤475	图 5-6
4	Q345R Q345D	345	≤475	图 5-5
5	Q370R	370	≤150 150～350	图 5-7 图 5-6
6	12CrMo	205	≤475	图 5-4
7	12Cr1MoVG，12Cr1MoVR	225	≤475	图 5-6
8	15CrMo	235	≤475	图 5-6
9	15CrMoR	295	≤150 150～400	图 5-7 图 5-6
10	1Cr5Mo	195	≤475	图 5-4
11	09MnD	270	≤150	图 5-7
12	09MnNiD	280	≤150	图 5-7
13	08Cr2AlMo	250	≤300	图 5-6
14	09CrCuSb	245	≤200	图 5-6

续表

序号	钢号	$R_{eL}(R_{p0.2})$/MPa	设计温度范围/℃	适用 B 曲线图
15	18MnMoNbR	390	≤150 150~475	图 5-7 图 5-6
16	13MnNiMoR	390	≤150 150~400	图 5-7 图 5-6
17	14Cr1MoR	300	≤150 150~475	图 5-7 图 5-6
18	12Cr2Mo1	280	≤150 150~475	图 5-7 图 5-6
19	12Cr2Mo1R	310	≤150 150~475	图 5-7 图 5-6
20	12Cr2Mo1VR	415	≤150 150~475	图 5-7 图 5-6
21	16Mn,16MnDR	315	≤150 150~350	图 5-7 图 5-6
22	15MnNiDR	325	≤150 150~200	图 5-7 图 5-6
23	15MnNiNbDR	370	≤150 150~200	图 5-7 图 5-6
24	09MnNiDR	300	≤150 150~350	图 5-7 图 5-6
25	08Ni3DR	320	≤100	图 5-7
26	06Ni9DR	575	≤100	图 5-8
27	07MnMoVR	490	≤200	图 5-8
28	07MnNiVDR	490	≤200	图 5-8
29	12MnNiVR	490	≤200	图 5-8
30	07MnNiMoDR	490	≤200	图 5-8
31	S11348	170	≤400	图 5-4
32	S11306	205	≤400	图 5-6
33	S11972	275	≤350	图 5-6
34	S30403,00Cr19Ni10	180	≤425	图 5-11
35	S30408,0Cr18Ni9	205	≤650	图 5-9
36	S30409	205	≤650	图 5-9
37	S31608,0Cr17Ni12Mo2	205	≤650	图 5-10
38	S31603,00Cr17Ni14Mo2	180	≤425	图 5-12
39	S31668,0Cr18Ni12Mo2Ti	205	≤450	图 5-8
40	S21953	440	≤300	图 5-13

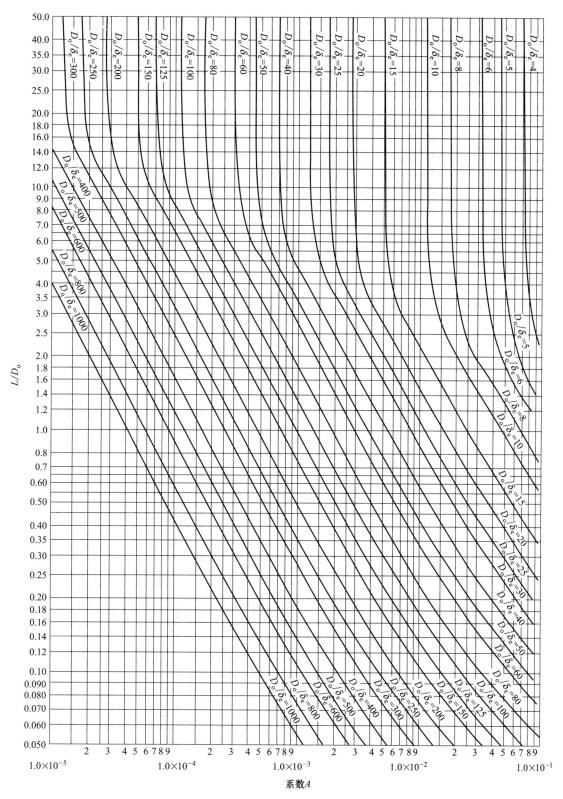

图 5-3　外压应变系数 A 曲线

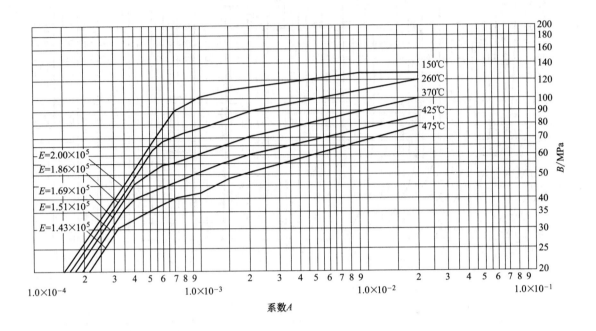

注:用于屈服强度$R_{eL}<207$MPa的碳素钢和S11348钢等。

图 5-4 外压应力系数 B 曲线

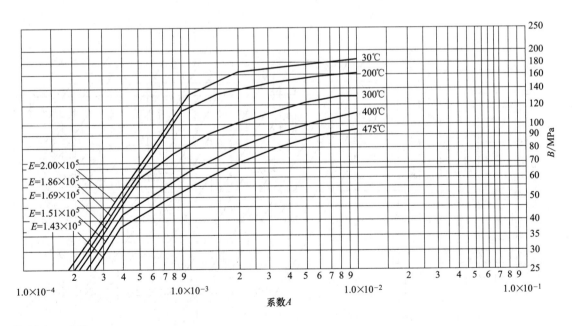

注:用于Q345R钢。

图 5-5 外压应力系数 B 曲线

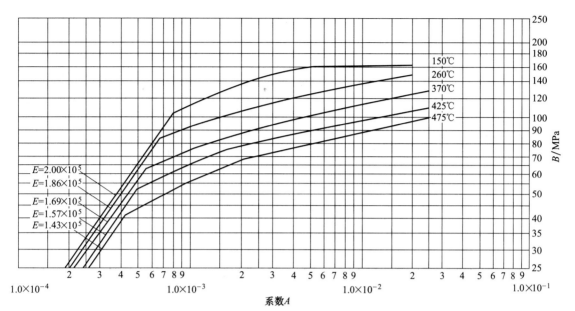

注：用于除图5-4注明的材料外，材料的屈服强度$R_{eL}>207$MPa的碳钢、低合金钢和S11306钢等。

图 5-6　外压应力系数 B 曲线

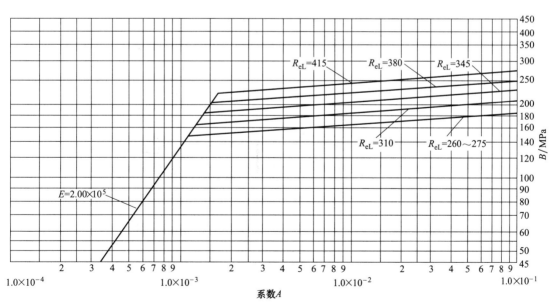

注：用于除图5-4注明的材料外，材料的屈服强度$R_{eL}>260$MPa的碳钢、低合金钢等。

图 5-7　外压应力系数 B 曲线

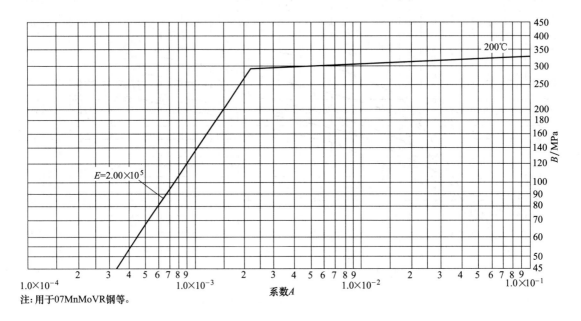

图 5-8　外压应力系数 B 曲线

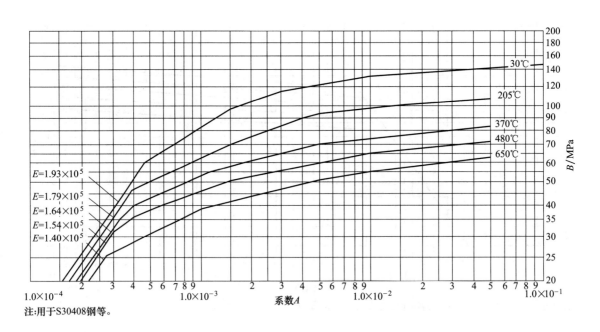

图 5-9　外压应力系数 B 曲线

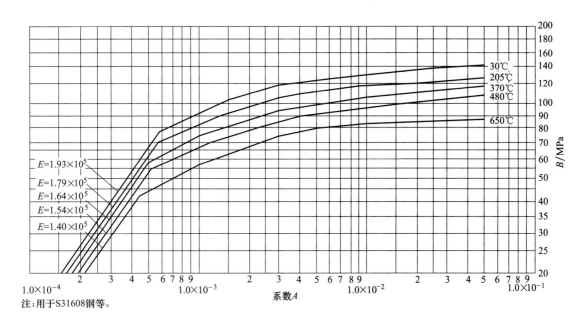

图 5-10 外压应力系数 B 曲线

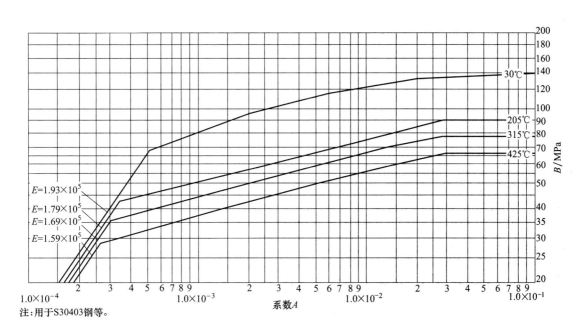

图 5-11 外压应力系数 B 曲线

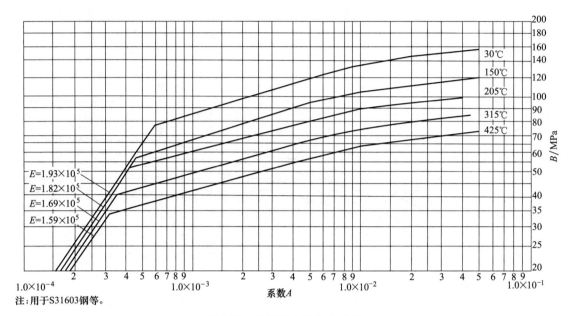

图 5-12 外压应力系数 B 曲线

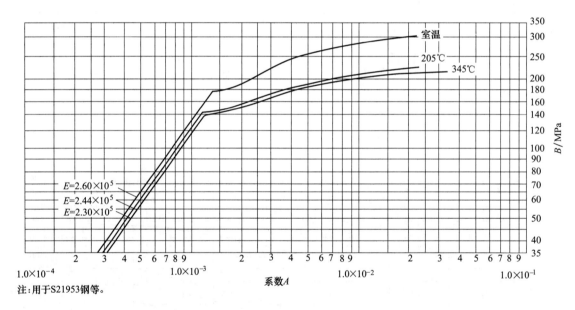

注：用于S21953钢等。

图 5-13 外压应力系数 B 曲线

【任务示例 5-2】 今需制作一台分馏塔，塔的内径为 2000mm，塔身（含椭圆形封头直边）长度为 6000mm（包括直边高度），封头深度为 500mm（图 5-14），分馏塔在 370℃ 及真空条件下操作。现库存有 10mm 和 14mm 厚的 2Q245 钢板。(1) 问能否用这两种钢板来制造这台设备？(2) 如果库存中只有 10mm 厚钢板，可否设法来制造这台外压设备？

解 (1) 设塔的腐蚀裕量 C_2 为 1mm，厚度为 10mm 和 14mm 钢板的负偏差 C_1 均为 0.8mm；则钢板有效厚度 δ_e 分别为 8.2mm、10.2mm。采用标准椭圆封头，直边高度 $h=40$mm。

计算长度：$L = 6000 + \dfrac{1}{3} \times 2 \times 500 = 6333$ （mm）。

① 当 $\delta_e = 8.2\text{mm}$ 时，$\dfrac{L}{D_o} = \dfrac{6333}{2000+20} = 3.14$

$$\dfrac{D_o}{\delta_e} = \dfrac{2020}{8.2} = 246$$

查图 5-3，得 $A = 9.1 \times 10^{-5}$

查图 5-6，A 值所在点落在材料温度线左方，故：

$$B = \dfrac{2}{3} E^t A$$

Q245 钢 370℃ 时的 $E = 1.69 \times 10^5 \text{MPa}$，于是：

$[p] = B \dfrac{\delta_e}{D_o} = \dfrac{2}{3} \times 1.69 \times 10^5 \times 9.1 \times 10^{-5} \times \dfrac{8.2}{2020} = 0.042$ （MPa）

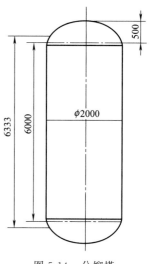

图 5-14　分馏塔

$[p] < 0.1\text{MPa}$，所以 10mm 钢板不能用。

② 当 $\delta_e = 12.2\text{mm}$ 时，$\dfrac{L}{D_o} = \dfrac{6333}{2000+28} = 3.12$，

$$\dfrac{D_o}{\delta_e} = \dfrac{2028}{12.2} = 166$$

查图 5-3，得 $A = 1.8 \times 10^{-4}$，

查图 5-6，A 值所在点仍落在材料温度线左方，故：

$$B = \dfrac{2}{3} E^t A$$

$$[p] = B \dfrac{\delta_e}{D_o} = \dfrac{2}{3} \times 1.69 \times 10^5 \times 1.8 \times 10^{-4} \times \dfrac{12.2}{2028} = 0.12 \text{（MPa）}$$

比较 $[p] > 0.1\text{MPa}$，所以 14mm 钢板能用。

(2) 若想减小壁厚可通过减小计算长度来实现。因此如果只有 10mm 厚钢板，可通过使用加强圈来实现。假设在塔的中间加入一个刚性加强圈，则计算长度为：

$$L = \dfrac{6333}{2} = 3166.5 \text{（mm）}; \quad \dfrac{L}{D_o} = \dfrac{6333}{2000+20} = 1.57$$

$$\dfrac{D_o}{\delta_e} = \dfrac{2020}{8.2} = 246$$

查图 5-3，得 $A = 2.3 \times 10^{-4}$

查图 5-6，可得 $B = 27$

则 $[p] = B \dfrac{\delta_e}{D_o} = 27 \times \dfrac{8.2}{2020} = 0.11$ （MPa）

因为 $[p] > 0.1\text{MPa}$，所以通过增加一个加强圈后 10mm 钢板够用。

 任务训练

一、填空

1. ＿＿＿＿＿＿是指容器外面的压力大于里面压力的容器。
2. 外压容器的失效主要有两种形式，一是＿＿＿＿＿＿，二是＿＿＿＿＿＿，对于常用的外压薄壁容器，＿＿＿＿＿＿是主要的失效形式。
3. 致使外压容器发生失稳的最小外压值称为＿＿＿＿＿＿。
4. 根据外压圆筒出现的失稳现象，工程上将外压设备分为＿＿＿＿＿＿、＿＿＿＿＿＿与刚性圆筒三种

类型。

5. 为了提高外压圆筒的抗失稳能力，可以缩短圆筒的_____或在不改变圆筒长度的条件下，在筒体上焊上_____。

6. 计算长度是指_____的间距，对与封头相连的那段筒体而言，应计入凸形封头中的凸面高度。

二、判断

（ ）1. 外压圆筒焊上加强圈后，筒体的几何长度对于计算临界压力就没有了直接意义，这时需要的是所谓计算长度。

（ ）2. 若圆筒两端的封头对筒体变形有约束作用，圆筒失稳破坏的波数 n 大于 2，这种圆筒称长圆筒。

（ ）3. 短圆筒的临界压力 p_{cr} 与圆筒的相对长度 L/D_o 无关。

（ ）4. 不论长圆筒还是短圆筒，其临界压力 p_{cr} 都与圆筒的相对厚度 δ_e/D_o 有关。

（ ）5. 当圆筒的计算长度 $L \geqslant L_{cr}$ 时，为长圆筒。

（ ）6. 为提高压杆的稳定性，应选择高弹性模量的材料。

三、选择

1. 外压容器的加强圈常用型钢材料，主要原因是（   ）。
   A. 型钢强度高　　B. 型钢价廉　　C. 型钢刚度大　　D. 型钢易变形

2. 导致外压容器失稳加剧的决定因素是（   ）。
   A. 筒体的几何尺寸　　　　　　B. 筒体的材料
   C. 筒体的结构　　　　　　　　D. 超过临界压力的载荷

3. 外压薄壁容器的椭圆度越大，则容器的临界压力（   ）。
   A. 不变　　　　B. 越大　　　　C. 越小　　　　D. 无影响

4. 外压容器的设计规范一般推荐采用（   ）
   A. 理论公式计算法　　B. 图算法　　C. 截面法

四、计算

分别用解析法及图算法求真空容器圆筒壁厚，内直径 $D_i = 1600$mm，圆筒壳长度 6000mm（不包括封头），两端为标准椭圆封头，直边高度 40mm，最高工作温度 260℃，材料为 Q345。

任务二　外压球壳及封头厚度确定

任务描述

熟悉外压球壳及封头厚度的确定方法与步骤。

任务指导

一、外压球壳所需的有效厚度按以下步骤确定：

（1）假设 δ_n，令 $\delta_e = \delta_n - C$，定出 $\dfrac{R_o}{\delta_e}$（R_o 指球壳的外半径）

（2）用公式（5-10）计算系数 A

$$A = \frac{0.125}{(R_o/\delta_e)} \tag{5-10}$$

（3）确定外压应力系数 B

① 按所用材料，查表 5-1 确定对应的外压应力系数 B 曲线图（图 5-4～图 5-13），由 A 值查取 B 值（遇中间值用内插法）；

② 若 A 值超出设计温度曲线的最大值，则取对应温度曲线右端点的纵坐标值为 B 值；
③ 若 A 值小于设计温度曲线的最小值，则按式（5-11）计算 B 值。

$$B = \frac{2AE^t}{3} \tag{5-11}$$

（4）确定许用外压力 $[p]$

根据 B 值，按式（5-12）计算许用外压力 $[p]$ 值：

$$[p] = \frac{B}{(R_o/\delta_e)} \tag{5-12}$$

比较设计压力 p_c 与 $[p]$。若 $p_c \leq [p]$ 且较接近，则所设壁厚合理；否则应重新假设 δ_n，重复上述步骤，直到满足要求为止。

二、外压封头

1. 外压凸形封头

外压凸形封头包括椭圆形、碟形及球冠形封头。外压球壳的计算公式及图算也适用于外压凸形封头，只是公式及图算中的 R_o 符号意义有所不同：

半球形封头和球形容器一样，$R_o = R_i + \delta_n$；碟形封头，R_o 取球面部分外半径；椭圆形封头的曲率半径沿经线是变化的，在中心处，曲率半径最大，按最大曲率半径计算则过于保守，离开中心则曲率半径减小，导致刚性增大，并增大弹性稳定性，因此，外压椭圆形封头用外压球壳的计算公式及图算时，应取 R_o 为当量球壳外半径：$R_o = K_1 D_o$，K_1 是椭圆长短轴比值决定的系数，其值见表 5-2（遇中间值用内插法求得）。

表 5-2　系数 K_1 值

$\dfrac{D_o}{2h_o}$	2.6	2.4	2.2	2.0	1.8	1.6	1.4	1.2	1.0
K_1	1.18	1.08	0.99	0.90	0.81	0.73	0.65	0.57	0.5

注：1. $h_o = h_i + \delta_{nh}$。
2. $K_1 = 0.9$ 为标准椭圆形封头。
3. 中间值用内插法求得。

【任务示例 5-3】 某圆筒形分馏塔的内直径为 2000mm；操作条件为：塔在 400℃ 真空操作。设计条件为：计算外压力 $p_c = 0.1$MPa，材料为 Q345，壁厚附加量 $C = 3$mm，采用标准椭圆形封头。试初步确定封头的名义厚度。

解　（1）假设封头名义厚度 $\delta_n = 8$mm，则其有效厚度 $\delta_e = 8 - 3 = 5$mm；因采用标准椭圆封头，故系数 $K_1 = 0.9$，其当量球壳外半径 $R_o = 0.9(D_i + 2\delta_n) = 0.9(2000 + 2 \times 8) = 1814.4$mm，$R_o/\delta_e = 1814.4/5 = 362.88$。

（2）计算系数 A

系数 A 按式（5-10）计算：

$$A = 0.125 \frac{\delta_e}{R_o} = \frac{0.125}{362.88} = 3.44 \times 10^{-4}$$

（3）查系数 B，计算许用外压力 $[p]$。

根据已知条件，查 Q345 材料在 400℃ 下的曲线（图 5-5），可得系数 $B = 37$MPa。许用外压力按式（5-11）计算：

$$[p] = \frac{B}{R_o/\delta_e} = \frac{37}{362.88} = 0.102 \text{（MPa）}$$

（4）比较：因 $[p]$ 略大于 p_c，故假定标准椭圆封头的 $\delta_n = 8$mm 满足稳定性要求。

2. 外压锥形封头

受外压的锥形封头及锥形筒体，包括无折边锥壳，所需壁厚按如下方法确定。

半顶角 $\alpha > 60°$ 的锥壳：锥壳壁厚按平盖计算，其直径取锥壳的最大内直径。

半顶角 $\alpha \leqslant 60°$ 的锥壳：锥壳壁厚按承受外压的相当圆筒壳进行计算。相当圆筒体的直径取锥壳大端外直径 D_o，圆筒长度即为锥壳当量长度 L_e。

(1) 锥壳的当量长度 L_e

① 如图 5-15 (a)、(b) 所示，无折边锥壳或锥壳上相邻两加强圈之间的锥壳段，其当量长度按式 (5-13) 计算，即

$$L_e = \frac{L_x}{2}\left(1 + \frac{D_s}{D_L}\right) \tag{5-13}$$

② 大端折边锥壳如图 5-15 (c) 所示，其当量长度按式 (5-14) 计算，即

$$L_e = (r + \delta_r)\sin\alpha + \frac{L_x}{2}\left(1 + \frac{D_s}{D_L}\right) \tag{5-14}$$

③ 小端折边锥壳如图 5-15 (d) 所示，其当量长度按式 (5-15) 计算，即

$$L_e = r_s \frac{D_s}{D_L}\sin\alpha + \frac{L_x}{2}\left(1 + \frac{D_s}{D_L}\right) \tag{5-15}$$

④ 折边锥壳如图 5-15 (e) 所示，当量长度按式 (5-16) 计算，即

$$L_e = (r + \delta_r)\sin\alpha + r_s \frac{D_s}{D_L}\sin\alpha + \frac{L_x}{2}\left(1 + \frac{D_s}{D_L}\right) \tag{5-16}$$

式中　D_L——外压计算时，所考虑锥壳段大端外直径，mm；

　　　D_s——外压计算时，所考虑锥壳段的小端外直径，mm；

　　　L_x——锥壳轴向长度，mm；

　　　L_e——锥壳当量长度，mm；

　　　δ_r——过渡段厚度，mm；

　　　r——折边锥壳大端过渡段转角半径，mm；

　　　r_s——折边锥壳小端过渡段转角半径，mm；

　　　α——锥壳半顶角，(°)。

(2) 外压锥形封头的计算

承受外压的锥壳，所需有效厚度按下述方法确定。

① 假设锥壳的名义厚度 δ_{nc}。

② 计算锥壳当量有效厚度 $\delta_{ec} = (\delta_{ec} - C)\cos\alpha$。

③ 按外压圆筒的规定进行外压校核计算，并以 L_e/D_L 代替 L/D_o，以 D_L/δ_{ec} 代替 D_o/δ_e。

④ 在外压锥壳计算中，设计外压力 p_c 取正值；外压加强计算方法仅适用于 Q_L、Q_s 为压缩载荷的情况（即二者为正值）；f_1、f_2 为轴向压缩载荷时，取正值，反之取负值。

其中　f_1——除压力载荷外，由外载荷在锥壳大端产生的单位圆周长度上轴向力，N/mm；

　　　f_2——除压力载荷外，由外载荷在锥壳小端产生的单位圆周长度上轴向力，N/mm；

　　　Q_L——$\frac{1}{4}p_c D_L$ 和 f_1 的代数和，N/mm；

　　　Q_s——$\frac{1}{4}p_c D_s$ 和 f_2 的代数和，N/mm。

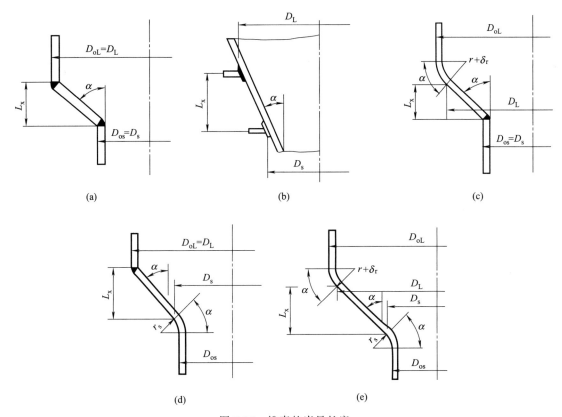

图 5-15 锥壳的当量长度

任务训练

1. 如何确定锥壳的当量长度 L_e？

2. 某圆筒形分馏塔的内直径为 1600mm；操作条件为：塔在 300℃下真空操作。材料为 Q245，壁厚附加量 $C=2$mm，采用标准椭圆形封头。试初步确定封头的名义厚度。

3. 一负压塔中部有一无折边锥壳过渡段，半锥角 $\alpha=15°$，大端内径 $D_i=2500$mm，小端内径 $D_{in}=1500$mm，材料 Q370，设计温度 150℃，腐蚀裕量为 $C_2=2$mm。试设计锥壳壁厚。

单元六

换热器

学习目标

1. 掌握常用换热设备的类型、换热机理、结构特点和适用场合。
2. 掌握管壳式换热设备结构形式，主要零部件的结构形式。
3. 熟悉换热设备的常见故障及处理方法。
4. 了解换热器的清洗技术、强化传热技术及氨检漏技术。

任务一　换热器类型分析

任务描述

掌握换热设备的类型及特点，能根据工艺条件、介质特点等正确选用换热设备。

任务指导

在化工生产中，为了工艺流程的需要，往往进行着各种不同的换热过程，如加热、冷却、蒸发和冷凝等。换热器就是用来进行这些热传递过程的设备，通过这种设备，能使热量从温度较高的流体传递给温度较低的流体，以满足工艺上的需要。

一、化工生产对换热器的基本要求

① 合理地实现所规定的工艺条件。所设计的换热设备具有尽可能小的传热面积，在单位时间内能传递尽可能多的热量，传热效率高。

② 安全可靠。在进行强度、刚度、温度应力以及疲劳寿命计算时，应该遵照相关的规定：GB 150.1～GB 150.4—2011、GB/T 151—2014。

③ 设备安装、操作与维护方便。

④ 成本低、经济合理。

评定换热器最终的指标是：在一定时间内（通常一年）固定费用（设备的购买费、安装费等）与操作费（动力费、清洗费、维修费等）的总和为最小。

二、换热器的类型

换热器按照换热方式的不同可以分为：直接接触式换热器、蓄热式换热器、间壁式换热器三大类。

1. **直接接触式换热设备**

这类换热设备是利用冷、热两种流体直接接触，在相互混合的过程中进行换热，因此这

类换热设备又称混合式换热设备,如图 6-1 所示。目前工业上广泛使用的有:冷水塔(凉水塔)、造粒塔、气流干燥装置、流化床等。为增加两流体的接触面积,以达到充分换热,在设备中常放置填料和栅板,有时也可把液体喷成细滴,此类设备通常做成塔状。直接接触式换热设备具有传热效率高、单位容积提供的传热面积大、设备结构简单、价格便宜等优点,但仅适用于工艺上允许两种流体混合的场合。

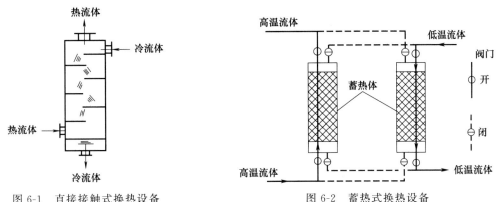

图 6-1 直接接触式换热设备　　　　图 6-2 蓄热式换热设备

2. 蓄热式换热设备

如图 6-2 所示为蓄热式换热器。这类换热器中,能量传递是通过格子砖或填料等蓄热体来完成的。首先让热流体通过,把热量积蓄在蓄热体中,然后再让冷流体通过,把热量带走。由于冷热流体是先后交替地通过蓄热体,因此不可避免存在着一小部分流体相互掺和的现象,造成流体的"污染",此过程是间歇进行的,如果要实现连续生产就需要成对使用,即当一个通过热流体时,另一个则通过冷流体,并靠自动阀进行交替切换,使生产得以连续进行。

该类蓄热式换热设备结构简单、价格便宜、单位体积传热面大,故较适合用于气-气热交换的场合。如回转式空气预热器就是一种蓄热式换热设备。

3. 间壁式换热设备

这类换热设备是利用间壁将进行热交换的冷、热流体隔开,互不接触,热量由热流体通过间壁传递给冷流体。这种形式的换热设备使用最广泛,常见的有"管式"和"板面式"换热设备。

(1) 管式换热设备

管式换热器是以管子作为传热元件来传递热量的,具有结构坚固,操作弹性大和使用材料范围广等优点。尤其在高温、高压和大型换热设备中占有相当优势。但是该类换热器在换热效率,设备结构的紧凑性和金属消耗量等方面都不如其他新型的换热器。从结构上看,此类换热设备又可以细分为:蛇管式、套管式和列管式等形式。

① 蛇管式换热器　它是把换热管弯曲成所需的形状,如圆盘形、螺旋形和长的蛇形等。它是最早出现的一种换热设备,具有结构简单、制作容易和操作方便等优点。对需要换热面不大的场合比较适用,同时因管子能承受高压而不易泄露,常被高压流体的加热或冷却所采用。按使用状态不同,蛇管式换热设备又可分为沉浸式蛇管(图 6-3)和喷淋式蛇管(图 6-4)两种。

② 套管式换热器　它由两种直径不同的管子组装成同心管,两端用 U 形弯管把它们连接成排,里边的套管还可以是翅片管,如图 6-5 所示,在进行换热时,一种流体走管内,另一种流体走内外管的间隙,内管的壁面为传热面,一般按逆流方式进行换热。套管式换热设

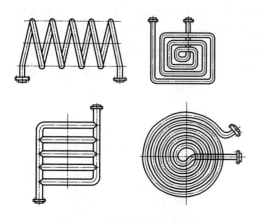

图 6-3 沉浸式蛇管换热设备

备的优点是：结构简单、工作适应范围大，传热面积增减方便，能承受高压，两侧流体均可提高流速，能获得较高的传热系数，传热效果好；缺点是：检修、清洗和拆卸都较麻烦，在可拆连接处容易造成泄漏，单位传热面的金属消耗量大。该类换热设备通常用于高温、高压、小流量流体和所需要传热面积不大的场合。

③ 列管式换热器　又称为管壳式换热器，它是一种通用的标准换热设备。具有结构简单、坚固耐用、造价低廉、用材广泛、清洗方便、适应性强等优点，在各工业领域中得到最为广泛的应用。近年来，尽管受到了其他新型换热器的挑战，但反过来也促进了其自身的发展。在换热器向高参数、大型化发展的今天，管壳式换热器仍占主导地位。

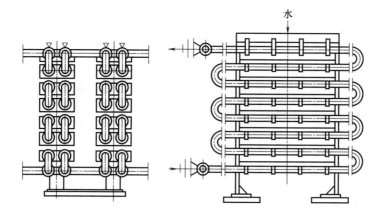

图 6-4　喷淋式蛇管换热设备

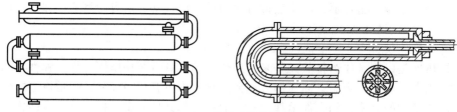

图 6-5　套管式换热设备

(2) 板面式换热器

这类换热器的传热元件是板面，按照传热板面的结构形式可分为螺旋板式、板式、板翅式、板壳式等。

① 螺旋板式换热器　它是用焊在中心已分隔挡板上的两块金属薄板在专用卷板机上卷制而成，卷成之后两端用盖板焊死，这样便形成了两条互不相通的螺旋形通道，参与换热的某一种流体由螺旋通道外层的连接管进入，沿着螺旋通道向中心流动，最后由中心室的连接管流出；另一流体则由中心室另一端的接管进入，顺螺旋通道作相反方向向外流动，最后由外层连接管流出。两种流体在换热器中作逆流方式流动，如图6-6所示。

优点：结构紧凑，传热效率高；制造简单；材料利用率高；流体呈螺旋流动，有自冲刷作用，不易结垢；可呈全逆流流动，传热温差小。适用于液-液、气-液流体换热，尤其适用于高黏度流体、含有固体颗粒的悬浮液这类介质的传热。

缺点：焊接质量要求高，检修比较困难，质量大，刚性差，运输和安装时应特别注意，穿孔维修困难。

② 板式换热器　它是一种新型的高效换热器，它是由一组长方形的薄金属传热板片和密封垫片以及压紧装置所组成，其结构类似板框压滤机。板片为 1～2mm 厚的金属薄板，板片表面通常压制成波纹形或槽形，每两块板的周边上安上垫片，通过压紧装置压紧，使两块板面之间形成了流体的通道。每块板的四个

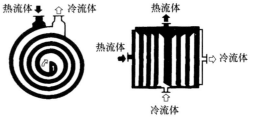

图 6-6　螺旋板式换热设备

角上各开一个通孔，借助于垫片的配合，使两个对角方向的孔与板面上的流道相通，而另外的两个孔与板面上的流道隔开，这样，冷、热流体分别在同一块板的两侧流过。其结构和流动方式示意如图 6-7 所示。

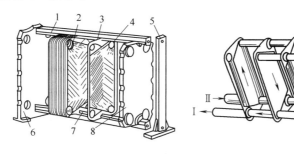

(a) 板式换热器结构分解示意图　　　　　(b) 板式换热器流程示意图

图 6-7　板式换热设备

1—上导杆；2—垫片；3—传热板片；4—角孔；5—前支柱；6—固定端板；
7—下导杆；8—活动端板

板式换热器具有较高的传热效率、结构紧凑、使用灵活、清洗和维修方便、能精确控制换热温度等优点，应用范围十分广泛。缺点是密封周边太长，不易密封，渗漏的可能性大；承压能力低；使用温度受密封垫片材料耐温性能的限制不宜过高；流道狭窄，易堵塞，处理量小；流动阻力大。

③ 板翅式换热器　其基本结构如图 6-8（a）所示，它是一种新型的高效的换热器。这种换热器的基本结构是在两块平行金属板（隔板）之间放置一种波纹状的金属导热翅片，在翅片两侧各安置一块金属平板，两边以侧条密封而组成单元体，对各个单元体进行不同地组合和适当地排列，并用钎焊焊牢，组成的板束，把若干板束按需要组装在一起，然后焊在带有流体进、出口的集流箱上便构成逆流、错流、错逆流结合的多种形式的板翅式换热器，如图 6-8（b）、(c)、(d) 所示。

板翅式换热器中的基本元件是翅片，冷、热流体分别流过间隔排列的冷流层和热流层而实现热量交换。翅片不同的几何形状使流体在流道中形成强烈的湍流，使热阻边界层不断破坏，从而有效地降低热阻，提高传热效率。另外，由于翅片焊于隔板之间，起到骨架和支撑作用，使薄板单元件结构有较高的强度和承压能力，能承受高达 5MPa 的压力。

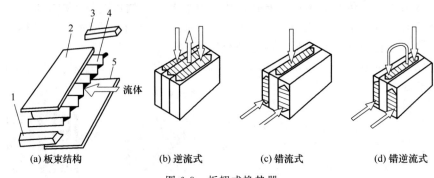

图 6-8 板翅式换热器
1,3—侧板；2,5—隔板；4—翅片

板翅式换热器是一种目前世界上传热效率较高的换热设备，其传热系数可以达到管壳式换热器的 3~10 倍。板翅式换热器一般用铝合金制造，因此结构紧凑、轻巧，适应性广，可用作气-气、气-液和液-液的热交换，亦可用作冷凝和蒸发，同时适用于多种不同的流体在同一设备中操作，特别适用于低温或超低温的场合。其主要缺点是流道小，易堵塞，结构复杂，造价高，不易清洗，难以检修等。

④ 板壳式换热器 其结构如图 6-9 所示，它是一种介于管壳式和板式换热器之间的换热器，主要由板束和壳体两部分组成。板束相当于管壳式换热器的管束，每一板束元件相当于一根管子，由板束元件构成的流道称为板壳式换热器的板程，相当于管壳式换热器的管程；板束与壳体之间的流通空间则构成板壳式换热器的壳程。板束元件的形状可以是多种多样的。

板壳式换热器具有管壳式和板式换热器两者的特点。结构紧凑；传热效率高，压力降小；容易清洗。缺点就是焊接技术要求高。板壳式换热器常用于加热、冷却、蒸发、冷凝等过程。

⑤ 伞板式换热器 伞板式换热器是由板式换热器演变而来，它以伞状板片代替平板片，伞板式换热器流体出入口和螺旋板式换热器相似，设在换热器的中心和周围上（图 6-10），即一种流体由板中心流入，沿螺旋通道流至圆周边排出；而另一种流体则由圆周边接管流入，沿螺旋通道流向中心后排出。伞板片结构稳定，板片间容易密封，传热效率高。但由于设备流道较小，容易堵塞，不宜处理较脏的介质。适合于液-液，液-蒸汽的交换，常用于处理量小，工作压力和温度较低的场合。

3. 其他类型换热设备

这类换热设备一般是使用特殊的材料为满足特殊工艺要求而设计的，具有特殊结构的结构，如热管式、聚四氟乙烯和石墨换热设备等。

① 石墨换热设备 它是一种用不渗透性石墨制造的换热设备，如图 6-11 所示。由于石墨的线膨胀系数小，热导率高，不易结垢，所以传热性能好。同时石墨具有良好的物理性能和化学稳定性，除了强氧化性酸以外，几乎可以处理一切酸、碱、无机盐溶液和有机物，适用于腐蚀性强的场合。但由于石墨的抗拉和抗弯强度较低，易脆裂，在结构设计中应尽量采用实体块，以避免石墨件受拉伸和弯曲，同时，应在受压缩的条件下装配石墨件，以充分发挥它抗压强度高的特点。此外，换热器的通道走向必须符合石墨的各向异性所带来的最佳导热方向。根据这些情况，石墨换热设备有管壳式、孔式和板式等多种形式。

② 聚四氟乙烯换热器 它是最近十余年所发展起来的一种新型耐腐蚀的换热设备。由于聚四氟乙烯耐腐蚀、不生锈、能制成小口径薄壁软管，因而可使换热设备具有结构紧凑、

耐腐蚀等优点。其主要缺点是机械强度和导热性能较差,故使用温度一般不超过150℃,使用压力不超过1.5MPa。主要的结构形式有管壳式和沉浸式两种。

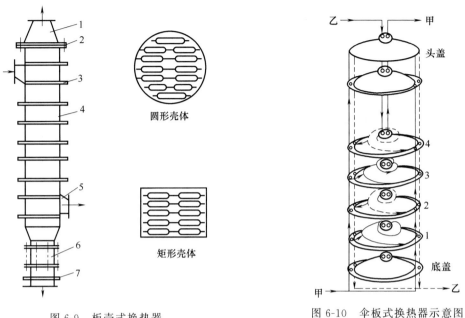

图 6-9　板壳式换热器
1—头盖；2—密封垫片；3—加强筋；
4—壳体；5—管口；6—填料函；
7—螺纹法兰

图 6-10　伞板式换热器示意图

③ 热管换热设备　它是用一种被称为热管的新型换热元件组合而成的换热装置。整体结构如图 6-12（a）所示,它是由管壳、封头、吸液芯、工质等组成。管内有工质,工质被吸附在多孔的毛细吸液芯内,一般为气、液两相共存,并处于饱和状态。对应于某一个环境温度,管内有一个与之相应的饱和蒸气压。热管与外部热源（T1）相接触的一端称为蒸发段,与被加热体

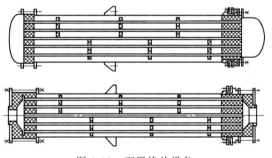

图 6-11　石墨换热设备

（T2）相接触的一端称为冷凝段。热管从外部热源吸热,蒸发段吸液芯中的工质蒸发,局部空间的蒸气压升高,管子两端形成压差,蒸汽在压差作用下被驱送到冷凝段,其热量通过热

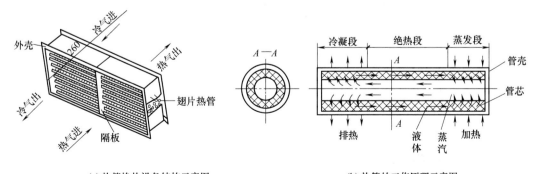

(a) 热管换热设备结构示意图　　(b) 热管的工作原理示意图

图 6-12　热管换热器

管表面传输给被加热体，热管内工质冷凝后又返回蒸发段，形成一个闭式循环。热管的管条一般由导热性能好、耐压、耐热应力、防腐的不锈钢、铜、铅、镍、铌、钽或玻璃、陶瓷等材料构成。热管既可组装成换热设备使用，也可单独使用。

热管换热设备的主要特点是传热能力大，结构简单，工作可靠，不需要输送泵和密封、润滑部件等诸多优点，特别适用于工业尾气余热回收的换热设备。

④ 玻璃换热设备　玻璃作为换热器材料，和一般金属相比，有许多特殊性。它有良好的化学腐蚀性，相当高的耐热性，高度表面光洁性和透明性，缺点是机械强度较差且脆，抗弯曲和冲击性能差，导热性能小。作为换热器材料的玻璃主要有硼硅玻璃和无硼低碱玻璃。玻璃换热设备有盘管式、喷淋式、列管式和套管式等形式。主要用于腐蚀性介质的加热、冷却或冷凝，当处理量不大时，可以获得较高的流速和较大的传热系数。缺点是管子的抗震能力低，玻璃管和金属管板的连接复杂且成本较高。

任务训练

一、填空
1. 换热器按作用原理和传热方式分类可分为：_____、_____和_____三种方式。
2. 板面式换热器按传热板面的结构形式可分为_____、_____、_____、板壳式等。
3. 管式换热器常见的类型有_____、_____、_____和翅片管式等。

二、判断
(　　) 1. 加热器用于把流体加热到所需温度，被加热流体在加热过程中会发生相变。
(　　) 2. 再沸器用于加热已被冷凝的液体，使其再受热汽化，加热过程中会发生相变。
(　　) 3. 间壁式换热器适用于冷、热流体不允许混合的场合。
(　　) 4. 金属材料换热器是由金属材料加工制成的换热器，因金属材料热导率大，故此类换热器的传热效率低。

三、选择
1. 下列不属于间壁式换热器的是（　　）。
A. 凉水塔　　　B. U形管　　　C. 板式换热器　　　D. 固定管板式换热器
2. 下列不属于直接接触式换热器的是（　　）。
A. 凉水塔　　　B. 洗涤塔文氏管　C. 喷射冷凝器　　　D. 回转式空气预热器

四、简答
1. 根据传热原理和实现热量交换的形式不同，换热设备可分为哪几种？
2. 换热设备的作用是什么？
3. 一台完善的换热设备应满足哪些基本条件？
4. 板式等新型换热器的热效率比管壳式高，为什么在化工生产中的使用并不普遍？

任务二　管壳式换热器认识

任务描述

掌握管壳式换热器的几种类型、结构特点、适用场合，能根据工作要求正确选用。

任务指导

一、管壳式换热器的类型

管壳式换热器主要由筒体、管束、管板、管箱、封头、支座、密封装置及工艺接管等部件组成。管束两端固定在管板上,管板连同管束都固定在壳体上,封头、壳体上装有流体的进出口接管。热交换时,一种流体在管束及与其相通管箱内流动,其所经过的路程称为管程,另一种流体在管束与壳体之间的间隙中流动,其所经过路程,称为壳程。为了提高壳程流体的流速,可在壳体内装设一定数目与管束相垂直的折流板,这样既提高壳程流体的流速,同时又迫使壳程流体遵循规定的路径流过,多次地错流流过管束,有利于提高传热效果。管壳式换热器常用的结构形式有以下几种:固定管板式、浮头式、填料函式、U形管式。

1. 固定管板式换热器

固定管板式换热器的两块管板与壳体的连接是刚性连接,其结构如图 6-13 所示。

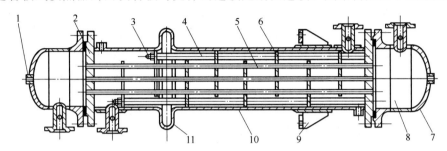

图 6-13 固定管板式换热器
1—排液孔;2—固定管板;3—拉杆;4—定距管;5—管束;6—折流挡板;
7—封头;8—管箱;9—悬挂式支座;10—壳体;11—膨胀节

由于管板与筒体是刚性连接,当壳程与管程温差比较大(大于 50℃)的时候,壳体与管束的变形不一致,管束的变形受到了约束,这时就会在壳体上产生附加应力(该应力是由于温差引起的,称之为温差应力),为了尽量减少该应力,常在壳体上设置一挠性构件——膨胀节(图 6-13 的 11)进行变形补偿。当管子和壳体的温差大于 70℃和壳程压力超过 0.6MPa 时,由于补偿器过厚,难以伸缩,失去温差的补偿作用,应考虑采用其他结构类型的换热器。

优点:结构简单,紧凑,造价便宜。
缺点:管外不能进行机械清洗,因此,壳程流体宜用不易生污垢的洁净流体。

2. 浮头式换热器

浮头式换热器的结构如图 6-14 所示。其结构特点是管束的一端管板与壳体是刚性连接,另一端管板与壳体内的浮头连接,这样当温差较大时,管束可以沿管长方向自由伸缩。浮头有内浮头或外浮头,其结构(图 6-15)比较复杂,金属消耗量大,成本高,但整个管束可

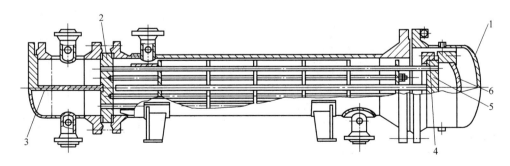

图 6-14 浮头式换热器
1—壳盖;2—固定管板;3—隔板;4—浮头勾圈法兰;5—浮动管板;6—浮头盖

以从壳体内拆卸出来,便于检修和清洗。它适用于管壁和壳壁温差大,管束空间经常清洗的场合。

3. U形管式换热器

U形管式换热器中只有一块管板,换热管呈U字形,其进、出口两端均与同一块管板相连接,将管板侧的管箱用隔板分成两室,如图6-16所示。由于只有一块管板,管子在受热或冷却时,可以自由伸缩。其结构简单,能耐高温、高压,但管束不易清洗,拆换管子也不容易。因此要

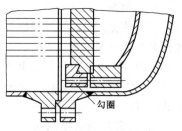

图 6-15　浮头结构示意

求通过管内的流体是洁净的。这种换热器壳用于温差变化很大、高温或高压的场合。由于管子需要有一定的弯曲半径,故管板的利用率较低;管束最内层管间距大,壳程易短路;内层管子坏了不能更换,因而报废率较高。此外,其造价比固定管板式换热器高10%左右。

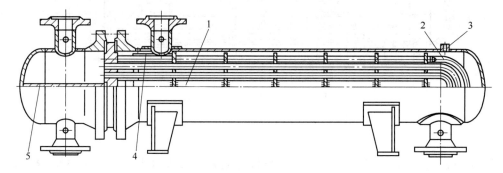

图 6-16　U形管式换热器

1—中间挡板；2—U形换热管；3—排气口；4—防冲板；5—分程隔板

4. 填料函式换热器

填料函式换热器是将列管的一端与外壳做成浮动结构,在浮动处采用整体填料密封,结构较简单,如图6-17所示。此种结构不宜用在直径大、压力高的情况。填料函式换热器的优点是结构较浮头式换热器简单,制造方便,耗材少,造价也比浮头式的低;管束可从壳体内抽出,管内、管间均能进行清洗,维修方便。其缺点是填料函耐压不高,壳程介质可能通过填料函外漏。采用填料函式比浮头式和固定管板式更为优越;但由于填料密封性所限,不适用于壳程流体易挥发、易燃、易爆及有毒的情况。目前所使用的填料函式换热器直径大多在700mm以下,大直径的用得很少,尤其在操作压力及温度较高的条件下采用更少。

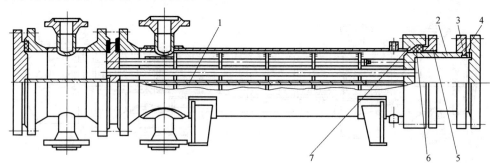

图 6-17　填料函式换热器

1—纵向隔板；2—浮动管板；3—活套法兰；4—部分剪切环；5—填料压盖；6—填料；7—填料函

二、管壳式换热器的性能对比及选用

1. 管壳式换热器的性能对比

管壳式换热器的性能比较见表 6-1。

表 6-1 管壳式换热器的性能比较

换热器形式	允许最高操作压力 MPa	允许最高操作温度 ℃	单位体积传热面积 m²/m³	传热系数 W/m²·K	结构是否可靠	是否具备热补偿能力	清洗是否方便	检修是否方便	金属消耗量
固定管板式	84	1000~1500	40~164	849~1698	可靠	无	否	否	低
浮头式	84	1000~1500	35~150	849~1698	一般	有	是	是	高
填料函式				849~1698	一般	有	是	是	高
U形管式	100	1000~1500	30~130	849~1698	可靠	有	否	否	低

通过表 6-1 比较发现这四类典型的管壳式换热器各有优缺点，在选用时应视具体情况而定。

2. 换热器的选用

主要考虑以下几点：

① 考虑流体的性质

a. 分析流体特殊的化学性质如流体的腐蚀性、热敏性等。

b. 分析介质的工况 如工艺条件所要求的工作压力，进、出口温度和流量等。

c. 考虑重要的物理性质 如流体的种类、热导率和黏度等。

② 考虑传热速率 从传热速率表达式 $Q=KA\Delta T$ 可以看出增大传热面积以及增大温度差和传热系数可以达到强化传热的目的。

③ 考虑质量和尺寸在满足工艺要求的情况下尽量采用较紧凑的换热器。

④ 考虑污垢及清洗。

⑤ 考虑投资及运行费用。

任务训练

一、填空

1. 管壳式换热器主要由_____、_____、_____、_____、封头、支座、密封装置及工艺接管等部件组成。

2. 管壳式换热器常见的类型主要有_____、_____、_____、_____及釜式重沸器。

3. 固定管板式换热器不适于管子和壳体的温差大于_____℃及壳程压力超过_____MPa 的场合。

二、判断

（　）1. 固定管板式换热器中，常用的温差补偿装置是设置膨胀节。

（　）2. 在管壳式换热器中，一般压力高的流体在管内走，以减小壳体的压力和壁厚。

（　）3. 在管壳式换热器中，一般腐蚀性高的流体在管内走。

（　）4. 固定管板、填料函及U形管三种换热器的管程清洗都方便。

三、选择

1. 填料函式换热器的特点，不正确的是（　　）。

A. 管束清洗方便　　　　　　B. 适用于低压、低温场合

C. 无温差应力　　　　　　　D. 适合壳程介质易燃、易爆

2. 下面哪一种换热器的管壳之间有温差应力的产生（　　）。
A. 固定管板　　　　　　　　B. 填料函
C. 浮头　　　　　　　　　　D. U形管

3. 请根据给定条件，选择一种合适的换热器。介质温度、压力较高且温差较大，壳程介质为有毒的易挥发性物质，对管程需要进行清洗（　　）。
A. 固定管板式换热器　　　　B. 填料函式换热器
C. U形管式换热器　　　　　 D. 浮头式换热器

4. 以下属于浮头式换热器的描述是（　　）。
A. 浮头存在可改善传热　　　B. 壳程流体不易形成短路
C. 内部泄漏无法检测　　　　D. 简单、价格便宜

5. 关于U形管式换热器特点，不正确的是（　　）。
A. 适用于高温、高压场合　　B. 管束清洗方便
C. 结构复杂、造价高　　　　D. 无温差应力

四、简答

1. 固定管板式、浮头式、填料函式及U形管式换热器各有什么特点？各自适用于什么场合？
2. 如何正确选用换热器，应该注意一些什么问题？

任务三　管壳式换热器零部件选用（一）

任务描述

掌握换热器中管箱的结构及作用，换热管类型，排列方式及与管板连接的方法，能根据工艺条件合理选用换热器管箱结构，换热管类型、排列方式及与管板的连接方式。

任务指导

一、管箱

换热器管内流体进、出的空间称为管箱，它是封头与管板之间的短圆筒节。它的作用是将管程的流体均匀地分配与集中，在多管程换热器中，管箱还起着分隔管程，改变流体流向的作用，如图 6-18 所示。由于清洗、检修管子时需拆下管箱，因此管箱结构应便于装拆。

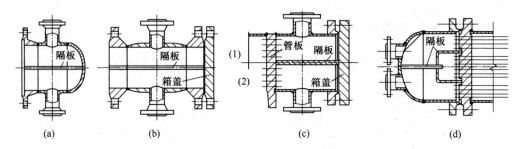

图 6-18　管箱结构

如图 6-18（a）所示，管箱隔板将管程分为两程，液体进出口管也是接在管箱上，在对换热管进行检查清洗时，必须将管箱拆下，适用于较清洁的介质情况。图 6-18（b）也是双

程，管箱上也有液体进出口接管，但它在管箱端部带有箱盖，在检查、清洗换热管时只需将箱盖拆下，但需要增加一对法兰连接，多了一处密封，并且耗材较多。图 6-18（c）的形式是将管箱与管板焊成一体，从结构上看，可以完全避免在管板密封处的泄漏，管箱不能单独拆下，检修、清理不方便，所以在实际使用中很少采用。图 6-18（d）为一种多程隔板的结构形式。

隔板与封头用焊接方式连接，而隔板与管板均是用沟槽式加以密封连接，隔板嵌入管板上的沟槽通过压紧密封材料从而将管箱分成两室。

二、换热管

1. 换热管的类型

换热管是换热器进行热量交换的元件，置于筒体之内，一般采用无缝钢管，为了强化传热也可采用螺纹管、翅片管、螺旋槽管等其他形式，如图 6-19 所示。换热管的材料主要根据工艺条件和介质腐蚀性来选择，常用的金属材料有碳素钢、不锈钢、铜和铝等；非金属材料有石墨、陶瓷、聚四氟乙烯等。

换热管的尺寸一般用外径与壁厚表示，常用碳素钢、低合金钢无缝钢管的规格为 $\phi 19 \times 2$、$\phi 25 \times 2.5$ 和 $\phi 38 \times 2.5$（单位为 mm）；不锈钢管规格为 $\phi 25 \times 2$ 和 $\phi 38 \times 2.5$（单位为 mm）。标准管长有 1.5m、2.0m、3.0m、4.5m、6.0m、9.0m 等。管子的数量、长度和直径根据换热器的传热面积而定，所选的直径和长度应符合规格。为了提高管程的传热效率，通常要求管内的流体呈湍流流动（一般液体流速为 0.3～2m/s，气体流速为 8～25m/s），故一般要求管径要小。据估算，将同直径换热器的换热管由 $\phi 25mm$ 改为 $\phi 19mm$，其传热面积可增加 40% 左右，节约金属 20% 以上。但小管径流体阻力大，不便清洗，易结垢堵塞。一般大直径管子用于黏性大或污浊的流体，小直径管子用于较清洁的流体。

光管　　　　波纹管　　　　焊接外翅片　　　镶嵌式外翅片　　整体内外翅片　　　螺纹管

图 6-19　换热管

2. 换热管在管板上的排列

换热管在管板上的排列方式主要有正三角形、正方形和转角正三角形、转角正方形等四种形式，如图 6-20 所示。正三角形排列用得最为普遍，因为它可以在同样的管板面积上排列最多的管束，但管外不易清洗。为便于管外清洗，可以采用正方形或转角正方形排列的管束。

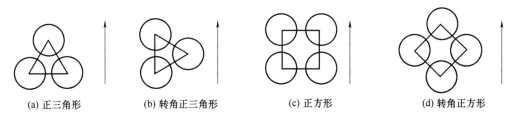

(a) 正三角形　　　(b) 转角正三角形　　　(c) 正方形　　　(d) 转角正方形

图 6-20　换热管排列方式

（箭头方向表示流体流向）

除此以外,还有一种排列方式是同心圆排列,由于靠近壳体的外层管子排列均匀,可用于一些特殊的场合,如石油化工装置中的固定床反应器等。不论何种排列,都要求换热管在这个换热器截面均匀分布,此外还应考虑排列紧凑、流体性质、制造要求等。

为保证相邻两管间有足够的强度和刚度以及为了便于管间的清洗,换热管中心距应不小于管子外径的 1.25 倍。常用换热器的中心距见表 6-2。

表 6-2 常用换热器的中心距 单位:mm

换热管外径	10	14	19	25	32	38	45	57
换热管中心距 S	13~14	19	25	32	40	48	57	72
分层隔板槽两侧相邻管中心距 S_n	28	32	38	44	52	60	68	80

3. 换热管与管板的连接

管子在管板上的固定方法,必须保证管子和管板连接牢固,不会在连接处产生泄漏,否则将会给操作带来严重的故障。目前广泛采用的连接方法有胀接和焊接两种。在高温高压时,有时采用胀接加焊接的方法。对于非金属管及铸铁管也有采用垫塞法固定。近年来国内、外发展了一种比较先进的爆炸胀管。

(1) 强度胀接

强度胀接是指保证换热管与管板密封性能和抗拉脱强度的胀接。采用方法有机械胀管法和液压胀管法。如图 6-21 所示:利用胀管器挤压伸入管板孔中的管子端部,使管端发生塑性变形,管板孔同时产生弹性变形,当取出胀管器后,管板孔弹性收缩,管板与管子间就产生一定的挤压压力,紧密地贴在一起,达到密封连接的目的。为了增大管子抗拉脱的能力,也经常将管子端部进行翻边处理。

胀接法一般多用于压力低于 4MPa 和温度不超过 300℃ 的条件下,高温不宜采用,因为高温使管子与管板产生蠕变,胀接应力松弛而引起连接处泄漏。因此对于高温、高压以及易燃、易爆的流体,管子和管板的连接多采用焊接法。

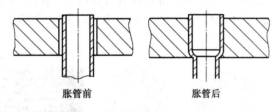

图 6-21 胀管前和胀管后管径增大和变形情况

(2) 强度焊接

强度焊接是指保证换热管与管板连接密封性和抗拉脱强度的焊接。其特点是制造加工简单,连接处强度高,但不适用于有较大振动和容易产生间隙腐蚀的场合。当温度高于 300℃ 或压力高于 4MPa 时,一般采用焊接法,因为焊接法比胀接法有更大的优越性,体现在:

① 焊接法在高温高压下,仍能保持连接的紧密性;
② 管板孔加工要求低,可节约孔的加工工时;
③ 焊接工艺比胀接工艺简便;
④ 在压力不太高时可使用较薄的管板。

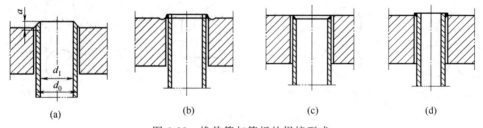

图 6-22 换热管与管板的焊接型式

图 6-22 (a) 中，由于管板孔端没有开坡口，所以连接质量差，只适用于压力不高和管壁较薄处；图 6-22 (b) 中，在孔的四周开了沟槽，可有效减少焊接应力，适用于薄管壁和管板在焊接后不允许产生较大变形的情况；图 6-22 (c) 中，管子头部不突出管板，因此在立式换热器中，停工后管板上不会积留液体，但焊接质量不容易保证；图 6-22 (d) 中，由于管板孔端开了坡口，连接质量较好，使用较多。

由于采用焊接结构，换热管与管板孔之间存在有间隙，工作介质存留其中会对管板及管子造成腐蚀，该种腐蚀称为间隙腐蚀。

（3）胀焊结合

焊接法在焊接接头处产生的热应力可能造成应力腐蚀和破裂，同时管子与管板孔间存在间隙，这些间隙中流体不流动，很容易造成"间隙腐蚀"。为了消除这个间隙，工程上常用胀焊结合的方法来改善连接处的状况。按目的不同，胀焊接合有强度胀加密封焊、强度焊加密封胀、强度胀加强度焊等几种方式。按顺序不同有先胀后焊，也有先焊后胀的。但一般采用先焊后胀，以免先胀时残留的润滑油影响焊接质量。

任务训练

一、填空

1. 换热器管内流体进、出的空间称为_____。
2. 换热管与管板的连接方法有_____、_____和胀焊并用。
3. 换热管中心距应不小于_____的 1.25 倍。
4. 当温度高于_____℃或压力高于_____MPa 时，一般采用焊接法。

二、判断

（ ）1. 换热管一般采用无缝钢管。为强化传热效果，可制成翅片管、螺旋槽管等。
（ ）2. 换热管与管板的连接方法中，胀接的使用温度和压力都低于焊接。
（ ）3. 换热器在管板上的排列方式为正三角形排列时布管数最多，故广泛应用。
（ ）4. 当采用小直径的管子时，换热器单位体积的换热面积大，设备较紧凑，所以换热管直径越小越好。

三、选择

1. 换热管规格的书写方法为（   ）。
   A. 内径×壁厚   B. 外径×壁厚   C. 内径×壁厚×长   D. 外径×壁厚×长
2. 胀管时，管端的硬度应比管板（   ）。
   A. 高   B. 低   C. 相等   D. 其他
3. 管子与薄管板的固定宜采用（   ）。
   A. 焊接   B. 胀接   C. 胀焊接合   D. 三种均可
4. 胀管是依靠管板孔壁的（   ）变形实现的。
   A. 塑性   B. 弹性   C. 刚性   D. 韧性
5. 换热管的布管方式中，（   ）布管最容易清洁。
   A. 正三角形   B. 正方形   C. 同心圆   D. 转角正三角形
6. 换热管管端硬度达不到要求时，可采用（   ）的方法来提高塑性，保证管子胀接时产生所需的塑性变形。
   A. 淬火   B. 退火   C. 正火   D. 回火

四、简答

1. 管箱有什么作用？
2. 换热管与管板的连接方式有哪些？有什么优缺点？
3. 换热管有哪些形式？
4. 什么是间隙腐蚀？

任务四　管壳式换热器零部件选用（二）

任务描述

掌握管板与筒体的连接方式，折流板、拉杆——定距管的结构及用途；掌握接管、挡板及膨胀节的结构与作用。

任务指导

一、管板与筒体的连接

管板和壳体的连接方式与换热器的形式有关，即在浮头式、U 形管式和填料函式换热器中固定端管板则采用可拆连接的方法 [图 6-23（a）]，把管板夹持在壳体法兰和管箱法兰之间，以便抽出管束进行清洗；而在固定管板式换热器中，管板和壳体的连接均采用不可拆的焊接方法，如图 6-23（b）所示。

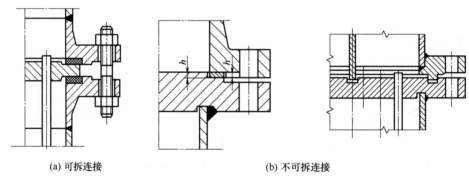

图 6-23　管板与法兰连接

由于管板较厚，壳体壁较薄，为了保证必要的焊接强度，常采用如图 6-24 所示的几种焊接结构。当公称压力小于 15.7MPa 时，采用图 6-24 中（a）、（b）的结构，若壳壁厚小于 10mm 时用图 6-24（a）结构；壳壁厚大于或等于 10mm 时用图 6-24（b）结构。图 6-24（c）结构由于加有衬环，且将角焊改为对焊，提高了焊接质量，故可用于公称压力大于 15.7MPa。图 6-24（c）结构没有加衬环，而是一种单面焊的对焊结构，因此，必须在保证焊透时才可用于公称压力大于 15.7MPa 的场合。

图 6-24 结构中，管板均兼作法兰用。实践表明，管板兼作法兰的结构应用较多，因为这样卸下顶盖可对管子接口进行检查和修理，清洗管子也较为方便。有时也可不兼作法兰，将管板直接焊在壳体内，见图 6-25。

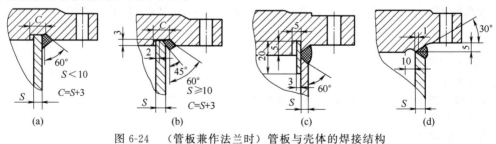

图 6-24　（管板兼作法兰时）管板与壳体的焊接结构

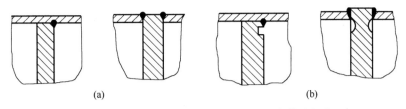

图 6-25 （管板不兼作法兰时）管板在壳体内焊接

二、折流板

在换热器中设置折流板是为了提高壳程流体的流速和流体的湍流程度，控制壳程流体的流动方向与管束垂直，以增大传热系数，提高传热效率；对于卧式换热器，在壳程内装置折流板还可以起到支承管束的作用；在冷凝器中，由于冷凝器传热膜系数与蒸汽在设备中流动状态关系不大，因此只需装设支承作用的折流板。

常用的折流板形式有弓形和圆盘-圆环形两种。其中弓形折流板有单弓形、双弓形和三弓形三种常用型式，其中单弓形折流板用得最多，如图 6-26 所示。

弓形缺口高度 h 应使流体通过缺口时与横向流过管束时的流速相近，一般取缺口高度 h 为壳体公称直径的 0.20～0.45 倍，常取 $h=0.2D_i$。结构尺寸如图 6-27 所示。折流板一般应按等间距布置，管束两端的折流板应尽量靠近壳程进、出口接管，折流板的最小间距应不小于圆筒内径的 1/5，且不小于 50mm。最大间距应不大于圆筒内直径。弓形折流板的布置也很重要，若卧式换热器

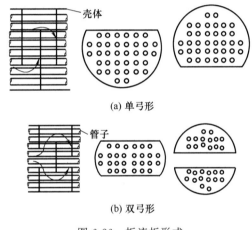

图 6-26 折流板形式

的壳程输送单相清洁流体时，折流板的缺口应水平上下布置；若气体中含有少量的液体时，则应在缺口朝上的折流板的最低处开通液口 ［图 6-27 (a)］；若液体中含有少量气体时，则应在缺口朝下的折流板的最高处开通气口 ［图 6-27 (b)］；当壳体介质为气、液相共存或液体中含有固体物料时，折流板应垂直左右分布，并在折流板的最低处开通液口 ［图 6-27 (c)］。

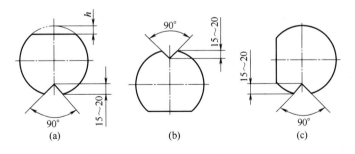

图 6-27 折流板缺口结构尺寸

圆盘-圆环形折流板由于结构比较复杂，不便于清洗，一般用于压力较高和物料清洁的场合，其结构如图 6-28 所示。

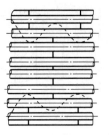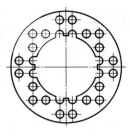

图 6-28　圆盘-圆环形折流板

折流板是通过拉杆和定距管固定。拉杆和定距管的连接如图 6-29、图 6-30 所示。拉杆一端的螺纹拧入管板，折流板用定距管定位，最后一块折流板靠拉杆端螺母固定。也有采用螺纹与焊接相结合连接或全焊接连接的如图 6-31、图 6-32 所示。

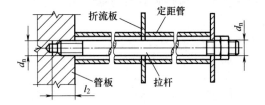 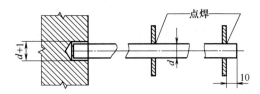

图 6-29　拉杆定距管连接结构　　　　　图 6-30　拉杆点焊结构

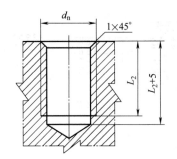 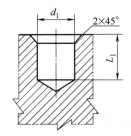

图 6-31　螺纹连接时的管板上拉杆孔结构　　图 6-32　焊接时的管板上拉杆孔结构

三、挡板、假管

为了防止壳程边缘介质短路而降低传热效率，需设置旁路挡板，以迫使壳程流体通过管束与管程流体进行换热。旁路挡板可用钢板或扁钢制成，其厚度一般与折流板相同。旁路挡板嵌入折流板槽内，并与折流板焊接，如图 6-33 所示。通常当壳体公称直径 DN≤500mm 时，设一对旁路挡板；DN=500～1000mm 时，设两对挡板；当 DN≥1000mm 时，设三对旁路挡板。假管为两端堵死的管子，它不穿过管板，可与折流板点焊固定，分布在没有布管的区域区，可防止流体短路。

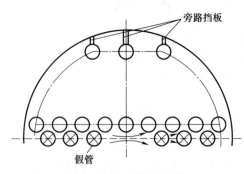

图 6-33　旁路挡板结构

四、接管

接管或接口的一般要求是：接管应与壳体

内表面平齐；接管应尽量沿壳体的径向或轴向设置；接管与外部管线可采用焊接连接；设计温度高于或等于300℃时，必须采用整体法兰。一般在管程和壳程的最低点设置放气口和排液口，其最小公称直径为20mm。

壳程流体进出口的设计直接影响换热器的传热效率和换热管的寿命。当加热蒸汽或高速流体流入壳程时，对换热管会造成很大的冲刷，所以常将壳程接管在入口处加以扩大，即将接管做成喇叭形［图6-34（a）］，以起缓冲作用，或者在换热器进出口设置挡板图［6-34（b）］；也可考虑在入口处设置导流筒，其结构如图6-34（c）、（d）所示。符合下列场合之一时，应在壳程进口管处设置防冲板或导流筒：

① 非磨蚀的单相流体，$\rho v^2 > 2230 \text{kg}/(\text{m} \cdot \text{s}^2)$；
② 有磨蚀的液体，包括沸点下的液体，$\rho v^2 > 740 \text{kg}/(\text{m}^2 \cdot \text{s}^2)$；
③ 有磨蚀的气体、蒸汽（气）及气液混合物。

注：ρ为壳程进口管的流体密度，kg/m^3；v为壳程进口管的流体速度，m/s。

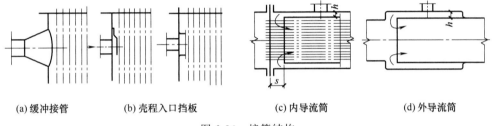

图 6-34　接管结构

五、膨胀节

在固定管板式换热器中，管束和壳体是刚性连接的，由于管内管外是两种不同温度的流体，当管壁和壳壁之间因为温度不同引起的变形量不相等时，便会在管板、管束和壳体系统中产生附加应力，由于这一应力是管壁和壳壁的温度差引起的，称为温差应力。当管程和壳程温差较大时，在管子和壳体上将产生很大的轴向应力，以致管子扭弯或从管板上松脱，严重时使结构产生塑性变形或产生严重的应力腐蚀，甚至损坏整个换热器，故应考虑设置热补偿结构——膨胀节。

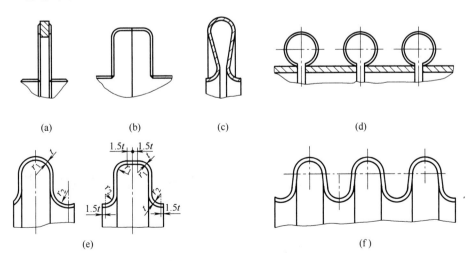

图 6-35　膨胀节的不同结构形式

膨胀节是一种能自由伸缩的弹性补偿元件，由于它的轴向柔度大，当管子和壳体壁温不同产生膨胀差时，膨胀节会变形协调，从而大大减少温差应力。膨胀节的壁厚越薄，柔度越好，补偿能力越大，但从强度要求出发则不能太薄。

膨胀节通常焊接在外壳的适当部位上，结构形式多种多样，常见有鼓形、U 形、平板形和 Q 形等几种。如图 6-35（a）、(b) 所示，两种结构简单，制造方便，但它们的刚度较大，补偿能力小，不常用。图 6-35 (c)、(d) 为 Ω 形膨胀节，适用于直径大、压力高的换热器。图 6-35 (e) 为 U 形膨胀节。U 形膨胀节结构简单，补偿能力大，价格便宜，所以使用得最为普遍。目前 U 形膨胀节已有标准可供选用。若需要较大补偿量时，可采用多波 U 形膨胀节 [图 6-35 (f)]。有关膨胀节的选型和设计可参考 GB 16749—2018《压力容器波形膨胀节》。

任务训练

一、填空
1. 管板与筒体的连接有_____和_____两种方法。
2. 折流板是通过_____和_____固定。
3. 常用的折流板形式有_____形和_____形两种。
4. _____是常用于固定管板式换热器中的温差补偿装置。

二、判断
(   ) 1. 折流板应按不等距布置。
(   ) 2. 当管程介质温度较高而壳程温度较低时，则壳程受拉，管程受压。
(   ) 3. 换热器中折流板有正三角形排列、正方形排列及圆形排列。
(   ) 4. 换热器中旁路挡板是防流体短路结构。
(   ) 5. 膨胀节的壁越厚，补偿能力越大。

三、选择
1. 为防止进口流体直接冲击管束而造成管子的侵蚀和振动，应在壳程进口接管处设置（　　）。
A. 旁路挡板　　　B. 折流板缺口　　　C. 防冲挡板　　　D. 折流板
2. 旁路挡板常用于（　　）换热器中。
A. U 形管　　　B. 浮头式　　　C. 固定管板式

四、简答
1. 管板与筒体的连接方式有哪些？
2. 折流板和挡板在换热器中各起什么作用？
3. 设置旁路挡板及假管的目的是什么？
4. 单弓形、双弓形及圆形折流板哪种形式更有利于传热？
5. 膨胀节常用于管程与壳程温差比较大的固定管板式换热器上，为什么？
6. 膨胀节有哪些类型，各用于什么场合？
7. 当单个膨胀节的补偿能力不够时，可以使用多个串联，对吗？

任务五　管壳式换热器日常维护及常见故障分析

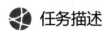 任务描述

掌握正确使用与维护换热器，换热器常见的故障及处理方法。

任务指导

一、换热器的正确使用

① 设备安装无误后，先打开冷侧循环的开路，并排净残余液体及空气，正常运行 15～20min 后，缓慢打开热侧阀门，并逐渐加大至额定开度。

② 可凝性空气介质运行初始阶段，应排净上下部的不凝气体。

③ 检查冷凝液的液位高度，并进行相应调整，以保证其合适的液位范围。

④ 运行过程中发现有局部换热管渗漏时，允许将其两端堵死，但被堵的管子数量不得超过管子总数的 10%。

⑤ 对于运行年限较长的设备应每年检测设备的整体受压元件的壁厚，看其是否满足最小厚度要求，并确定能否继续运行。

二、换热器的维护保养

① 日常操作应特别注意防止温度、压力的波动，首先应保证压力稳定，绝不允许超压运行。

② 经常检查法兰连接密封处是否有泄漏现象，如有应及时紧固螺栓或更换密封垫片。

③ 对于介质易堵塞的换热器要定期检查，清理管中的污物及污垢等，以利于热交换。

④ 当换热效果下降时，应进行清洗，其方法主要有机械及化学清洗两种办法。化学清洗应请专业清洗人员进行，避免造成设备本体腐蚀。浮头式、填料函式换热器，除可清理管内污垢外，换热器管程部件可从壳体中吊出后进行冲刷清理。

⑤ 设备停止运行时，排净所有介质及残留物进行充氧密封等防腐处理。

⑥ 换热器材质为奥氏体不锈钢时，应控制换热器内液体中氯离子含量不超过 25×10^{-6}，并定期化验。

⑦ 当换热器为压力容器时，其维护、保养及安装运行、检修等均应符合"压力容器案例技术监察规程"及有关标准的规定。

三、常见故障

1. 振动造成的故障

造成振动的原因包括：由泵、压缩机的振动引起管束的振动；由旋转机械产生的脉动；流入管束的高速流体（高压水、蒸汽等）对管束的冲击等。降低管束的振动常采用以下方法。

① 尽量减少开停车次数。

② 在流体的入口处，安装调整槽，减小管束的振动。

③ 减小挡板间距，使管束的振幅减小。

④ 尽量减小管束通过挡板的孔径。

2. 法兰盘泄漏

法兰盘的泄漏是由于温度升高，紧固螺栓受热伸长，在紧固部位产生间隙造成的，也有可能是法兰密封垫片失效而造成的。因此，在换热器投入使用后，需要对法兰螺栓重新紧固。换热器内的流体多为有毒、高压、高温物质，一旦发生泄漏容易引发中毒和火灾事故，在日常工作中应特别注意以下几点：尽量减少密封垫使用数量和采用金属密封垫；采用以内压力紧固垫片的方法；采用易紧固的作业方法；垫片一旦失效应立即更换。

3. 管束故障

（1）管束的腐蚀、磨损造成管束泄漏或者管束内结垢造成堵塞引起故障

冷却水中含有铁、钙、镁等金属离子及阴离子和有机物，活性离子会使冷却水的腐蚀性增强，其中金属离子的存在引起氢或氧的去极化反应从而导致管束腐蚀。同时，由于冷却水中含有 Ca^{2+}、Mg^{2+}，长时间在高温下易结垢而堵塞管束。

为了提高传热效果，防止管束腐蚀或堵塞，可采取以下几种方法。

① 冷却水中添加阻垢剂并定期清洗。例如对煤气冷却器的冷却水采用离子静电处理或投加阻垢缓蚀剂和杀菌灭藻剂，去除污垢，降低冷却水的硬度，从而减小管束结垢程度。

② 保持管内流体流速稳定。如果流速增大，则热导率变大，但磨损也会相应增大。民生煤化对地下水泵进行了变频改造，使地下水管网压力比较稳定，提高了热交换器换热效果和降低了管束腐蚀程度。

③ 选用耐腐蚀性材料（不锈钢、铜）或增加管束壁厚的方式或钝化处理。

④ 当管的端部磨损时，可在入口 200mm 长度内接入合成树脂等保护管束。

（2）管子与管板连接处脱落

由于管程与壳程存在较大的温差，管子的变形受到了约束反作用于管板，使得管子与管板连接处产生松动或者脱落的现象，常见于固定管板式换热器中。采取的措施：重新胀接或者焊接。

（3）管子穿孔

由于管子受到流体的冲蚀或腐蚀作用而产生穿孔，一旦出现该种故障，找出穿孔的管子比较困难。采取的措施有以下两种。

① 管子两端用堵头堵死，铁塞的锥度为 3°～5°，但堵管量不能太多，一般不得超过总管数的 10%。否则传热面减少太多，不能满足生产需要。

② 采用钻孔、铰孔或錾削的方法拆除已损坏的管子，拆除管子时，应注意不要损坏管板的孔口，以便更新管子时，使管子与管板有较紧密的连接，然后采用胀接或焊接的方法将新管连接在管板上。

4. 热效率低

热效率低下往往是换热面上堆积了污垢，热阻过大而引起的。对于此类故障采取的方法如下。

① 在管子入口处设置液体过滤装置，定期清洗。

② 定期清除污垢。机械清洗或化学清洗法去除污垢。

③ 采取适当的强化传热措施。

任务训练

一、填空

1. 换热器常见的故障有_____、_____、_____、和热效率低等。

2. 管子出现穿孔故障时，可用堵头将管子两端堵死，堵塞的锥度一般为_____度，堵管量一般不得超过总管数的_____。

二、判断

（　）1. 换热器中换热管泄漏应急的处理方法是堵塞法。

（　）2. 换热器腐蚀的主要部位是换热管、管子与管板接头、壳体、管子与折流板交界等处。

（　）3. 管束与泵、压缩机产生共振是管壳式换热器中管子产生振动的原因。

三、选择

1. 换热器中换热管泄漏应急的处理方法是（　　）。

A. 焊接法　　　　　B. 胀接法　　　　　C. 胀焊接合法　　　　D. 堵塞法
2. 换热器堵管用堵头的硬度应（　　）管子硬度。
A. 大于等于　　　　B. 等于　　　　　　C. 小于等于　　　　　D. 无要求
3. 下列属于换热器常见故障的是（　　）。
A. 管板破裂　　　　　　　　　　　　　B. 管子与管板连接处脱落
C. 壳体破裂　　　　　　　　　　　　　D. 支座断裂

四、简答

1. 换热器的常见故障有哪些？产生的原因有哪些及如何处理？
2. 换热器日常维护保养的内容有哪些？

任务六　换热器清洗技术

任务描述

掌握换热器的常用清洗方法。

任务指导

换热设备经长时间运转后，由于介质的腐蚀、冲蚀、积垢、结焦等，管子内外表面都有不同程度的结垢，甚至堵塞。所以在停工检修时必须进行彻底清洗，常用的清洗（扫）方法有水洗、化学清洗和机械清洗等。

1. 高压水冲洗法

高压水冲洗法多用于结焦严重的管束的清洗，如催化油浆换热器。利用高压水枪喷出的高压水对管子进行污垢的清除。它的压力调节范围是 0~100MPa，当结垢不太紧密时，可选择压力在 40MPa 左右，当结构坚硬紧密时，还可以将高合金喷头塞入管内采用更高的压力清洗，一般此方法主要用于清洗管壳式换热器的管内垢层，或者冲洗可抽出管束的换热器的设备壳体及管束表面的结垢和异物，对于有污物、沉淀、结垢不紧密的其他管壳式换热器，视设备结构特点，也可以用 20~30MPa 的高压水冲洗管子，如 U 形管可以在两个管端冲洗，亦能清理好。如某厂硫酸钠双效蒸发器结垢严重，定期利用高压水进行除垢处理。

使用高压水冲洗，比人工清洗和机械清理效率高，效果明显，但对于设备存在结垢严重、垢层坚硬的换热器，此方法不可取。

2. 机械清洗法

① 当管束积垢不严重时，可以用不锈钢筋或低碳钢的圆棒从一头捅入，另一头拉出的方法，清除轻微的堵塞或积垢；也可以采取专用清管刷（大小按管径选），一头穿粗铁丝，将清管刷从换热管中拉出，反复几次就可以除去与换热管结合不太紧密的积垢和堆积异物。当管子内结垢比较严重或全部堵死时，可以用软金属棒捅管清理，但也必须是列管式换热器。当管子的管口被结垢或异物堵塞时可以用铲、削、刮、刷等手工方法处理。

② 管内积垢严重时可用管式冲击钻来进行疏通和清理。管式冲击钻如图 6-36 所示。它适用于积垢严重，并且积垢非常坚硬的场合。

机械清理的方法缺点是清理效率低，工作量大，多次清理会对换热器热管有损害，并且不能处理 U 形管之类的换热器。

3. 化学清洗法

化学清洗法的原理是利用化学清洗剂与污垢发生反应，从而达到清除积垢的目的。在进行化学清洗之前，要分析污垢的化学成分，然后采取合适的清洗剂。一般情况下，对硫酸盐

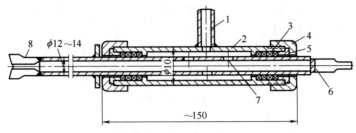

图 6-36　管式冲击钻

1—进水管；2—外套管；3—填料；4—压盖螺母；5—填料压盖；
6—钻杆；7—进水口；8—钻头

和硅酸水垢宜采用碱洗法清洗；对碳酸水垢则用酸洗涤剂清洗比较合适；而对于一些流体介质的沉淀物或有机物的分解产物，有几种金属形成的合金垢层，还应采用相应的活化剂。先将活化剂溶液加热浸泡后，使垢层与换热器表面张力减少或松脱，再根据垢层的化学特性决定酸洗或碱洗。一般分为浸泡法和循环法，很多情况下是两者混合使用。

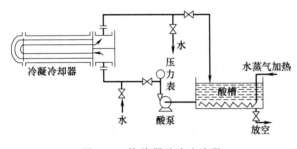

图 6-37　换热器酸洗法流程

如图 6-37 所示是利用酸洗法对 U 形管式换热器进行清洗，在清洗的过程中，检查由清洗设备、清洗槽、输送管道、被清洗的换热器组成的循环系统，确定此系统与其他设备相隔绝，以免清洗液进入其他设备内或影响他人的安全，要切实做好工作人员的安全防护措施。

4. 海绵球清洗法

将较松软且富有弹性的海绵球塞入管内，使海绵球受到压缩而与管内壁接触，然后用人工或机械法使海绵球沿管壁移动，不断刮擦管子壁面，达到消除积垢的目的。此法只适用于积垢比较松软的情况。

5. 超声波除垢法

利用超声波能穿透污垢层，根据金属层与垢层的弹性模量不同，由此产生不同的声阻、振动频率和振幅，使垢层松脱、破坏。但对于结合紧密、稠性强的软垢层，效果就不显著了。此种方法不适用于石油、化工等大型换热器的清洗。

6. 在线清洗技术

所谓在线清洗指的是换热器在不停车的情况下对换热器进行清洗。它是通过管内插入件的自主转动对换热管内壁进行刮扫，一方面阻止了污垢的生成，另一方面使得管内流体的湍动程度加剧，强化了传热，这是一门新兴的技术，在化工、冶金等行业中已得到了应用，详见任务四。

任务训练

一、填空

1. 高压水冲洗法多用于_____管束的清洗，它的压力调节范围是_____MPa。

2. 一般情况下，对硫酸盐和硅酸水垢宜采用_____法清洗；对碳酸水垢则用_____法清洗比较合适。

3. 管内积垢严重时可用管式_____来进行疏通和清理。

二、判断

（　　）1. 使用高压水冲洗，比人工清洗和机械清理效率高，效果明显，但对于设备存在结垢严重、垢层坚硬的换热器，此方法不可取。

（　　）2. 超声波除垢法对于结合紧密、稠性强的软垢层，效果显著。

（　　）3. 机械清理法清理效率低，工作量大，多次清理对换热管有损害。

三、选择

1. 换热器中换热管积垢会导致（　　）。
   A. 传热效率降低　　　　　　　B. 换热管爆裂
   C. 换热管发生剧烈振动　　　　D. 换热器压力增大
2. 在不停车的情况下对换热器进行清洗的方法是（　　）。
   A. 高压水冲洗法　B. 超声波除垢法　C. 在线清洗法　D. 机械清洗法

四、简答

1. 换热器结垢的处理方法有哪些？
2. 固定管板式、U形管式及浮头式换热器在清洗的时候各有什么特点？

任务七　换热器强化传热

任务描述

掌握强化传热新技术。

任务指导

换热器的热效率高低直接影响企业的生产与经济效益，降低成本已成为企业追求的最终目标，因此，如何强化传热，提高换热器的热效率，如何开发节能设备备受企业关注。

强化传热技术分为被动式强化技术（亦称为无功技术或无源强化技术）和主动式强化技术（亦称为有功技术或有源强化技术）。前者是指除了介质输送功率外不需要消耗额外动力的技术；而后者是指需要加入额外动力以达到强化传热目的的技术。列举几种典型的方式如下。

一、被动式强化传热技术

1. 处理表面

包括对表面粗糙度的小尺度改变和对表面进行连续或不连续的涂层。可通过烧结、机械加工和电化学腐蚀等方法将传热表面处理成多孔表面或锯齿形表面，如开槽、模压、轧制、滚花、疏水涂层和多孔涂层等。此种处理表面的粗糙度达不到影响单相流体传热的高度，通常用于强化沸腾传热和冷凝传热。

2. 粗糙表面

该方法已发展出很多构形，包括从随机的沙粒型粗糙表面到带有离散的凸起物（粗糙元）的粗糙表面。通常可通过机械加工、碾轧和电化学腐蚀等方法制作出粗糙表面。它的机理是通过提高近壁区域流体的湍流强度来阻碍边界层的连续发展，减小滞流层底层的厚度来降低热阻，而不是靠增大传热面积来达到强化传热的目的，主要用于强化单相流体的传热，对沸腾和冷凝过程有一定的强化作用。如：螺旋槽管、旋流管、波纹管、针翅管、横纹槽管、强化冷凝传热的锯齿形翅片管等。

3. 扩展表面

其强化传热的机理主要是增大了传热表面，而且打断了其边界层的连续发展，提高了流体的扰动程度,从而达到提高传热系数,强化传热的目的。对层流换热和湍流换热都有显著的效果。因此,扩展表面法得到越来越广泛的应用,不仅用于传统的管壳式换热器管子结构的改进,而且也越来越多地应用于紧凑式换热器。目前已开发出了各种不同形式的扩展表面,如管外翅片和管内翅片、叉列短肋、波形翅多孔型、销钉型、低翅片管、百叶窗翅及开孔百叶窗翅(多在紧凑式换热器中使用)等。

4. 扰流装置

把扰流元件放置在流道内,改变近壁区域的流体流动状态,从而间接增强传热表面处的能量传输。主要用于强制对流。管内插入物中有很多都属于这种扰流装置,如金属栅网、静态混合器及各式的环、盘或球等元件。

5. 漩涡流装置

包括很多不同的几何布置或管内插入物,如内置漩涡发生器、纽带插入物和带有螺旋形线圈的轴向芯体插入物。这些装置能增加流道长度并能产生旋转流动或二次流,从而能增强流体的径向混合,促进流体速度分布和温度分布的均匀性,进而能够强化传热,主要用于增强强制对流传热,对层流换热的强化效果尤其显著。

6. 表面张力装置

利用开槽表面来引导流体的流动,主要用于沸腾和冷凝传热。常见的如热管换热器,它对水中表面的沸腾换热强化非常有效。

7. 壳程传热强化

壳程传热的强化包括两个方面:一是改变管子外形或在管外加翅片,即通过管子形状或表面性质的改变来强化传热;二是通过改变壳程挡板或管间支承物的形式,尽可能消除壳程流动与传热的滞留死区,尽可能减少甚至消除横流成分,让壳程流体变为纵向流。传统的管壳式换热器,通常采用单弓形折流板,其阻力大、死角多、易诱发流体诱导振动等弊端,已严重影响换热器传热效率,对工业生产和应用造成相当大的影响。据此,近年研究出了许多新的壳程支承结构,有效弥补了单弓形折流板支承物的不足,如双弓形折流板、三弓形折流板、螺旋形折流板、圆形折流板、折流杆式、空心环式、变截面管等。

二、主动式强化传热技术

1. 机械搅动

包括用机械方法搅动流体、旋转传热表面和表面刮削。表面刮削广泛应用于化学过程工业中黏性流体的批量处理,如高黏度的塑料和气体的流动,其典型代表为刮面式换热器,广泛用于食品工业。

2. 表面振动

无论是高频率还是低频率振动,都主要用于增强单相流体传热。其机理是振动增强了流体的扰动,从而使传热得以强化。虽然振动本身对强化传热有不小的贡献,但激发振动所需从外界输入的能量可能会得不偿失。为此,山东大学的研究表明,可利用流体诱导振动来强化传热,依靠水流本身激发传热元件振动,会消耗很少的能量。利用流体诱导振动强化传热既能提高对流传热系数,同时又能降低污垢热阻,即实现了所谓的复合式强化传热。

3. 流体振动

由于换热设备一般质量很大,表面振动这种方法难以应用,然后就出现了流体振动,该方法是振动强化中最实用的一种类型。所使用的振荡发生器从扰流器到压电转换器,振动范围大约从脉动的 $1Hz$ 到超声波的 $106Hz$。主要用于单相流体的强化传热。

由于换热设备在工业生产中的重要性和使用的广泛性以及能源短缺造成的节能的重要性

和紧迫性,使得强化传热技术及各种异形强化传热结构的研究开发尤为重要,各种各样的强化传热措施竞相发展起来。但是,不同场合对于传热强化的具体要求不同,如提高换热器的换热能力,减小换热器动力消耗,减小换热器的换热温差,减小换热设备的质量及材质消耗等。面对多种强化传热技术,应根据所要达到的目标和完成的任务并综合分析考虑设备的换热过程和经济、环境等实际因素,选择一种合适且行之有效的强化传热方法。另外,除了对传统的管壳式换热器进行各种强化措施来提高换热能力外,还有另一种意义上的强化,即开发新型高效换热器。目前,已经出现了不少这样的换热器,如板式换热器、板翅式换热器、热管换热器、不结垢换热器、石墨换热器、碳化硅换热器、块式换热器、变形翅片管换热器、麻花扁管换热器和PACKINOX板壳式换热器等。

任务训练

一、填空
1. 强化传热技术分为_____强化技术和_____强化技术。
2. 主动式强化传热技术主要有_____、_____和流体振动等。

二、判断
(　) 1. 主动式强化技术是除了介质输送功率外不需要消耗额外动力的技术。
(　) 2. 利用流体诱导振动强化传热既能提高对流传热系数,同时又能降低污垢热阻。

三、简答
1. 换热器强化传热的方法有哪些?
2. 热阻主要来源于对流传热间壁表面处的滞流层,有哪些方法可以尽可能地降低?

任务八　换热器检漏技术

 任务描述

掌握如何使用氨气对换热器进行检漏。

 任务指导

一、氨气检漏的原理

氨气的渗透性比较强,利用氨气对换热器进行检漏简单实用。把被检测的换热器抽成一定程度的真空(不抽真空也可以,其效果稍差),在器壁或需要检漏处贴上具有对氨敏感的pH指示剂的显影带,然后再往容器内部充入压力高于0.1MPa的氨气,当有漏孔时,氨气通过漏孔逸出,使显影带改变颜色,由此可找出漏孔的位置,根据显影时间、变色区域大小可大致估计出漏孔的大小。

二、氨气检漏的具体操作过程

1. 被检件的清洁处理
对被检件必须进行去渣、去锈、去油、清洗和干燥处理,使漏孔充分疏通。

2. 贴显影带或者刷涂显示剂
拿显影带时应戴干净的手套,不戴手套时必须保持手的清洁与干燥,切忌用肥皂洗过而未彻底冲洗干净的手接触显影带,否则会使显影带变色。如果使用湿的显影带,则必须用蒸馏水湿润(自来水呈碱性,易使显影带变色)。显影带要贴在可疑部位上,贴好后用透明的聚乙烯薄膜保护起来，并用胶布将薄膜边缘同金属部分密闭起来，使显影带与大气隔离，防止大气中的氨气干扰，同时避免通过漏孔进入显影带上的氨气迅速消失，以提高检测灵敏度。显影带贴好后，先观察一下是否存在有碱性物质而使显影带变色。如有，应记下变色位置，以区别于漏气造成的显影。最后向被检件内充入氨气。

3. 充氨与排氨

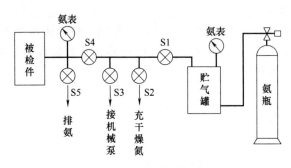

图 6-38 氨气检漏设备

氨气检漏设备如图 6-38 所示。将被检件用耐压橡皮管接到氨检漏设备上，关好阀门 S5 及氨瓶总阀门，打开阀门 S1、S3 和 S4，用机械泵抽真空。当被检件的压强抽到几百帕斯卡后，关阀门 S3 和机械泵，然后关阀门 S1，打开氨瓶总阀门，使氨气慢慢充入贮气罐，当氨压力达到 0.2～0.3MPa 时，打开阀门 S1，使被检件内获得所需的压力，然后关上阀门。充气过程中要慢慢升压并随时观察有无大漏孔存在。大漏孔一经发现应立即停止升压，并及时采取措施排除大漏孔后再升压。当氨压升到所需数值时，定时观察显影带的变色情况，如发现变色斑点，可更换显影带进行复核。由于通过漏孔的氨气流已很稳定，所以显影会很快，因此复核工作能很快完成。检漏完毕后关闭阀门 S1，打开阀门 S5，用橡胶管把氨气引入水槽或下水道中。由于氨极易溶于水中，这个过程可进行得很快。然后关闭阀门 S5，打开阀门 S3，用机械泵排氨，同时通过 S2 放入干燥氮气或空气，对被检件及管道等进行 2～3 次"冲洗"，使其中的氨气尽量排除。

三、氨气检漏的优缺点

1. 氨检漏法的优点

① 装置简单、操作方便、易于掌握、便于普及；
② 成本低，氨气来源充足；
③ 由于氨气能穿过被油、水阻塞的漏孔，因此可以适当降低对被检件清洁程度的要求；
④ 检漏灵敏度随着氨压力的升高及曝光时间的加长而提高，因此，只要被检件允许，提高氨压力并适当延长曝光时间，就可以检出更小的漏孔；
⑤ 灵敏度与被检件的容积大小无关，如果无特大漏孔，一次充氨便可以检完所有的可疑泄漏点，因此该方法特别适合于大容器、大型复杂结构以及长管道的检漏；
⑥ 可准确地找出漏孔位置。

2. 氨检法的缺点

① 此方法虽能确定每个漏孔的位置，但很难给出准确的总泄漏率；
② 氨对铜及铜合金有腐蚀作用，故不能对含有这些材料的设备进行检漏；
③ 该方法只适用于耐高压的容器的检漏；
④ 氨气对呼吸道和眼睛有强烈的刺激，严重时还会引起中毒、视力损伤乃至失明，故需特别注意防护。

四、使用氨检漏法应注意的安全事项

① 试验设备要牢固可靠；

② 室内要有良好的通风设备，废氨要妥善处理，防止污染环境；

③ 工作人员要戴防毒面具和风镜；

④ 用氨检漏法检过漏的部件，如需补焊，必须保证其中的氨浓度低于 0.2%，以防止爆炸和燃烧。

任务训练

一、填空

1. 利用氨气对换热器进行检漏时，一般应把被检测的换热器抽成一定程度的_____，在器壁或需要检漏处贴上具有对氨敏感的_____，然后再往容器内部充入压力高于_____ MPa 的氨气，当有漏孔时，氨气通过漏孔逸出，使显影带改变颜色。

2. 用氨检漏法检过漏的部件，如需补焊，必须保证其中的氨浓度低于_____，以防止爆炸和燃烧。

二、判断

（　　）1. 氨气检漏，对被检件必须进行去渣、去锈、去油、清洗和干燥处理，使漏孔充分疏通，并减少反应时间。

（　　）2. 氨对铜及铜合金有腐蚀作用，故不能对含有这些材料的设备进行检漏。

（　　）3. 氨检漏灵敏度随着氨压力的升高及曝光时间的加长而降低。

三、简答

1. 如何对换热器进行检漏？有哪些方法？

2. 在用氨检法检漏时，为什么要将检漏空间抽成一定程度的真空？

单元七

反应器

学习目标

1. 常用反应设备的类型及结构特点。
2. 釜式反应器的结构形式及主要零部件。
3. 反应器的常见故障及处理方法。
4. 反应器的日常维护与保养。

任务一　反应器的类型认知

任务描述

掌握反应器的作用、类型及其结构特点。

任务指导

一、反应器的作用

反应器是化工生产中典型的设备之一，它为化学反应提供一个定量的反应空间，在石油化工、医药、冶金、食品等行业中应用非常广泛。

二、反应器的分类

根据反应器内反应混合物的相态，可把反应器分为均相和非均相反应器两大类。均相反应器是反应物料均匀地混合或溶解成为单一的气相或液相，又分为气相反应器和液相反应器。而非均相反应器则分为气-液相、气-固相、液-液相、液-固相和气-液-固相等反应器。

根据温度条件和传热方式分类，反应器根据温度条件可分为等温和非等温两种。根据传热方式又可分为绝热式、外热式和自然式。

按反应器操作方法，可分为间歇式、半连续式和连续式三种。

按反应器的结构形式特征，可以分为釜式、管式、塔式、固定床和流化床等反应器。下面重点介绍按结构分类情况。

1. 釜式反应器

它是一种低高径比的圆筒形反应器，用于实现液相单相反应过程和液-液相、气-液相、液-固相、气-液-固相等多种相态的反应过程。器内常设有搅拌（机械搅拌、气流搅拌等）装置。在高径比较大时，可用多层搅拌桨叶。在反应过程中物料需加热或冷却时，可在反应器壁外设置夹套，或在反应器内设置换热部件，也可通过外循环进行换热。

反应器中物料浓度和温度要求相对均衡，并且等于反应器出口物料的浓度和温度。物料质点在反应器内停留时间有长有短，存在不同停留时间物料的混合，即返混程度最大。反应器内物料所有参数，如浓度、温度等都不随时间变化，从而不存在时间自变量。

① 优点：适用范围广泛，投资少，投产容易，可以方便地改变反应内容。

② 缺点：换热面积小，反应温度不易控制，停留时间不一致。绝大多数用于有液相参与的反应，如液-液相、液-固相、气-液相、气-液-固相反应等。

釜式反应器适用于间歇性操作，操作弹性大，主要用于小批量生产。

2. 管式反应器

管式反应器是一种呈管状、长径比很大、可以实现连续操作的反应器。这种反应器可以很长，如丙烯二聚的反应器管长以千米计。反应器的结构可以是单管，也可以是多管并联；可以是空管，如管式裂解炉，也可以是在管内填充颗粒状催化剂的填充管，以进行多相催化反应，如列管式固定床反应器。通常，反应物流处于湍流状态时，空管的长径比大于50；填充段长与粒径之比大于100（气体）或200（液体），物料的流动可近似地视为平推流。

以套管式反应器为例介绍管式反应器的具体结构。

套管式反应器由长径比很大（$L/D=20\sim25$）的细长管和密封环通过连接件的紧固串联安放在机架上而组成（图7-1）。它包括直管、弯管、密封环、法兰及紧固件、温差补偿器、传热夹套及联络管和机架等几部分。

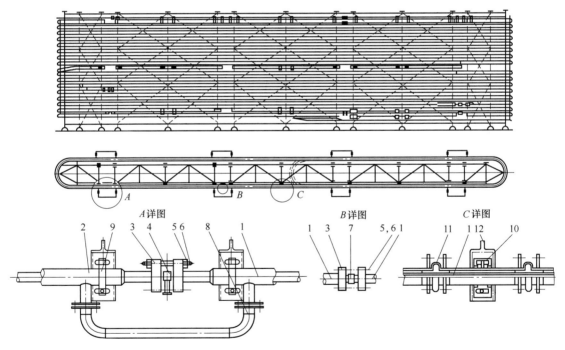

图 7-1 套管式反应器结构

1—直管；2—弯管；3—法兰；4—带接管的T形透镜环；5—螺母；6—弹性螺柱；7—圆柱形透镜环；8—联络管；9—支座；10—支座；11—补偿器；12—机架

(1) 直管

直管的结构如图7-2所示。内管长8m，根据反应段的不同，内管内径通常也不同（如27mm和34mm）。夹套管用焊接形式与内管固定。夹套管上对称地安装一对不锈钢制成的

Q形补偿器，以消除开停车时内外管线胀系数不同而附加在焊缝上的拉应力。

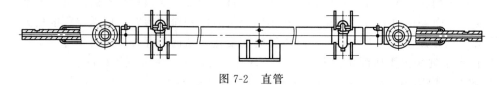

图 7-2 直管

反应器预热段夹套管内通蒸汽加热进行反应，反应段及冷却段通热水移去反应热或冷却。在夹套管两端装有连接法兰，以便和相邻夹套管相连通。为安装方便，在整管的中间部位装有支座。

（2）弯管

弯管结构与直管基本相同（图7-3），机架上的安装方法允许其有足够的伸缩量，故不再另加补偿器。

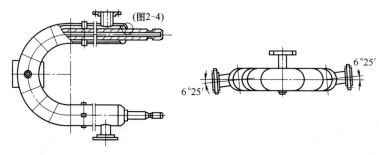

图 7-3 弯管

（3）密封环

套管式反应器的密封环为透镜环。透镜环有两种形状。一种是圆柱形，一种是带接管的T形透镜环。圆柱形透镜环用反应器内管统一制成。带接管的T形透镜环是安装测温、测压元件用的。

（4）管件

反应器的连接必须按规定的紧固力矩进行，所以对法兰、螺柱和螺母都有一定要求。

（5）机架

反应器机架用桥梁钢焊接成整体，地脚螺栓安放在基础桩的柱头上，安装管子支座部位装有托架，管子用抱箍与托架固定。

管式反应器特点：

① 由于反应物的分子在反应器内停留时间相等，所以在反应器内任何一点上的反应物浓度和化学反应速率都不随时间而变化，只随管长变化。

② 管式反应器具有容积小、比表面积大、单位容积的传热面积大，特别适用于热效应较大的反应。

③ 由于反应物在管式反应器中反应速率快、流速快，所以它的生产能力高。

④ 管式反应器适用于大型化和连续化的化工生产。

⑤ 和釜式反应器相比较，其返混较小，在流速较低的情况下，其管内流体流型接近于理想流体。

⑥ 管式反应器既适用于液相反应，又适用于气相反应。用于加压反应尤为合适。

管式反应器适宜于大规模的工业生产，生产能力较强，产品质量稳定易于实现自动化操作。

3. 塔式反应器

(1) 填料塔

结构简单,耐腐蚀,适用于快速和瞬间反应过程,轴向返混可忽略。能获得较大的液相转化率。由于气相流动压降小,降低了操作费用,特别适宜于低压和介质具腐蚀性的操作。但液体在填料床层中停留时间短,不能满足慢反应的要求,且存在壁流和液体分布不均等问题,其生产能力低于板式塔。填料塔要求填料比表面积大、空隙率高、耐蚀性强及强度和润湿等性能优良。常用的填料有拉西环、鲍尔环、矩鞍等,材质有陶瓷、不锈钢、石墨和塑料。

(2) 板式塔

适用于快速和中速反应过程。具有逐板操作的特点,各板上维持相当的液量、以进行气液相反应。由于采用多板,可将轴向返混降到最低,并可采用最小的液流速率进行操作,从而获得极高的液相转化率。气液剧烈接触,气液相界面传质和传热系数大,是强化传质过程的塔型,因此适用于传质过程控制的化学反应过程。板间可设置传热构件,以移出和移入热量。但反应器结构复杂,气相流动压降大,且塔板需用耐腐蚀性材料制作,因此大多用于加压操作过程。

(3) 喷雾塔

喷雾塔是气膜控制的反应系统,适用于瞬间反应过程。塔内中空,特别适用于有污泥、沉淀和生成固体产物的体系。但储液量低,液相传质系数小,且雾滴在气流中的浮动和气流沟流存在。气液两相返混严重。

(4) 鼓泡塔

储液量大,适用于速率慢和热效应大的反应。液相轴向返混严重,连续操作型反应速率明显下降。在单一反应器中,很难达到高的液相转化率,因此常用多级鼓泡塔串联或采用间歇操作方式。

塔式反应器适用于大规模的连续性生产过程。

4. 固定床反应器

固定床反应器又称填充床反应器,内部装填有固体催化剂或固体反应物,以实现多相反应。固体物通常呈颗粒状,粒径2~15mm,堆积成一定高度(或厚度)的床层。床层静止不动,流体通过床层进行反应。它与流化床反应器及移动床反应器的区别在于固体颗粒处于静止状态。固定床反应器主要用于实现气固相催化反应,如氨合成塔、二氧化硫接触氧化器、烃类蒸气转化炉等。固定床反应器有三种基本形式:

① 轴向绝热式固定床反应器(图7-4)。流体沿轴向自上而下流经床层,床层同外界无热交换。

② 径向绝热式固定床反应器(图7-5)。催化剂装在两个同心圆构成的环形间隙中,反应流体沿径向流过床层,可采用离心流动或者向心流动,床层同外界无热交换。径向反应器与轴向反应器相比,流体流动的距离较短,流道截面积较大,流体的压力降较小。但径向反应器的结构较轴向

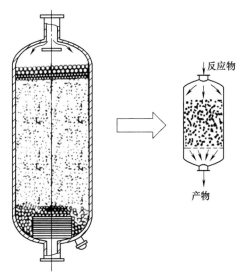

图 7-4 轴向绝热式固定床反应器

反应器复杂。以上两种形式都属绝热反应器，适用于反应热效应不大，或反应系统能承受绝热条件下由反应热效应引起的温度变化的场合。

③ 列管式固定床反应器（图 7-6）。由多根反应管并联构成。管内或管间置催化剂，载热体流经管间或管内进行加热或冷却，管径通常在 25～50mm，管数可多达上万根。列管式固定床反应器适用于反应热效应较大的反应。此外，尚有由上述基本形式串联组合而成的反应器，称为多级固定床反应器。例如：当反应热效应大或需分段控制温度时，可将多个绝热反应器串联成多级绝热式固定床反应器，反应器之间设换热器或补充物料以调节温度，以便在接近于最佳温度条件下操作。列管式固定床反应器传热较好，管内温度较易控制，返混小，选择性较高，只要增加管束便可有把握地进行放大设计，适用于原料成本较高、副产品价值低以及分离不是十分容易的情况。

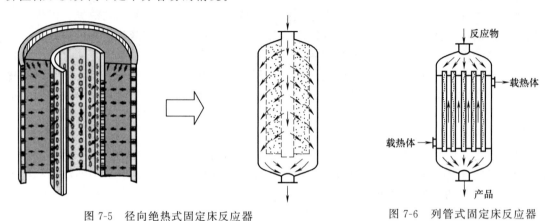

图 7-5　径向绝热式固定床反应器　　　　图 7-6　列管式固定床反应器

固定床反应器的优点：

a. 催化剂机械磨损小。

b. 床层内流体的流动接近于平推流，与返混式的反应器相比，可用较少量的催化剂和较小的反应器容积来获得较大的生产能力。

c. 由于停留时间可以严格控制，温度分布可以适当调节，因此特别有利于达到高的选择性和转化率。

d. 可在高温、高压下操作。

固定床反应器的缺点：

a. 传热较差，反应放热量很大时，即使是列管式反应器也可能出现飞温（反应温度失去控制，急剧上升，超过允许范围）。

b. 操作过程中催化剂的再生、更换均不方便，催化剂的更换必须停产进行。催化剂需要频繁再生的反应一般不宜使用，常代之以流化床反应器或移动床反应器。

c. 不能使用细粒催化剂，但催化剂不限于颗粒状，网状催化剂早已应用于工业上。目前，蜂窝状、纤维状催化剂也已被广泛使用。

5. 流化床反应器

流化床反应器（图 7-7）是一种利用气体或液体通过颗粒状固体层而使固体颗粒处于悬浮运动状态，并进行气固相反应过程或液固相反应过程的反应器。在用于气固系统时，又称沸腾床反应器。流化床反应器在现代工业中的早期应用为 20 世纪 20 年代出现的粉煤气化；但现代流化反应技术的开拓，是以 40 年代石油催化裂化为代表的。目前，流化床反应器已在化工、石油、冶金、核工业等部门得到广泛应用。

(1) 流化床反应器的优点

① 由于可采用细粉颗粒，并在悬浮状态下与流体接触，液固相界面积大（可高达 $3280\sim16400m^2/m^3$），有利于非均相反应的进行，提高了催化剂的利用率。

② 由于颗粒在床内混合激烈，使颗粒在全床内的温度和浓度均匀一致，床层与内浸换热表面间的传热系数很高[$200\sim400W/(m^2\cdot K)$]，全床热容大，热稳定性高，这些都有利于强放热反应的等温操作。这是许多工艺过程的反应装置选择流化床的重要原因之一。流化床内的颗粒群有类似流体的性质，可以大量地从装置中移出、引入，并可以在两个流化床之间大量循环。这使得一些反应-再生、吸热-放热、正反应-逆反应等反应偶合过程和反应-分离偶合过程得以实现。使得易失活催化剂能在工程中使用。

(2) 流化床反应器的缺点

① 气体流动状态与活塞流偏离较大，气流与床层颗粒发生返混，以致在床层轴向没有温度差及浓度差。加之气体可能成大气泡状态通过床层，使气固接触不良，使反应的转化率降低。因此流化床一般达不到固定床的转化率。

② 催化剂颗粒间相互剧烈碰撞，造成催化剂的损失和除尘的困难。

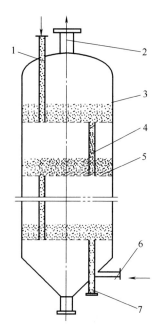

图 7-7 流化床反应器
1—加料口；2—气体出口；3—壳体；
4—溢流管；5—出料口；
6—气体进口；7—出料口

③ 由于固体颗粒的磨蚀作用，管子和容器的磨损严重。虽然流化床反应器存在着上述缺点，但优点是主要的。流态化操作总的经济效果是有利的，特别是传热和传质速率快、床层温度均匀、操作稳定的突出优点，对于热效应很大的大规模生产过程特别有利。

三、化学反应对反应器的基本要求

反应设备的主要作用是提供反应场所，并维持一定的反应条件，使化学反应过程按预定的方向进行，得到合格的反应产物。一个设计合理、性能良好的反应设备，应能满足如下几方面的要求。

① 满足化学动力学和传递过程的要求，做到反应速率快、选择性好、转化率高、目的产品多、副产物少。

② 能及时有效地输入或输出热量，维持系统的热量平衡，使反应过程在适宜的温度下进行。

③ 有足够的机械强度和抗腐蚀能力，满足反应过程对压力的要求，保证设备经久耐用，生产安全可靠。

④ 制造容易，安装检修方便，操作调节灵活。

任务训练

一、填空

1. 按结构形式特征，反应器可以分为：_____、_____、_____、_____ 和 _____ 等类型。

2. 反应设备应满足化学动力学和传递过程的要求，做到反应速率_____、选择性_____、转化率_____、目的产品_____、副产物_____。

二、判断

（　　）1. 反应器按结构分为：均相反应器和非均相反应器。
（　　）2. 反应器按操作方式可分为：间歇式反应器，连续式反应器，半连续式反应器三种。

三、简答

1. 按结构形式的不同可将反应设备分为哪几种类型？各有什么特点？
2. 化工生产对反应设备的基本要求是什么？

任务二　典型反应器-反应釜认知

  任务描述

掌握反应釜的基本结构及各部分作用，了解釜体结构尺寸的设计。

  任务指导

一、搅拌反应釜的总体结构

反应釜是一种典型的化工设备，是化工生产实现化学反应的主要设备。可用于均相（多为液相）反应、液-液相反应、液-气相反应及液-固相反应，应用广泛。搅拌反应釜的结构如图 7-8 所示。它是由釜体、传热装置、传动装置、搅拌装置、支座及各工艺接管等组成。

1. 釜体（罐体）

釜体是一个容器，它是由筒体及筒体两端的封头所构成的一个封闭的区域，为物料进行化学反应提供一定体积的空间。

2. 传热装置

由于化学反应过程一般都伴有热效应，因此在釜体的外部或内部需要设置供加热或冷却用的传热装置，传热装置可以是夹套，也可以是盘管。

3. 搅拌装置

为了使参加反应的各种物料混合均匀，接触良好，以加速反应的进行，需要在釜体内设置搅拌装置，搅拌装置由搅拌轴、搅拌器组成。

4. 传动装置

传动装置一般包括电动机、减速器、联轴器、机架、凸缘法兰。为搅拌装置提供搅拌动力。

5. 轴封装置

搅拌轴伸出封头之处的间隙要进行密封（轴封），以保证设备内部压力及其真空度，防止介质的逸出和渗入，通常采用填料密封或机械密封。

6. 其他结构

法兰、人孔、工艺接管（包括备用接管）、支座、压力表、温度计、视镜、安全阀等。

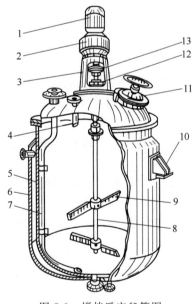

图 7-8　搅拌反应釜简图
1—电动机；2—减速器；3—机架；
4—进料口；5—筒体；6—夹套；
7—压出管；8—搅拌轴；9—搅拌器；10—支座；11—人孔；
12—轴封；13—轴承

二、反应釜釜体结构尺寸设计

反应釜设计可分为工艺设计和机械设计两大部分。工艺设计的主要内容有:反应釜所需容积;传热面积及构成形式;搅拌器形式和功率、转速;管口方位布置等。工艺设计确定的工艺要求和基本参数是机械设计的基本依据。机械设计的内容一般包括:反应釜总体结构的设计及材料的选择;对釜体、封头、夹套、搅拌轴等构件进行强度和必要的稳定性计算;根据工艺要求选择搅拌装置;根据工艺条件确定轴封装置;附件标准的选择与设计等。下面重点介绍釜体结构尺寸确定。

釜体是由筒体及其两端的封头所组成的封闭空间。筒体为钢制卷焊圆筒,封头大多是标准的椭圆形封头。

1. 筒体高径比的确定

罐体的内直径和高度是反应器的基本尺寸,它们围成的空间要能满足工艺要求。根据工艺计算出来的容积要求,首先要确定罐体适宜的高径比(H/D,图 7-9),在容积一定的情况下,筒体部分 H/D 的确定需要综合考虑诸多因素:

① 搅拌上消耗的功率正比于搅拌器直径的 5 次方,即搅拌桨叶直径不宜过大,这就要求罐体的直径要小,从减少搅拌功率的角度来考虑,高径比 H/D 可取得大一些。

② 若采用夹套传热结构,从传热角度看,希望高径比可取得大一些;当容积一定时,高径比大、罐体就高,盛料部分表面积大、传热面积也就大。

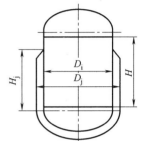

图 7-9 夹套反应器罐体尺寸

③ 要考虑物料的状态,对发酵类物料,为了使通入罐内的空气与发酵物料充分接触,高径比应取得大一些。

④ 如果筒体高度过大,即 H/D 的比值过大,则搅拌轴就越长,需要设置中间固定装置。

因此,反应釜高径比的选取我们要进行综合考虑,表 7-1 列出了比较合适的 H/D 值,供参考。

表 7-1 搅拌反应器的高径比(推荐)

种类	罐内物料类型	高径比 H/D_i
一般搅拌罐	液-液相、液-固相	1~1.3
	气-液相	1~2
聚合釜	悬浮液、乳化液	2.08~3.85
发酵罐类	发酵液	1.7~2.5

2. 确定罐体的直径及高度

在确定罐体的直径和高度时,需要考虑装料系数,如果物料在反应过程中产生泡沫或呈沸腾状态,取装料系数 0.6~0.7;若物料反应较平稳,则取装料系数 0.8~0.85。

为了便于计算,在初步确定 H/D_i 后,可先忽略封头的容积,近似计算出罐体的容积。即:

$V \approx \dfrac{\pi}{4} D_i^3 \left(\dfrac{H}{D_i}\right)$,由此导出内直径为:

$$D_i = \sqrt[3]{\dfrac{4V_0}{\pi(H/D_i)\eta}} \tag{7-1}$$

将式（7-1）计算的结果圆整为标准规格系列值，代入式（7-2）中计算出罐体的高度，即：

$$H=\frac{V-V_\mathrm{k}}{\frac{\pi}{4}D_\mathrm{i}^2}=\frac{\frac{V_0}{\eta}-V_\mathrm{k}}{\frac{\pi}{4}D_\mathrm{i}^2} \tag{7-2}$$

式中　V——罐体容积，mm^3；

　　　V_0——罐体操作容积，$V_0=\eta V$，mm^3；

　　　η——装料系数；

　　　V_k——两封头容积，mm^3。

再将按式（7-2）计算出来的 H 值圆整，查看 H/D_i 是否符合表 7-2 的要求，若差别较大，则需要重新调整直径和高度，直至满足一切要求为止。

3. 确定罐体的壁厚

① 确定设计压力。设计压力应略高于容器在使用过程中的最高工作压力，装有安全装置的容器的设计压力不得小于安全装置的开启压力或爆破压力。

② 依据内压容器的强度计算公式计算夹套反应器壁厚，带夹套的反应器由于内筒和夹套是两个独立的受压室，所以组合后会出现比较复杂的情况，应慎重对待。

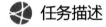任务训练

一、填空

1. 反应釜的结构主要由：＿＿＿＿、＿＿＿＿、＿＿＿＿、传动装置、轴封装置和其他附件结构组成。

2. 发酵罐类反应釜的高径比范围为＿＿＿＿。

二、判断

（　）1. 釜式反应器可用来进行均相反应，也可用于以液相为主的非均相反应。

（　）2. 如果物料在反应过程中产生泡沫或呈沸腾状态，取装料系数 0.8～0.85。

三、选择

1. 从（　）考虑，希望反应釜体的长径比（高径比）要小点更好。

A. 传热角度　　B. 减小搅拌功率　　C. 发酵类物料　　D. 搅拌轴刚度

2. 从（　）考虑，希望反应釜体的高径比 H/D 可取得大一些。

A. 传热角度　　B. 减小搅拌功率　　C. 发酵类物料　　D. 以上都是

四、简答

1. 反应釜的基本组成？

2. 如何确定釜体的基本尺寸？

任务三　传热装置及工艺接管选用

任务描述

掌握传热装置的种类及结构，工艺接管结构与类型。

任务指导

为满足反应过程中加热或冷却的需要，反应釜大多设有传热装置。传热方式、传热结构形式和载热体的选择主要取决于所需控制的温度、反应热、传热速率和工艺要求等。工业常

采用的换热装置为夹套如图 7-10（a）所示和蛇管如图 7-10（b）所示。

一、夹套

当传热速率要求不高并且载热体工作压力低于 600kPa 时，常采用夹套传热结构，夹套换热器是包裹在反应釜外面的夹层，换热介质在夹层里通过。

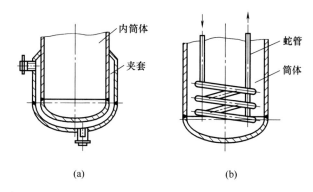

图 7-10　传热装置

1. 夹套形式

夹套是搅拌反应釜最常用的传热结构，由圆柱形壳体和釜底封头所组成。夹套与内筒体的连接通常有可拆连接与不可拆连接两种方式。可拆连接如图 7-11 所示，常用于操作条件较差，夹套材料与壳体材料焊接困难或要求定期检查内筒体外表面和需经常清洗夹套的场合，属于法兰连接，增加了密封点。图 7-11（a）需要在内筒体上另外焊接一个法兰；图 7-11（b）是利用筒体与上封头的连接法兰来连接固定夹套。

不可拆连接主要用于碳钢制造的反应釜，通过焊接将夹套连接在内筒体上，不可拆连接密封可靠，制造加工简单，常用连接形式如图 7-12 所示。

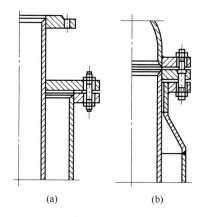

图 7-11　夹套与筒体的可拆连接结构

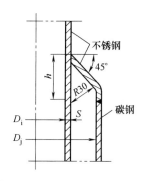

图 7-12　夹套与筒体的不可拆连接结构

2. 夹套的尺寸确定

夹套一般由钢板焊接而成，它是套在反应器筒体外面能形成密封空间的容器，既简单又方便，结构尺寸如图 7-2 所示。夹套内通蒸汽时，其蒸气压一般不超过 0.6MPa。夹套的直径可按表 7-2 选取，夹套的高度主要取决于传热面积的大小，为了保证传热充分，夹套上端一般应高于内物料的液面，所以夹套的高度为：

$$H_j \geqslant \frac{\eta V - V_c}{\frac{\pi}{4} D_i^2} \tag{7-3}$$

式中，V_c 为内筒下封头容积，其他符号同前。

表 7-2　夹套直径与内筒直径 D_i 的关系

内筒内直径 D_i/mm	500～600	700～1800	2000～3000
夹套内直径 D_j/mm	D_i+50	D_i+100	D_i+200

D_j 按公称尺寸选取，夹套与反应釜内壁的间距视反应釜直径的大小采用不同的数值，一般取 25～100mm。

二、蛇管

当工艺需要的传热面积大，单靠夹套传热不能满足要求时，或者是反应器内壁衬有橡胶、瓷砖等非金属材料时，可以采用蛇管、插入套管、插入 D 形管等传热。

蛇管换热器通常由一组或多组盘绕成环状的管道组成，直接放入反应器内，可分为螺旋式盘管和竖式盘管。

1. 蛇管传热的特点

蛇管的传热面积大小的调节比较灵活，可根据需要增减传热面积。蛇管沉浸在物料中，热损失小、传热效果好，还能提高搅拌强度，但检修困难。夹套与蛇管还可以联合使用，以增大传热面积。但蛇管沉浸在釜内液体中占据了一定的容积，这一点需要考虑。

2. 蛇管尺寸的确定

在反应釜的设计计算中，蛇管壁厚尺寸的确定往往是简单地采用筒体壁厚的计算公式得出。事实上，两者之间有一定的区别（在此不作介绍）。在实际工程中，由于设置蛇管主要是从传热角度方面来考虑的，采用筒体壁厚的计算公式来得出蛇管壁厚的计算方法不会出现问题。蛇管直径、长度、圈数等根据工艺计算得出的传热面积及筒体的内直径等来进行确定。

3. 蛇管在釜内的固定方式

蛇管在筒体内常用的固定方式如图 7-13 所示，其中图 7-13 (a) 单螺栓固定形式，它的结构简单、制作方便，但不易拧紧，适合于压力不大、管径较小的场合；图 7-13 (b) 单螺栓加固形式，其固定效果较好；图 7-13 (c) 双螺栓固定形式，适合于大管径和有较大振动的场合；图 7-13 (d) 自由支承形式，它将蛇管支托在扁钢上，当温度变化时，管子可自由伸缩，适用于膨胀较大的场合；图 7-13 (e) 紧密排列固定形式；图 7-13 (f) 防振加固形式；图 7-13 (e)、(f) 都是用扁钢和螺栓夹紧蛇管，适合于蛇管密集的搅拌设备中兼作导流筒的情况，并且有剧烈振动的场合。

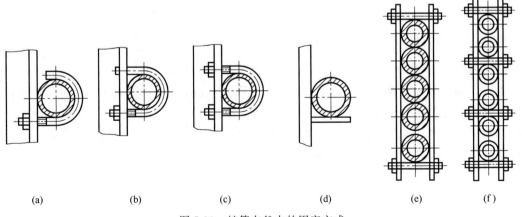

图 7-13 蛇管在釜内的固定方式

4. 蛇管的进出口结构

蛇管的进出口最好设置在同一端，一般在上封头处，以使结构简单、拆装方便。常用的几种进出口结构如图 7-14 所示。

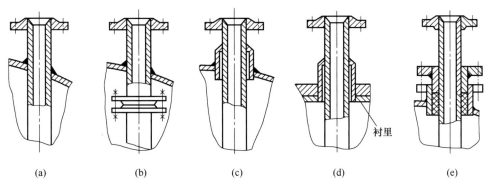

图 7-14 蛇管的进出口结构

三、传热装置的选择

对于夹套及蛇管传热装置的选择，优先选择夹套，因为夹套不占反应釜的有效容积，有利于减少容器内构件，有利于容器内部的清洗。

四、工艺接管

反应釜上面的接管主要有：物料进出口管、人孔或手孔、视镜孔、温度计接管、安全装置用接管等。这些孔或接管以物料进出口接管比较复杂，下面仅就此进行讨论。

1. 进料管

进料管一般设置在顶部封头上，其常用结构如图 7-15 所示。进料管的下端通常切成 45°的斜口，且斜面朝向釜的中心，避免物料沿釜壁流动。

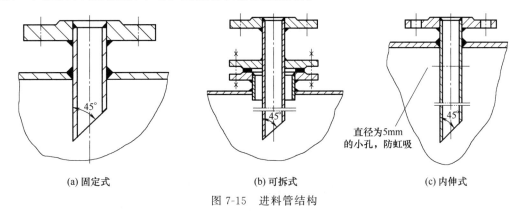

图 7-15 进料管结构

图 7-15（a）为一般常用结构，用于允许液体有少量飞溅的场合；图 7-15（b）为套管式结构，方便拆装，适用于易腐蚀、易磨损、易堵塞的介质，需要时还可以采用不同于外管的材料制造；图 7-15（c）所示的进料管较长，插入釜内液体中，可减少进料时物料的飞溅和对液面冲击而产生泡沫，还可以起液封作用，在管子的上部钻有直径约为 6～8mm 的小孔，防止虹吸现象的产生。

2. 出料管

釜体出料分为顶部出料和底部出料两种方式。图 7-16（a）、（b）为底部出料，它适用于流体黏度大或含有固体颗粒的介质；图 7-16（c）为顶部出料结构（图 c 的右边为出料管在釜内固定的局部放大图），它需要压力或真空输送，适用于较高位置送料或者需要密闭输送物料的场合，为了使物料排除干净，需将出料管底部形状与底部封头内表面保持一致且切45°斜口。

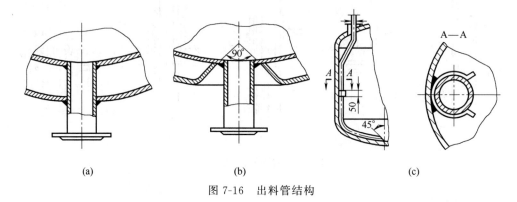

图 7-16　出料管结构

任务训练

一、填空

1. 反应釜常用的传热装置有：_____ 和 _____。
2. 夹套的高度主要取决于传热面积的大小，为了保证传热充分，夹套上端一般应 _____。

二、判断

(　　) 1. 釜体出料分为顶部出料和底部出料两种方式。
(　　) 2. 当传热速率要求不高并且载热体工作压力低于600kPa时，常采用蛇管传热结构。

三、选择

1. 进料管插入釜内液体中，可（　　）。
   A. 减少进料时物料的飞溅　　　　　B. 减少进料时对液面冲击而产生泡沫
   C. 起液封作用　　　　　　　　　　D. 以上均对
2. 进料管的下端通常切成（　　）的斜口，且斜面朝向釜的中心，避免物料沿釜壁流动。
   A. 60°　　　　B. 45　　　　C. 30°　　　　D. 以上均可

四、简答

1. 反应釜传热装置有哪几种？分别适用于什么场合？
2. 夹套与内筒体有可拆与不可拆两种方式，各有什么优缺点？
3. 蛇管有哪几种固定方式？各适合什么场合？

任务四　搅拌装置选用

任务描述

掌握搅拌器的类型及正确选择、搅拌器的附件的作用。

任务指导

在搅拌器的作用下，釜内物料能得以充分混合，增强了分子之间的碰撞，因而有利于化学反应的顺利进行，同时，通过搅拌作用，使得釜内传热得到了强化。所以，搅拌装置是反应釜的关键部件。根据不同的物料系统和不同的搅拌目的，出现了许多形式的搅拌器，常用的搅拌器有桨式搅拌器、框式和锚式搅拌器、推进式搅拌器、涡轮式搅拌器等，见图 7-17。

一、搅拌器的类型

1. 推进式搅拌器

推进式搅拌器通常有三瓣叶片，它的结构类同于船舶的推进器。一般采用整体铸造法来制造，常用材料有不锈钢、铸铁，也可以用焊接叶片的方法来成型。桨叶的表面是螺旋面，直径比较小，一般为筒体直径的 1/3 左右，但每个桨叶比较宽大，如图 7-17（d）所示。搅拌时流体由桨叶上方吸入，下方以圆筒状螺旋形排出，液体至容器底再沿壁面返至桨叶上方，形成轴向流动。适用于低黏度、大流量的场合。主要用于液-液混合，使温度均匀，在低浓度固-液系中防止淤泥沉降等。

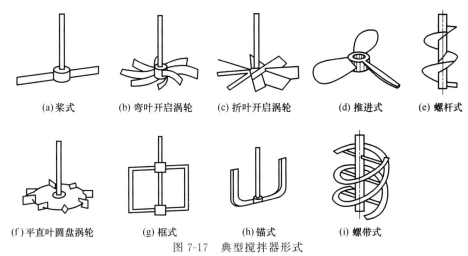

(a) 桨式　(b) 弯叶开启涡轮　(c) 折叶开启涡轮　(d) 推进式　(e) 螺杆式

(f) 平直叶圆盘涡轮　(g) 框式　(h) 锚式　(i) 螺带式

图 7-17　典型搅拌器形式

2. 桨式搅拌器

它的结构简单、制造容易，但主要产生旋转方向的液流、且轴向流动范围较小。主要用于流体的循环或黏度较高物料的搅拌，见图 7-17（a）。

3. 涡轮式搅拌器

涡轮式搅拌器是一种应用较广的搅拌器，有开式和盘式两类。能有效地完成几乎所有的搅拌操作，并能处理黏度范围很广的流体。适用于低黏度到中黏度流体的混合、液-液分散、固-液悬浮，以及促进传热、传质和化学循环；剪切力较大，分散流体的效果好，如图 7-17（b）、（c）、（f）所示。

4. 框式和锚式搅拌器

这两种搅拌器与以上三种有明显的差别，其直径与反应器罐体的直径很接近。这类搅拌器结构简单，易于制造，转速低，基本上不产生轴向液流，但搅动范围很大，不会形成死区，不会产生"挂壁"的现象。它的搅拌混合效果不太理想，适合于黏度大、对混合要求不太高的场合，如图 7-17（f）、（h）所示。

5. 螺旋式搅拌器

它是由桨式搅拌器演变而来，其主要特点是消耗的功率较小。据资料介绍，在相同的雷诺数下，单螺旋搅拌器的耗功率是锚式搅拌器的 1/2。因此在化工生产中应用广泛，并主要适合于在高黏度、低转速下使用，如图 7-17（e）、（i）所示。

二、搅拌器的选型

设计、选择合适的搅拌器是提高反应釜生产能力的重要手段，主要考虑以下几个方面。

1. 介质的性质

① 介质的黏度。随着介质黏度增高，各种搅拌器使用的顺序是：桨叶式、推进式、涡轮式、框式和锚式、螺杆（带）式。

② 介质的密度。

③ 介质的腐蚀性。

2. 反应过程的特性

间歇操作还是连续操作；吸热反应还是放热反应；是否结晶或有无固体沉淀物产生等。

3. 搅拌效果和搅拌功率的要求

搅拌器类型和适用条件见表 7-3。

表 7-3　搅拌器类型和适用条件

搅拌器类型	流动状态			搅拌目的									搅拌容器容积/mm³	转速范围/(r/min)	最高黏度/Pa·s
	对流循环	湍流扩散	剪切流	低黏度混合	高黏度液体混合传热反应	分散	溶解	固体悬浮	气体吸收	结晶	传热	液相反应			
涡轮式	◆	◆	◆	◆	◆	◆	◆	◆	◆	◆	◆	◆	1~100	10~300	50
桨式	◆	◆	◆	◆		◆	◆			◆	◆	◆	1~200	10~300	50
推进式	◆	◆		◆			◆	◆			◆	◆	1~1000	10~500	2
锚式	◆			◆		◆							1~100	1~100	100
螺旋式	◆			◆		◆							1~50	0.5~50	100

三、搅拌轴

搅拌轴是连接减速机和搅拌器而传递动力的构件。搅拌轴属于非标准件，需要自行设计，搅拌轴的设计包括材料选定、结构设计、轴的支承结构和强度校核等。搅拌轴的材料常用 45 号优质碳素钢。

搅拌轴通常依靠减速箱内的一对轴承支承，支承方式为悬臂梁，由于搅拌轴一般较长，悬伸在反应器内进行搅拌操作，这种支承条件较差。当搅拌轴转速较快而密封要求较高时，可考虑安装中间轴承。

搅拌轴常用的结构形式有实心或空心直轴，其结构形式根据轴上支承方式、支持结构、搅拌器类型、数量及与联轴器类型要求而定。

搅拌轴在工作过程中主要产生扭转变形，其直径大小的设计需依据传递功率的大小，按扭转强度、刚度以及临界转速分别计算轴最小直径，取计算值中较大值为轴最小直径。另外，还要考虑轴上开孔、开槽及介质腐蚀的影响，轴径一般在前面计算出的最小直径基础上增大 4%~15%。

四、搅拌附件

为了改善物料在釜内的流动状态，在搅拌反应釜内增设的零件称为搅拌附件，通常指挡板和导流筒。如：在液体黏度较低、搅拌器转速较高时，容易产生旋涡，搅拌效果不佳，在反应器内设置挡板或导流筒后，大大地改善了流体的流动状态。但设置了搅拌附件会增加流体的流动阻力，搅拌耗功率增大。

1. 挡板

消除打漩和提高混合效果。一般在容器内壁均匀地安装 4 块挡板，宽度为容器直径的 1/12～1/10。搅拌容器中的传热蛇管可以部分或者全部替代挡板，装有垂直换热管时一般不再安装挡板。

反应釜内安装的挡板有竖、横两种（图 7-18），常用的是竖挡板。在安装竖挡板时，一般可使挡板上端与静液面相齐，其下端略低于下封头与筒体的焊缝线即可；当物体黏度较高时，使用横挡板以增加掺合的作用，挡板宽度与搅拌叶宽度相同。

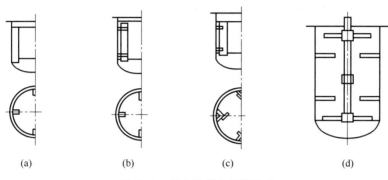

图 7-18　釜内挡板的安装形式

2. 导流筒

它是一个上下开口的圆筒（图 7-19），导流筒直径约为容器直径的 70%，安装于釜内，它紧紧包围着桨叶，可以使搅拌的液体在导流筒与釜的环隙内形成上、下循环流动，在搅拌混合时起导流作用。一方面，提高混合的效率，加强搅拌器对液体的直接机械剪切作用；另一方面，由于限制了流体的循环路径，确定充分循环的流型，使反应釜内所有物料均能通过导流筒内的强烈混合区，减少走短路的机会。对于推进式、涡轮式及螺带式搅拌器均可用加装导流筒方式来达到特定的搅拌要求。

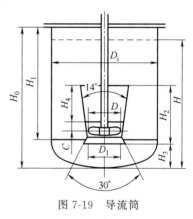

图 7-19　导流筒

任务训练

一、填空

1. 常用的搅拌器类型有：_____、_____、_____、_____、_____、螺带和螺杆式等。

2. 设计、选择合适的搅拌器主要考虑介质的_____、_____、_____，反应过程的特性及搅拌效果和搅拌功率的要求。

二、判断

（　　）1. 高黏度液体混合可选用推进式搅拌器。

（　　）2. 对于低黏度液体，应选用大直径、低转速搅拌器。

（　　）3. 对低黏度均相液体混合主要考虑循环流量，搅拌器的循环流量按从大到小的顺序排列为推进式、涡轮式、桨式。

三、选择

1. 对低黏度均相液体混合，应优先选择（　　）搅拌器。

A. 推进式　　　B. 桨式　　　　C. 涡轮式　　　D. 螺带式

2. 对于非均相液-液分散过程，应优先选择（　　）搅拌器。

A. 锚式　　　　B. 涡轮式　　　C. 桨式　　　　D. 推进式

3. 下列不适合加导流筒的搅拌器是（　　）。

A. 推进式　　　B. 涡轮式　　　C. 螺带式　　　D. 锚式

四、简答

1. 搅拌器常见的类型有哪些？
2. 哪种搅拌器几乎适用于低、中等黏度的所有搅拌过程，有时被称为"万能"搅拌器？

任务五　传动及轴封装置选用

 任务描述

掌握传动装置的基本组成及电机的选择。

 任务指导

一、传动装置的基本组成

搅拌反应釜的传动装置通常安装在反应釜的上封头，采用立式布置。它由电动机、减速器、联轴器、搅拌轴、机架、底座等组成，如图 7-20 所示。搅拌反应器用的电动机绝大部分与减速器配套使用，只有在搅拌速度很高时，才使用电动机不经减速器直接驱动搅拌轴。因此，电动机的选用一般应与减速器的选用一起考虑，在很多情况下，电动机与减速器是配套供应的。

机架按类别分为搪玻璃反应罐专用机架、无支点机架、单支点机架和双支点机架四大类。原则上是根据减速机输出轴径的大小来确定型号的，只要接口形式及安装尺寸相符，减速机的输出轴大小在一定范围内可以对机架型号作上下浮动。

底座固定在罐体的封头上，机架固定在底座上，减速器固定在机架上。联轴器的作用是将搅拌轴和减速器连接起来，电动机提供的动力通过减速器、联轴器传递给搅拌轴。

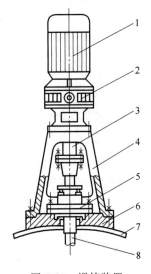

图 7-20　搅拌装置

1—电动机；2—减速器；3—联轴器；
4—机架；5—轴封装置；6—底座；
7—封头；8—搅拌轴

二、电机的选用

搅拌机的搅拌轴通常由电动机驱动。由于搅拌设备的转速一般都比较低，因而电动机绝大多数情况下都是与变速器组合在一起使用的，有时也采用变频器直接调速。因此，在选用电动机时应特别考虑与变速器匹配问题。在很多场合，电动机与变速器一并配套供应，设计时可根据选定的变速器选用配套的电动机。

1. 电动机选用的基本原则

通常应根据搅拌轴功率和搅拌设备周围的工作环境等因素选择电动机的型号，并遵循以下基本原则。

① 根据搅拌设备的负载性质和工艺条件对电动机的启动、制动、运转、调速等的要求

选择电动机类型。

② 根据负载转矩、转速变化范围和启动频繁程度等要求，考虑电动机的温升限制、过载能力和启动转矩，合理选择电动机容量，并确定冷却通风方式。同时选定的电动机型号和额定功率应满足搅拌设备开车时启动功率增大的要求。

③ 根据使用场所的环境条件，如温度、湿度、灰尘、雨水、瓦斯和腐蚀及易燃易爆气体等，考虑必要的防护方式和电动机的结构形式，确定电动机的防爆等级和防护等级。

④ 根据企业电网电压标准和对功率因数的要求，确定电动机的电压等级。

⑤ 根据搅拌设备的最高转速和对电力传动调速系统的过渡过程的性能要求，以及机械减速的复杂程度，选择电动机的额定转速。

除此之外，选择电动机还必须符合节能要求，并综合考虑运行可靠性、供货情况、备品备件通用性、安装检修难易程度、产品价格、运行和维修费用等因素。

2. 电动机额定功率的确定

电动机额定功率是根据它的发热情况来选择的，在允许温度以内，电动机绝缘材料的寿命为15～25年。如果超过了容许温度，电动机使用寿命就要缩短。一般来说，每超过8℃，使用年限会缩短一半。而电动机的发热情况又与负载大小及运行时间长短（运行工况）有关。

搅拌设备的电动机功率必须同时满足搅拌器运转及传动装置和密封系统功率损耗的要求，此外还要考虑在操作过程中出现的不利条件造成功率过大等因素。

电动机的功率可按下式确定：

$$p = (p_s + p_m)/\eta \tag{7-4}$$

式中　p——电动机功率，kW；
　　　p_s——搅拌功率，kW；
　　　p_m——轴封装置的摩擦损失功率，kW；
　　　η——传动装置的机械效率。

轴封装置摩擦造成的功率损失因密封系统的结构而异。一般来说，填料密封的功率损失较大，机械密封的功率损失相对较小。据估算，填料密封功率损失约为搅拌器功率的10%，而机械密封的功率损失仅为填料密封的10%～50%。

传动装置各零部件（如变速器、轴承等）的机械效率与其结构有关，具体数值按技术手册规定选取。当搅拌器由静止启动时，桨叶除要克服自身的惯性，还要克服桨叶所推动的液体的惯性以及液体的摩擦力。这时桨叶与液体的相对速度最大，桨叶受液体阻力的作用面积最大，因而所需的功率值必然较大，该最大功率值即为搅拌器的启动功率。但实验测定表明：搅拌器在启动时，电动机启动电流的最高点持续时间一般仅2～3s，随后立即大幅度下降至接近正常运转电流，说明出现最大功率的时间很短。由于一般电动机都允许有启动过载量，即允许较大范围的启动电流。如380V三相交流异步电动机，在5～10s的持续时间内，其启动电流一般允许达到额定电流的6.5～7倍，且电动机功率愈小，则启动电流相对于额定电流的允许倍数愈大。所以，只要合理选择电动机（一般选择电动机的额定功率总是较搅拌桨运转功率值略高），在启动时，电动机依靠转矩余量来加速液体及搅拌器直达稳定工作转速，不会引起电动机过热或出现不能启动等情况。

但是，在固相悬浮操作中，必须注意不能使桨叶沉埋在固相沉淀层内启动。如果这时启动，其启动功率将会很大，电动机和桨叶容易出现事故。如果按这时的启动功率来选择电动机和设计桨叶也是不经济的。设计时可以将桨叶位置设置得高于固相沉淀层（但还要考虑使桨叶下面的沉淀层颗粒也能逐渐被悬浮起来），有时还可在固相沉淀层内设置气体吹入管线，使固相层在搅拌前被悬浮起来，然后再启动搅拌器。

三、减速器的选用

减速器的作用是传递运动和改变转速，以满足工艺条件的要求。反应釜使用的减速器的种类型号多样，有 XL 系列摆线针轮减速机、DC 系列圆柱齿轮减速机、P 系列带传动减速机、FP 系列带传动减速机、YP 系列带传动减速机等多种标准（HG/T 3139）。

选用时，可根据工艺条件、安装空间范围、搅拌要求、寿命、工况条件等各项因素综合考虑确定减速器类型（各机型系列的减速机输入功率、传动比、输出轴转速及输出许用转矩见表 7-4），再根据电动机功率和输出转速（或传动比）由相关标准确定其型号。

表 7-4 各机型系列基本参数

减速机名称	级数	输入功率/kW	传动比 i	输出轴转速/(r/min)	输出轴许用转矩/(N·m)	输出轴传动方向
XL 系列摆线针轮减速机	单级	0.04～90	9～87	11～160	25～30000	双向
	两级	0.04～15	121～5133	0.29～12.4	120～30000	
	三级	0.09～3	5841～658503	—	500～30000	
DC 系列圆柱齿轮减速机	单级	0.55～45	2.53～5.38	170～580	60～1000	双向
LC 系列圆柱齿轮减速机	两级	0.55～315	4～12	65～370	89.5～15000	双向
DJC 系列圆柱齿轮减速机	单级	0.55～22	2.96～4.823	200～500	42～448	双向
FJ 系列圆柱圆锥齿轮减速机	两级	0.55～355	10～20	50～150	120～35000	双向
	三级	0.75～160	23～80	12～43	350～35000	
LPJ 系列圆柱齿轮减速机	两级	0.55～200	4.5～22	34～330	90～20000	双向
	三级	0.55～90	14～45	22～105	150～8200	
CW 系列圆柱齿轮、圆弧圆柱蜗杆减速机	两级	0.55～45	16～80	12～90	310～6200	双向
KJ 系列可移式圆柱齿轮减速机	单级	0.18～7.5	2.74～4.73	200～520	16～245	双向
P 系列带传动减速机	单级	0.55～22	2.96～4.53	200～500	58～720	双向
FP 系列带传动减速机	单级	4～90	2.45～4.53	160～400	720～7000	双向
YP 系列带传动减速机	单级	65～380	4～5.9	82～145	6250～37000	双向
			2.36～3.9	125～250	4800～25000	

四、联轴器选用

联轴器的作用是将两个独立设备的轴牢固连接在一起，以传递运动和动力，为了确保传动的质量，一方面要求被连接的轴要同心，另一方面则要求传动中一方工作有振动、冲击时尽量不要传递给另一方。

联轴器结构类型较多（标准 GB/T 12458），基本上可以分为刚性联轴器和弹性联轴器两类。刚性联轴器用于连接严格的同轴线的两端，结构简单、制造方便，但无减振性，不能消除两轴不同心所引起的不良后果，一般用于振动小和刚度大的轴；弹性联轴器靠弹性块变形而储存能量，从而使联轴器具有吸振和缓和冲击的能力，并允许有不大的径向轴向位移。但不能承受轴向载荷。这种联轴器适用于工作温度在 -20～60℃ 的变载荷及频繁启动的场合。

五、机架和底座设计

1. 机架

搅拌反应器的传动装置是通过机架安装在反应器顶上的，其结构要考虑安装联轴器、轴封装置以及与之配套的减速器输出轴径和定位结构尺寸的需要。搅拌反应器机架结构类型有无支点、单支点和双支点三种类型。

(1) 无支点机架

无支点机架内无轴承室,搅拌轴以减速机输出轴的两个轴承作为支点,对减速机的轴承支持形式有一定要求,不适合配置摆线减速机。主要用于温和的搅拌势态和搅拌轴很短的小功率搅拌场合。

图 7-21 所示为 WJ(普通无支点机架)及 LWJ(增高型无支点机架)结构图。机架底面分 Ⅰ 型和 Ⅱ 型,Ⅰ 型不需标注,Ⅱ 型需在型号后面注 Ⅱ,如 WJⅡ。WJ、LWJ 机架主要尺寸可查 HG/T 3139.1—2018 表 A.6。

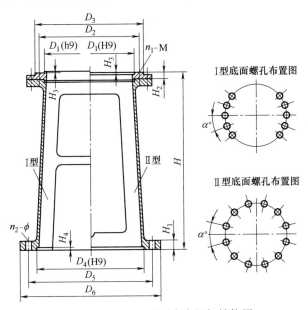

图 7-21　WJ、LWJ 型无支点机架结构图

(2) 单支点机架

单支点机架适用于电动机或减速机可作为一个支点,容器内可设置中间轴承或底轴承的情况。搅拌轴的轴径应在 30~160mm 范围内。选用单支点机架时,搅拌轴与减速机之间的联轴器须选用弹性联轴器。

图 7-22 所示为 DJ(普通单支点机架)、LDJ(增高型单支点机架)结构图。机架底面分 Ⅰ 型和 Ⅱ 型,Ⅰ 型不需标注,Ⅱ 型需在型号后面注 Ⅱ。DJ、LDJ 机架主要尺寸可查 HG/T 3139.1—2018 表 A.7。

(3) 双支点机架

机架内布置有两个轴承室,为搅拌轴提供严格意义上的两个支点,用于高速搅拌或对搅拌轴在密封处挠度有严格限制的场合;当减速器中的轴承不能承受液体搅拌所产生的轴向力时,应选用双支点机架;对于大型设备,搅拌密封要求较高的场合,一般也多采用双支点机架。双支点机架搅拌轴与减速机之间的连接必须选用弹性联轴器。

如图 7-23 所示为双支点机架 SJ(普通双支点机架)、LSJ(增高型双支点机架)结构图。SJ、LSJ 机架主要尺寸可查 HG/T 3139.1—2018 表 A.15。

2. 底座

底座用于支托机架和轴封,轴封和机架定位于底座,有一定的同心度,从而保证搅拌轴既与减速器连接又穿过轴封还能顺利运转。视釜内物料的腐蚀情况,底座有不带衬里和带衬里两种。安装方式有上装式（传动装置设置在釜体上部）和下装式（传动装置设置在釜体下部）两种。如图 7-24 所示为当机架公称直径与凸缘法兰公称直径相同时，使用安装底盖的方法（上装式）；图 7-25 所示为当机架公称直径小于凸缘法兰公称直径时，使用安装底盖的方法（下装式）。

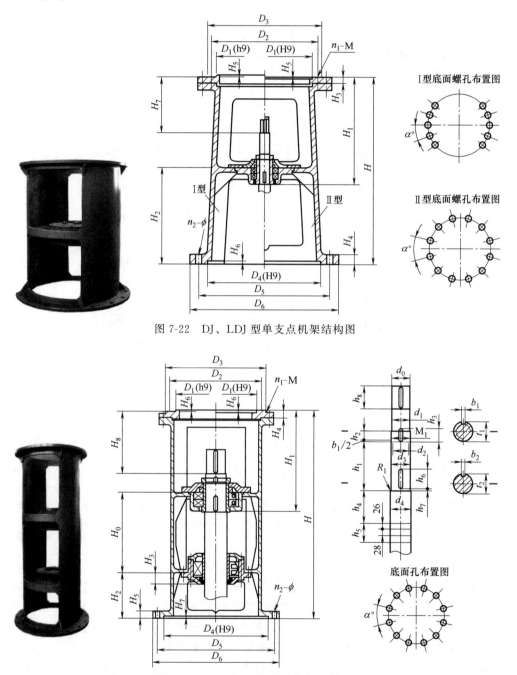

图 7-22 DJ、LDJ 型单支点机架结构图

图 7-23 SJ、LSJ 型双支点机架结构图

凸缘法兰、安装底盖、机架、传动轴轴径（通过填料箱或机械密封部分的轴径）以及搅拌容器直径之间常用的搭配关系可参考 HG/T 21565—1995《搅拌传动装置——安装底盖》中表 3.0.2 的规定。

安装底盖的型式可参考 HG 21565 中表 4.0.1 和图 4.0.1-1～图 4.0.1-4 的规定。

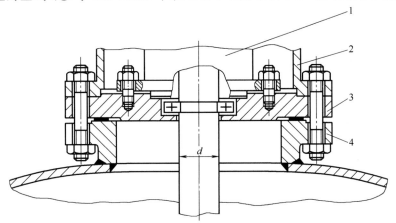

图 7-24　机架公称直径与凸缘法兰公称直径相同（上装式）
1—轴封装置；2—机架；3—安装底盖；4—凸缘法兰

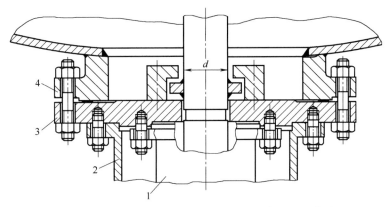

图 7-25　机架公称直径小于凸缘法兰公称直径（下装式）
1—轴封装置；2—机架；3—安装底盖；4—凸缘法兰

六、轴封装置

轴封是指静止的搅拌反应釜封头和转动的搅拌轴之间的动密封结构。常用的轴封装置有填料密封、机械密封和磁力传动密封等。

1. 填料密封结构

填料密封由压盖、填料函、填料、压盖、压紧螺栓等组成，如图 7-26 所示。首先将某种软质填料填塞轴与填料函的内壁之间，然后预紧压盖上的螺栓，使填料沿填料函轴向压紧，由此产生的轴向压缩变形引起填料沿径向内外扩张，形成其对轴和填料函内壁表面的贴紧，从而阻止内部流体向外泄漏。

填料密封结构简单、拆装方便，但不能保证绝对不漏，常有微量的泄漏。

2. 机械密封结构

机械密封又称端面密封，由动环、静环、弹簧、密封圈等组成，如图 7-27 所示。静环利用防转销与静环座连接起来，中间加密封圈；利用弹簧把动环压紧于静环上，使其紧密贴合形成一回转密封面，弹簧还可调动环以补偿密封面磨损产生的轴向位移，动环内有密封圈以保证动环在轴上的密封。

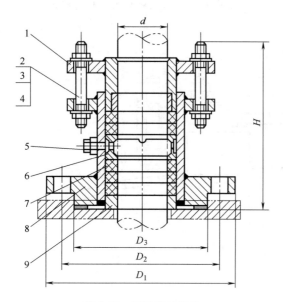

图 7-26 填料密封结构
1—压盖；2—双头螺柱；3—螺母；4—垫圈；5—油杯；
6—油环；7—填料；8—本体；9—底环

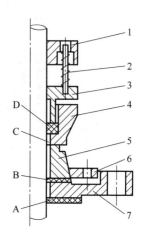

图 7-27 机械密封结构
1—弹簧座；2—弹簧；3—弹簧压板；4—动环；
5—静环；6—静环压板；7—静环座

由图 7-27 可知，机械密封主要由四个密封点来保证。A 点一般是指静环座与反应器之间的密封，属静密封，通常加上垫片即可保证密封；B 点是静环与静环座之间的密封，也是静密封；C 点是动环与静环相对旋转接触的环形密封端面，它将极易泄漏的轴向密封变为不易泄漏的端面密封，两端面保证高度光洁平直，以创造完全贴合和使压力均匀分布的条件，达到密封要求；D 点是动环与轴之间的密封，这也是一个相对静止的密封，但在端面磨损时，允许其做补偿磨损的轴向移动，常用的密封元件为 O 形、V 形和矩形环等。

机械密封与软填料密封比较，有如下优点：

① 机械密封可靠，在长周期的运行中，密封状态很稳定，泄漏量很小，按粗略统计，其泄漏量一般仅为软填料密封的 1/100；

② 机械密封使用寿命长，在油、水类介质中一般可达 1~2 年或更长时间，在化工介质中机械密封通常也能达半年以上；

③ 机械密封摩擦功率消耗小，机械密封的摩擦功率仅为软填料密封的 10%~50%；

④ 轴或轴套基本上不受磨损；

⑤ 机械密封维修周期长，端面磨损后可自行补偿，一般情况下，无需经常性维修；

⑥ 机械密封抗振性好，对旋转轴的振动、偏摆以及轴对密封腔的偏斜不敏感；

⑦ 机械密封适用范围广，机械密封能用于低温、高温、真空、高压、不同转速以及各种腐蚀性介质和含磨介质等的密封。

但机械密封的缺点有：

① 机械密封结构较复杂，对制造加工要求高；

② 机械密封安装与更换比较麻烦，并要求工人有一定的安装技术水平；

③ 发生偶然性事故时，机械密封处理较困难；

④ 机械密封一次性投资高。

3. 磁力传动密封结构

磁力传动密封装置是无泄漏反应釜的主要部件，它是由外磁转子、内磁转子、密封隔离套、螺栓和垫片等组成，如图 7-28 所示。内、外磁转子上均装有永久磁铁，当传动轴带动外磁转子旋转时，由于磁力的作用，透过非磁性金属隔离套使内磁转子随外磁转子而运动，从而带动搅拌轴的旋转，隔离套与釜体之间通过静密封相连接。由于外磁转子、内磁转子透过隔离套无接触传递扭矩，使动力输入与输出部分完全隔开，即减速机输出轴与设备内搅拌轴无接触分开，从根本上取消了搅拌轴的动密封结构，实现无泄漏，彻底解决了传统动密封无法克服的泄漏问题，使设备内完全处于全封闭状态，处于静密封状态。因此，在密封要求较高或苛刻的条件下，如设备内介质为易燃、易爆、极度高度危害、强腐蚀性或工作条件为高真空度、高温、高压时使用，设备更可靠，生产更安全。

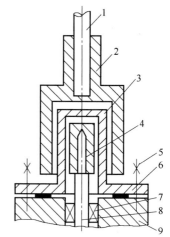

图 7-28 磁力传动密封结构
1—传动轴；2—外磁转子；3—隔离套；
4—内磁转子；5—螺栓；6—垫片；
7—滑动轴承；8—搅拌轴；9—釜体

任务训练

一、填空
1. 搅拌反应釜常用的轴封装置有_____、_____、_____等。
2. 搅拌反应釜的传动装置由_____、_____、_____、机架、底座等组成。

二、判断
（　）1. 机械密封结构比填料密封简单。
（　）2. 磁力传动密封结构将反应釜的动密封转化成了静密封。

三、简答
1. 减速箱可以通过联轴节由电动机直接带动，亦可通过三角皮带与电机连接，在调整搅拌器转速以适合生产需要时，三角皮带连接是有利的，此时电动机应该采用立式还是卧式？
2. 机械密封的优缺点有哪些？

任务六　反应釜的使用与维护

任务描述

掌握反应釜的正确使用、维护及故障分析与处理。

任务指导

一、釜式反应器的通用维护要点

釜式反应器的通用维护点有以下几条。
① 反应釜在运行中，严格执行操作规程，禁止超温、超压。
② 按工艺指标控制夹套（或蛇管）及反应器的温度。
③ 避免温差应力与内压应力叠加，使设备产生应变。
④ 要严格控制配料比，防止剧烈反应。
⑤ 要注意反应釜有无异常振动和声响，如发现故障，应检查修理并及时消除。

除了遵循上述要点外,也要根据不同类型的反应釜按相关要求制定相匹配的操作及维护要点,如搪玻璃反应釜在正常使用中应注意以下几点。

① 加料要严防金属硬物掉入设备内,运转时要防止设备振动,检修时按化工厂搪玻璃反应釜维护检修规程执行。

② 尽量避免冷罐加热料和热罐加冷料,严防温度骤冷骤热。搪玻璃耐温剧变小于120℃。

③ 尽量避免酸碱液介质交替使用,否则将会使搪玻璃表面失去光泽而腐蚀。

④ 严防夹套内进入酸液(如果清洗夹套一定要用酸液时,不能用pH<2的酸液),酸液进入夹套会产生氢效应,引起搪玻璃表面像鱼鳞片一样大面积脱落。一般清洗夹套可用2%的次氯酸钠溶液,最后用水清洗夹套。

⑤ 出料釜底堵塞时,可用非金属棒轻轻疏通,禁止用金属工具铲打。对粘在罐内表面上的反应物料要及时清洗,不宜用金属工具,以防损坏搪玻璃衬里。

二、常发事故及处理

① 聚合温度失控应立即停进催化剂、聚合单体,增加溶剂进料量,加大循环冷却水量,紧急放火炬泄压,向后系统排聚合浆液,并适时加入阻聚剂。

② 停搅拌事故应立即加入阻聚剂,并采取其他相应的措施。

③ 反应釜常见故障与处理方法见表7-5。

表7-5 反应釜常见故障与处理方法

序号	故障现象	故障原因	处理方法
1	壳体损坏(腐蚀、裂纹、透孔)	①受介质腐蚀(点蚀、晶间腐蚀) ②热应力影响产生裂纹或碱脆 ③磨损变薄或均匀腐蚀	①用耐蚀材料衬里的壳体需重新修衬或局部补焊 ②焊接后要消除应力,产生裂纹要进行修补 ③超过设计最低的允许厚度需更换本体
2	超温超压	①仪表失灵,控制不严格 ②误操作;原料配比不当;产生剧热反应 ③因传热或搅拌性能不佳,发生副反应 ④进气阀失灵,进气压力过大	①检查、修复自控系统,严格执行操作规程 ②根据操作法,紧急放压,按规定定量、定时投料,严防误操作 ③增加传热面积或清除结垢,改善传热效果;修复搅拌器,提高搅拌效率 ④关总气阀,切断气源修理阀门
3	密封泄漏(填料密封)	①搅拌轴在填料处磨损或腐蚀,造成间隙过大 ②油环位置不当或油路堵塞不能形成油封 ③压盖没压紧,填料质量差,或使用过久 ④填料箱腐蚀及机械密封失效 ⑤动静环端面变形、碰伤 ⑥端面比压过大,摩擦副产生热变形 ⑦密封圈选材不对,压紧力不够,或V形密封圈装反。失去密封性 ⑧轴线与静环端面垂直度误差过大 ⑨操作压力、温度不稳,硬颗粒进入摩擦副 ⑩轴窜量超过指标 ⑪镶装或黏结动、静环的镶缝泄漏	①更换或修补搅拌轴,并在机床上加工,保证表面粗糙度 ②调整油环位置,清洗油路 ③压紧填料或更换填料 ④修补或更换填料箱或机械密封元件 ⑤更换摩擦副或重新研磨 ⑥调整比压要合适,加强冷却系统,及时带走热量 ⑦密封圈选材、安装要合理,要有足够的压紧力 ⑧停车,重新找正,保证垂直度误差小于0.5mm ⑨严格控制工艺指标,颗粒及结晶物不能进入摩擦副 ⑩调整、检修使轴的窜量达到标准 ⑪改进安装工艺,或过盈量要适当,或胶黏剂要用好,黏结牢固

续表

序号	故障现象	故障原因	处理方法
4	釜内有异常的杂音	①搅拌器摩擦釜内附件(蛇管、温度计管等)或刮壁 ②搅拌器松脱 ③衬里鼓包,与搅拌器撞击 ④搅拌器弯曲或轴承损坏	①停车检修找正,使搅拌器与附件有一定间距 ②停车检查,紧固螺栓 ③修鼓包或更换衬里 ④检修或更换轴及轴承
5	搪瓷搅拌器脱落	①被介质腐蚀断裂 ②电动机旋转方向相反	①更换搪瓷轴或用玻璃修补 ②停车改变转向
6	搪瓷釜法兰漏气	①法兰瓷面损坏 ②选择垫圈材质不合理,安装接头不正确,空位,错移 ③卡子松动或数量不足	①修补、涂防腐漆或树脂 ②根据工艺要求,选择垫圈材料,垫圈接口要搭拢,位置要均匀 ③按设计要求,有足够数量的卡子,并要紧固
7	瓷面产生鳞爆及微孔	①夹套或搅拌轴管内进入酸性杂质,产生氢脆现象 ②瓷层不致密,有微孔隐患	①用碳酸钠中和后,用水冲净或修补,腐蚀严重的需更换 ②微孔数量少的可修补,严重的更换
8	电动机电流超过额定值	①轴承损坏 ②釜内温度低,物料黏稠 ③主轴转速较快 ④搅拌器直径过大	①更换轴承 ②按操作规程调整温度,物料黏度不能过大 ③控制主轴转速在一定的范围内 ④适当调整检修

任务训练

一、填空

1. 聚合温度失控时,应立即停进_____和_____。
2. 反应釜因传热或搅拌性能不佳将会引起_____故障。
3. 反应釜出现停搅拌事故时应立即加入_____,并采取其他相应的措施。

二、判断

(　) 1. 反应釜在运行中,应严格执行操作规程,禁止超温、超压。
(　) 2. 出料釜底堵塞时,可用金属棒铲打疏通。

三、选择

1. 下列(　　)是引起反应釜出现超温、超压的原因。
A. 仪表失灵,控制不严格　　　　B. 误操作;原料配比不当;产生剧热反应
C. 因传热或搅拌性能不佳,发生副反应　　D. 以上都是
2. 下列(　　)是引起反应釜出现电动机电流超过额定值的原因。
A. 轴承损坏　　　　　　　　　　B. 釜内温度低,物料黏稠
C. 主轴转速较快　　　　　　　　D. 以上都是

四、简答

1. 釜式反应器的操作分为哪几步?其中聚合系统要控制哪些参数?
2. 釜式反应器的维护要点是什么?
3. 釜式反应器聚合温度失控时应如何处理?
4. 釜式反应器日常使用中有哪些常见故障?如何处理?

单元八

塔设备

📚 **学习目标**

了解塔设备的应用与基本要求;熟悉塔设备的类型、性能特点及应用;掌握塔设备的基本结构组成及零部件选用;掌握塔设备日常维护与检修的相关知识与技能。

任务一 塔设备的应用与分类

任务描述

了解塔设备在化工生产中的应用及化工生产对塔设备的基本要求,掌握板式塔、填料塔基本结构组成。

任务指导

一、塔设备的应用

在石油、化工、轻工等各个工业部门中,气液两相直接接触进行传质与传热的过程是很多的,如:精馏、吸收、气体增湿、冷却等都属于此类。这些过程大多是在塔设备内进行,因此,塔设备是重要的化工设备,据统计,在化工和石油化工生产装置中,塔设备的投资费用约占全部工艺设备总投资的 25%,在炼油和煤化工生产装置中约占 35%;其所消耗的钢材质量在各类工艺设备中所占比例也是比较高的,如年产 250 万吨常减压蒸馏装置中,塔设备耗用钢材质量约占 45%,年产 30 万吨乙烯装置中约占 27%。可见塔设备是炼油、化工生产中最重要的工艺设备之一,它的设计、研究、使用对炼油、化工等工艺的发展起着重要的作用。

二、化工生产对塔设备的基本要求

塔设备主要用于传质,这就要求塔内气液两相能充分接触,以获得理想的传质效率,除需满足特定的化工工艺要求外,尚需下列基本要求。

① 生产能力大,即气、液处理量大。也就是单位塔截面上在单位时间内物料的处理量要大。

② 传质、传热效率高,即气、液有充分的接触空间、接触时间和接触面积。

③ 流体在塔内的流动阻力小,即流体通过塔设备的压力降小,以达到节能、降低操作费用的要求。

④ 操作稳定、操作弹性(最大负荷对最小负荷之比)大,即气、液负荷有较大波动时

仍能在较高的传质效率下进行稳定的操作,且塔设备应能长期连续运转。

⑤ 结构简单、安全可靠;制造塔设备的金属用量小,制造成本低。

⑥ 耐腐蚀、不易堵塞,操作、维修方便。

塔设备要同时满足上述条件是比较困难的,这就需要我们从实际需要及经济合理的要求出发,找出主要矛盾,正确地处理上述各项要求,选择合适的塔设备。

三、塔设备的分类

随着科学技术的进步和石油化工生产的发展,塔设备形成了多种多样的结构和型式,以满足各种不同的工艺要求。为了便于研究和比较,人们从不同角度对塔设备进行分类。

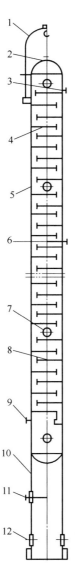

图 8-1 板式塔

1—吊柱;2—气体出口;3—回流液入口;4—馏段塔盘;
5—壳体;6—料液进口;7—人孔;8—提馏段塔盘;
9—气体入口;10—裙座;11—液体出口;12—检查孔

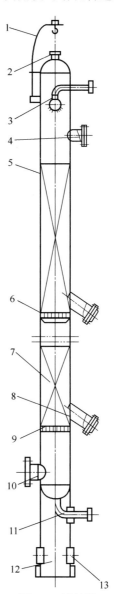

图 8-2 填料塔

1—吊柱;2—气体出口;3—喷淋装置;4—人孔;5—壳体;
6—液体再分配器;7—填料;8—卸填料人孔;9—支承装置;
10—气体入口;11—液体出口;12—裙座;13—检查孔

① 按操作压力分　加压塔、常压塔及减压塔。
② 按单元操作分　精馏塔、吸收塔、解吸塔、萃取塔、反应塔、干燥塔等。
③ 按塔内件的结构分　填料塔、板式塔。

但工程中最常用的是按塔的内件结构分类，即板式塔（图 8-1）和填料塔（图 8-2）两大类。

在板式塔中，塔内装有一定数量的塔盘，气体自塔底向上以鼓泡喷射的形式穿过塔盘上的液层，使两相密切接触，进行传质。两相的组分浓度沿塔高呈阶梯式变化。

在填料塔中，塔内装填一定高度的填料。液体自塔顶沿填料表面向下流动，作为连续相的气体自塔底向上流动，与液体进行逆流传质。两相的组分浓度沿塔高呈连续变化。

由图 8-1 及图 8-2 可见，无论是板式塔还是填料塔，它们的结构都由塔体、塔内件、支座、气液接管、除沫器、人孔或手孔、吊耳和吊柱等组成。

① 塔体即塔设备的外壳　塔体一般由等直径、等厚度的圆筒及上、下封头组成。对于大型塔设备，为了节省材料也有采用不等直径、不等厚度的塔体。塔设备通常安装在室外，因而塔体除了承受一定的操作压力（内压或外压）、温度外，还要考虑风载、地震载荷、偏心载荷。此外还要满足在试压、运输及吊装时的强度、刚度及稳定性要求。

② 支座　塔体支座是塔体与基础的连接结构。因为塔设备较高、质量较大，为保证其足够的强度及刚度，通常采用裙式支座。

③ 除沫装置　用于捕集夹带在气流中的液滴。除沫装置工作性能的好坏对除沫效率、分离效果都具有较大的影响。

④ 接管　用于连接工艺管线，使塔设备与其他相关设备相连接。按其用途可分为进液管、出液管、回流管、进气管、出气管、侧线抽出管、取样管、仪表接管、液位计接管等。

⑤ 人孔或手孔　为安装、检修、检查等需要，往往在塔体上设置人孔或手孔。不同的塔设备，人孔或手孔结构及位置等要求不同。

⑥ 吊耳　塔设备的运输和安装，特别是在设备大型化后，往往是工厂基建工地上一项举足轻重的任务。为起吊方便，可在塔设备上焊上吊耳。

⑦ 吊柱　安装于塔顶，主要用于安装、检修时吊运塔内件。

任务训练

一、填空

1. 化工生产中，塔设备的作用是：通过其内部构件使气（汽）-液相和液-液相之间充分接触，进行_____和_____。_____设备中完成。
2. 塔设备按操作压力分为：_____、_____及_____。
3. 塔设备按塔内件的结构分为：_____、_____。

二、判断

（　）1. 流体在塔内的流动阻力大，即流体通过塔设备的压力降小。
（　）2. 生产能力大，即气、液处理量大。
（　）3. 塔设备操作弹性大，则操作稳定。
（　）4. 塔设备按内件结构可分为：精馏塔、吸收塔、萃取塔、反应塔、干燥塔。
（　）5. 在设计或研制气液传质设备时，要求设备具有传质效率高、生产能力大、操作弹性宽、塔板压降小、结构简单等特点。

三、简答

1. 化工生产对塔设备的基本要求有哪些？
2. 板式塔、填料塔的基本结构各有哪些？

任务二 板式塔认知

任务描述

熟悉常见的板式塔的类型、性能、特点及应用；掌握板式塔内件结构及附件结构。

任务指导

板式塔是石油、化工生产中广泛采用的一种传质与传热设备，其结构如图 8-1 所示。在塔内部装有相隔一定间距的多层开孔塔板，气、液两相是在塔板上逐级接触进行传质的。气体从塔底进气管进入塔内，以鼓泡或喷射形式穿过塔盘上液层，与塔盘上的液层逐级进行传质，最后从塔顶导出；而液体则从塔顶进液管进入，依靠自身的重力逐级从塔板顶部顺塔而下，最后从塔底部出料管流出。气相与液相组分沿塔高呈阶梯式变化。

一、板式塔类型

板式塔的塔盘结构是决定塔特性的关键，按照塔盘上传质元件的不同，可以将板式塔分为：泡罩塔、浮阀塔、筛板塔、舌形及浮动舌形塔等，目前主要使用的塔型是浮阀塔和筛板塔。

1. 泡罩塔

泡罩塔是工业上最早使用的塔型，尽管近几十年来塔设备的发展出现了很多性能良好的新塔型，使泡罩塔的使用范围和在塔设备中的使用比例有所减少，但泡罩塔并不因此而失去其应用价值，目前仍被广泛应用于精馏、吸收等传质过程。

泡罩塔的优点是操作稳定可靠，操作弹性大，在负荷变化范围较大时仍能保持较高的效率；不易堵塞，能适应多种介质；生产能力大，多用于大型生产。

其缺点在于结构复杂，造价高，安装维修麻烦以及气相压降较大，在常压或加压下操作，压降虽然高些，但并不是主要问题。无泄漏，不易堵塞，能适应多种介质。

泡罩塔的主要结构包括泡罩、升气管、溢流管及降液管等。泡罩塔盘上气液接触的状况，如图 8-3 所示。液体由上层塔盘通过左侧的降液管，从 A 处流入塔盘，然后横向流过塔盘上布置泡罩的区段 BC，此处是塔盘的气液接触区（或称鼓泡区）；CD 段用于初步分离液体中夹带的气泡，接着液体流过出口堰进入右侧的降液管。在堰板上方的液层高度 h_0，称为堰上液流高度。在降液管中，被夹带的气体分离出来，上升返回塔盘上，清液则流往下层塔盘。与此同时，气体则从下层塔盘上升，进入泡罩的升气管中，通过环形回转通道，再经泡罩的齿缝分散到泡罩间的液层中去。气体从齿缝中流出时搅动了塔盘上的液体，使液层上部变成泡沫层。气泡离开液面时，破裂成带有液滴的气体，小液滴相互碰撞合并成大液滴，又落回液层。气体从下层塔盘经泡罩进入液层，并在继续上升过程中，与所接触的液体发生传热与传质。气体通过每层塔盘，其流动过程所引起的压头损失，称为每层塔板的气体压力降。

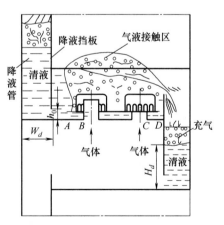

图 8-3 泡罩塔盘上气液接触情况

泡罩是泡罩塔板最主要的部件，品种很多，目前应用最多的形式是具有矩形或梯形齿缝，底部有圆圈、结构可拆的圆形泡罩，如图 8-4 所示。图 8-4（a）为矩形齿缝泡罩，图 8-4（b）为敞开式齿缝泡罩。

圆形泡帽有 ϕ80mm、ϕ100mm、ϕ150mm 等几种规格，现已标准化（JB/T 1212）。安装时应保证升气管及泡帽齿缝顶部在同一水平面上，以保证全塔盘鼓泡均匀。

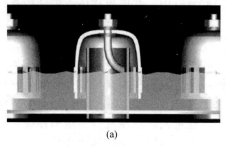 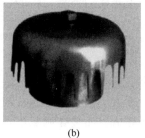

图 8-4　圆形泡罩

2. 筛板塔

筛板塔也是很早出现的一种板式塔，其塔板结构如图 8-5 所示。塔板上开有许多均匀的小孔，孔径一般为 ϕ(3~8)mm，筛孔在塔板上为正三角形排列。塔板上设置溢流堰，使板上能保持一定厚度的液层，见图 8-6。操作时，气体经筛孔分散成小股气流，鼓泡通过液层，气液间密切接触而进行传热和传质。在正常的操作条件下，通过筛孔上升的气流，应能阻止液体经筛孔向下泄漏。

筛板的优点是结构简单、造价低，板上液面落差小，气体压降低，生产能力大，传质效率高。其缺点是筛孔易堵塞，不宜处理易结焦、黏度大的物料。

筛板塔的设计和操作精度要求较高，过去工业上应用较为谨慎。近年来，由于设计和控制水平的不断提高，筛板塔的操作非常精确，故应用日趋广泛。

图 8-5　筛孔塔板

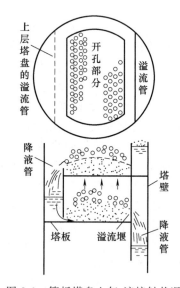

图 8-6　筛板塔盘上气-液接触状况

3. 浮阀塔

浮阀塔是 20 世纪 50 年代前后开发和应用的。它是当今应用最广泛的塔型之一，并因具有优异的综合性能,在设计和选用塔型时常是被首选的板式塔。大型浮阀塔的塔径可达 10m,塔高达 83m,塔板数可达数百块之多。

浮阀塔塔盘上开有一定形状的阀孔,孔中安装有浮阀。浮阀是浮阀塔的气、液接触元件,浮阀下部有三条阀腿,装入塔板上的阀孔后,可用工具将阀腿拧转 90°,使浮阀只能做不脱离塔板的上下运动。由于浮阀可在适当范围内上下浮动,因而可适应较大的气相负荷的变化。

浮阀塔盘操作时气、液两相的流程与泡罩塔相似,气体从阀孔上升,顶开阀片,穿过环形缝隙,然后以水平方向吹入液层,形成泡沫。浮阀能随气速的增减在相当宽的气速范围内自由升降,以保持稳定的操作。显然,浮阀塔上浮阀的开启高度是随塔内气压的变化而变化的,当气压较大时,浮阀开启较大,反之较小,因此,我们认为浮阀塔具有比较好的操作弹性。

浮阀的类型很多,常用的浮阀类型如图 8-7 所示。我国已大量采用四种盘形浮阀,最常用的是 F-1 型浮阀(国外称为 V-1 型),已标准化,其结构如图 8-8 所示。

F-1 型浮阀

十字形浮阀

条形浮阀

图 8-7 浮阀的几种型式

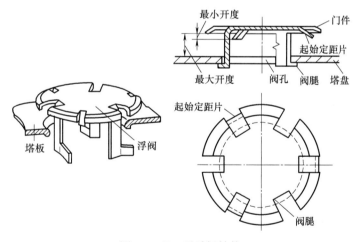

图 8-8 F-1 型浮阀结构

浮阀塔之所以得到广泛应用,是由于它具有下列特点。

① 处理能力大 浮阀在塔盘上可以安排得比泡罩更紧凑。因此浮阀塔盘的生产能力可比圆形泡罩塔盘提高约 20%~40%。

② 操作弹性大 浮阀的开启高度大小随塔内气压的变化而变化,能在较宽的范围内保持高效率。其操作弹性比筛板和舌形塔盘大得多。

③ 塔板效率高 由于气、液接触状态良好,且气流基本上是以水平方向吹入液层,故雾沫夹带较少。因此塔板效率较高,通常情况下比泡罩塔高出 15% 左右。

④ 压力降小 气流通过浮阀时,只有一次收缩、扩大及转弯,故压力降比泡罩塔低。

4. 舌形塔及浮动舌形塔

舌形塔属于喷射形塔。20世纪60年代开始应用。它是在塔盘板上开有与液流同方向的舌形孔（图8-9），舌片与板面成一定角度，向塔板的溢流出口侧张开。舌片与板面成一定角度，有18°、20°、25°三种，常用的为20°，舌片尺寸有50mm×50mm和25mm×25mm两种。舌孔按正三角形排列，塔板上的液流出口不设溢流堰，只保留降液管，降液管截面积要比一般塔板设计得大些。

操作时，上升气流穿过舌孔后，以较高的速度（20～30m/s），沿舌片的张角向斜上方喷出。从上层塔板降液管流出的液体，流过每排舌孔时，为喷出的气流强烈扰动而形成泡沫体，并有部分液滴被斜向喷射到液层上方，喷射的液流冲至降液管上方的塔壁后流入降液管中，流到下一层塔板。

蒸气经舌形孔流出时，其沿水平方向的分速度促进了液体的流动，因而在大液量时也不会产生较大的液面落差。由于气、液两相呈"并流"流动，这就大大减少了雾沫夹带。当舌形孔气速提高到某一定值时，塔盘上的液体被气流喷射成滴状和片状，从而加大了气、液接触面积。与泡罩塔相比，其优点是：液面落差小，塔盘上液层薄，持液量少，压力降小（约为泡罩塔盘的33%～50%），处理能力大，塔盘结构简单，钢材可省12%～45%，且安装维修方便。其缺点是：操作弹性小，塔板效率低，因此使用上受到一定限制。

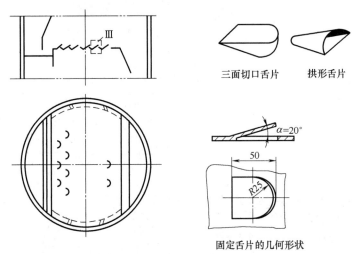

图 8-9　舌形塔盘及舌孔形状

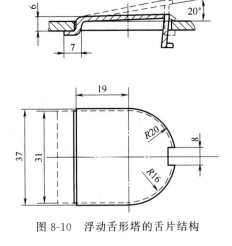

图 8-10　浮动舌形塔的舌片结构

浮动舌形塔盘也是一种喷射塔盘，它在塔盘孔内装设了可以浮动的舌片，其结构如图8-10所示，其一端可以浮动，最大张角约20°。舌片厚度一般为1.5mm，质量约为20g。这种舌片综合了浮阀及固定舌片的结构特点：既保留了舌形塔倾斜喷射的结构特点，又具有浮阀塔盘操作弹性好的优点。因此，浮动舌形塔具有处理量大、压降小、雾沫夹带少、操作弹性大、稳定性好、塔板效率高等优点；其缺点是操作过程中浮动舌容易磨损而损坏。

5. 各种塔形性能比较

各种塔形性能比较见表8-1。

表 8-1　各种塔形性能比较

塔形	相对气相负荷	效率	操作弹性	单板压降/mm 水柱	相对价格	可靠性
泡罩塔	1.0	良	超	45～80	1.0	优
浮阀塔	1.3	优	超	45～60	0.7	良
筛板塔	1.3	优	良	30～50	0.7	优
舌形塔	1.35	良	超	40～70	0.7	良
栅板塔	2.0	良	中	25～40	0.5	中

注：表中相对气相负荷和相对价格指与泡罩塔相比，单板压降为 85％最大负荷下 mm 水柱值（1mm 水柱＝9.8Pa）。

二、板式塔结构

（一）塔盘结构

板式塔的塔盘主要分为两类，即溢流型和穿流型。溢流型塔盘具有降液管，塔盘上的液层高度由溢流堰高度调节，操作弹性较大，能保持一定的效率。穿流型塔盘，气、液两相同时穿过塔盘上的孔，处理能力大，压力降小，但其操作弹性及效率较差。下面仅介绍溢流型塔盘的结构。

塔盘按其塔径的大小及塔盘的结构特点可分为整块式塔盘及分块式塔盘。当塔径 DN≤800mm 时，采用整块式塔盘；塔径 DN≥900mm 时，宜采用分块式塔盘。

1. 整块式塔盘

整块式塔盘用于直径不超过 800mm 的塔，因塔径小，人无法进入塔内安装塔件，所以整个塔由若干个塔节组成，每个塔节中安装若干层塔板，塔节之间用法兰和螺栓连接。整块式塔盘根据组装方式不同可分为定距管式及重叠式两类。

（1）定距管式塔盘

定距管式塔盘结构如图 8-11 所示。塔盘由拉杆和定距管固定在塔节内的支座上，定距管起支承塔盘并保持塔盘间距的作用。塔盘与塔壁之间的间隙，用填料（如石棉绳）密封，并用压圈压紧，以保证密封。塔节高度随塔径而定。当塔径 DN＝300～500mm 时，塔节长度 L＝800～1000mm；当塔径 DN＝500～800mm 时，塔节长度 L＝1200～1500mm；当塔径 DN≥800mm 时，人可进塔内安装，塔节长度 L＝2500～3000mm；每个塔节安装的塔盘数一般不超过 5～6 层，以免受拉杆长度所限，出现安装困难，故单个塔节长度不应超过 3000mm。塔盘板的厚度根据介质的腐蚀性和塔盘的刚度决定。对碳钢，塔盘板厚度可取 3～5mm。对不锈钢，塔盘板厚度可取 2～3mm。

（2）重叠式塔盘

重叠式塔盘的结构如图 8-12 所示，在每一塔节的下部焊有一组支座，底层塔盘支承在支座上，然后依次装入上一层塔盘，塔盘间距由其下方的支柱保证，并可用三只调节螺钉来调节塔盘的水平度。塔盘与塔壁之间的缝隙用填料密封，并拧紧螺母压紧压板及压圈。

（3）整块式塔盘的安装结构形式

① 角焊结构　角焊结构如图 8-13 所示。这种结构是将塔盘圈角焊于塔盘板上。角焊缝为单面焊，焊缝可在塔盘圈的外侧，也可在内侧。当塔盘圈较低时，采用图 8-13（a）所示的结构，而塔盘圈较高时，则采用图 8-13（b）所示的结构。角焊结构简单，制造方便，但在制造时，要求采取有效措施，减小因焊接变形而引起的塔板不平整度。

② 翻边结构　如图 8-14 所示为翻边式结构，这种结构的塔盘圈直接取塔板翻边而形成，因此，可避免焊接变形。如直边较短，则可整体冲压成型，如图 8-14（a）所示，反之可将塔盘圈与塔板对接焊而成型，如图 8-14（b）所示。

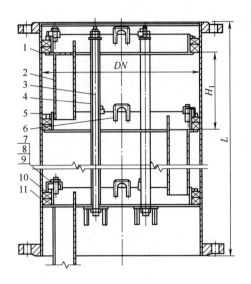
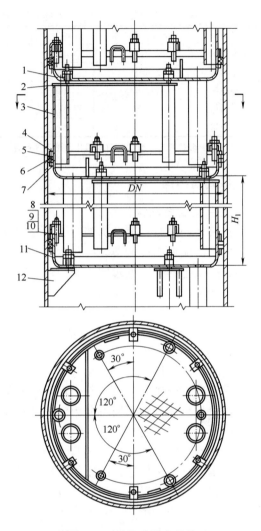

图 8-11 定距管式塔盘结构

1—塔盘板；2—降液管；3—拉杆；4—定距管；
5—塔盘圈；6—吊耳；7—螺栓；8—螺母；
9—压板；10—压圈；11—石棉绳

图 8-12 重叠式塔盘结构

1—调节螺栓；2—支承板；3—支柱；4—压圈；
5—塔盘圈；6—填料；7—支承圈；8—压板；
9—螺母；10—螺柱；11—塔盘板；12—支座

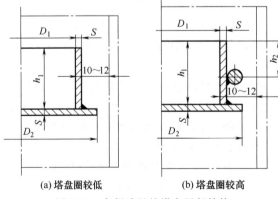

图 8-13 角焊式整块塔盘局部结构

(a) 塔盘圈较低　(b) 塔盘圈较高

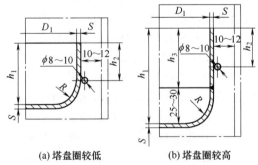

图 8-14 翻边式整块塔盘局部结构

(a) 塔盘圈较低　(b) 塔盘圈较高

确定整块式塔盘的结构尺寸时，塔盘圈高度 h_1 一般可取 70mm，但不得低于溢流堰的高度。塔盘圈上密封用的填料支承圈用 $\phi(8\sim10)$ mm 的圆钢弯制并焊于塔盘圈上。塔盘圈外表面与塔内壁面之间的间隙一般为 10～12mm。圆钢填料支承圈距塔盘顶面的距离 h_2 一般可取 30～40mm，视需要的填料层数而定。

(4) 整块式塔盘的密封结构

整块式塔盘与塔内壁环隙的密封采用软填料密封，软填料可采用石棉线和聚四氟乙烯纤维编织，填料由压板、压圈压紧，其密封结构如图 8-15 所示。

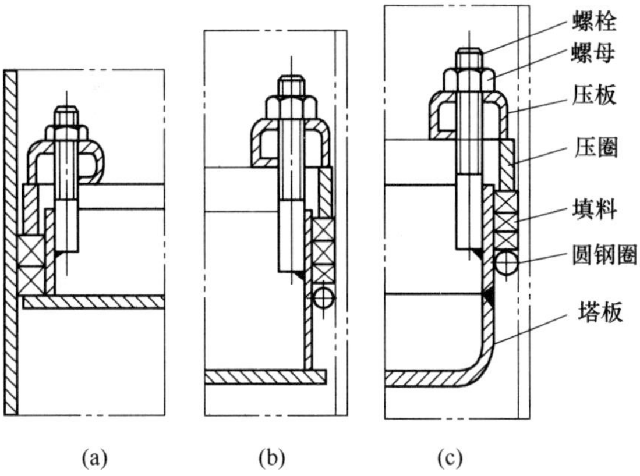

图 8-15 塔盘的密封结构

2. 分块式塔盘

当塔径达 900mm 时，宜用分块式塔盘，这样既便于制造又便于塔盘的安装与检修。分块式塔盘分为单溢流式和双溢流式两种形式。当塔径为 $\phi800\sim\phi2400$mm 时，采用单溢流塔盘，如图 8-16 所示为一种单溢流分块式塔盘的结构；当塔径大于 $\phi2400$mm 时，采用双溢流塔盘，如图 8-17 所示为一种双溢流分块式塔盘的结构。分块式塔盘通过人孔送入塔内，装在焊于塔体内壁的塔盘支承件上。分块式塔盘的塔体，通常为焊制整体圆筒，不分塔节。

塔盘的分块应结构简单，装拆方便，具有足够的刚性，且便于制造、安装和维修。分块的塔盘板多采用自身梁式或槽式，常用自身梁式，如图 8-18 所示，由于将分块的塔盘板冲压成带有折边，其有足够的刚性，这样既可使塔盘结构简单，又可以节省钢材。使用最多的是自身梁式。

为进行塔内清洗和维修，使人能进入各层塔盘，在塔盘板接近中央处设置一块通道板。各层塔盘板上的通道板最好开在同一垂直位置上，以利于采光和拆卸，见图 8-16。有时也可用一块塔盘板代替通道板。在塔体的不同高度处，通常开设有若干个人孔，人可以从上方或下方进入。因此，通道板应为上、下均可拆的连接结构。

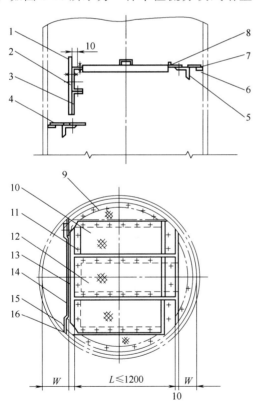

图 8-16 单溢流分块式塔盘支承结构

1—出口堰；2—上段降液板；3—下段降液板；4—受液盘；
5—支承梁；6—支承圈；7—受液盘；8—入口堰；
9—塔盘边板；10—塔盘板；11—紧固件；12—通道板；
13—降液板；14—出口堰；15—紧固件；16—连接板

(二) 溢流装置

溢流装置主要包括溢流堰、降液管和受液盘。

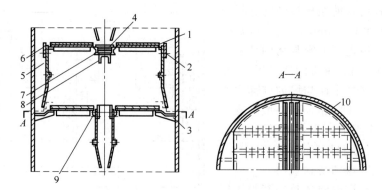

图 8-17 双溢流分块式塔盘支承结构

1—塔盘板；2—支承板；3—筋板；4—中心降液板（组合件）；5—两侧降液板；
6—可调节的溢流堰板；7—主梁；8—支座；9—压板；10—支承圈

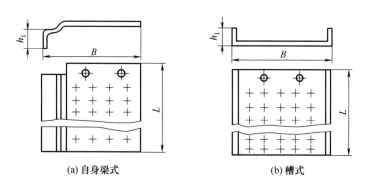

图 8-18 自身梁式与槽式塔板

1. 降液管

降液管的作用是将进入其内部的含有气泡的液体进行气液分离，使清液进入下一层塔盘。常见的降液管有圆形和弓形两种，如图 8-19 和图 8-20 所示，其中图 8-19（b）中降液管兼作溢流堰。圆形降液管通常用于液体负荷低或塔径较小的场合，弓形降液管适用于大液

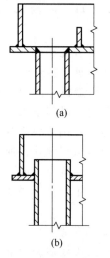

图 8-19 圆形降液管结构

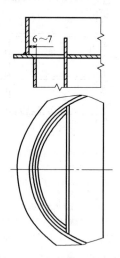

图 8-20 弓形降液管结构

量及大直径的塔。降液管的形状和大小也与回流量有关，同时还取决于液体在降液管内的停留时间。

在确定降液管的结构尺寸时，应该使夹带气泡的液流进入降液管后具有足够的分离空间，能将气液分离出来，从而仅有清液流往下层塔盘。为了更好地分离气泡，一般取液体在降液管内的停留时间为 3～5s，由此而决定降液管的尺寸。

为了防止气体从降液管底部窜入，降液管必须有一定的液封高度 h_w，如图 8-21 所示。降液管底端到下层塔盘受液盘的间距 h_0 应低于溢流堰高度 h_w，通常取 $(h_w - h_0) = 6 \sim 12$mm。大型塔不小于 38mm。

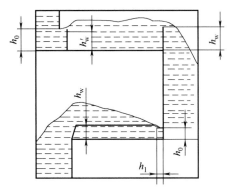

图 8-21 降液管的液封结构

2. 溢流堰

溢流堰的作用主要是使塔盘上始终保持有均匀高度的液层，并且使塔盘上的液体能均匀溢出。它分为平直堰、齿形堰及可调节堰三种。一般堰长可取为塔径的 0.6～0.8 倍，出口堰一般用平直堰，当液流量很小或堰上溢流高度小于 6mm 时采用齿形堰；堰的高度根据不同的板型以及液体负荷而定，常见高度为 50mm。入口堰主要是为了减少液体在入口处冲出而影响塔板液体的流动。

(1) 平直堰

当液体的溢流量比较大时，可以采用平直堰。对于平直堰我们一般要求其堰上液层高度大于 6mm，图 8-22 为平直堰的结构示意图。它是由直径为 8mm 的圆钢或小角钢焊接在塔盘上构成的。平直的出口堰是用角钢或钢板弯成 90°与塔盘构成固定式或可拆式结构。

(2) 齿形堰

当液体流量小，堰上液体高度小于 6mm 时，为了避免液体流动不均匀，可以采用齿形堰，如图 8-23 所示。

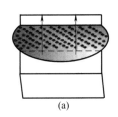  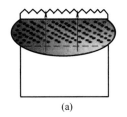 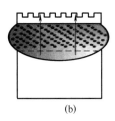

(a)   (b)   (a)   (b)

图 8-22 平直堰   图 8-23 齿形堰

3. 受液盘

受液盘的作用是保证降液管出口处的液封。受液盘有平板形和凹形两种结构形式，如图 8-24 所示，一般多采用凹形。因为凹形受液盘不仅可以缓冲降液管流下的液体冲击，减少因冲击而造成的液体飞溅，而且当回流量很小时也具有较好的液封作用。同时能使回流液均匀地流入塔盘的鼓泡区。

(三) 进出料装置

1. 进料管

液体进料管可直接引入加料板。为使液体均匀通过塔板，减少进料波动带来的影响，通常在加料板上设进口堰，结构如图 8-25 所示，其中图 8-25 (a) 为直管形式，图 8-25 (b)

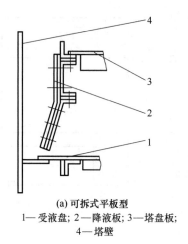
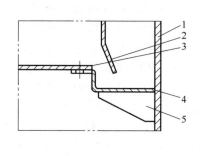

(a) 可拆式平板型
1—受液盘；2—降液板；3—塔盘板；
4—塔壁

(b) 凹形受液盘
1—塔壁；2—降液板；3—塔盘板；
4—受液盘；5—筋板

图 8-24 受液盘结构形式

为弯管形式。气体进料管一般做成 45°的切口，以使气体分布较为均匀，如图 8-26（a）所示。当塔径较大或对气体分布均匀要求较高时，可采用较复杂的结构，如图 8-26（b）所示。

气液混合进料时，可采用如图 8-27 所示结构，使加料盘间距增大，有利于气、液分离，同时保护塔壁不受冲击。

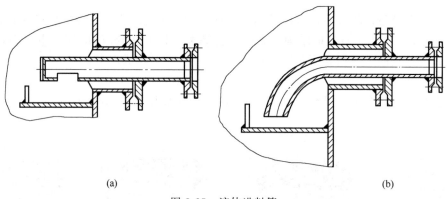

(a)   (b)

图 8-25 液体进料管

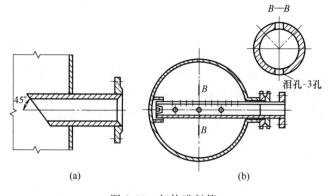

(a)   (b)

图 8-26 气体进料管

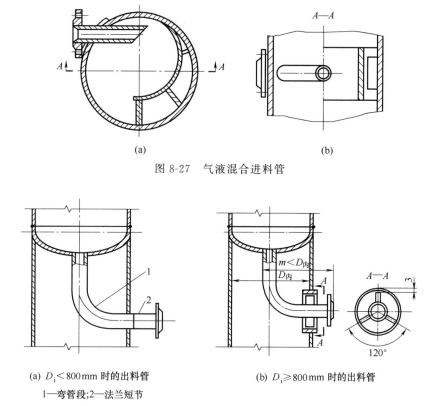

图 8-27 气液混合进料管

(a) $D_i<800mm$ 时的出料管
1—弯管段；2—法兰短节

(b) $D_i \geqslant 800mm$ 时的出料管

图 8-28 液体出料管

2. 出料管

塔底部的液体出料管结构如图 8-28 所示。塔径小于 800mm 时，采用图 8-28（a）的形式。为便于安装，先将弯管段焊在塔底封头上，再将支座与封头相焊接，最后焊接法兰短节。图 8-28（b）中，支座上焊有引出管，以使安装、维修方便，适用于直径大于 800mm 的塔。塔顶部气体出料管的直径不宜过小，以减小压降，避免夹带液滴。通常在出口处装设挡板，如图 8-29 所示。当液滴较多或对夹带液滴量有严格要求时，应安装除沫装置。

（四）除沫装置

在塔内操作气速较大时，会出现塔顶雾沫夹带，这不但造成物料的流失，也使塔的效率降低，同时还可能造成环境的污染。为了避免这种情况，需在塔顶设置除沫装置，从而减少液体的夹带损失，确保气体的纯度，保证后续设备的正常操作。常用的除沫装置有丝网除沫器、折流板除沫器及旋流除沫器。此外，还有将多孔材料、玻璃纤维以及干填料制成的除沫器等。

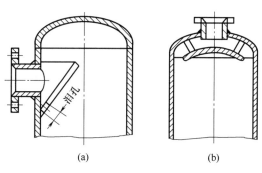

图 8-29 塔顶出料管

1. 丝网除沫器

丝网除沫器由丝网、格栅、支承结构等构成，丝网多用标准丝网制成，其材质可根据介质的腐蚀性选择，常用的有镀锌铁丝网、不锈钢丝网、铜丝网、尼龙丝网和聚四氟乙烯丝网等。当选用的除沫器直径较小且与出口管径相近时，可采用如图 8-30 所示结构和安装形式；

当除沫器直径较大而接近塔径时,可采用图 8-31 所示结构和安装形式。

丝网除沫器已有系列产品,目前国内有两种除沫器,一种为网块固定在设备上(HG/T 21618—1998《丝网除沫器》,固定丝网除沫器按结构又分为上装式和下装式;一种为网块可以抽出清洗或更换(HG/T 21586—1998《抽屉式丝网除沫器》)。在选用时可根据介质情况、塔径、工艺要求等查阅上述资料,结合两种丝网除沫器的网块特性确定其丝网材料和具体结构形式。

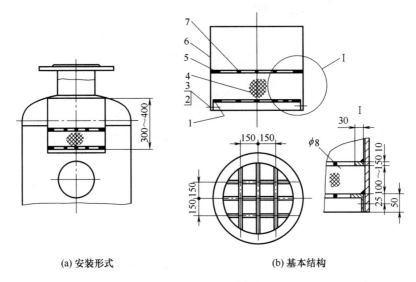

图 8-30 小型丝网除沫器
1—角钢圈;2—螺母;3—螺栓;4—丝网;5—扁钢圈;6—筒体;7—格栅

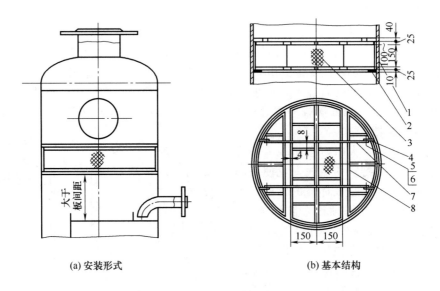

图 8-31 大型丝网除沫器
1—塔体;2—支承圈;3—丝网;4—支耳;5—螺栓;6—螺母;7—压板;8—栅板

丝网除沫器具有比表面积大、质量轻、孔隙率大、使用方便、除沫效率高、压力降小等特点,因而是应用最广泛的除沫装置。但丝网除沫器只适用于清洁的气体,不宜用于液滴中含有或易析出固体物质的场合(如碱液、碳酸氢钠溶液等),以免液体蒸发后留下固体堵塞丝网。当雾沫中含有少量悬浮物时,应注意经常冲洗。

合理的气速是除沫器取得较高的除沫效率的重要因素。气速太低,雾滴没有撞击丝网;气速太大,聚集在丝网上的雾滴不易降落,又被气流重新带走。实际使用中,常用的设计气速为 1~3m/s。

2. 折流板除沫器

折流板除沫器,如图 8-32 所示。折流板由 50mm×50mm×3mm 的角钢制成。夹带液体的气体通过角钢通道时,由于碰撞及惯性作用而达到截留及惯性分离。分离下来的液体由导液管与进料一起进入分布器。这种除沫装置结构简单,不易堵塞,但金属消耗量大,造价较高。

3. 旋流除沫器

旋流除沫器是一种离心分离式的除沫器,其结构如图 8-33(a)所示,在塔体中的安装如图 8-33(b)所示。夹带液沫的气体通过叶片时产生旋转运动,在离心力的作用下将液滴甩至器壁而分离。旋流板除沫器通常用于分离含有较大液滴或颗粒的气液分离,有关资料显示,在分离液滴粒径大于 $18\mu m$ 的雾沫时,除沫效率可到 99% 以上。

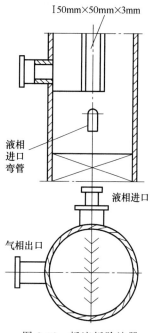

图 8-32 折流板除沫器

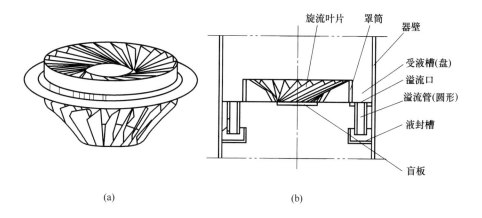

图 8-33 旋流除沫器的结构及安装

📝 任务训练

一、填空

1. _____ 的作用是保持塔盘板上一定的液层高度,促使液流均匀分布。
2. 定距管式塔盘通过 _____ 和 _____ 固定在塔内的支座上。
3. 重叠式塔盘的塔盘间距由焊在塔盘下的 _____ 保证。
4. 气相通过筛孔的气速较小时,板上部分液体就会从孔口直接落下,这种现象称为 _____。
5. 溢流装置包括:_____、_____、_____。

二、判断

(　　)1. 泡罩塔的特点是结构复杂,操作稳定,操作弹性大。
(　　)2. 塔设备气体进料管一般做成 45° 的斜切口,以使气体分布较均匀。
(　　)3. 分块式塔盘分为拉杆-定距管式和重叠式两种。

(　　) 4. 旋流板除沫器是一种离心分离式的除沫器,在离心力的作用下将液滴甩至器壁而分离。

三、选择

1. 下列塔设备操作弹性最小的是(　　)。
   A. 筛板塔　　B. 浮阀塔　　C. 泡罩塔　　D. 舌形塔
2. 对于泡罩塔,下列叙述中正确的是(　　)。
   A. 操作稳定性好　B. 制造成本低　C. 结构简单　D. 生产能力大
3. 以下几类塔板中,单板压降最小的是(　　)。
   A. 筛孔塔板　B. 泡罩塔板　C. 浮阀塔板　D. 舌形塔板
4. 高大的直立塔设备选用(　　)。
   A. 悬挂式支座　B. 裙式支座　C. 支承支座　D. 圈座
5. 塔完成传质、传热过程的主要部件是(　　)。
   A. 塔壁　　B. 塔盘　　C. 降液管　　D. 受液盘
6. 板式塔分块式塔盘常采用冲压成带有折边的自身梁式结构,其优点是(　　)。
   A. 安装方便　B. 提高刚度　C. 拆卸方便　D. 以上均是
7. 大型塔设备塔体间的连接常选择(　　)。
   A. 焊接　　B. 螺纹连接　　C. 法兰连接　　D. 填料函连接
8. 分块式塔盘采用自身梁式或槽式,主要目的是提高(　　)。
   A. 强度　　B. 刚度　　C. 韧性　　D. 塑性
9. 板式塔中的分块式塔板必须有(　　)是通道板。
   A. 一块　　B. 两块　　C. 三块　　D. 四块
10. 根据液体回流量和气液比,液体在塔板上的流动常采取不同形式。当回流量较大,塔径也较大时,为了减少塔盘上液体的停留时间,常采用(　　)。
    A. 单溢流　B. U形流　　C. 双溢流　　D. 溢流堰
11. 舌形塔舌片与板面成一定角度,向塔板的溢流出口侧张开,该角度常用的是(　　)。
    A. 18°　　B. 20°　　C. 25°　　D. 30°
12. 小型塔设备塔体间的连接常选择(　　)。
    A. 焊接　　B. 法兰连接　　C. 螺纹连接　　D. 填料函连接

四、简答

1. 简述泡罩、筛板、浮阀、舌形及浮动舌形塔的性能特点。
2. 简述降液管、溢流堰及受液盘的作用。
3. 简述除沫装置的作用。

任务三　填料塔认知

🞧 任务描述

认识各类填料的特点、性能及其选用,熟悉填料塔的基本结构。

🞧 任务指导

一、填料塔的总体结构及工作过程

如图 8-34 所示,填料塔由塔体、喷淋装置、填料、液体再分布器、填料支承装置、卸料口、支座以及各工艺接管等部件组成。

填料塔的内部装填有一定高度的填料,塔内填料是气液接触和传质的元件。液体自塔顶进口管处流下,在填料表面呈膜状自上而下地流动,气体呈连续相自下而上与液体作逆流流动,在填料表面充分接触进行气液两相间的传质和传热。
传质与传热效果很大程度上决定于气、液两相能否充分地
接触。

二、填料

填料一般可以分为散装填料及规整填料两大类。它为
气、液两相接触进行传质和传热提供了表面,是填料塔的
核心内件,与塔的其他内件共同决定了填料塔的性能。

1. 散装填料

散装填料是指安装以乱堆为主的填料,也可以整砌。
这种填料是具有一定外形结构的颗粒体,故又称颗粒填料。
根据其形状,这种填料可分为环形、鞍形及环鞍形。每一
种填料按其尺寸、材质的不同又有不同的规格。

(1) 环形填料

① 拉西环 最原始的填料塔是以碎石、砖块、瓦砾等
无定形物作为填料的。1914 年拉西(F. Rasching)发明了
具有固定几何形状的拉西环瓷制填料。拉西环是高度与外
径相等的圆柱体,如图 8-35 所示,大小一般在 6~150mm
之间,厚度在满足机械强度要求时可尽量薄。与无定形填
充物的填料塔相比,其流体通量与传质效率都有了较大的提高。

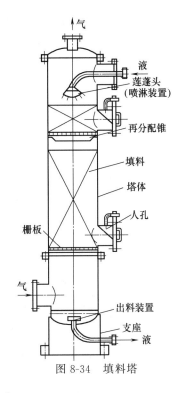

图 8-34 填料塔

拉西环可由陶瓷、金属、塑料等制成,其规格以外径为特征尺寸。大尺寸的拉西环
(100mm 以上)一般采用整砌方式装填。小尺寸的拉西环(75mm 以下)多采用乱堆方式填
充。乱堆的填料间容易产生架桥,使相邻填料外表面间形成线接触,填料层内形成积液及液
体的偏流、沟流、股流等。此外,由于填料层内滞液量大,气体通过填料层绕填料壁而流动
时折返的路程较长,因此阻力较大,通量较小。但由于这种填料具有较长的使用历史,结构
简单,价格便宜,所以在相当长一段时间内应用比较广泛。

② θ环、十字环填料 在拉西环内分别增加一竖直隔板及十字隔板而成,如图 8-36 所
示。与拉西环相比,表面积增加,分离效率提高,但传质效率改善不明显。

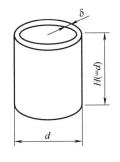

图 8-35 拉西环

(a)

(b)

图 8-36 θ环、十字环填料

(2) 开孔环形填料

开孔环形填料是在环形填料的环壁上开孔,使断开窗口的孔壁形成一个具有一定曲率指
向环中心的内弯舌片。这种填料既充分利用了环形填料的表面又增加了许多窗孔,从而大大
改善了气、液两相物料通过填料层时的流动状况,增加了气体通量,减少了气相的阻力,增

加了填料层的湿润表面,提高了填料层的传质效率。

① 鲍尔环填料　鲍尔环填料是针对拉西环的一些缺点经改进而得到的,是高度与直径相等的开孔环形填料,在其侧面开有两层长方形的孔窗,每个孔的舌叶弯向环心,上下两层孔窗的位置错开的。孔的面积占环壁总面积的35%左右。鲍尔环一般用金属或塑料制成。图 8-37 为金属鲍尔环的结构。实践表明,同样尺寸与材质的鲍尔环与拉西环相比,其相对效率要高出30%左右,在相同的压力降下,鲍尔环的处理能力比拉西环增加50%以上,而在相同的处理能力下,鲍尔环填料的压力降仅为拉西环的一半。

② 阶梯环填料　阶梯环填料是20世纪70年代初期,由英国传质公司开发所研制的一种新型短开孔环形填料。其结构类似于鲍尔环,但其高度减小一半,且填料的一端扩为喇叭形翻边,如图 8-38 所示。这样不仅增加了填料环的强度,而且使填料在堆积时相互的接触由线接触为主变成为以点接触为主,从而增加了填料颗粒的空隙,减少了气体通过填料层的阻力,改善了液体的分布,提高了传质效率。目前,阶梯环填料可由金属、陶瓷和塑料等材料制造而成。

图 8-37　金属鲍尔环结构

图 8-38　阶梯环结构

（3）鞍形填料

鞍形填料类似马鞍形状,这种填料层中主要为弧形的液体通道,填料层内的孔隙率较环形填料连续,气体向上主要沿弧形通道流动,从而改善气液流动状况。

① 弧鞍形填料　弧鞍形填料形状如图 8-39 所示。这种填料虽然与拉西环比较性能有一定程度的改善,但由于相邻填料容易产生套叠和架空的现象,一部分填料表面不能被湿润,即不能成为有效的传质表面。目前基本被矩鞍形填料所取代。

② 矩鞍形填料　矩鞍形填料是一种敞开式的填料,它是在弧鞍形填料的基础上发展起来的。其形状如图 8-40 所示。它是将弧鞍填料的两端由圆弧改为矩形,克服了弧鞍填料容易相互叠合的缺点。在床层中相互重叠的部分较少,孔隙率较大,填料表面利用率高。

③ 改进型矩鞍填料　其特点是将原矩鞍填料的平滑弧形边缘改为锯齿状。在填料的表面增加褶皱,并开有圆孔,如图 8-41 所示。改进型矩鞍填料改善了流体的分布,增大了填

图 8-39　弧鞍形填料

图 8-40　矩鞍形填料

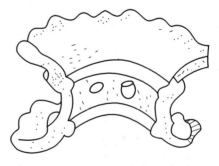

图 8-41　改进型矩鞍填料

料表面的润湿率,增强了液膜的湍动,降低了气体阻力,提高了处理能力和传质效率。

④ 金属环矩鞍填料 金属环矩鞍填料(图8-42)将开孔环形填料和矩鞍填料的特点相结合,既有类似于开孔环形填料的圆环、环壁外孔和内伸的舌片,又有类似于矩鞍填料的圆弧形通道。这种填料是用薄金属板冲制而成的整体环鞍结构,两侧的翻边增加了填料的强度和刚度。这种填料是一种开敞的结构,所以使流体的流量大、压力降低、滞留量小,有利于液体在填料表面分布及液体表面的更新,提高了传质性能。

图8-42 金属环矩鞍填料

2. 规整填料

在乱堆的散装填料塔内,气、液两相的流动路线往往是随机的,加之填料装填时难以做到各处均一,因而容易产生沟流等不良状况,从而降低塔的效率。规整填料是一种在塔内按均匀的几何图形规则、整齐地堆砌的填料,减少了沟流和壁流的现象,大大降低了压力降,提高了传热、传质的效果。规整填料的种类,根据其结构可分为丝网波纹填料及板波纹填料。

(1) 丝网波纹填料

金属丝网波纹填料由厚度为 0.1~0.25mm,相互垂直排列的不锈钢丝网波纹片叠合织成的盘状规整填料。相邻两片波纹的方向相反,在波纹网片间形成一相互交叉又相互贯通的三角形截面的通道网。波片的波纹方向与塔轴的倾角为 30°或 45°。每盘填料高为 40~300mm,如图8-43所示。用于制造丝网波纹填料的材料有金属,如不锈钢、铜、铝、铁、镍及蒙乃尔等,除此之外,还有塑料丝网波纹填料及碳纤维波纹填料。

图8-43 丝网波纹填料

图8-44 板波纹填料

(2) 板波纹填料

金属板波纹填料保留了金属丝网波纹填料几何规则的结构特点,所不同的是改用表面具有沟纹及小孔的金属板波纹片代替金属网波纹片,即每个填料盘内若干金属板波纹片相互叠合而成,相邻两波纹片间形成通道且波纹流道成 90°交错,上下两盘填料中波纹片的叠合方向旋转90°,其结构如图8-44所示。金属板波纹填料保留了金属丝网波纹填料压力降低、通量高、持液量小、气、液分布均匀等优点,传质效率也比较高,但其造价比丝网波纹填料要低得多。板波纹填料可分为金属、塑料及陶瓷板波纹填料三大类。

3. 填料的几何特性及性能评价

(1) 填料的几何特性

① 比表面积 a　单位体积填料层具有的填料表面积，m^2/m^3。填料的比表面积愈大，所提供的气液传质面积愈大，愈有利于传质。是评价填料性能优劣的重要指标。

操作中有部分填料表面不被润湿，以致比表面积中只有某个分率的面积是润湿面积。据资料介绍，填料真正润湿的表面积只占全部填料表面积的 20%～50%。有的部位填料表面虽然润湿，但液流不畅，液体有某种程度的停滞现象。这种停滞的液体与气体接触时间长，气液趋于平衡态，在塔内几乎不构成有效传质区。为此，需把比表面积与有效的传质比表面积加以区分。

② 空隙率 ε　单位体积填料层具有的空隙体积，m^3/m^3，该值越大则气体通过填料层的阻力就越小，故 ε 值以高为宜。

对于乱堆填料，当塔径与填料尺寸之比大于 8 时，因每个填料在塔内的方位是随机的，填料层的均匀性较好，这时填料层可视为各向同性，填料层的空隙率就是填料层内任一横截面的空隙截面分率。

③ 填料因子 ϕ　比表面积与空隙率三次方的比值，a/ε^3 称为干填料因子，1/m，它反映特定结构和尺寸填料的综合流体力学性能。当填料被液体润湿后，a 与 ε 均发生相应的变化，此时的 a/ε^3 称为湿填料因子，表示实际操作时填料的流体力学特性，其值由实验测定。填料因子值小表示流动阻力小，液泛速度可以提高。

④ 堆积密度 ρ_p　单位体积填料的质量，以 ρ_b 表示，kg/m^3。在机械强度允许的条件下，填料壁要尽量薄以减小堆积密度，这样既增大了空隙率又降低了成本。

⑤ 个数 n　单位体积填料层具有的填料个数。根据计算出的塔径与填料层高度，再根据所选填料的 n 值，即可确定塔内需要的填料数量。一般要求塔径与填料尺寸之比 $D/d<8$，以便气、液分布均匀。若 $D/d>8$，在近塔壁处填料层空隙率比填料层中心部位的空隙率明显偏高，会影响气、液的均匀分布。若 D/d 值过大，即填料尺寸偏小，气流阻力增大。

(2) 填料的性能评价

填料性能的优劣常根据效率、通量及压降三要素来衡量。在其他条件相同的情况下，比表面积愈大，气、液分布愈均匀，表面的润湿性能愈优良，传质效率愈高；空隙率愈大，则通量愈大，压降也愈低。

4. 填料的选择

填料是填料塔进行气、液接触的主要元件，它决定着填料塔的操作性能和传质效率。因此选择合适的填料至关重要，它包括填料类型的选择、填料材质的选择、填料尺寸规格的选择。

在选择填料时应从生产能力、物料性质、操作条件、传质效率、压降大小、安装、检修难易程度、填料价格及供应情况等方面进行综合考虑，以确定填料的类型、填料的材料以及填料的尺寸规格等，具体如下：

① 传质效率要高　一般而言，规整填料的传质效率高于散装填料。

② 通量要大　在保证具有较高传质效率的前提下，应选择具有较高泛点气速或气相动能因子的填料。

③ 填料层的压降要低。

④ 填料抗污堵性能强，拆装、检修方便。

(1) 填料类型的选择

填料类型的选择取决于工艺要求，生产能力（气量），容许压降，物料特性等因素。对填料性能的评价通常根据效率、通量及压降三要素衡量。在相同的操作条件下，填料的比表面积越大，气、液分布越均匀，表面的润湿性能越好，则传质效率越高；填料的空隙率越大，结构越开敞，则通量越大，压降亦越低。

(2) 填料材质的选择

① 陶瓷填料 陶瓷填料具有很好的耐腐蚀性及耐热性，陶瓷填料价格便宜，具有很好的表面润湿性能，质脆、易碎是其最大缺点。陶瓷填料一般用于腐蚀性介质，尤其是高温时，在气体吸收、气体洗涤、液体萃取等过程中应用较为普遍。

② 金属填料 金属填料可用多种材质制成，一般而言，金属填料耐高温但不耐腐蚀，选择时主要考虑腐蚀问题。碳钢填料造价低，且具有良好的表面润湿性能，对于无腐蚀或低腐蚀性物质应优先考虑使用；不锈钢填料耐腐蚀性强，能耐除 Cl^- 以外常见物质的腐蚀，但其造价较高，且表面润湿性能较差，在某些特殊场合（如极低喷淋密度下的减压精馏过程），需对其表面进行处理，才能取得良好的使用效果；钛材、特种合金钢等材质制成的填料造价很高，一般只在某些腐蚀性极强的物质下使用。一般来说，金属填料可制成薄壁结构，它的通量大、气体阻力小，且具有很高的抗冲击性能，能在高温、高压、高冲击强度下使用，应用范围最为广泛。

③ 塑料填料 塑料填料的材质主要包括聚丙烯（PP）、聚乙烯（PE）及聚氯乙烯（PVC）等，国内一般多采用聚丙烯材质。塑料填料的耐腐蚀性能较好，可耐一般的无机酸、碱和有机溶剂的腐蚀。其耐温性良好，可长期在 100℃ 以下使用。塑料填料质轻、价廉，具有良好的韧性，耐冲击、不易碎，可以制成薄壁结构。它的通量大、压降低，多用于吸收、解吸、萃取、除尘等装置中。塑料填料的缺点是表面润湿性能差，但可通过适当的表面处理来改善其表面润湿性能。

(3) 填料尺寸规格的选择

填料规格是指填料的公称尺寸或比表面积。

① 散装填料规格的选择 工业塔常用的散装填料主要有 DN16、DN25、DN38、DN50、DN76 等几种规格。同类填料，尺寸越小，分离效率越高，但阻力增加，通量减少，填料费用也增加很多。而大尺寸的填料应用于小直径塔中，又会产生液体分布不良及严重的壁流，使塔的分离效率降低。因此，对塔径与填料尺寸的比值要有一规定，一般塔径与填料公称直径的比值 D/d 应大于 8。

② 规整填料规格的选择 工业上常用规整填料的型号和规格的表示方法很多，国内习惯用比表面积表示，主要有 125、150、250、350、500、700 等几种规格，同种类型的规整填料，其比表面积越大，传质效率越高，但阻力增加，通量减少，填料费用也明显增加。选用时应从分离要求、通量要求、场地条件、物料性质及设备投资、操作费用等方面综合考虑，使所选填料既能满足技术要求，又具有经济合理性。

应该指出的是，一座填料塔可以选用同种类型，同一规格的填料，也可选用同种类型不同规格的填料；可以选用同种类型的填料，也可以选用不同类型的填料；有的塔段可选用规整填料，而有的塔段可选用散装填料。设计时可灵活掌握，根据技术、经济统一的原则来选择填料的规格。

三、填料支承装置

填料的支承装置安装在填料层的底部。主要用途是支承塔内的填料，同时又能保证气、液两相顺利通过。若设计不当，填料塔的液泛可能首先在填料支承装置上发生。

对填料支承装置的要求：对于普通填料，支承装置的自由截面积应不低于全塔面积的 50%，并且要大于填料层的自由截面积;具有足够的机械强度、刚度;结构要合理,利于气、液两相均匀分布,阻力小,便于拆装。常用的填料支承结构有栅板型支承和气、液分流型支承。

1. 栅板型支承

栅板是最常用的填料支承装置,用扁钢条和扁钢圈焊接而成,由相互垂直的栅条组成,结构简单,制造方便。其结构如图 8-45 所示。塔径较小时可采用整块式栅板,见图 8-45(a),大型塔则可采用分块式栅板,见图 8-45(b)。塔径小于 350mm 时,栅板可直接焊在塔壁上;塔径在 400~500mm 时,栅板需搁置在焊于塔壁的支持圈上。

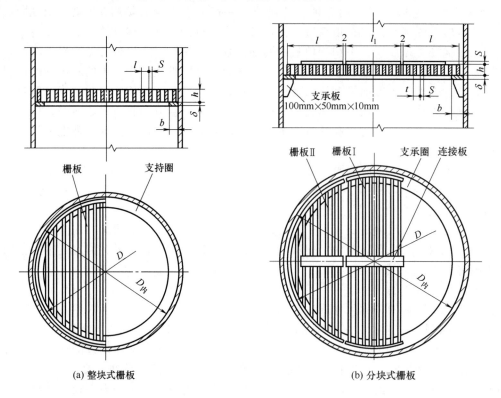

图 8-45 栅板结构

栅板支承的缺点是如将散装填料直接乱堆在栅板上,则会将空隙堵塞从而减少其开孔率,故这种支承装置广泛用于规整填料塔。

2. 气、液分流型支承

气、液分流型支承的特点是:为气体和液体提供了不同的通道,避免了栅板式支承中气、液从同一孔槽中逆流通过。这样既避免了液体在板上的积聚,又有利于液体的均匀再分配。常见的有驼峰式、孔管式等。

(1) 驼峰式

驼峰式支承装置是组合式的结构,其梁式单元体尺寸为宽 290mm,高 200mm,各梁式单元体之间用定距凸台保持 10mm 的间隙供排液用。驼峰上具有条形侧孔,如图 8-46 所示。图中各梁式单元体由钢板冲压成型。这种支承装置的特点是:气体通量大,液体负荷高,液体不仅可以从盘上的开孔排出,而且可以从单元体之间的间隙穿过。它是目前性能最优的散装填料的支承装置,且适用于大型塔,使用塔径可达 12m。

(2) 钟罩式

钟罩式填料支承装置,如图 8-47 所示。其特点是将位于支承板上的升气管上口封闭,在管壁上开长孔，因而气体分布较好，液体从支承板上的孔中排出，特别适用于塔体用法兰连接的小型塔。

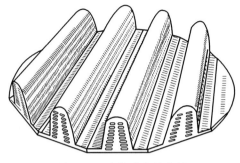

图 8-46 驼峰式支承装置

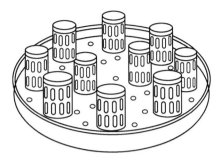

图 8-47 钟罩式支承装置

四、填料压紧装置

填料压紧装置如图 8-48 所示。它安装在填料层上端，作用是保持填料层为一高度固定的床层，从而保持均匀一致的空隙结构，使操作正常、稳定，防止在高压降、瞬时负荷波动等情况下，填料层发生松动或跳动。它分为以下几种。

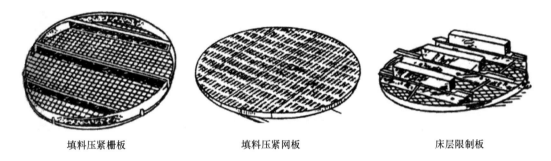

填料压紧栅板　　　　　　　填料压紧网板　　　　　　　床层限制板

图 8-48 填料压紧装置

① 填料压紧栅/网板　自由放置于填料上端，靠自身质量将填料压紧，它适用于陶瓷、石墨材质的散装填料。

② 床层限制板　固定在填料上端，主要是为了保持一固定高度的床层。

五、液体分布装置

填料塔操作要求液体沿同一塔截面均匀分布。为使液流分布均匀，液体在塔顶的初始分布须均匀。经验表明，对塔径为 750mm 以上的塔，每平方米塔横截面上应有 40~50 个喷淋点；对塔径在 750mm 以下的塔，喷淋点密度集至少应为 160 个/m^2 塔截面。填料塔中液体分布不均，将减少填料的润湿表面积，增加液体的沟流和壁流现象，直接影响填料的处理能力和分离效率。

理想的液体分布器，应该是液体分布均匀，自由面积大，操作弹性宽，能处理易堵塞、有腐蚀、易起泡的液体，各部件可通过人孔进行安装和拆卸。

液体分布器的安装位置，一般高于填料层表面 150~300mm，以提供足够的空间，让上升气流不受约束地穿过分布器。生产中，液体分布装备类型较多，按操作原理可分为喷洒型、溢流型、冲击型；按结构分为：管式、喷头式、槽式及盘式等。

1. 喷洒型液体分布装置

喷洒型液体分布装置是利用孔口以上液层产生的静压或管路的泵送压力，使液体注入塔内。喷洒型装置有单孔式和多孔式。

(1) 单孔式

单孔式结构如图 8-49 所示，利用塔顶进料管的出口或缺口直接喷洒料液，单孔式喷洒面积小，均匀性很差，只适用于塔径 DN<300mm 且对喷洒均匀性要求不高的场合。

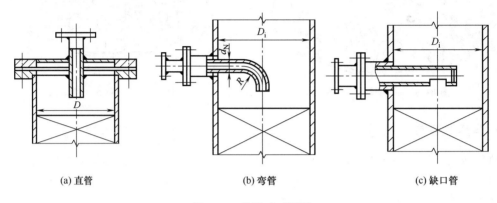

(a) 直管　　　　　　(b) 弯管　　　　　　(c) 缺口管

图 8-49　单孔式喷洒器

(2) 多孔式

多孔式喷洒装置液体分布均匀，并有足够大的气体通道，但喷淋小孔容易被堵塞和冲蚀，故常用在不含固体颗粒的清洁料液处理中，同时管路中还需设置管道过滤器。多孔式有许多形式，常用的有以下几种。

① 排管式分布器　排管式分布器有两种：一种是液体由水平主管的一侧或两侧流入，通过支管上的小孔喷洒在填料上，如图 8-50 所示；另一种是由垂直的中心管流入经水平主管通过支管上的小孔喷淋，如图 8-51 所示。排管式分布器的支管数和小孔数由液体负荷确定，小孔直径通常为 3~5mm，不小于 2mm，以免形成堵塞。

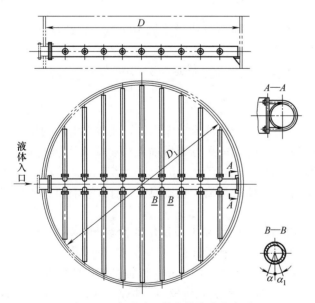

图 8-50　水平引入管的排管式分布器

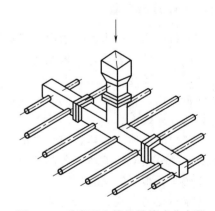

图 8-51　垂直引入管的排管式分布器

② 环管式分布器　环管式分布器与排管式分布器类似，如图 8-52 所示有单环管和多环管之分。其小孔直径为 3～8mm，最外层环管的中心圆直径一般取塔内径的 60%～80%，这种分布器结构简单，制造安装方便，但喷洒不够均匀，同样要求液体清洁而不含固体颗粒。

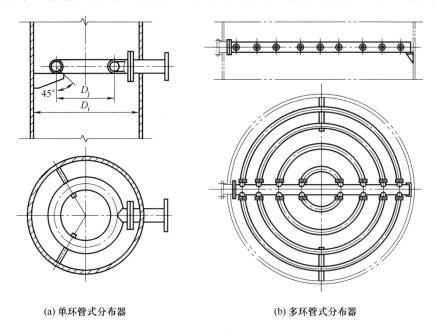

(a) 单环管式分布器　　　　(b) 多环管式分布器

图 8-52　环管式分布器

(3) 莲蓬头式喷淋器

莲蓬头式喷淋器的结构如图 8-53 所示，其下部为半球形多孔板，小孔直径为 3～15mm，作同心圆排列，液体在管道静压作用下由小孔喷出，均匀地洒在填料表面，在压力稳定的场合，可以达到较均匀的喷淋效果。这种喷洒器一般用于 $D<600$mm 的小塔中，其优点是结构简单，缺点是小孔易堵，不适于处理污浊液体；操作时液体必须有一定的压头，否则喷淋半径改变，不能保证良好的分布。

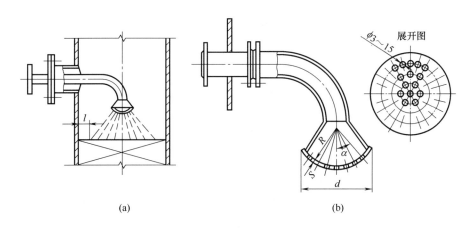

图 8-53　莲蓬头式喷淋器

2. 溢流型喷淋装置

常用的溢流型喷淋装置有盘式和槽式两种。

(1) 中央进料的盘式分布器

中央进料的盘式分布器结构如图 8-54 所示，其中图 8-54（b）为带有升气管的中央进料盘式分布器。液体通过进料管加到喷淋盘内，然后从喷淋盘内的降液管溢流，喷洒到填料上。降液管一般按等边三角形排列，管口通常加工成凹槽或齿形，或管口斜切。分布盘上钻有直径约 3mm 的泪孔，以便停工时排尽液体。降液管直径不小于 15mm，管子间中心距约为其直径的 2~3 倍。这种分布器适用于气液负荷小，直径不超过 1200mm 的填料塔。

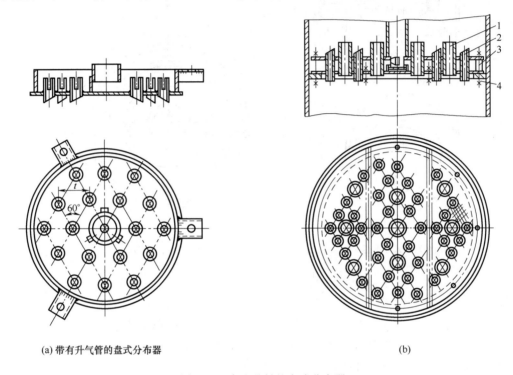

图 8-54　中央进料的盘式分布器
1—升气管；2—降液管；3—定距管；4—螺栓，螺母

(2) 槽式溢流型分布器

如图 8-55 所示，这种分布器由若干个喷淋槽及置于其上的分配槽组成。液体先进入主槽，靠液位由主槽的矩形或三角形溢流孔分配至各分槽中，然后再依靠分槽中的液位从三角

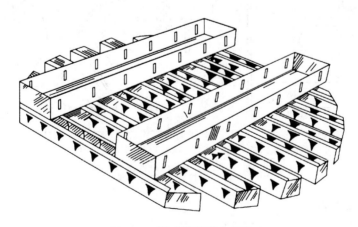

图 8-55　槽式溢流型分布器

形或矩形溢流孔流到填料表面上。主槽可设置一个或多个，视塔径而定，直径 2m 以下的塔可设置一个主槽，直径 2m 以上或液量很大的塔可设 2 个或多个主槽，这种分布器常用于散装填料塔中。

3. 冲击型喷淋装置

冲击型喷淋装置有反射板式分布器和宝塔式分布器。

（1）反射板式分布器

如图 8-56 所示，液体在静压作用下由管内流出，冲击到反射板上向四周飞溅，达到均匀喷淋填料的目的。反射板有平圆板、凸球板及锥体等形状，其上钻有小孔以便液体从其中流出喷淋到板下的填料表面。

（2）宝塔式分布器

如图 8-57 所示，它由几个半径不同的圆锥形反射板分层叠放而成。液体由各层流出，比反射板式分布器更能均匀地喷洒在填料上，喷淋半径大，且不易堵塞。但当液体流量发生变化或液体静压力改变时，喷淋半径也随之改变，因此适用于操作条件比较稳定的场合。

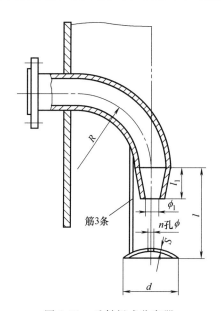

图 8-56　反射板式分布器

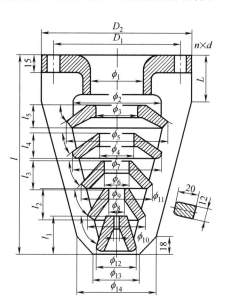

图 8-57　宝塔式分布器

六、液体再分布器

填料塔内当液体沿填料层下流时，液体有流向器壁造成"壁流"的倾向，使气、液分布不均，减少气、液有效接触面积，而降低了塔的效率，严重时可使塔中心的填料不能被湿润而成"干锥"。为了克服这种现象，提高塔的效率，当填料层过高时，应将填料分段安装，并在每两段之间安装液体再分布装置，使液体再次分布。相邻液体再分布器间的距离，一般可取塔径的 2~3 倍。常用的液体再分布装置有分布锥式、多孔盘式、槽形、斜板复合式等。

1. 分布锥

分布锥是最简单的再分布器，其结构如图 8-58 所示。这种结构适用于直径较小的塔，锥圆小端直径约为塔径的 0.7~0.8 倍，其压力降较大；分配锥上具有通孔的结构，是分配锥的改

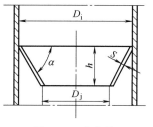

图 8-58　分布锥

进结构，如图 8-59 所示，通孔使通气面积增加，且使气体通过时的速度变化不大。

图 8-60 为玫瑰式分布堆。与上述分配锥相比，具有较高的自由截面积，较大的液体处理能力，不易被堵塞，分布点多且均匀，不影响原料的操作及填料的装填。它将液体收集并通过突出的尖端分布到填料中。但制造复杂，适用于塔径小于 600mm 的场合。

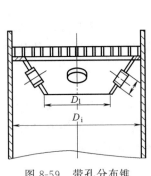
图 8-59　带孔分布锥

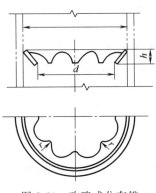
图 8-60　玫瑰式分布锥

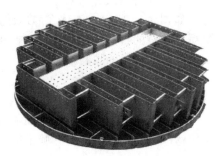
图 8-61　槽形液体再分布器

2. 槽形液体再分布器

槽形液体再分布器是将流经上部填料床层的液体全部收集至板上，并重新建立起均匀的液体淋降方式，属于收集器型的再分布器，一般均与一定形式的支承板配合使用。其结构如图 8-61 所示。

任务训练

一、填空

1. 填料类型选用主要根据其_____、_____和_____三个重要参数选用。
2. 填料塔中液体再分布装置的作用是_____。
3. 散装填料的规格用_____表示。
4. 填料的比表面积是指_____。

二、判断

（　）1. 规整填料规格用比表面积表示。
（　）2. 喷洒型喷淋装置适合于所有的物料。
（　）3. 填料塔是一种连续式气、液传质设备。
（　）4. 填料塔中设置再分布装置主要是防止液流偏流形成"壁流"。
（　）5. 填料塔喷淋装置按操作原理分为：喷洒型、溢流型、冲击型。
（　）6. 塔径不大于 500mm，采用整块式栅板支承装置。
（　）7. 操作时出现液泛对传质无影响。
（　）8. 分布锥式液体再分布器大端直径与塔内径相同；小端直径等于塔内径的 0.7～0.8 倍。

三、选择

1. 对于公称直径 DN=500mm 的填料塔，其喷淋装置可选用下列哪一种（　　）。
   A. 排管式喷淋器　　B. 直管式喷淋器　　C. 多孔环管式喷淋器　　D. 莲蓬头式喷淋器
2. 下列喷淋装置中（　　）适应的塔径最大。
   A. 单孔式　　B. 多孔式　　C. 莲蓬头式
3. 在塔设备顶部一般安装有除沫器，目的是减少（　　）。
   A. 淹塔　　B. 冲塔　　C. 气液再分布　　D. 雾沫夹带
4. 填料塔中为了改善壁流现象在两填料层间应设置（　　）结构。
   A. 喷淋装置　　B. 液体再分布器　　C. 降液管　　D. 受液盘

5. 填料塔中的喷淋装置设置在（　　　）。
A. 塔顶液体的入口处　　B. 塔底液体的出口处　　C. 塔体的中部
6. （　　　）属于规整填料。
A. 丝网波纹填料　　　　B. 矩鞍　　　　　　　　C. 鲍尔环　　　　　　　D. 阶梯环
7. 网体填料安装时，一层填料盘相邻网片的波纹倾角应（　　　），相邻两层填料盘波纹方向互成90°。
A. 相反　　　　　　　　B. 相同　　　　　　　　C. 互成45°　　　　　　D. 无要求

四、简答
1. 常用填料的种类有哪些？各有什么性能特点？
2. 填料塔的进液方式有哪些？各有什么特点？
3. 填料支承装置有哪些类型？各有什么特点？
4. 对填料支承装置的要求有哪些？

任务四　塔设备常见故障分析及塔器维护修理

任务描述

以机械性故障为重点，熟悉塔设备常见的故障类型、故障产生的原因及消除故障的方法。

任务指导

塔设备在操作时，不仅受到风载荷、地震载荷等外部环境的影响，还承受着内部介质压力、温度、腐蚀等作用。这些因素将可能导致塔设备出现故障，影响塔设备的正常使用。所以在设计和使用时，应采取预防措施，减少故障发生。出现故障时，应及时发现，分析其原因并制定排除故障的措施，以确保塔设备的正常运行。

一、塔设备的常见故障

塔设备的故障可以分为两大类：一类是工艺性故障，如液泛、漏液、雾沫夹带、传质效率下降等现象；另一类是机械故障，如塔设备振动、腐蚀破坏、密封失效、表面积垢、局部变形、壳体减薄或裂纹等。这里重点介绍几种常见的机械故障。

1. 塔设备的振动

脉动风力是塔设备产生振动的主要原因。当脉动风力的变化频率与塔体自振频率相近时，塔体便发生共振。塔体产生共振后，会使塔体发生弯曲、倾斜，塔板效率下降，影响塔设备正常操作。具体的防振措施主要有以下几个方面。

① 提高塔体的固有频率，从根本上消除产生共振的根源。如降低塔体高度，增加塔体内径；加大塔体壁厚，或采用密度小、弹性模量大的材料等。

② 增加塔体的阻尼，抑制塔体振动。具体方法是：利用塔盘上的液体或塔内填料的阻尼作用；在塔体外部装置阻尼器或减震器；在塔壁上悬挂外包橡胶的铁链条；采用复合材料等。

③ 采用扰流装置。合理布置塔体上的管道、平台、扶梯和其他连接件，以破坏或消除周期性形成的漩涡。在大型钢制塔体周围焊接螺旋条，也能起到很好的防振作用。

2. 塔设备的腐蚀

造成塔设备腐蚀的原因很多，与塔设备的选材、介质的特性、操作条件及操作过程等诸多因素有关。例如炼油装置中的常压塔，产生腐蚀的原因和类型有：原油中的氯化物、硫化物和水对塔体和内件造成均匀腐蚀，可使壁厚减薄，内件变形；介质腐蚀造成浮阀点蚀不能正常工作；在塔体高应力区和焊缝处产生应力腐蚀，导致裂纹扩展穿孔；在塔顶因温度过低产生露点腐蚀等。为了防止塔设备因腐蚀而破坏从而引发故障及事故，必须采取有效的防腐蚀措施。防护措施应针对腐蚀产生的原因、腐蚀类型而定，一般方法有以下几种。

（1）正确选材

金属的耐腐蚀性能与介质有关，如各种不锈钢在大气和水中或氧化性的硝酸溶液中具有很好的耐腐蚀性能，但在非氧化性的盐酸、稀硫酸中，耐腐蚀性较差；又如铜及铜合金在稀盐酸、稀硫酸中相当耐腐蚀，但却不耐硝酸溶液的腐蚀，因此，应根据介质特性合理选择耐腐蚀材料。

（2）采用覆盖层

覆盖层的作用是将设备主体与介质隔绝开来。通常覆盖层有金属和非金属两类。常用的覆盖方法有如电镀、喷镀、不锈钢衬里、非金属材料衬里、涂防腐涂料等。

（3）电化学保护

有阴极保护和阳极保护两种，阴极保护法应用较多。

（4）合理设计结构

不合理的塔设备结构往往引起机械应力、热应力、应力集中及液体滞留等现象，极易产生或加剧腐蚀，因此合理的结构设计是减少腐蚀的有效途径。

3. 介质泄漏

介质泄漏一般发生在构件连接处，如塔体连接法兰、管道与设备连接法兰、人孔等处。引起泄漏的原因有：法兰安装不符合技术要求；受载过大引起法兰变形；法兰密封件失效；操作压力过大等。此外，腐蚀也是引起泄漏的一种因素。

4. 表面积垢

塔设备表面积垢通常发生在结构的死角区，如塔盘支持圈与塔壁连接焊缝处、液体再分布器与塔壁连接处等。介质在这些死角区流动速率降低，杂质易形成积垢。积垢也会出现在塔壁、塔盘和填料表面。积垢严重时将影响塔内件的传质、传热效率。

5. 壳体减薄与局部变形

由于介质的腐蚀和物料的冲刷，塔设备在工作一段时间后其壳体壁厚可能减薄。对此，应注意检查和测试，以确保塔设备安全使用；塔设备的局部结构可能会因峰值应力、温差应力、焊接残余应力等原因造成过大的变形，对此应通过改善结构从而改善应力分布状态，尽量减少温差应力。局部变形过大，可采用挖补的方法进行修理。

塔设备在具体生产运行中，还存在各种其他故障，引起故障的原因也很多，具体可参考表 8-2 所列常见故障及排除方法。

表 8-2　塔设备常见故障及排除方法

故障	故障原因	处理方法
污染或结垢	①灰尘、锈蚀、污垢(氧化皮、高沸点烃类)沉积，引起塔内堵塞 ②反应生成物、腐蚀生成物(污垢)积存于塔内 ③被处理物料中含有机械杂质(泥、沙等)或被处理物料中有结晶析出和沉淀	①加强管理。如增加过滤装置、清除结晶水垢 ②进料塔板堰和溢流管之间要留有一定的间隙，以防积垢 ③停工时彻底清理塔板，若锈蚀严重时，可改用优良材质代替
腐蚀	①高温腐蚀 ②磨损腐蚀 ③高温、腐蚀性介质引起设备焊缝处产生裂纹和腐蚀	①严格控制操作温度 ②定期进行腐蚀检查和测定壁厚 ③流体内加入防腐剂，器壁包括衬里涂防腐层

续表

故障	故障原因	处理方法
泄漏	①人孔和管口等连接处焊缝裂纹、腐蚀、松动,引发泄漏 ②气体密封圈不牢固或被腐蚀 ③密封垫圈疲劳破坏,失去弹性 ④焊接法兰翘曲或法兰面上衬里不平 ⑤螺栓拧得过紧而产生塑性变形	①保证焊缝质量,采取防腐措施,重新拧紧固定 ②拧紧、修复或更换 ③更换变质垫圈 ④更换或重新加工不平的法兰 ⑤更换变形螺栓
塔体局部变形	①局部腐蚀或过热使材料强度降低 ②开孔无补强或焊缝处有应力集中 ③受外压容器超压失稳	①采取措施防止局部腐蚀产生 ②矫正变形或割下严重变形处,焊上补板 ③稳定正常操作
压力降	①液相或气相负荷增大 ②设备缺陷	①减少回流比,加大塔顶或塔底的抽出量;降低进料量或出料温度 ②查明设备缺陷处,采取相应措施
塔板越过稳定操作区域	①气相负荷减小或增大;液相负荷小 ②塔板不水平	①控制气相、液相流量;调整降液、出入口堰高 ②调整塔板水平度
塔体厚度减薄	设备在操作中,受到介质腐蚀、冲蚀和摩擦	减压使用;或修理腐蚀严重部分;或设备报废
塔体出现裂缝	局部变形加剧;焊接内应力;结构材料缺陷;振动、温差影响;应力腐蚀;水力冲击等	进行裂缝修理
塔板上鼓泡元件脱落或腐蚀掉	①安装不牢 ②操作条件破坏 ③泡罩材料不耐腐蚀	①重新调正 ②改善操作,加强管理 ③选择耐蚀材料,更新泡罩
进料慢	进料过滤器堵塞	拆卸、清洗
冷凝器内有填料	填料压板翻动	固定好压板

二、塔器维护修理

塔设备的检修是一个系统工程,需要精心组织,企业应当根据塔设备的实际状况结合生产安排,严格编制并执行塔设备检修计划,特别是石化企业往往是流程化生产,塔设备的停修对全局都有影响,因此要选择最适宜的检修方式对塔设备进行科学的、有计划的检修。

1. 塔设备的检修周期

塔设备的检修周期如表 8-3 所示。

表 8-3 塔设备的检修周期

检修类型	中修		大修	
	一般介质	易自聚、易腐蚀介质	一般介质	易自聚、易腐蚀介质
检修周期/月	35	12	72	36

2. 检修前的准备

① 确定检修方案,安装盲板隔离系统或装置,卸掉塔内压力,置换塔内存留物料,然后向塔内吹入蒸汽清洗,降温后自上而下打开塔设备各人孔。

② 做好防火、防腐、防爆等安全措施以达到安全检修的要求。

③ 检查塔设备

a. 塔体的检查。每次检修均需检查各安全附件是否灵活、准确,检查塔体腐蚀、变形、壁厚减薄、裂纹及各部位焊接情况，进行超声波测厚和理化鉴定，并做好详细记录，以备研究改进及作为下次检修的依据；检查塔内污垢和内部绝缘材料；检查塔体的保温材料是否脱落等。

b. 内件的检查。如：检查塔板各部件的结焦、污垢、堵塞情况，检查塔板、鼓泡构件和支承结构的腐蚀及变形情况；检查塔板上各部件（出口堰、进口堰、降液管）的尺寸是否符合图纸及标准要求；对于浮阀塔还要检查浮阀的灵活性，是否有卡死、变形、冲蚀等现象，浮阀孔是否有堵塞；检查各种塔板、鼓泡构件等部件的紧固情况，是否有松动现象。依据检查结果制订合适的检修方案。

3. 主要的检修操作

(1) 清除污垢

积垢最容易在设备截面突变或转角部位产生，其他部位污垢的堆积相对来说比较缓慢。清除污垢的常用方法有机械法和化学法。

① 手工机械除垢　利用刷、铲等简单工具来清除设备壳体上的积垢。此法方便灵活，但工人的劳动强度高，效率低下。

② 水力机械清洗　利用高压水流的冲击力将设备内部的污垢除去，这需要专业设备。此法劳动强度低，效率高，清除下来的积垢可以和水一起从设备底部流出。

③ 风动机械清洗　利用压缩空气驱动风动涡轮机，风动涡轮机带动清除工具旋转将设备壁上的积垢刮下来，而刮下的积垢又被风动涡轮机所排出的废空气吹走。

④ 喷砂除垢　此法可以清除设备或瓷环内部的积垢。在操作时需要将 10~20 个瓷环重叠成圆筒状，两端夹上法兰，用螺栓拉紧，然后进行喷砂除垢。该法效率低，成本比较高，应用较少。

⑤ 化学清洗法　利用化学溶液与积垢发生化学反应使设备内的积垢除去。化学溶液的性质视污垢的性质而定；如：清除铁锈时，使用浓度为 8%~15% 的硫酸比较合适，而在清除锅炉水垢时用浓度为 5%~10% 的盐酸或者浓度为 2% 的碱液。

(2) 局部变形修理

① 在设备压力不大，局部变形不严重及未产生裂缝的情况下，可以用压模将变形压回原状。在具体操作时，先将局部变形处加热至 850~900℃，再用压模矫正，矫正的次数根据变形情况来定，矫正过的壁面上可以采用堆焊的方法防止再次发生局部变形。

② 如果设备局部变形严重，则可以采用外加焊接补板的方法来进行修理。即在塔体外壁上加焊一块经过预弯的钢板进行加强，防止再次发生局部变形。

(3) 塔体裂缝的修补

设备壳体的裂纹一般可以用煤油法或磁力探伤法来检查。裂纹检查出来后，在其两端钻出直径为 15~20mm 的检查孔，检查裂纹的深度，同时可防止裂纹的扩展。

① 表面裂纹的深度不及壁厚的 6% 且不大于 2.5mm 时，可以采用砂轮机打磨修复，修复部位与周边应圆滑过渡。

② 对于深度大于壁厚的 6% 的裂纹，应用砂轮机彻底清除裂纹，加工出焊接坡口，用手工电弧焊进行补焊。操作时应从裂纹两端向中间施焊，并采用多层焊，最后将焊缝磨平，应保证焊接质量。对于宽度大于 15mm 的穿透裂纹应将该区域切除，然后补焊上一块与被切除钢板尺寸和材料完全一样的钢板，应确保补板四周间隙均匀、确保焊接质量。

③ 对于塔体上深度大于壁厚 6% 的局部腐蚀，必须进行挖补修理或清理补焊。

④ 对于角焊缝的表面裂纹，经清除后，如果焊脚高度不能满足要求时，应补焊修复至规定的形状及尺寸，并进行表面渗透检查。

⑤ 对焊缝的裂纹、未熔合等缺陷的处理，应按照《在用压力容器检验规程》要求执行。

(4) 内部构件的检修

① 对泡罩塔盘和泡罩的松动螺栓进行紧固，视结垢情况决定是否清洗。拆卸时由中间到两边逐一取出；清洗塔盘和泡罩可用 50℃ 的 10% 硝酸、2% 的聚偏磷酸、5% 乙二胺四乙酸混合液来清洗，然后用脱盐水冲洗干净。

② 对液体分布器变形部位用机械方法进行校平、校正，不得采用强烈锤击；对开裂焊口及断裂钢板补焊时，要间断施工，防止钢板变形。

③ 对液体再分布器、填料支承板的变形部位进行平整、校正，如需补焊则要间断施工，防止钢板变形。

④ 对塔内支承圈开裂的焊口或轻微腐蚀的焊接热影响区，用手工电弧焊补焊。

⑤ 对塔内腐蚀严重的内件，可以考虑整体更换。

【实例】

对于 F-1 型浮阀塔型检修内容如下：

① 清扫塔内壁和塔盘等内件；

② 检查修理塔体和内衬的腐蚀、变形和各部焊缝；

③ 检查修理塔体或更换塔盘和鼓泡元件；

④ 检查修理或者更换塔内件；

⑤ 检查修理分配器、集油箱、喷淋装置和除沫器等部件；

⑥ 检查校验安全附件；

⑦ 检查修理塔基础裂纹、破损、倾斜和下沉。

依据上述检修内容，对于塔内部构件的检查时，应由技术人员待检修单位塔内清扫合格以后，进入塔内，逐层检查。针对每层塔盘主要检查以下几个方面。

① 塔筒体是否有鼓泡现象，是否有局部椭圆度增大，防锈涂层是否有脱落，保温层是否有破损，若有，应及时安排修复。

② 塔盘、受液盘、降液管以及塔内壁是否由有清理的污垢。

③ 整个塔盘、受液盘水平度是否有较大变化，是否在允许的范围内，若倾斜度较大，应及时修补。

④ 塔盘上浮阀是否有缺失，若有，应及时补上；浮阀是否冲刷严重，若严重，及时更换。

⑤ 降液管和溢流堰是否有明显冲刷、腐蚀部位，原本水平的溢流堰是否有凹凸不平，比较原来尺寸是否有较大差别，若有上述问题，应该及时修补。

⑥ 受液盘泪孔是否堵塞，若有，清理通畅。

⑦ 在进料管、回流管或中段抽出和回流管线入口的塔盘，对进入塔内管线上的法兰、螺栓以及密封垫片都应仔细检查，确保密封有效。

⑧ 对有液位计的部位，液位计的引出管线应该保证畅通，无异物堵塞。

上述项目均检查合格后，可以委托施工单位封通道板。通道板封好以后，装置设备技术人员应该抽样检查，亲自拆卸通道板，检查压片、卡子的固定情况，以及上述检查条款的完成情况，若检查结果不符合要求，则应责令施工单位重新拆装通道板，实施未完成的检修工作。

抽样检查合格后，由施工单位封孔。封人孔前，由装置技术人员、施工人员双方对人孔处塔盘、人孔法兰密封面仔细检查，封孔前应确认塔内无人，一般以喊几声无人应答为准。

以上措施均落实后，便可由上至下封孔。

任务训练

一、填空

1. 塔设备的故障可以分为两大类：一类是_____；另一类是_____。
2. 塔设备的防振措施主要有_____、_____、_____。
3. 一般介质塔设备的大修检修周期为_____月。

二、判断

（   ）1. 塔设备的故障可以分为两大类：一类是工艺性故障；另一类是机械故障。
（   ）2. 填料塔适用于易起泡物系和腐蚀性物系，因填料对泡沫有限制和破碎的作用，可以采用瓷质填料。
（   ）3. 塔径不大时，填料塔因结构简单而造价便宜。

三、选择

1. 塔设备机械性故障有（   ）。
   A. 塔设备振动、腐蚀破坏、工作表面积垢　　B. 密封失效
   C. 局部过大变形、壳体减薄或产生裂纹　　　D. 以上都是
2. 防止塔设备腐蚀的措施（   ）。
   A. 正确选材、设计合理的结构　　B. 采用覆盖层
   C. 采用电化学保护、添加缓蚀剂　　D. 以上都是
3. 下列（   ）不能提高塔体的固有频率。
   A. 增加塔体高度　　　　　　　　B. 增加塔体内径
   C. 加大塔体壁厚　　　　　　　　D. 采用密度小、弹性模量大的材料
4. 下列（   ）是防止塔设备振动的措施。
   A. 提高塔体的固有频率　　　　　B. 增加塔体的阻尼，抑制塔体振动
   C. 采用扰流装置　　　　　　　　D. 以上都是

四、简答

1. 塔设备在检修之前应做哪些准备工作？
2. 塔设备的常见故障有哪些？如何处理？
3. 板式塔和填料塔各有哪些不正常的操作现象？
4. 板式塔和填料塔在日常生产中应做好哪些日常巡检工作？

单元九

干燥设备

学习目标

1. 掌握典型干燥设备的工作原理、结构特点。
2. 干燥设备常见故障及其维护修理。
3. 干燥器的正确选型。

任务一　干燥器的分类及选型

任务描述

掌握干燥器的分类方法、化工生产对干燥器的基本要求。

任务指导

一、干燥的目的和应用

干燥是指从湿物料中除去挥发性湿分得到固体产品的过程,其主要目的是便于运输、储存、加工和使用等,因而广泛地应用于化工、医药、食品等领域。

干燥的方法有机械除湿法、化学除湿法、加热(冷冻)除湿法。

① 机械除湿法　它是利用压榨、过滤、离心分离等方法将物料中的湿分除去,效率高、费用低,但除湿程度不高。

② 化学除湿法　它是利用吸湿剂去除物料中的一些气体、液体等少量湿分,该法费用较高。

③ 加热(冷冻)除湿法　它是借助热能使物料中的湿分得以蒸发而被干燥,或用冷冻法使物料中的湿分结冰后升华而被干燥。

在实际生产中,一般先用机械除湿法最大限度地去除物料中的湿分,然后再用加热干燥法去除物料中残留的湿分。

二、干燥器的类型

常见干燥器的分类有以下几种。

① 按操作压力　可分为常压型和真空型干燥器。
② 按操作方式　可分为连续式和间歇式干燥器。
③ 按干燥物料的形态　可分为块状物料、带状物料、粒状物料、糊状物料、浆状物料或

液体物料干燥器。

④ 按使用的干燥介质 可分为空气、烟道气、过热蒸汽、惰性气体干燥器。

⑤ 按热量传递的方式 可分为：

a. 对流加热型干燥器。

b. 传导加热型干燥器。

c. 辐射加热型干燥器。

d. 介电加热型干燥器。

其中以对流加热型干燥器使用最为广泛。

三、化工生产对干燥器的基本要求

工业上由于被干燥物料的性质、干燥程度的要求、生产能力的大小等各不相同，因此，所采用的干燥器的形式和干燥操作的步骤也就多种多样。为确保优化生产、提高效益，对干燥器有如下一些基本要求。

① 能满足生产的工艺要求。工艺要求主要指：达到规定的干燥程度；干燥均匀；保证产品具有一定的形状和大小；等等。由于不同物料的物理、化学性质以及外观形状等差异很大，对干燥设备的要求也就各不相同，干燥器必须根据物料的这些不同特征而确定不同的结构。一般而言，除了干燥小批量、多品种的产品，工业上并不要求一个干燥器能处理多种物料。也就是说，干燥过程中通用设备不一定符合优化、经济的原则。这是与其他单元操作过程有很大区别的。

② 生产能力要大。干燥器的生产能力取决于物料达到规定干燥程度所需的时间。干燥速率越快，所需的干燥时间越短，同样大小设备的生产能力越大。许多干燥器，如气流干燥器、流化床干燥器、喷雾干燥器就能够使物料在干燥过程中处于分散、悬浮状态，增大气、固接触面积并不断更新，加快了干燥速率，缩短了干燥时间，因而具有较大的生产能力。

③ 热效率要高。在对流干燥中，提高热效率的主要途径是减少废气带走的热量。干燥器的结构应有利于气、固接触、有较大的传热和传质推动力，以提高热能的利用率。

④ 干燥系统的流动阻力要小，以降低动力消耗。

⑤ 操作控制方便，劳动条件良好，附属设备简单。

任务训练

一、填空

1. 干燥的方法有_____、_____和_____三种方式。

2. 干燥的主要目的是_____。

3. 干燥器按操作压力可分为_____型和_____型。

二、判断

（   ）1. 干燥是指从湿物料中除去挥发性湿分得到固体产品的过程。

（   ）2. 在实际生产中，一般先用加热干燥法最大限度地去除物料中的湿分，然后再用机械除湿法去除物料中残留的湿分。

（   ）3. 按操作方式干燥可分为空气、烟道气、过热蒸汽、惰性气体干燥器。

三、简答

1. 什么是干燥？干燥的方法有哪些？

2. 化工生产对干燥器有哪些要求？

任务二　常用干燥器认知

任务描述
掌握化工生产中常用干燥器的结构、原理及其特点。

任务指导
工业上常用的干燥器有以下几种。

一、厢式干燥器（盘架式干燥器）

1. 原理
主要是以热风通过湿物料的表面，达到干燥的目的。

2. 分类
厢式干燥器可以分为水平气流厢式干燥器（热风沿物料的表面通过）和穿流气流厢式干燥器（热风垂直穿过物料）。

3. 结构
图 9-1 所示为水平气流厢式干燥器的示意图，其结构为多层长方形浅盘叠置在框架上，湿物料在浅盘中的厚度由实验确定，通常为 10～100mm，视物料的干燥条件而定。一般浅盘的面积约为 0.3～1m²，新鲜空气由风机抽入，经加热后沿挡板均匀地进入各层之间，平行流过湿物料表面。空气的流速应使物料不被气流带走，常用的流速范围为 1～10m/s。

厢式干燥器中的加热方式有两种：一是单级加热如图 9-2（a）所示；二是多级加热如图 9-2（b）所示。

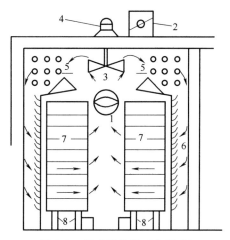

图 9-1　厢式干燥器（小车式）
1—空气入口；2—空气出口；3—风扇；4—电动机；
5—加热器；6—挡板；7—盘架；8—移动轮

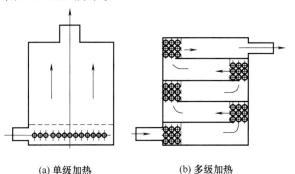

(a) 单级加热　　(b) 多级加热
图 9-2　干燥器中加热管的安排法

厢式干燥器中，也常采用废气循环法，即：将部分废气返回到预热器入口，以调节干燥器入口处空气的湿度，降低温度，并可增加气流速度。这样做的好处在于：①可灵活准确地控制干燥介质的温度、湿度；②干燥推动力比较均匀；③增加气流速度使得传热（传质）系数增大；④减少热损失，但干燥速率常有所减小。

4. 特点及应用
（1）优点

构造简单，设备投资少，适应性强，物料损失小，盘易清洗。因此对于需要经常更换产品、小批量物料，厢式干燥器的优点十分显著。尽管新型干燥设备不断出现，厢式干燥器在干燥工业生产中仍占有一席之地。

(2) 缺点

物料得不到分散,干燥时间长;若物料量大,所需的设备容积也大;工人劳动强度大,如需要定时将物料装卸或翻动时,粉尘飞扬,环境污染严重;热利用率低。此外,产品质量不均匀。

(3) 应用

厢式干燥器多应用在小规模、多品种、干燥条件变动大,干燥时间长的场合。

二、洞道式干燥器

1. 结构

该型干燥器如图 9-3 所示。干燥器为一较长的通道,被干燥物料放置在小车内、运输带上、架子上或自由地堆置在运输设备上,沿通道向前移动,并一次通过通道。被干燥物料的加料和卸料在干燥室两端进行。空气连续地在洞道内被加热并强制地流过物料,流程可安排成并流、逆流或空气从两端进中间出。

2. 特点及应用

洞道式干燥器可进行连续或半连续操作。其制造和操作都比较简单,能量的消耗也不大,适用于具有一定形状的比较大的物料,如皮革、木材、陶瓷等的干燥。

三、转筒式干燥器(回转式干燥器)

1. 结构

转筒干燥器主体是一个与水平面稍成倾角的钢制圆筒。转筒外壁装有两个滚圈,整个转筒的质量通过这两个滚圈由托轮支承。转筒由腰齿轮带动缓缓转动,转速一般为 1~8r/min,转筒干燥器是一种连续式干燥设备,如图 9-4 所示。湿物料从转筒较高的一端加入,热空气由较低端进入,在干燥器内与物料进行逆流接触,从而实现对物料的干燥。

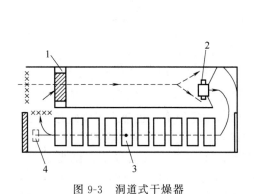

图 9-3 洞道式干燥器
1—加热器;2—风扇;3—装料车;4—排气口

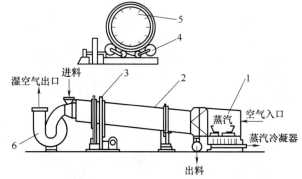

图 9-4 热空气直接加热的逆流操作转筒式干燥器
1—蒸汽加热;2—圆筒;3—驱动齿轮;4—支架;5—抄板;6—风机

2. 特点

优点:生产能力大,操作稳定可靠,气流阻力小,对不同物料的适应性强,操作弹性大,机械化程度较高。缺点:设备笨重,一次性投资大;结构复杂,传动部分需经常维修;安装、拆卸困难;物料在干燥器内停留时间长,且物料颗粒之间的停留时间差异较大,故不适合于对温度有严格要求的物料。

3. 应用

主要用于处理散粒状物料,但如返混适当数量的干料亦可处理含水量很高的物料或膏糊状物料,也可以在用干料做底料的情况下干燥液态物料,即将液料喷洒在抛洒起来的干料上面。在硫酸铵、硝酸铵、复合肥以及碳酸钙等物料的干燥上用得较多。

四、气流式干燥器

1. 结构

气流干燥装置主要由空气加热器、加料器、干燥管、旋风分离器和风机等设备组成(图9-5)。其主要设备是直立圆筒形的干燥管,其长度一般为10~20m,热空气(或烟道气)进入干燥管底部,将加料器连续送入的湿物料吹散,并悬浮在其中。介质速度应大于湿物料最大颗粒的沉降速度,于是在干燥器内形成了一个气、固间进行传热、传质的气力输送床。一般物料在干燥管中的停留时间约为0.5~3s,干燥后的物料随气流进入旋风分离器,产品由下部收集,湿空气经袋式过滤器(或湿法、电除尘等)收回粉尘后排出。

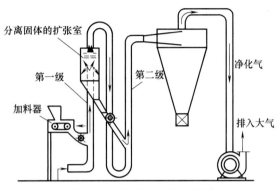

图9-5 两段式气流式干燥器

2. 特点

优点:①气、固间传递表面积很大,体积传质系数很高,干燥速率大。一般体积蒸发强度可达$0.003\sim0.06kg/m^3 \cdot s$;②接触时间短,热效率高,气、固并流操作,可以采用高温介质,对热敏性物料的干燥尤为适宜;③由于干燥伴随着气力输送,减少了产品的输送装置;④气流干燥器的结构相对简单,占地面积小,运动部件少,易于维修,成本费用低。

缺点:①必须有高效能的粉尘收集装置,否则尾气携带的粉尘将造成很大的浪费,也会形成对环境的污染;②对有毒物质,不宜采用这种干燥方法。但如果必须使用时,可利用过热蒸汽作为干燥介质;③对结块、不易分散的物料,需要性能好的加料装置,有时还需附加粉碎过程。④气流干燥系统的流动阻力降较大,一般为3000~4000Pa,必须选用高压或中压通风机,动力消耗较大。

3. 应用

气流干燥器适宜于处理含非结合水及结块不严重又不怕磨损的粒状物料,尤其适宜于干燥热敏性物料或临界含水量低的细粒或粉末物料。对黏性和膏状物料,采用干料返混方法和适宜的加料装置,如螺旋加料器等,也可正常操作。

五、流化床干燥器(沸腾床干燥器)

1. 结构及原理

流化床干燥器是流态化原理在干燥中的应用。在流化床干燥器中,颗粒在热气流中上下翻动,彼此碰撞和混合,气、固间进行传热、传质,以达到干燥目的。其结构分为立式圆筒沸腾床(图9-6)和卧式沸腾床干燥器(图9-7)。

(1)立式圆筒沸腾干燥器

物料由床层的一侧加入,由另一侧导出。热气流由下方通过多孔分布板均匀地吹入床层,与固体颗粒充分接触后,由顶部导出,经旋风器回收其中夹带的粉尘后排出。流化干燥过程可实现间歇操作,但大多数是连续操作的。

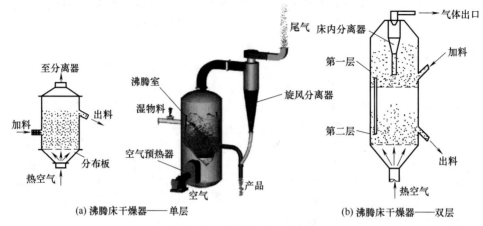

图 9-6 圆筒沸腾床干燥器

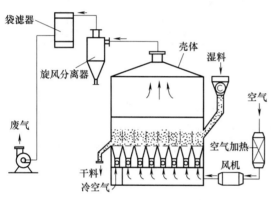

图 9-7 卧式沸腾床干燥器

（2）卧式沸腾床干燥器

如图 9-7 所示，干燥器内用垂直挡板分隔成 4~8 室，挡板与水平空气分布板之间留有一定间隙（一般为几十毫米），使物料能够逐室通过。湿物料由第一室加入，依次流过各室，最后越过溢流堰板排出。热空气通过空气分布板进入前面几个室，通过物料层，并使物料处于流态化，由于物料上下翻滚，互相混合，与热空气接触充分，从而使物料能够得到快速干燥。当物料通过最后一室时，与下部通入的冷空气接触，产品得到迅速冷却，以便包装、收藏。

2. 优点

① 与其他干燥器相比，传热、传质速率高，因为单位体积内的传递表面积大，颗粒间充分的搅混几乎消除了表面上静止的气膜，使两相间密切接触，传递系数大大增加；② 由于传递速率高，气体离开床层时几乎等于或略高于床层温度，因而热效率高；③ 由于气体可迅速降温，所以与其他干燥器比，可采用更高的气体入口温度；④ 设备简单，无运动部件，成本费用低；⑤ 操作控制容易。⑥ 空气的流速较小，物料与设备的磨损较轻，压降较小，多用于干燥粒径在 0.003~6mm 的物料。由于沸腾床干燥器优点较多，适应性较广，在生产中得到了广泛的应用。

六、喷雾干燥器

1. 结构及原理

喷雾干燥器是直接将溶液、悬浮液、浆状物料或熔融液干燥成固体产品的一种干燥设备。它将物料喷成细微的雾滴分散在热气流中，使水分迅速汽化而达到干燥的目的。图 9-8 为喷雾干燥器示意图。操作时，高压溶液从喷嘴呈雾状喷出，由于喷嘴能随旋转十字管一起转动，雾状的液滴能均匀地分布在热空气中。热空气从干燥器上端进入，废气从干燥器下端送出，通过袋滤器回收其中带出的物料，再排入大气，干燥产品从干燥器底部通过螺旋输送机引出。

喷雾干燥器的干燥过程进行得很快，一般只需3~5s，适用于热敏性物料；可以从料浆直接得到粉末产品；能够避免粉尘飞扬，改善了劳动条件；操作稳定，便于实现连续化和自动化生产。其缺点是设备庞大，能量消耗大，热效率较低。喷雾干燥器常用于牛奶、蛋品、血浆、洗涤剂、抗生素、染料等的干燥。

废气在排空前经湿法洗涤塔（或其他除尘器）以提高回收率，并防止污染。

2. 优缺点

优点：①干燥过程极快，适宜于处理热敏性物料；②处理物料种类广泛，如溶液、悬浮液、浆状物料等皆可；③喷雾干燥可直接获得干燥产品，因而可省去蒸发、结晶、过滤、粉碎等工序；④能得到速溶的粉末或空心细颗粒；⑤过程易于连续化、自动化。

缺点：①热效率低；②设备占地面积大、设备成本费高；③粉尘回收麻烦，回收设备投资大。

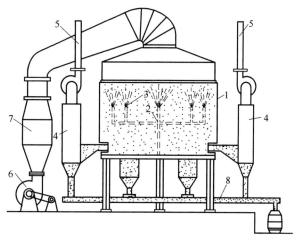

图9-8 喷雾干燥器

1—壳体；2—可转动的十字管；3—液体喷嘴；4—袋滤器；
5—烟道；6—送风机；7—空气加热器；8—螺旋送料机

任务训练

一、填空

1. 工业上常用的干燥器有：_____、_____、_____、_____、_____、喷雾干燥器等。
2. _____干燥器是直接将溶液、悬浮液、浆状物料或熔融液干燥成固体产品的一种干燥设备。
3. 厢式干燥器的原理是_____，达到干燥的目的。

二、判断

（　　）1. 喷雾干燥器可用于牛奶、蛋品的干燥。
（　　）2. 洞道式干燥器适用于具有一定形状的比较大物料的干燥，如皮革、木材。

三、简答

1. 评价干燥器技术性能的主要指标有哪些？
2. 在干燥器操作中为什么采取废气循环？
3. 雾化器的作用是什么？
4. 什么是沸腾干燥？
5. 卧式多室式沸腾干燥器的构造及原理是什么？

任务三　干燥器选型

任务描述

了解干燥器选型的方法及其步骤。

任务指导

一、选择干燥器需考虑的因素

由于工业生产中待干燥的物料种类繁多，对产品质量的要求又各不相同，因此选择合适的干燥器非常重要。若选择不当，将导致产品质量达不到要求，或是热量利用率低、动力消耗高，甚至设备不能正常运行。通常，可根据被干燥物料的性质和工业要求选择几种适用的干燥器，然后对所选干燥器的设备费用和操作费用进行技术经济核算，最终确定干燥器的类型。具体地说，选择干燥器类型时需要考虑以下几个方面的问题。

1. **被干燥物料的性质**

选择干燥器的最初方式是以被干燥物料的性质为基础的。选择干燥器时，首先应考虑被干燥物料的形态，物料的形态不同，处理这些物料的干燥器也不同。

2. **湿物料的干燥特性**

湿物料不同，其干燥特性曲线或临界含水量也不同，所需的干燥时间可能相差悬殊，应选择不同类型的干燥器。故应针对湿物料的如下特点选择干燥器。

① 湿分的类型（结合水、非结合水或二者兼有）；
② 初始和最终湿含量；
③ 允许的最高干燥温度；
④ 产品的粒度分布；
⑤ 产品的形态、色、光泽、味等的不同而选择不同类型的干燥器。

如：对于吸湿性物料或临界含水量高的难于干燥的物料，应选择干燥时间长的干燥器，而临界含水量低的易于干燥的物料及对温度比较敏感的热敏性物料，则可选干燥时间短的干燥器，如气流干燥器、喷雾干燥器。对产品不能受污染的物料（如食品、药品等）或易氧化的物料，干燥介质必须纯化或采用间接加热方式的干燥器。对要求产品有良好外观的物料，在干燥过程中干燥速度不能太快，否则，可能会使表面硬化或严重收缩，这样的物料应选择干燥条件比较温和的干燥器，如带有废气循环的干燥器。

3. **处理量**

被干燥湿物料的量也是选择干燥器时需要考虑的主要问题之一。一般来说，处理量小的，宜选用厢式干燥器等间歇操作的干燥器，处理量大的，连续操作的干燥器更适宜些。当然，操作方式并不是判断生产能力的唯一因素。

4. **回收问题**

干燥过程的回收问题主要是指：①粉尘回收；②溶剂回收。

5. **能源价格、安全操作和环境因素**

逐渐上升的能源价格，防止污染、改善工作条件和安全性方面日益严格的立法，对设计和选择工业干燥器具有直接的作用。为节约能源，在满足干燥的基本条件下，应尽可能地选择热效率高的干燥器。若排出的废气中含有污染环境的粉尘或有毒物质，应选择合适的干燥器来减少排出的废气量，或对排出的废气加以处理。此外，在选择干燥器时，还必须考虑噪声问题。干燥器的最终选择通常将在设备价格、操作费用、产品质量、安全及便于安装等方面提出一个折中方案。在不肯定的情况下，应做一些初步的试验以查明设计和操作数据及对特殊操作的适应性。对某些干燥器，做大型实验是建立可靠设计和操作数据的唯一方法。

6. **其他方面**

选择干燥器时还应考虑劳动强度，设备的制造、操作、维修等因素。

总之，物料的原始形态决定了干燥设备的形式，因此，我们一般是根据干燥物料的原始形态来选择适用的设备，另外，同时要考虑干燥设备的出料技术问题、经济适用等诸多方面，详见表 9-1。

表 9-1 干燥器的选择

原始物料形态	生产形式	可选用的干燥器	干燥原理及特点
液体、浆状物料	大批量连续	喷雾干燥器、流化床多级干燥器	传导、传热，热效率高，溶剂容易回收
	小批量	转鼓式、真空带式干燥器及惰性介质流化床干燥器	
糊状物料	大批量连续	气流干燥器、搅拌回转干燥器、通风带式干燥器及冲击波喷雾干燥器	
	小批量	传导加热圆筒搅拌干燥器或槽型搅拌干燥器、厢式通风干燥器	
薄片状物料	大批量连续	带式通风干燥器及回转通风干燥器	对流、传导、传热；干燥速率高，设备投资少，但热效率低
	小批量	厢式通风干燥器、真空圆筒式搅拌干燥器	
颗粒状物料	大批量连续	带式通风干燥器、回转通风干燥器及流化床干燥器	
	小批量	流化床干燥器、槽式搅拌干燥器、厢式通风干燥器、锥形回转干燥器	
粉状物料	大批量连续	流化床干燥器、气流干燥器	
	小批量	间歇流化床干燥器、真空圆筒式搅拌干燥器	
定形物料	大批量连续	平流隧道式干燥器、平流台车式干燥器	对流、辐射热传导
	小批量	厢式干燥器	
不定形物料 如：涂料等	大批量连续	红外线干燥器、喷雾流化床式干燥器	对流、辐射热传导
	小批量	滚筒式干燥器	

二、干燥器选择步骤

进行干燥器的选择时，首先是根据湿物料的形态、干燥特性、产品的要求、处理量以及所采用的热源为出发点，进行干燥实验，确定干燥动力学和传递特性，确定干燥设备的工艺尺寸，结合环境要求，选择出适宜的干燥器形式，若几种干燥器同时适用时，要进行成本核算及方案比较，选择其中最佳者。

 任务训练

一、填空
1. 选择干燥器时，首先应考虑被干燥物料的_____。
2. 小批量不定形物料的干燥（如涂料等）宜选用_____干燥器。
3. 干燥过程的回收问题主要是指：_____回收和_____回收。
二、判断
（ ）1. 小批量定形物料的干燥宜选用厢式干燥器。
（ ）2. 为节约能源，在满足干燥的基本条件下，应尽可能地选择热效率高的干燥器。
三、简答
1. 干燥器选型应注意什么问题？
2. 块状湿料宜选取哪种类型的干燥器？请说明理由。

任务四　干燥设备的维护及常见故障分析

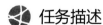 任务描述

掌握典型干燥器的常见故障、维护修理的方法。

任务指导

干燥器的类型很多，不同类型的干燥器的故障现象及故障产生的原因各不一样，在此以

滚筒式干燥器为例加以说明。

1. 干燥器的大齿轮和小齿轮之间的间隙被破坏

发生这种情况一般有三种原因，一是托轮磨损，二是挡轮磨损，三是小齿轮磨损。解决这种情况的方法是先分析一下其磨损情况是否严重，如果严重的话就要更换，如果不严重，只要车削一下就可以，还可以反面安装，如果害怕其不稳定，可以成对更换新的。

2. 滚圈对筒体运转出现摆动现象

出现这种现象是因为滚圈的凹形接头侧面没有加紧，解决方法是只要将其稍微加紧一下，但是也不能太紧，太紧就容易出现事故。

3. 干燥器的筒体振动

出现这种情况的原因一般有两种，第一种是设备的托轮装置和底座连接的地方被破坏了，这种情况只需将其校正加固即可；第二种是滚圈的侧面出现磨损，解决这种小故障的方法就是根据其磨损情况解决，不严重的话只需车削一下即可，严重的话就要进行更换。

4. 烘干后的成品物料干湿程度不均匀

这种情况的发生一般是因为物料凝固成团或是抄板损坏所致，我们在烘干之前要先将成团的物料分散开；发现抄板损坏应及时修补。

5. 烘干后的物料未达到规定水分要求

解决这种情况最简单的方法就是先控制烘干机设备的生产能力，然后加大或减少供给的热量。

6. 能耗大

干燥器的燃料浪费情况严重，这一情况的发生一般是因为物料的保温性不够好，我们可以增加保温材料以改善这一情况。当然，这一情况的发生也可能是设计上的问题。

 任务训练

1. 简述回转式圆筒干燥器的工作过程和适用范围。
2. 回转式圆筒干燥器常见的故障有哪些？如何处理？

单元十

蒸发器

学习目标

1. 掌握蒸发的原理、常用蒸发器的类型。
2. 蒸发器的结构特点及其正确选型。
3. 蒸发器的正确操作与维护。

任务一 蒸发概念及原理认知

任务描述

掌握蒸发的概念、特点及基本流程。

任务指导

蒸发是溶液浓缩的单元操作,它是采用加热的方法,使溶有不挥发性溶质的溶液沸腾,其中的部分溶剂被汽化除去,而溶液得到浓缩。

按蒸发目的,主要用于以下场合:①将溶液浓缩后,冷却结晶,获得固体产品;②获得纯净的溶剂产品;③获得浓缩的溶液产品。

以硝酸铵水溶液的蒸发为例(图10-1)对蒸发过程加以描述。该流程包括蒸发器和冷凝器。蒸发器由加热室和蒸发室组成,下部的加热室由多根加热管组成,管外通入加热蒸汽,放出潜热,加热管内溶液,使之沸腾汽化;上部为蒸发室,用于除去溶剂蒸汽中夹带的雾沫和液滴。稀硝酸铵溶液(料液)经预热后进入蒸发器,在加热室中被加热汽化,浓缩后的溶液(常称为完成液)从蒸发器底部排出,产生的溶剂蒸汽(称为二次蒸汽)通过蒸发室及其顶部的除沫器,与所夹带的液沫分离,经冷凝器冷凝后排出。

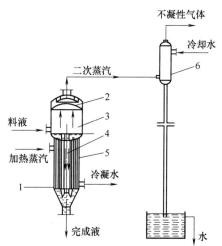

图10-1 硝酸铵水溶液蒸发
1—加热管;2—除沫器;3—蒸发室;
4—中央循环管;5—加热室;6—冷凝器

蒸发过程所用的加热介质通常为水蒸气(加热蒸汽,也称为生蒸汽),当溶液的沸点很高时,可采用联苯、融盐等其他的高温载热体作为热源。

蒸发分类:
按操作方式可以分为间歇式和连续式,大多数蒸发过程为连续操作的稳态过程。

按二次蒸汽的利用情况可以分为单效蒸发和多效蒸发，若产生的二次蒸汽不加利用，直接经冷凝器冷凝后排出，这种操作称为单效蒸发。若把二次蒸汽引至另一操作压力较低的蒸发器作为加热蒸汽，并把若干个蒸发器串联组合使用，这种操作称为多效蒸发。多效蒸发中，二次蒸汽的潜热得到较为充分的利用，提高了加热蒸汽的利用率。

蒸发可在常压、加压或减压下进行。减压蒸发也称为真空蒸发。真空蒸发有许多优点：在低压下操作，溶液沸点较低，有利于提高蒸发的传热温差；可以利用低压蒸汽作为热源；对热敏性物质的蒸发也较为有利。在加压蒸发中，所得到的二次蒸汽温度较高，可作为下一效的加热蒸汽加以利用。因此，单效蒸发多为真空蒸发；多效蒸发的前效为加压或常压操作，而后效则在真空下操作。

蒸发操作的特点：常见的蒸发是间壁两侧分别为蒸气冷凝和液体沸腾的传热过程。但又有以下特点：

① 溶液的沸点升高。由于不挥发溶质的存在，溶液的蒸气压低于同温度下纯溶剂的蒸气压。因此，在相同压力下，溶液的沸点高于纯溶剂的沸点，这种现象称为溶液的沸点升高。溶液的沸点升高导致蒸发的传热温度差的降低。

② 能耗较大。蒸发操作所汽化的溶剂量较大，需要消耗大量的加热蒸汽。因此需要考虑热量的利用的问题。

③ 溶液特性。有些物料浓缩时易于结晶，结垢；有些热敏性物料由于沸点升高更易于变性；有些则具有较大的黏度或较强的腐蚀性；等等。需要根据物料的特性和工艺要求，选择适宜的蒸发流程和设备。

任务训练

一、填空

1. 蒸发是_____的单元操作。它是采用加热的方法，使_____溶质的溶液沸腾，其中的部分溶剂被汽化除去，而溶液得到浓缩。

2. 按蒸发目的，主要用于：将_____，获得固体产品；获得纯净的_____产品；获得浓缩的_____产品。

3. 蒸发按二次蒸汽的利用情况可以分为_____蒸发和_____蒸发。

二、判断

（　　）1. 蒸发按操作方式可以分为间歇式和连续式，大多数蒸发过程为间歇式的非稳态过程。

（　　）2. 单效蒸发是指将产生的二次蒸汽不加利用，直接经冷凝器冷凝后排出。

（　　）3. 单效蒸发多为真空蒸发，多效蒸发的前效为加压或常压操作，而后效则在真空下操作。

三、简答

1. 什么是蒸发？分为哪几类？
2. 蒸发操作有哪些特点？真空蒸发有哪些优点？

任务二　蒸发设备类型认知

学习目标

掌握常见蒸发器的类型、结构、特点及其使用场合。

学习指导

蒸发设备的作用是使进入蒸发器的原料液被加热，部分汽化，得到浓缩的完成液，同时需要排出二次蒸汽，并使之与所夹带的液滴和雾沫相分离。

进行蒸发的主体设备是蒸发器，它主要由加热室和蒸发室组成。蒸发的辅助设备包括：使液沫进一步分离的除沫器和使二次蒸汽全部冷凝的冷凝器，在减压操作时还需有真空装置。

由于生产要求的不同，蒸发设备有多种不同的结构形式。对于常用的间壁传热式蒸发器，按溶液在蒸发器中的运动情况，大致可分为以下两大类：

一、循环型蒸发器

特点：溶液在蒸发器中做循环流动，蒸发器内溶液浓度基本相同，接近于完成液的浓度，操作稳定。此类蒸发器主要有以下几种。

1. 中央循环管式蒸发器

（1）结构和原理

如图 10-2 所示，其下部的加热室由垂直管束组成，中间有一根直径较大的中央循环管。当管内液体被加热沸腾时，中央循环管内气液混合物的平均密度较大；而其余加热管内气液混合物的平均密度较小。在密度差的作用下，溶液由中央循环管下降，而由加热管上升，作自然循环流动。溶液的循环流动提高了沸腾表面传热系数，强化了蒸发过程。

（2）优缺点

这种蒸发器具有结构紧凑，制造方便，传热较好，操作可靠等优点，应用十分广泛，有"标准蒸发器"之称。为使溶液有良好的循环，中央循环管的截面积，一般为其余加热管总截面积的 40%～100%；加热管的高度一般为 1～2m；加热管径多为 25～75mm。但实际上，由于结构上的限制，其循环速度一般在 0.4～0.5m/s 以下；蒸发器内溶液浓度始终接近完成液浓度；清洗和维修也不够方便。

2. 悬筐式蒸发器

（1）结构

如图 10-3 所示，该型蒸发器的加热室像篮筐，悬挂在蒸发器壳体的下部，加热蒸汽由

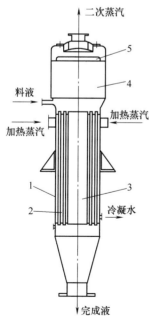

图 10-2 中央循环管式蒸发器
1—外壳；2—加热室；3—中央循环管；
4—蒸发室；5—除沫器

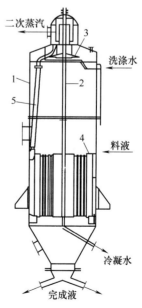

图 10-3 悬筐式蒸发器
1—外壳；2—加热蒸汽管；3—除沫器；
4—加热室；5—液沫回流管

顶部引入,在管间加热管内的溶液。其原理和中央循环管式相同,但溶液沿悬筐外壁和外壳体内壁所形成的环隙向下作循环流动,循环速度略大。

(2) 优点

加热室可由顶部取出,便于检修和更换,适用于易结晶、结垢溶液的蒸发;热损失较小。

(3) 缺点

结构复杂,单位传热面的金属消耗量较多。

3. 外加热式蒸发器

(1) 结构

如图10-4所示,该型蒸发器的加热室处于蒸发室之外;采用了长加热管(管长与管径之比为50~100);液体下降管(也称循环管)不再受热。

(2) 优点

循环速度较大(可达1.5m/s);加热室便于清洗和更换。

4. 列文式蒸发器

(1) 结构特点及原理

在加热室之上增设了一个2.7~5m高的沸腾室(图10-5)。由于沸腾室内液柱静压力的作用,加热管内的溶液只升温不沸腾,升温后的溶液上升至沸腾室时,压力降低,沸腾汽化。这样,就将溶液的沸腾汽化由加热室转移到没有传热面的沸腾室,另外,其循环管的截面积约为加热管总截面积的2~3倍,溶液流动阻力小,因而循环速度可达1.5~2.5m/s。

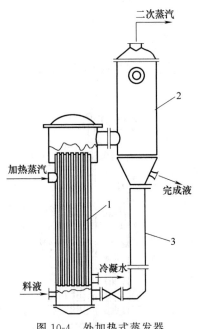

图10-4 外加热式蒸发器
1—加热室;2—蒸发室;3—循环室

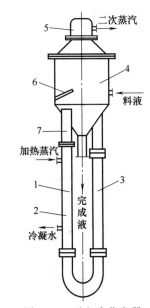

图10-5 列文式蒸发器
1—加热室;2—加热管;3—循环管;4—蒸发室;
5—除沫器;6—挡板;7—沸腾室

(2) 优缺点

可显著减轻和避免加热管表面的结晶和结垢,较长时间不需要清洗,传热效果较好;但由液柱静压力引起的温度差损失较大,要求加热蒸汽有较高的压力;设备庞大,消耗材料多,需要高大的厂房。

5. 强制循环蒸发器

（1）结构特点

如图 10-6 所示，蒸发器内溶液的循环不再是自然循环，它需用输送设备来完成。

（2）优缺点

循环速度大（2~3.5m/s），且可调节，可用于蒸发黏度大、易结晶、结垢的物料，传热系数较大；但溶液循环能耗大，每平方米加热面积约需 0.4~0.8kW。

二、单程型蒸发器

特点：溶液以液膜的形式一次通过加热室，不进行循环。

优点：溶液停留时间短，故特别适用于热敏性物料的蒸发；温度差损失较小，表面传热系数较大。

缺点：设计或操作不当时不易成膜，热流量将明显下降；不适用于易结晶、结垢物料的蒸发。

此类蒸发器主要有以下几种。

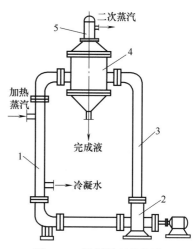

图 10-6　强制循环蒸发器

1—加热室；2—循环室；3—循环管；
4—蒸发室；5—除沫器

1. 升膜式蒸发器

结构：如图 10-7 所示。其加热室由许多垂直长管组成，常用管径为 25~50mm，管长与管径之比为 100~150。

原理：热的料液自蒸发器底部进入加热管内迅速汽化，在蒸汽的带动下，溶液沿管壁呈膜状迅速上升，并继续蒸发，当到达分离室和二次蒸汽分离后即可得到完成液。

限制：不适于较浓溶液、黏度很大的溶液和易结晶、结垢溶液的蒸发。

2. 降膜式蒸发器

结构特点：如图 10-8 所示，其结构原理与升膜式蒸发器类似。区别在于：料液在蒸发

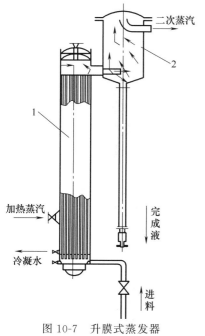

图 10-7　升膜式蒸发器

1—蒸发室；2—分离室

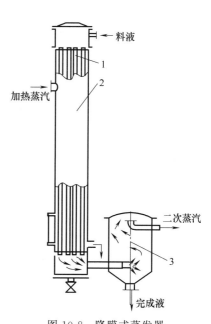

图 10-8　降膜式蒸发器

1—液体分布器；2—蒸发室；3—分离室

器顶部加入,底部得到完成液;加热管顶部装有液体分布器,以使液体成膜;对浓度较高,黏度较大溶液也适用;结构较复杂。

3. 刮板式蒸发器

刮板式蒸发器如图 10-9 所示。

除间壁式之外,直接接触传热蒸发器也有应用,如图 10-10 所示。

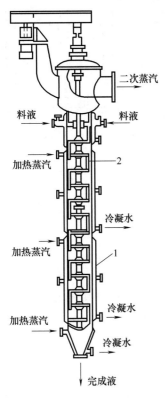

图 10-9 刮板式蒸发器
1—加热夹套;2—刮板

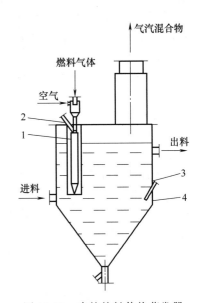

图 10-10 直接接触传热蒸发器
1—燃烧室;2—点火口;3—测温管;4—外壳

它是将燃料(通常为煤气和油)与空气混合后,在浸于溶液中的燃烧室内燃烧,产生的高温火焰和烟气经燃烧室下部的喷嘴直接喷入蒸发的溶液中,从而使水分迅速汽化,蒸发的大量水气和废烟气一起由蒸发器顶部出口排出。这种蒸发器常又称浸没燃烧蒸发器。其燃烧室的温度一般可达 1200~1800℃,它在溶液中的浸没深度一般为 200~600mm;由于喷嘴浸没在高温液体中较易损坏,应考虑便于更换。

浸没燃烧蒸发器由于不需要固定的传热壁面,因而结构简单,特别适用于易结晶、结垢和具有腐蚀性物料的蒸发;由于是直接接触传热,传热效果很好,热利用率高。目前在废酸处理和硫酸铵溶液的蒸发中已广为应用。但它不适用于不可被烟气污染物料的处理;由于烟气的存在,也限制了二次蒸汽的利用。

三、蒸发器的选型

蒸发器的结构形式很多,实际选型时,除了要求结构简单、易于制造、金属消耗量小、维修方便、传热效果好等外,首要的还是看它能否适应所蒸发物料的工艺特性,包括物料的黏性、热敏性、腐蚀性、结晶、结垢性等,然后再全面综合地加以考虑。需考虑多种因素,

表 10-1 汇总了常见蒸发器的主要性能，可供选型时参考。

表 10-1 常见蒸发器的主要性能

蒸发器形式	制造价格	传热系数 稀溶液	传热系数 高黏度	溶液在管内的速度	停留时间	完成液浓度能否恒定	浓缩比	处理量	能否适应物料的工艺特性 稀溶液	高黏度	易产生泡沫	易结垢	有结晶析出	热敏性
水平管式	最廉	良好	低	—	长	能	良好	一般	适	适	适	不适	不适	不适
中央循环管式	最廉	良好	低	0.1~0.5	长	能	良好	一般	适	适	适	尚适	稍适	尚适
外热式（自然循环）	廉	高	良好	0.4~1.5	较长	能	良好	较大	适	尚适	较好	尚适	稍适	尚适
列文式	高	高	良好	1.5~2.5	较长	能	良好	较大	适	尚适	较好	尚适	稍适	尚适
强制循环	高	高	高	2.0~3.5	—	能	较高	大	适	好	好	适	适	尚适
升膜式	廉	高	良好	0.4~1.0	短	较难	高	大	适	尚适	好	不适	不适	良好
降膜式	廉	良好	高	0.4~1.0	短	尚能	高	大	较适	好	适	不适	不适	良好
刮板式	最高	高	良好	—	短	尚能	高	小	较适	好		适	适	良好
旋风式	最廉	高	良好	1.5~2.0	短	较难	较高	小	适	尚适	适	适	适	良好
板式	高	高	良好	—	较短	尚能	良好	较小	适	尚适	适	不适	不适	尚适
浸没燃烧	廉	高	高	—	短	能	良好	较小	适	适	适	适	适	不适

四、除沫器、冷凝器和真空装置

1. 除沫器

作用：进一步除去离开蒸发器的二次蒸汽中夹带的液沫，避免造成产品损失、污染冷凝器和堵塞管道。

结构：常见的几种除沫器如图 10-11 所示。其中，图 10-11（a）～（e）装于蒸发室顶部；图 10-11（f）～（h）则在蒸发室之外，他们主要都是利用液体的惯性以达到气液的分离。

2. 冷凝器和真空装置

除了二次蒸汽为有价值的产品需要回收，或者会严重污染冷却水的情况外，蒸发操作大多采用气、液直接接触的混合式冷凝器来冷凝二次蒸汽。常见的逆流高位冷凝器的构造如图 10-12 所示。冷却水由顶部加入，依次经过各淋水板的小孔和溢流堰流下，在和底部进入并逆流上升的二次蒸汽的接触过程中，使二次蒸汽不断冷凝。水和冷凝液沿气压管（俗称"大气腿"）流至地沟排走。不凝性气体则由顶部抽出，并与夹带的液沫分离后去真空装置。

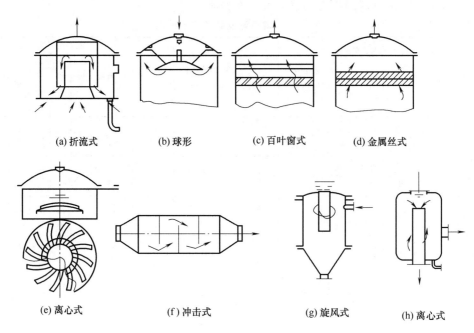

图 10-11　除沫器（分离器）的主要形式

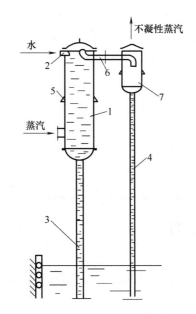

图 10-12　逆流高位冷凝器
1—外壳；2—进水口；3—气压管；4—蒸汽进口；
5—淋水管；6—不凝性气体管；7—分离器

任务训练

一、填空题

1. 蒸发设备的作用是使进入蒸发器的_____被加热，部分汽化，得到浓缩的_____，同时需要排出_____，并使之与所夹带的液滴和雾沫相分离。

2. 蒸发器主要由_____室和_____室组成。
3. 蒸发按二次蒸汽的利用情况可以分为_____蒸发和_____蒸发。

二、判断题

(　　) 1. 列文式蒸发器是一种循环型蒸发器。
(　　) 2. 单程型蒸发器主要有升膜式、降膜式及悬筐式等几种类型。

三、简答题

1. 常用蒸发器有哪两种主要类型？各有什么特点？
2. 蒸发器的选择首先取决于什么因素？

任务三　蒸发器的操作与维护

学习目标

掌握各类蒸发器的操作、常见故障及处理方法。

学习指导

一、蒸发器的操作

蒸发器的操作要点如下：

1. 定气压

首效加热蒸气压应保持稳定。当进罐的稀汁性能参数基本稳定及要求的浓度决定后，加热蒸气压要维持恒定。

2. 定各效压力

根据蒸发系统热力方案的条件，掌握各效的正常压力差。

3. 定液面

进罐的稀汁量和浓度及各效罐的浓度波动不应过大。一般掌握料液液面在加热管高度的1/3处，而沸腾时要保持沸腾液面盖过管板而不使加热管裸露。

4. 定阀门

在操作正常的情况下应保持进汽阀、进汁阀、抽汁汽阀、凝结水阀、不凝性气体排出阀、安全阀及过罐阀等不经常变动，需调整时也应缓缓转动开闭。

5. 定抽汁汽量

根据热力计算和实际情况，应保持各效汁汽量稳定抽出，否则将影响蒸发系统的正常操作。

二、蒸发器的常见故障及处理

1. 各效压力不稳定

导致各效压力不稳定的原因很多，大致有：供汽压力不稳定；汁汽抽出量不均衡；加热管积垢严重；凝结水或不凝性气体排出不良等。

2. 料液浓度过低

料液的浓度过低意味着蒸发工序没有完成浓缩的基本任务，主要原因有：进料浓度过低或来量过大，汁汽抽出不正常；首效供汽不足或末效真空不足，不能保证各效及总有效温度差；凝结水或不凝结气体排出不良；加热管严重积垢，蒸发效率低；加热管泄漏和液位过高等。

3. 出料浓度过高

浓度过高，比如接近饱和状态时，很可能在物料输送或在储罐中析出结晶而堵塞管路造成停产事故。原因有：进罐的稀汁量少，液位过低；首效蒸气压过高等。可采取相应的措施改正操作以消除。

4. 积垢生成快

积垢生成快意味着蒸发强度迅速降低，增加洗罐周期次数，缩短有效作业时间。其原因通常是前期清净和过滤管理不正常；蒸发罐操作不正常，如液位过低循环不良等。

5. 加热室噪声

加热室噪声将引起蒸发设备振动，有可能造成设备泄漏和其他不可预测的事故。

6. 阀门和接管等泄漏

蒸发设备阀门较多，有的开关频繁容易产生泄漏，如发现应立即处理。

7. 管路堵塞

管路产生堵塞的原因主要是在蒸发的过程中，由于液体连续不断地被蒸汽加热、沸腾、蒸发、浓缩，随着浓度不断提高而溶液中所含的固体溶解度不断下降，最后成结晶状固体析出而悬浮在料液中，如果分离盐泥不及时，固体结晶变大，就会堵塞管道、阀门等造成物料不畅通，影响蒸发操作的正常进行。

采取的措施：及时分离盐泥，发现分离效果差时要及时调整操作进行处理。堵塞时要及时冲通，保证正常运行。在结晶盐堵塞管道、阀门等时，可及时用加压水清洗畅通或借用真空抽吸等措施来疏通。

8. 腐蚀

工作介质对设备本体产生腐蚀作用，使其厚度减薄，强度降低，当蒸发器在开停车时，容易导致腐蚀处因受压力冲击而穿孔，造成热浓料从腐蚀处喷出。采取的措施：每年要定期对设备的壁厚及腐蚀情况进行测定、评判，发现有安全隐患的应停用或降级使用。

9. 保温层脱落

保温层脱落而造成热量损失是所有化工设备常见的故障现象。蒸发器通常是在高温高压蒸汽加热下运行的，加热蒸汽最高温度可达170℃，所以要求蒸发设备及管道具有良好的外保温及隔热措施，因此，在保温层脱落后，应及时进行修补。

任务训练

一、填空

1. 导致蒸发器各效压力不稳定的原因大致有：_____不稳定；_____不均衡；_____严重；_____排出不良等。

2. 蒸发器料液液面一般应掌握在加热管高度的_____处，而沸腾时要保持沸腾液面盖过_____而不使加热管裸露。

二、判断

（　　）1. 加热室噪声将引起蒸发设备振动，有可能造成设备泄漏等。

（　　）2. 蒸发器出料浓度过低，可能在物料输送或在储罐中析出结晶而堵塞管路造成停产事故。

三、简答

1. 蒸发操作常见的故障有哪些？应如何处理？

2. 蒸发操作的要点有哪些？

单元十一

管路与阀门

学习目标

1. 正确选用管材、管件及阀门。
2. 熟悉阀门与管道的日常维护及使用。
3. 了解管道的类别与级别。
4. 了解管路及阀门常见故障的处理。

任务一　管子材料及常见管件认知

任务描述

熟悉常见管材、管件的种类及作用；能根据工艺条件正确选择管材及管件。

任务指导

化工管路（图 11-1）是化工生产中所使用的各种管路的总称，其主要作用是输送和控制流体介质。化工管路按工艺要求将各台化工设备和机器相连接以完成生产过程，因此它是整个化工生产装置中不可缺少的组成部分。化工管路一般由管子、管件、阀门、管架等组成。

图 11-1　化工管路

一、化工用管材料

管材是管道工程中最主要的施工用料，在化工生产中，由于管路所输送的介质的性质和操作条件各不相同，对管材的要求也就各异。化工用管的材料可分为金属和非金属两类。金属管常用材料有铸铁、碳素钢、合金钢和有色金属等；非金属管常用的有塑料、橡胶、陶瓷、玻璃等。

1. 金属管

（1）铸铁管

铸铁管可分为普通铸铁管和硅铁铸管两大类。铸铁中含有耐腐蚀的硅元素和微量石墨，具有较强的耐腐蚀性能。普通铸铁管组织疏松，质脆强度低，连接紧密性较差，一般只用于输送低压介质、地下给水管、下水道管、煤气管道、碱液及浓硫酸，不适合输送高温高压蒸汽及有毒、易爆介质。硅铁铸管是指含碳 0.5%～1.2%，含硅 10%～17% 的铁硅合金，由于硅铁管表面能形成坚固的氧化硅保护膜，因而具有很好的耐腐蚀性能，特别是耐多种强酸腐蚀。硅铁管硬度高，但耐冲击和抗振动性能差。

(2) 有缝钢管

有缝钢管又称为焊接钢管。输送流体用的有缝钢管标准有 GB/T 3091《低压流体输送用焊接钢管》和 GB/T 12771《流体输送用不锈钢焊接钢管》。低压流体输送用焊接钢管适用于输送水、空气、取暖蒸汽和燃气等低压流体，有镀锌与不镀锌两种，镀锌的称之为白铁管，不镀锌的称为黑铁管；不锈钢焊接钢管适用于输送低压腐蚀性介质。

(3) 无缝钢管

按制造方法可分为热轧无缝钢管和冷拔无缝钢管两种。输送流体用的无缝钢管标准有 GB/T 8163《输送流体用无缝钢管》和 GB/T 14976《流体输送用不锈钢无缝钢管》。无缝钢管是石油、化工生产装置中应用最多的管材。常用于输送各种气体、蒸汽和液体，能耐较高温度，合金钢管有抗腐蚀性能。对于碳素钢和低合金钢，公称直径不超过 200mm 时大多采用无缝钢管。此外，夹套的内管、高压管及其他重要的管道也要求用无缝钢管。表 11-1 中列出了常用的无缝钢管的公称直径与外径的对应关系及最大、最小壁厚。

表 11-1　常用无缝钢管的公称直径、外径与壁厚　　　　　　　　　　单位：mm

公称直径	钢管外径	最小壁厚	最大壁厚	公称直径	钢管外径	最小壁厚	最大壁厚
10	14	0.25	4	125	133	4.0	32
15	18	0.25	5	150	159	4.5	32
20	25	0.40	7	200	219	6.0	32
25	32	2.5	8	250	273	6.5	32
32	38	2.5	9	300	325	7.5	32
40	45	2.5	10	350	377	9.0	32
50	57	2.5	13	400	426	9.0	32
65	76	3.0	19	450	480	9.0	32
80	89	3.5	24	500	530	9.0	32
100	108	4.0	28	600	630	9.0	34

(4) 铜管

铜管有紫铜管和黄铜管两种。紫铜管含铜量为 99.5%～99.9%；黄铜管材料则为铜和锌的合金。铜管传热效果好，多用做低温管道（冷冻系统）、仪表的测压管线或输送有压力的流体（如油压系统、润滑系统）及换热设备中，当温度高于 250℃ 时不宜在压力下使用。

(5) 铝管

它是拉制而成的无缝管。铝及铝合金具有良好的耐腐蚀性，常用于输送浓硫酸、乙酸、硫化氢及二氧化碳等介质，但不能用于输送碱性溶液及含氯离子的溶液。铝及铝合金的使用温度一般不超过 150℃，介质压力不超过 0.6MPa。在温度高于 160℃ 时不宜在压力下使用，极限工作温度为 200℃。

(6) 铅管

常用铅管有软铅管和硬铅管两种。软铅管用含铅量在 99.95% 以上的纯铅制成。硬铅管由锑铅合金制成。铅管硬度小、密度大，具有良好的耐蚀性，在化工生产中主要用来输送浓度在 70% 以下的冷硫酸，浓度 40% 以下的热硫酸和浓度 10% 以下的冷盐酸，但不宜输送硝酸、次氯酸等介质。由于铅的强度和熔点都较低，故使用温度一般不得超过 140℃。铅管在温度高于 140℃ 时，不宜在压力下使用，最高使用温度为 200℃。由于铅管强度低、密度大、抗热性差等缺点，已逐步被耐酸合金管和塑料管代替。

2. 非金属管

非金属管有塑料管、橡胶管、玻璃管、陶瓷管等，优点是耐蚀性好、质量轻、可塑性强，安装、拆卸灵活。缺点是强度低、耐热性差。适用于对压力、温度要求不高的场合。

(1) 陶瓷管

陶瓷管结构致密，表面光滑平整，硬度较高，具有优良的耐腐蚀性能。除氢氟酸和高温碱、磷酸外，几乎对所有的酸类、氯化物、有机溶剂均具有抗腐蚀作用。陶瓷管的缺点是质脆、易破裂，耐压和耐热性能差。通常用于输送工作压力为 0.2MPa 及温度在 150℃ 以下的腐蚀性的介质。

(2) 塑料管

塑料管的优点是耐蚀性好、质量轻、成型方便、容易加工。缺点是强度低、耐热性差。目前最常用的塑料管有硬聚氯乙烯管、软聚氯乙烯管、聚乙烯管、聚丙烯管等。

(3) 橡胶管

常用的橡胶管一般由天然橡胶或合成橡胶制成，质量轻，有良好的可塑性，安装、拆卸灵活方便，对多种酸碱液具有耐蚀性能，但不能抵抗硝酸、有机酸和石油产品腐蚀。适用于压力不高的场合。

(4) 玻璃管

玻璃管具有耐腐蚀、透明、易于清洗、阻力小、价格低等优点，缺点是质脆、不耐压。常用于检测或实验性工作场合。

(5) 水泥管

主要用于对压力要求、接管密封不高的场合，如地下排污、排水管等。

二、管件

管路中除管子以外，为满足工艺生产和安装检修等需要，还有许多其他构件，如短管、弯头、三通、异径管、法兰、盲板、丝堵等。我们通常称这些构件为管路附件，简称管件。管件是组成管路不可缺少的部分，其主要作用是连接管子、改变流体走向、接出支管、改变管径和封闭管端等。这里简单介绍几种常用管件。

1. 弯头

弯头（图 11-2）主要用来改变管路的走向，可根据弯头弯曲的程度不同来分类，常见

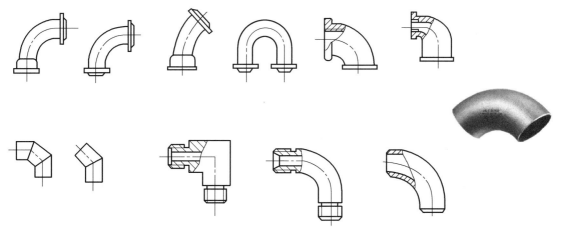

图 11-2 弯头

的有 90°、45°、180°、360°弯头。180°、360°弯头又称 U 形弯管，弯头可用直管弯曲或用管子拼焊而成，也可模压后焊接而成，或用铸造和锻造等方法制成。

2. 三通

当两条管路之间相互连通或需要有旁路分流时，其接头处的管件称为三通（图 11-3）。根据接入管的角度不同，有垂直接入的正接三通、斜接三通。三通可以用管子拼焊，也可以用模压组焊，铸造和锻造而成。

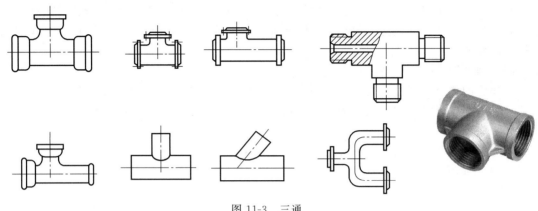

图 11-3 三通

3. 短接管或活接头

管路短缺一小段，或因检修需在管路中置一小段可拆的管路时，经常用短接管或活接头（图 11-4）。

4. 异径管

将两个不等管径的管口连通起来的管件称为异径管（图 11-5），通常又叫大小头。有铸造、锻造异径管，也有用管子割焊而成或用钢板卷焊而成的。

图 11-4 活接头

图 11-5 异径管

5. 盲板和堵头

盲板（图 11-6）是用来封闭管路的某一接口或将管路的某一段中断与系统联系的零件，又称为法兰盖，法兰盖与法兰一样都已经标准化，具体尺寸可查有关手册。堵头（图 11-7）按其形状有四方堵头，六角堵头，圆头堵头等，它是把管道中不需要的口堵住，起到密封的作用，它与盲板有相同的作用。

图 11-6 盲板

图 11-7 堵头

6. 柔性连接管件

主要用于管道易发生振动处及管道与设备连接处，防止振动引起管道破坏。如：橡胶防振管接头及金属波纹管。

任务训练

一、填空

1. 化工管路主要作用是：_____。
2. 有缝钢管有镀锌与不镀锌两种，镀锌的称为_____，不镀锌的称为_____。
3. 无缝钢管：按制造方法可分为_____无缝钢管和_____无缝钢管两种。
4. 管道易发生振动之处一般采用_____连接管件。
5. 非金属管主要有_____管、橡胶管、玻璃管、_____管等。

二、判断

（　　）1. 管路短缺一小段，或因检修需在管路中置一小段可拆的管路时，经常用异径管。
（　　）2. 当温度高于300℃时，铜管不宜在压力下使用。

三、选择

1. 化工管路中，管件的作用是（　　）。
   A. 连接管子　　　　　　　　　　B. 改变管路方向
   C. 接出支管和封闭管路　　　　　D. A、B、C 都是
2. 一般化工管路由管子、管件、阀门、支管架、（　　）及其他附件所组成。
   A. 化工设备　　B. 化工机器　　C. 法兰　　D. 仪表装置
3. 普通水煤气管，适用于工作压力不超出（　　）MPa 的管道。
   A. 0.6　　　　B. 0.8　　　　C. 1.0　　　　D. 1.6
4. 公称直径为125mm，工作压力为 0.8MPa 的工业管道应选用（　　）。
   A. 普通水煤气管道　　B. 无缝钢管　　C. 不锈钢管　　D. 塑料管
5. 普通铸铁管常用作（　　）。
   A. 埋入地下的给、排水管、煤气管道等　　B. 压力较高的管路
   C. 输送有毒易爆介质的管路　　　　　　　D. 以上全对
6. （　　）的作用主要是用来改变管路的走向。
   A. 短管　　　　B. 盲板　　　　C. 弯头　　　　D. 异径管
7. （　　）俗称大小头，用以连接两段公称直径不相同的管子。
   A. 内螺纹管接头　　B. 外螺纹管接头　　C. 异径管　　D. 弯头

三、简答

1. 非金属管与金属管比较具有哪些特点？
2. 常用管件有哪些，各起什么作用？

任务二　阀 门 选 用

任务描述

掌握常见阀门的类型及功能，根据用途、介质特性和工艺要求合理选用阀门。

任务指导

一、阀门的功用

阀门是流体输送系统中的控制部件，广泛用于化工、石油、轻工、冶金等工业生产及供

热、给排水等民用设施中。其主要功用有：接通和截断介质，防止介质倒流，调节介质压力、流量，分离、混合或分配介质，防止介质压力超过规定数值，保证管道或设备安全运行等。

二、阀门的分类

阀门种类繁多，这里仅对管道输送系统中的通用阀门和特种用途阀门作介绍。

1. 按用途分类

① 截断类　主要用于截断或接通管路中的介质流。如闸阀、截止阀、旋塞阀、球阀、蝶阀和隔膜阀等；

② 止回类　又称单向阀或逆止阀，其作用是防止管路中的介质倒流。如止回阀、底阀等；

③ 调节类　其作用是调节介质的流量、压力等参数。如节流阀、减压阀、调节阀；

④ 安全类　在介质压力超过规定值时，用来排放多余的介质保证管路系统及设备安全，如安全阀；

⑤ 分配类　改变介质流向、分配介质，如三通旋塞、分配阀、滑阀等；

⑥ 特殊用途　如疏水阀、放空阀、排污阀等。

2. 按介质工作温度分类

① 高温阀　介质工作温度大于 450℃ 的阀门；

② 中温阀　介质工作温度 $120℃ < t \leqslant 450℃$ 的阀门；

③ 常温阀　介质工作温度 $-40℃ < t \leqslant 120℃$ 的阀门；

④ 低温阀　介质工作温度 $-100℃ \leqslant t \leqslant -40℃$ 的阀门；

⑤ 超低温阀　介质工作温度小于 $-100℃$ 的阀门。

3. 按阀门的公称直径分类

① 微型阀门　公称直径 $DN1 \sim 10mm$；

② 小口径阀门　公称直径 $DN < 40mm$；

③ 中口径阀门　公称直径 $DN50 \sim 300mm$；

④ 大口径阀门　公称直径 $DN350 \sim 1200mm$；

⑤ 特大口径阀门　公称直径 $DN \geqslant 1400mm$。

4. 按与管道连接方式分类

① 法兰连接阀门　阀体带有法兰，与管道采用法兰连接的阀门；

② 螺纹连接阀门　阀体带有螺纹，与管道采用螺纹连接的阀门；

③ 焊接连接阀门　阀体带有焊口，与管道采用焊接连接的阀门；

④ 夹箍连接阀门　阀体上带夹口，与管道采用夹箍连接的阀门。

5. 按驱动方式分类

① 手动阀　靠人力操纵手轮、手柄或链轮驱动阀门。当阀门启闭扭矩较大时，可在手轮和阀杆之间设置齿轮或涡轮减速器。必要时，也可以利用万向接头及传动轴进行较远距离的操作。

② 动力驱动阀　动力驱动阀可利用各种动力源进行驱动。主要包括：电动阀、气动阀、液动阀和电磁阀等。

③ 自动阀　自动阀不需要外力驱动，而是利用介质本身的能量来使阀门动作。主要包括：止回阀、安全阀、减压阀、疏水阀和自动调节阀等。

6. 通用分类法

这种分类方法既按原理、作用又按结构等划分，是目前国际、国内最常用的分类方法。一般分为：闸阀、截止阀、节流阀、柱塞阀、隔膜阀、旋塞阀、球阀、蝶阀、止回阀、减压阀、安全阀、调节阀、疏水阀、底阀、过滤器、排污阀等。按驱动方式、作用和结构特点，通用阀门综合归纳如下：

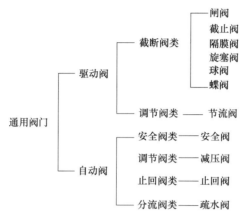

三、阀门的基本参数

阀门的基本参数主要有公称直径和公称压力。

1. 公称直径

公称直径是指阀门与管路连接处通道的名义直径，用 DN 表示。它表示阀门规格的大小，是阀门最主要的尺寸参数。为了便于设计、制造、选用和安装，我国用国家标准的形式把公称直径系列确定下来。公称直径的数值应符合国家标准《管道元件 公称尺寸的定义和选用》（GB/T 1047—2019）的规定。

2. 公称压力

公称压力是指阀门名义压力，它是阀门在基准温度下允许的最大工作压力。公称压力用 PN 表示，它表示阀门承压能力的大小，是阀门最主要的性能参数。阀门公称压力的数值应符合国家标准《管道元件 公称压力的定义和选用》（GB/T 1048—2019）的规定。

四、阀门的编号

为了便于认识选用，国产的阀门都有一个特定的型号。阀门的型号由 7 个单元组成，分别依次代表阀门的类别、驱动方式、连接形式、结构形式、密封面和衬里材料、公称压力和阀体材料。阀门的型号按下列顺序编制。

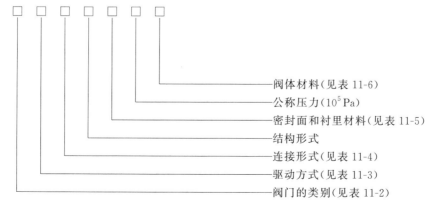

表 11-2　阀门类型代号

类型	代号	类型	代号
闸阀	Z	安全阀	A
截止阀	J	旋塞阀	X
节流阀	L	止回阀和底阀	H
球阀	Q	减压阀	Y
蝶阀	D	疏水阀	S
隔膜阀	G	电磁阀	DZ
调节阀	T		

表 11-3　阀门驱动方式代号

驱动方式	代号	驱动方式	代号
电磁动	0	气动	6
电磁-液动	1	液动	7
电-液动	2	气-液动	8
涡轮	3	电动对手轮	9
正齿轮转动	4	手柄式扳手等直接传动的阀门省略本单元	
伞齿轮转动	5		

表 11-4　阀门连接端连接形式代号

连接形式	代号	连接形式	代号
内螺纹	1	焊接	6
外螺纹	2	对夹	7
法兰(用于双弹簧安全阀)	3	卡箍	8
法兰	4	卡套	9
法兰(用于杠杆式、安全门、单弹簧安全门)	5		

表 11-5　密封面或衬里材料代号

密封面或衬里	代号	密封面或衬里	代号
铜合金	T	橡胶	X
合金钢	H	硬橡胶	J
锡基轴(巴承合金氏合金)	B	聚四氟乙烯	SA
硬质合金	Y	酚醛塑料	SD
聚三氟乙烯	SB	尼龙	SN
聚氟乙烯	SC		

表 11-6　阀体材料代号

阀体材料	代号	阀体材料	代号
灰铸件(公称压力小于或等于 1.6MPa)	Z	碳钢(公称压力大于或等于 2.5MPa 时省略)	C
可锻铸铁	X	铬镍钛钢	P
球墨铸铁	Q	硅铁	G
铜合金	T	铅合金	B

阀门结构形式代号因阀门不同而不同，可见 JB/T 308—2004《阀门 型号编制方法》规定。

【任务示例 11-1】说明阀门编号 Z 41H16 各符号的含义。

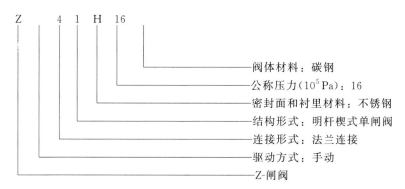

五、常见阀门及应用

1. 闸阀

闸阀（图 11-8）的启闭件是闸板，由阀杆带动作升降运动，运动方向与流体方向相垂直，可接通或截断流体的通道。一般不能作调节和节流。闸阀可分为明杆闸阀和暗杆闸阀两种。明杆闸阀如图 11-9 所示，其阀杆行走螺纹置于阀体之外，并有阀轮，阀杆与阀瓣同步上升与下降，容易识别阀门的开启程度，但阀杆的外露螺纹易受损害和腐蚀；如图 11-10 所示暗杆闸阀的行走螺纹置于阀体之内，不受外界环境影响，能适用于比较恶劣的环境，但从外部难以识别阀门的开启程度。

图 11-8 闸阀

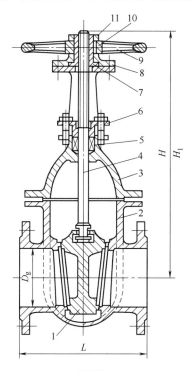

(a) 楔式闸板

1—楔式闸板；2—阀体；3—阀盖；4—阀杆；
5—填料；6—填料压盖；7—套筒螺母；8—压紧环；
9—手轮；10—键；11—压紧螺母

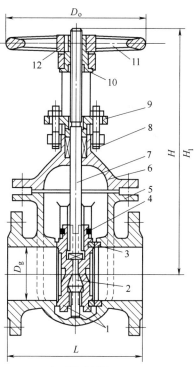

(b) 平行式闸阀

1—平行式双闸板；2—楔块；3—密封圈；
4—铁箍；5—阀体；6—阀盖；7—阀杆；
8—填料；9—填料压盖；10—套筒螺母；
11—手轮；12—键或紧固螺钉

图 11-9 明杆式闸阀

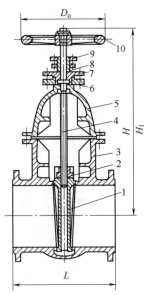

图 11-10　暗杆式闸阀
1—阀芯；2—螺母；3—阀体；
4—阀杆；5—阀盖；6—法兰；
7—填料压盖；8—填料；
9—压紧环；10—手轮

闸阀的密封性能较截止阀好，但加工较截止阀复杂，且密封面磨损后不易修理。明杆式闸阀根据闸板的结构形状不同又可分为楔式闸阀和平行式闸阀两大类。楔式闸阀两密封面倾斜形成一夹角，利用楔形密封面的楔紧作用使闸板与阀座严密贴合而达到密封目的；平行式闸阀由两块相互平行的部分组成，平行板中间有一顶楔，当闸板下降时，顶楔将两闸板撑开压紧在阀座上使阀门关严而密封，当闸板上升时，顶楔松开并随闸板一起上升，阀门开启。闸阀的流动阻力小，适用于制成大口径阀门。多用于输送水、干净气体、油品等介质，且适用于作放空阀和低真空系统阀门。但不宜用于输送含有杂质的流体管路中。

2. 截止阀

截止阀，又称截门阀，属于强制密封式阀门，是使用最广泛的一种阀门之一。截止阀依靠阀杆压力，使阀瓣密封面与阀座密封面紧密贴合以阻止介质流通，因只许介质单向流动，所以安装时有方向性。截止阀可分为直流式截止阀、角式截止阀、柱塞式截止阀、上螺纹阀杆截止阀、下螺纹阀杆截止阀等，它们具有耐用、开启高度不大、制造容易、维修方便，不仅适用于中低压，而且适用于高压的特点。为了防止介质沿阀杆漏出，可在阀杆穿出阀盖部位用填料密封。与管路连接分螺纹连接和法兰连接两类，如图 11-11 所示。

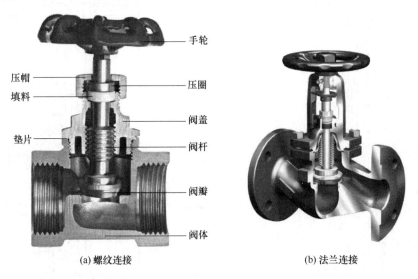

(a) 螺纹连接　　　　(b) 法兰连接

图 11-11　截止阀

3. 旋塞阀

旋塞阀（图 11-12）的启闭件是塞子。塞子呈圆锥体，内有呈长方形截面的通道。塞子顶端加工成方形，套入扳手即可进行启闭。根据旋塞的通道结构分为直通式、三通式和四通式三种。三通式旋塞又分为 T 形三通和 L 形三通。按不同的密封压紧结构，旋塞阀可分为填料式旋塞阀、油封式旋塞阀及自紧式旋塞阀。

旋塞阀具有结构简单，启闭迅速、操作方便、流体阻力小等优点，但密封面的研磨修理较困难，对大直径旋塞阀启闭阻力较大。适用于输送 150℃ 和 1.6MPa（表）以下的含悬浮物和结晶颗粒的液体和黏度较大的物料。

4. 隔膜阀

隔膜阀是依靠柔软的橡胶膜或塑料膜来控制流体流动的截断类阀门。阀内隔膜能将工作介质与阀瓣、阀杆等部件分隔开来，使阀件不受介质腐蚀，介质也不会外漏，省去了密封结构。隔膜可用橡胶或塑性制成，增强耐腐蚀性能。隔膜阀有屋脊式、截止式、直流式、直通式等几种形式。图 11-13 所示为屋脊式，是一种最常用的结构形式。关闭时，带有隔膜的阀瓣下移，使其与阀体的脊背密封，达到切断流体的目的。

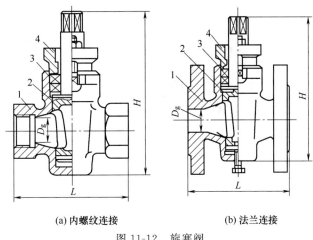

(a) 内螺纹连接　　(b) 法兰连接

图 11-12　旋塞阀

1—阀体；2—栓塞；3—填料；4—填料压盖

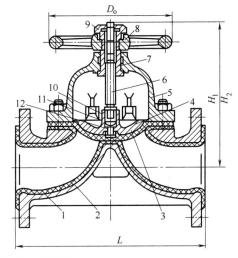

图 11-13　隔膜阀

1—阀体；2—衬胶层；3—橡胶隔膜；4—阀盘；5—阀盖；6—阀杆；
7—套筒螺母；8—手轮；9—锁母；10—圆柱销；11—螺母；12—螺钉

隔膜阀结构简单，检修方便，流体阻力小，密封可靠。阀盘、阀杆不受介质腐蚀。广泛应用于输送低温、低压并含悬浮和结晶颗粒的介质和腐蚀性介质。

5. 蝶阀

蝶阀的蝶板是蝶阀的启闭件，蝶板绕轴旋转角度的大小可控制阀门的开启程度，结构简单，开闭迅速，流体阻力小，但不能精确调节流量。

根据蝶板的安装结构：蝶阀可分为杠杆式、垂直板式、斜板式三种型式。图 11-14 为杠杆式蝶阀，其阀杆与蝶板启闭方向成 90°水平安装角，利用杠杆结构带动蝶板旋转来启闭通道。密封面不易磨损，密封性能好，但启闭力矩大。蝶阀结构简单，启闭迅速，液体阻力小，但不能精确调节流量，不适用于高温、高压介质，适用于中低温、低压水、蒸汽、空气、油品等介质大口径的管路。

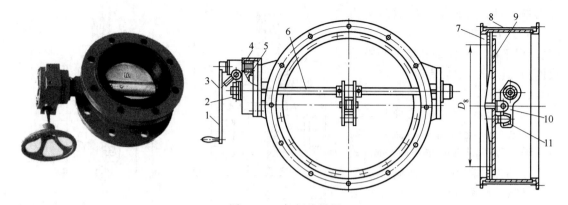

图 11-14 杠杆式蝶阀

1—手轮；2—指示针；3—锁紧手柄；4—小齿轮；5—大齿轮；6—阀杆；
7—橡胶密封圈钢；8—阀体；9—阀门板；10—杠杆；11—松紧弹簧

6. 柱塞阀

柱塞阀是常规截止阀的一种变形设计，主要用于切断流体。阀芯为圆柱，阀座设计成一个套环，靠圆柱体和套环的配合实现密封，如图 11-15 所示。套环可以用石墨和聚四氟乙烯制成，密封性能好，也便于更换，高低温介质均可使用。

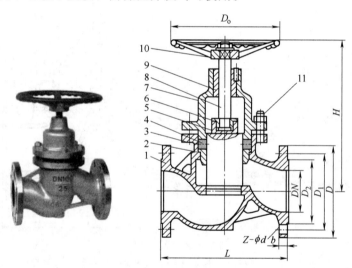

图 11-15 柱塞阀

1—阀体；2—孔架；3—柔性石墨密封环；4—柱塞；5—垫片；6—柱螺母；
7—阀盖；8—阀杆；9—盖螺母；10—手轮；11—螺栓

7. 节流阀

节流阀又称针形阀，靠缩小流通截面来控制流体流量和降低流体压力的手动阀。节流阀的结构与截止阀大体相同，如图 11-16 所示。主要不同之处是改变了阀芯形状和采用小螺距阀杆，比截止阀有更好的调节性能与耐冲刷能力。由于阀芯与阀座为线状接触，密封性能较截止阀差，故不宜作截止阀使用。

节流阀阀芯有沟形、窗形、塞形等几种结构形式。沟形阀芯常用于深冷装置中的膨胀阀；窗形阀芯适用于公称直径较大的节流阀；塞形阀芯适用于中小口径的节流阀，使用较为广泛。

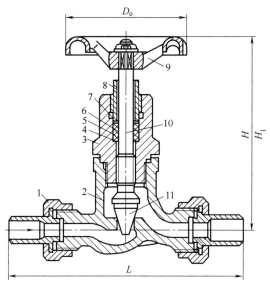

(a) 中低压外螺纹节流阀　　　　　　　　(b) 高压角式外螺纹节流阀

1—活接管；2—阀体；3—阀盖；4—填料座；5—中填料；
6—上填料；7—填料垫；8—填料压紧螺丝；9—手轮；
10—阀杆；11—阀芯

1—活接管；2—阀低座；3—阀体；4—阀座；5—阀芯；
6—阀杆；7—填料座；8—中填料；9—上填料；10—填料垫；
11—锁紧螺母；12—阀杆螺母；13—手把

图 11-16　节流阀

8. 止回阀

止回阀是根据阀盘前后介质的压力差而自动启闭的阀门。在管路中，流体只能向一个方向流动，从而阻止介质的逆流，又称止逆阀或单向阀。按结构不同分为升降式和旋启式两种，如图 11-17 所示。旋启式止回阀 [图 11-17 (a)] 是利用一摇板来启闭阀门，摇板装在一固定枢轴上并能绕轴转动，当介质正向流动时顶开摇板，反向流动时摇板关闭切断通道。升降式止回阀 [图 11-17 (b)]，阀芯可上下自由移动，流体应由下而上推开阀芯流过，阀芯在自重及上部流体压力的双重作用下，下降而截断通路，自行关闭。

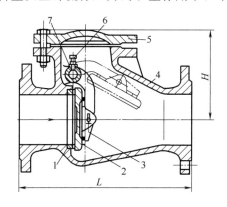
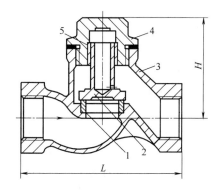

(a) 旋启式止回阀　　　　　　　　　　(b) 升降式止回阀

1—阀座密封圈；2—摇板；3—摇杆；4—阀体；
5—阀盖；6—定位紧固螺钉与锁母；7—枢轴

1—阀座；2—发盘；3—阀体；4—阀盖；5—导向套筒

图 11-17　止回阀

9. 球阀

球阀是用带圆形通孔的球体作为启闭件，球体随阀杆转动，以实现启闭动作的阀门，也可用于流体的流量的调节与控制。按结构型式可分为：浮动球球阀、固定球球阀及弹性球球阀。

如图 11-18（a）所示，浮动球球阀的球体是浮动的，在介质压力作用下，球体能产生一定的位移并紧压在出口端的密封面上，保证出口端密封。浮动球球阀的结构简单，密封性好，但球体承受工作介质的载荷全部传给了出口密封圈，因此要考虑密封圈材料能否经受得住球体介质的工作载荷。这种结构，广泛用于中低压场合。

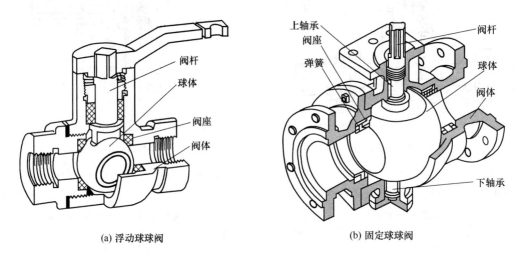

图 11-18　球阀

如图 11-18（b）所示，固定球球阀的球体是固定的，受压后不产生移动。固定球球阀都带有浮动阀座，受介质压力后，阀座产生移动，使密封圈紧压在球体上，以保证密封。通常在与球体的上、下轴上装有轴承，操作扭矩小，适用于高压和大口径的阀门。

弹性球球阀的球体是弹性的。球体和阀座密封圈都采用金属材料制造，密封比压很大，依靠介质本身的压力已达不到密封的要求，必须施加外力。这种阀门适用于高温、高压介质，常用于分配介质与改变介质的流向。

六、阀门的选用

化工生产中常用的阀门有多种，即使是同一类型的阀门，由于其使用的场合不同也有高温阀与低温阀，高压阀与低压阀之分，而且，同一类型的阀门也可以用不同的材质来制造。

阀门大多有系列产品，选用的时候要全面考虑，主要考虑以下因素。

① 输送流体的性质。如流体为液体、气体、浆液、悬浮液等；流体是否带有固体颗粒、粉尘、腐蚀性能、是否有毒、是否是易燃易爆等。

② 阀门的功能。选用时应考虑每种阀门都有它的特性和适用场合。

③ 阀门的尺寸。阀门的尺寸根据流量和允许压降确定，一般与工艺管道尺寸相匹配。

④ 阻力损失。根据阀门功能和阻力综合考虑阀门型式和结构。

⑤ 温度和压力。根据工作温度和压力决定阀门的材质和压力等级。

⑥ 阀门的材质。根据压力、温度等级和流体特性选择阀门的材质，阀体、压盖、阀瓣、阀座等可能是由好几种不同材质制造的，以获得经济、耐用的最佳效果。需要耐腐蚀时既可采用不锈钢等材料制作阀门，也可采用防腐材料衬里。

任务训练

一、填空

1. _____阀广泛应用于输送低温、低压并含悬浮和结晶颗粒的介质和腐蚀性介质。
2. 阀门的基本参数主要有_____和_____。
3. 中口径阀门公称通径为_____ mm。

二、判断

(　　) 1. 节流阀靠缩小流通截面来控制流体流量和降低流体压力。
(　　) 2. 止回阀是利用阀盘前后介质的压力差而自动启闭,控制介质单向流动,又称止逆阀或单向阀。
(　　) 3. 节流阀在管路中可用作开关作用。

三、选择

1. (　　) 在管路上安装时,应特别注意介质出入阀口的方向,使其"低进高出"。
   A. 旋塞阀　　　　B. 蝶阀　　　　C. 截止阀　　　　D. 闸阀
2. (　　) 是一种根据介质工作压力的大小,自动启闭的阀门。
   A. 截止阀　　　　B. 安全阀　　　　C. 蝶阀　　　　D. 闸阀
3. J41T-16 表示(　　)。
   A. PN16 的闸阀　　B. PN16 的截止阀　　C. PN1.6 的截止阀　　D. PN1.6 的闸阀

三、简答

1. 阀门的作用是什么?化工管路中常用的阀门有哪几种?
2. 理解楔式闸阀与平行式闸阀的特点。
3. 阀门的选用主要考虑哪些因素?

任务三　阀门的使用与维护

任务描述

熟悉阀门日常维护知识,掌握其常见故障及处理方法。

任务指导

一、阀门的日常维护

阀门的日常维护包括以下几个方面。

① 阀门阀杆的螺纹部分应保持一定的油量,以保证其启闭灵活。不经常开启的阀门也要定期转动手轮。

② 开启蒸汽阀门前,应先预热,排除凝结水,然后开启阀门以免发生汽、水冲击。当阀门全开后,应将手轮倒转少许,使螺纹之间严密。

③ 对室外明杆闸阀等阀门,阀杆上应加保护套,以防尘土等。

④ 阀门零件如手轮手柄等损坏或丢失,应尽快配齐。

⑤ 减压阀、疏水阀、调节阀等自动阀门启用时,均需利用冲洗阀将管路冲洗干净,或者先吹净管路,然后再装上使用。

⑥ 对于长期闭停的水阀、气阀等,应注意定期拧开阀底丝堵,排出积水。

⑦ 保持阀门清洁。

⑧ 不能依靠阀门支承重物。

二、阀门常见故障及处理方法

阀门在使用的过程中,会出现各种各样的故障,列举如下。

1. 阀门启闭有卡阻、不灵活的现象

主要原因是由于阀杆与填料之间存在过大的阻力。如:填料压盖偏斜后碰阀杆导致卡死的现象;填料安装不正确或压得过紧,使得阀杆旋动阻力太大;阀杆变形等。

措施:适当放松填料;矫正或更换阀杆;适当润滑阀杆。

2. 阀门密封面擦伤、阀杆光柱部分被擦伤和阀杆螺纹部分咬伤

主要原因:①密封面研磨后有磨粒嵌入密封面里,未清除干净,造成密封面擦伤;②介质中的赃物或者焊渣未清除干净,造成擦伤;③有的在使用后,在介质的冲刷下,磨粒排出而沾在密封面上,在阀门开关的时候造成阀杆擦伤;④介质中含有硼的介质,泄出后会结晶而形成硬质颗粒,存在于填料与阀杆接触表面上,当开关阀门时,拉伤阀杆表面。

处理方法:合理选择研磨剂,密封面经研磨后必须清洗干净,不能在阀体内残留有固体颗粒,适当提高阀杆的表面硬度。

3. 梯形螺纹处沾有赃物,润滑条件差,阀杆发生变形

处理方法:清除赃物,对高温阀门及时涂以润滑剂,修正变形零件。

4. 填料泄漏和阀体与阀盖连接处泄漏

(1) 填料泄漏

填料的接触压力不够;填料老化,失去弹性;阀杆擦伤;填料对阀杆产生腐蚀作用;阀杆变形;填料选用不当,不耐腐蚀、高温、高压或低温低压;填料安装数量不足。

措施:正确选择填料的类型和材料;正确安装和确定填料数量;阀杆弯曲及时修正;填料失效及时更换。

(2) 法兰连接处泄漏

原因是连接螺栓所产生的预紧力不能达到足够的密封比压。

措施:适当地紧固螺栓。

5. 密封面损坏

① 频繁开关,高流速介质对密封面冲刷;

② 阀门安装后没有及时清理阀体内的固体颗粒。

措施:不能将闭路阀当做调节阀用;安装阀门时严格按规程操作。

任务训练

一、填空
1. 不经常开启的阀门也要定期_____。
2. 开启蒸汽阀门前,应先_____,排除_____,然后开启阀门,以免发生汽、水冲击。

二、判断
( ) 1. 需要时可依靠阀门支承重物。
( ) 2. 对于长期闭停的水阀、气阀等,应注意定期拧开阀底丝堵,排出积水。

三、选择
1. 闸阀的阀盘与阀座的密封面泄漏,一般是采用( )方法进行修理。
A. 更换   B. 加垫片   C. 防漏胶水   D. 研磨
2. 阀门阀杆升降不灵活,是由于阀杆弯曲,则排除的方法( )。
A. 设置阀杆保护套   B. 使用短杠杆开闭阀杆
C. 更换阀门   D. 更换阀门弹簧

四、简答

1. 说明阀门日常维护的内容和基本要求？
2. 阀门常见故障有哪些？

任务四　管道的类别与级别认知

任务描述

了解石油化工管道的类别、级别。

任务指导

管道是指由管道组成件、管道支吊架等组成用以输送、分配、混合、分离、排放、计量或控制流体流动的装置。

为了便于设计、施工验收、使用管理和检验等，在相关法规、标准、规范中，往往根据介质的特性和设计参数采用综合方法对管道进行分类、分级，同时，在各行业的设计规范、施工验收规范和维修、检验规程之间，对管道的分级或分类尚存在差异。如国家标准《工业金属管道设计规范》GB 50316 中的流体根据状态、性质和设计参数分为 A1、A2、B、C、D 五类。A1 类为剧毒介质；A2 类为有毒介质；B 类为可燃介质；C 类、D 类为非可燃、无毒介质，其中设计压力≤1MPa，且设计温度为-29~186℃的为 D 类。化工行业标准《化工金属管道工程施工及验收规范》HG 20225 按流体特性和设计参数分为 A、B、C、D 四类。基本与 GB 50316 一致，但将有毒介质管道划入 B 类管道。《石油化工金属管道工程施工质量验收规范》GB 50517 按流体特性和设计参数分为 SHA、SHB、SHC、SHD 四级。

下面主要介绍压力管道的分级及石油化工金属管道的分级。

一、压力管道的分级

压力管道是指石油化工工程中输送设计压力≥0.1MPa（表压）的气体、液化气体、蒸汽介质或者可燃、有毒、有腐蚀性、设计温度等于或高于标准沸点的液体介质，且公称直径大于 25mm 的管道。根据其作用通常可分为 GA（长输管道）、GB（公用管道）、GC（工业管道）及 GD（动力管道）等。

1. GA 类（长输管道）

长输（油气）管道是指产地、储存库、使用单位之间的用于输送商品介质的管道，划分为 GA1 级和 GA2 级。

① GA1 级：符合下列条件之一的长输管道为 GA1 级。

a. 输送有毒、可燃、易爆气体介质，最高工压力大于 4.0MPa 的长输管道；

b. 输送有毒、可燃、易爆液体介质，最高工作压力大于或者等于 6.4MPa，并且输送距离（指产地、储存地、用户间的用于输送商品介质管道的长度）大于或者等于 200km 的长输管道。

② GA2 级：GA1 级以外的长输（油气）管道为 GA2 级。

2. GB 类（公用管道）

公用管道是指城市或乡镇范围内的用于公用事业或民用的燃气管道和热力管道，划分为 GB1 级和 GB2 级。

① GB1 级：城镇燃气管道；

② GB2 级：城镇热力管道。

3. GC 类（工业管道）

工业管道是指企业、事业单位所属的用于输送工艺介质的工艺管道、公用工程管道及其他辅助管道，划分为 GC1 级、GC2 级、GC3 级。

（1）GC1 级，符合下列条件之一的工业管道为 GC1 级

① 输送 GB 5044《职业接触毒物危害程度分级》中规定的毒性程度为极度危害介质、高度危害气体介质和工作温度高于标准沸点的高度危害液体介质的管道；

② 输送 GB 50160《石油化工企业设计防火规范》及 GB 50016《建筑设计防火规范》中规定的火灾危险性为甲、乙类可燃气体或甲类可燃液体（包括液化烃），并且设计压力 $p \geqslant 4.0$ MPa 的管道；

③ 输送流体介质并且设计压力 $p \geqslant 10.0$ MPa，或者设计压力 $p \geqslant 4.0$ MPa，并且设计温度 $\geqslant 400$ ℃ 的管道。

（2）GC2 级

除 TSG R1001 规定的 GC3 级管道外，介质毒性危害程度、火灾危险性（可燃性）、设计压力和设计温度小于 TSG R1001 规定的 GC1 级的管道。

（3）GC3 级

输送无毒、非可燃流体介质，设计压力 $p \leqslant 1.0$ MPa，并且设计温度大于 -20 ℃ 但是小于 185℃ 的管道。

4. GD 类（动力管道）

火力发电厂用于输送蒸汽、汽、水两相介质的管道，划分为 GD1 级、GD2 级。

① GD1 级：设计压力大于等于 6.3 MPa，设计温度大于等于 400℃ 的管道。

② GD2 级：设计压力小于 6.3 MPa，且设计温度小于 400℃ 的管道。

二、GB 50517 管道分级

石油化工金属管道根据其输送的介质和设计条件可按表 11-7 划分。管道分级编码由三个单元组成：编码一单元为汉语拼音字母 SH；编码二单元为英文字母 A、B、C；编码三单元为阿拉伯数字 1、2、3、4、5。各编码单元所代表的内容见表 11-8。输送介质中常见的毒性介质、可燃介质可按 GB 50517 附录 A 确定。

表 11-7 石油化工管道分级

序号	管道级别	输送介质	设计条件	
			设计压力 p /MPa	设计温度 t /℃
1	SHA1	①极度危害介质(苯除外)、高度危害丙烯腈、光气介质	—	—
		②苯介质、高度危害介质(丙烯腈、光气除外)、中度危害介质、轻度危害介质	$p \geqslant 10$	—
			$4 \leqslant p < 10$	$t \geqslant 400$
			—	$t < -29$
2	SHA2	③苯介质、高度危害介质(丙烯腈、光气除外)	$4 \leqslant p < 10$	$-29 \leqslant t < 400$
			$p < 4$	$t \geqslant -29$
3	SHA3	④中度危害介质、轻度危害介质	$4 \leqslant p < 10$	$-29 \leqslant t < 400$
		⑤中度危害介质	$p < 4$	$t \geqslant -29$
		⑥轻度危害介质	$p < 4$	$t \geqslant 400$

续表

序号	管道级别	输送介质	设计条件	
			设计压力 p /MPa	设计温度 t /℃
4	SHA4	⑦轻度危害介质	$p<4$	$-29\leqslant t<400$
5	SHB1	⑧甲类、乙类可燃气体介质和甲类、乙类、丙类可燃液体介质	$p\geqslant 10$	—
			$4\leqslant p<10$	$t\geqslant 400$
			—	$t<-29$
6	SHB2	⑨甲类、乙类可燃气体介质和甲$_A$类、甲$_B$类可燃液体介质	$4\leqslant p<10$	$-29\leqslant t<400$
		⑩甲$_A$类可燃液体介质	$p<4$	$t\geqslant -29$
7	SHB3	⑪甲类、乙类可燃气体介质,甲$_B$类、乙类可燃液体介质	$p<4$	$t\geqslant -29$
		⑫乙类、丙类可燃液体介质	$4\leqslant p<10$	$-29\leqslant t<400$
		⑬丙类可燃液体介质	$p<4$	$t\geqslant 400$
8	SHB4	⑭丙类可燃液体介质	$p<4$	$-29\leqslant t<400$
9	SHC1	⑮无毒、非可燃介质	$p\geqslant 10$	—
			—	$t<-29$
10	SHC2	⑯无毒、非可燃介质	$4\leqslant p<10$	$t\geqslant 400$
11	SHC3	⑰无毒、非可燃介质	$4\leqslant p<10$	$t\geqslant 400$
			$1<p<4$	$t\geqslant 400$
12	SHC4	⑱无毒、非可燃介质	$1<p<4$	$-29\leqslant t<400$
			$p\leqslant 1$	$t\geqslant 185$
			$p\leqslant 1$	$-29\leqslant t\leqslant -20$
13	SHC5	⑲无毒、非可燃介质	$p\leqslant 1$	$-20<t<185$

资料来源:摘自 GB 50517。

表 11-8 石油化工管道分级编码

编码单元	编码符号	编码内容
一单元	SH	石油化工行业标准
二单元	A	输送毒性介质管道
	B	输送可燃介质管道
	C	输送无毒、非可燃介质管道
三单元	1	检查等级 1 级、焊接接头 100% 无损检测的管道
	2	检查等级 2 级、焊接接头 20% 无损检测的管道
	3	检查等级 3 级、焊接接头 10% 无损检测的管道
	4	检查等级 4 级、焊接接头 5% 无损检测的管道
	5	检查等级 5 级、焊接接头可不进行无损检测的管道

资料来源:摘自 GB 50517。

 任务训练

一、填空
1. GB 类称为_____管道,GC 类为_____管道。
2. GD 类(动力管道)是指_____的管道。

二、判断

（　　）1. GC3 级是指输送无毒、非可燃流体介质，设计压力 $p \leqslant 1.6\mathrm{MPa}$，并且设计温度大于 $-20℃$ 但是小于 $185℃$ 的管道。

（　　）2. GD2 级是指设计压力大于 $6.3\mathrm{MPa}$，且设计温度小于 $400℃$ 的管道。

（　　）3. $t>200℃$ 的管道为高温管。

三、简答

1. 根据 TSG R1001—2012《压力容器压力管道设计许可规则》，压力管道可分为哪四类？
2. 管道按输送介质的压力可分为哪几类？

任务五　管道的连接与布置

 任务描述

了解管道的连接方法及管道的布置要求。

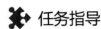 **任务指导**

一、管道的连接

管道连接包括管子与管子的连接，管子与阀门、各种管件的连接，还包括设备接口处的连接等。管路连接的常用方法有焊接、法兰连接、螺纹连接、承插连接、胀接连接、黏合连接及卡套连接等。

1. 焊接

焊接属于不可拆连接，该种连接方式最常见。优点是密封性能好，结构简单，连接的强度高，能承受高的压力与温度，因此在化工生产中得到了广泛的使用。缺点：不能拆卸。常用的焊接方式如图 11-19 所示。

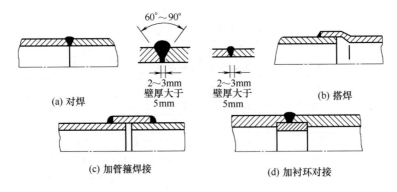

图 11-19　管子焊接方式

2. 法兰连接

法兰连接一般用于带法兰的阀件、仪表和设备的连接，其连接的强度高，拆卸方便适用范围广，但法兰盘之间的密封性能不如焊接结构，详见任务三。

3. 螺纹连接

螺纹连接是通过内外管螺纹拧紧而实现的。在管道连接中应用广泛，可分为内牙管连接、外牙管连接和活管接连接三种。

(1) 内牙管连接

内牙管连接如图 11-20 所示。安装时先将内牙管旋合在一段管子端部的外螺纹上,然后把另一管子的端部旋入内牙管中,使两段管子连为一体。注意需在外螺纹上缠上密封带（如聚四氟乙烯等）以保证密封。结构简单,拆装不便。

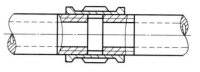

图 11-20　内牙管连接

(2) 长外牙连接

长外牙连接由长外牙管、被连接管、内牙管、锁紧螺母所组成,如图 11-21 所示。安装时也需在外牙上缠密封带,先将锁紧螺母与内牙管都旋合在长外牙管上,再用内牙管把长外牙管和需连接的管子旋合连接,最后将内牙管反旋退出一定长度与需连接的管子接上,用锁紧螺母锁紧。

(3) 活管接连接

活管接连接由一个套合节和两个主节及一个软垫圈组成,如图 11-22 所示。

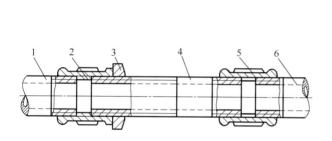

图 11-21　长外牙连接

1,6—管子；2,5—内牙管；3—锁紧螺母；4—长外牙管

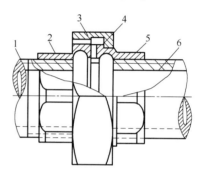

图 11-22　活管接连接

1,6—管子；2,5—主节；3—软垫圈；4—套合节

为了保证螺纹连接处的密封,常在内外螺纹间加填料（又称丝扣连接）,以增加严密性。常用填料有加铅油的油麻丝或石棉绳等,也可用聚四氟乙烯带缠绕。螺纹连接的方法简单,易于操作,但密封性能差,主要用于压力不高、直径不大的自来水管和煤气管道,也常用于化工机器的润滑油管路中。

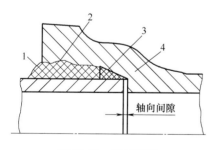

图 11-23　承插连接

1—插口；2—水泥（铅）；3—油麻绳；4—承口

4. 承插式连接

承插连接常用于压力不高、密封性要求不高的场合,一般用于铸铁水管的连接,也可以用做陶瓷管、塑料管、玻璃管等非金属管路的连接。

承插连接结构如图 11-23 所示。连接时,插口和承口接头处应留有一定的轴向间隙,以便于补偿管路的热膨胀量。为了增大承插口处的密封,往往在插口和承口的环形间隙内填充石棉水泥、油麻绳等,为提高其防腐性能还可以在填料的外面涂以沥青。这种连接常用于公称压力 0.6MPa 以下的管路中,同时对于铸铁管道和非金属管道（如水泥管、陶瓷管等）在密封要求不高的情况下也可采用这种连接。

5. 黏合连接

在两管的接合处,涂以合适的黏合剂,依靠黏合剂的黏合力,使两管紧密结合在一起的连接方法。一般用于塑料管、玻璃管、石墨管和玻璃钢等耐腐蚀非金属管道上及金属管道上，可代替焊接，螺栓连接，所以应用范围越来越广。

二、管道的布置

管道的布置包括地上管道布置、沟内管道布置及埋地管道布置等情况。下面主要介绍地上管道布置的部分要求。

1. 一般规定与要求

① 管道布置应满足工艺及管道和仪表流程图的要求。

② 管道布置应满足便于生产操作、安装及维修的要求。宜采用架空敷设，规划布局应整齐有序。在车间内或装置内不便维修的区域，不宜将输送强腐蚀性及 B 类流体（指在环境或操作条下是一种气体或可闪蒸产生气体的液体，这些流体能点燃并在空气中连续燃烧）的管道敷设在地下。

③ 管道应集中成排布置，有利于集中设置管架，管道布置美观，并方便操作、检修和管理。

④ 多层管廊的层间距离应满足管道安装要求。腐蚀性的液体管道应布置在管廊下层高温管道不应布置在对电缆有热影响的下方位置。

⑤ 沿地面敷设的管道，不可避免穿越人行通道时，应备有跨越桥。

⑥ 在道路、铁路上方的管道不应安装阀门、法兰、螺纹接头及带有填料的补偿器等可能泄漏的组成件。

⑦ 沿墙布置的管道，不应影响门窗的开闭。

⑧ 腐蚀性液体的管道，不宜布置在转动设备的上方。

⑨ 布置管道应留有转动设备维修、操作和设备内填充物装卸及消防车道等所需空间。

⑩ 吊装孔范围内不应布置管道。在设备内件抽出区域及设备法兰拆卸区内不应布置管道。

⑪ 管道布置时应留出试生产、施工、吹扫等所需的临时接口。

⑫ 管道穿过安全隔离墙时应加套管。在套管内的管段不应有焊缝，管子与套管间的间隙应以不燃烧的软质材料填满。

2. 管道的净空高度及净距

① 架空管道穿过道路、铁路及人行道等的净空高度系指管道隔热层或支承构件最低点的高度，净空高度应符合下列规定：

  a. 电力机车的铁路，轨顶以上$\geqslant 6.6 \mathrm{m}$；

  b. 铁路轨顶以上$\geqslant 5.5 \mathrm{m}$；

  c. 道路推荐值$\geqslant 5.0 \mathrm{m}$，最小值 $4.5 \mathrm{m}$；

  d. 装置内管廊横梁的底面$\geqslant 4.0 \mathrm{m}$；

  e. 装置内管廊下面的管道，在通道上方$\geqslant 3.2 \mathrm{m}$；

  f. 人行过道，在道路旁$\geqslant 2.2 \mathrm{m}$；

  g. 人行过道，在装置小区内$\geqslant 2.0 \mathrm{m}$；

  h. 管道与高压电力线路间交叉净距应符合架空电力线路现行国家标准的规定。

② 在外管架（廊）上敷设管道时，管架边缘至建筑物或其他设施的水平距离除按以下要求外，还应符合现行国家标准《石油化工企业设计防火规范（2018 年版）》（GB 50160）、《工业企业总平面设计规范》（CB 50187）及《建筑设计防火规范（2018 年版）》（GB 50016）的规定。管架边缘与以下设施的水平距离：

  a. 至铁路轨外侧$\geqslant 3.0 \mathrm{m}$；

  b. 至道路边缘$\geqslant 1.0 \mathrm{m}$；

  c. 至人行道边缘$\geqslant 0.5 \mathrm{m}$；

d. 至厂区围墙中心≥1.0m；
e. 至有门窗的建筑物外墙≥3.0m；
f. 至无门窗的建筑物外墙≥1.5m。

③ 布置管道时应合理规划操作人行通道及维修通道。操作人行通道的宽度不宜小于0.8m。

④ 两根平行布置的管道，任何突出部位至另一管子或突出部位或隔热层外壁的净距，不宜小于25mm。裸管的管壁与管壁间净距不宜小于50mm，在热（冷）位移后隔热层外壁不应相碰。

3. 管道排列原则

① 热介质管路在上，冷介质管路在下；无腐蚀介质管路在上，腐蚀介质管路在下；气体管路在上，液体管路在下；不经常检修的管路在上，反之在下；高压介质管路在上，低压介质管路在下；大直径管路在上，小直径管路在下；保温管路在上，不保温管路在下。

② 直径大的、常温的、支管少的、不常检修的和无腐蚀性介质管路靠墙，直径小的、常检修的、支管多的、有腐蚀性的和热力管路等靠外。

在管道铺设过程中，位置矛盾时，需遵循低压让高压，常温让高温或低温、辅助管道让物料管道，支管让主管、管道让梁柱等原则。

 任务训练

一、填空
1. 管路连接的常用方法有_____、_____、_____、_____、胀接连接、黏合连接及卡套连接等。
2. 在管道铺设过程中，位置矛盾时需遵循_____压让_____压，_____温让_____温或_____温。
3. 管路通过工厂主要交通干线时高度不得低于_____m。

二、判断
（　）1. 热介质管路在下，冷介质管路在上。
（　）2. 气体管路在上，液体管路在下。
（　）3. 架空管道穿过道路的净空高度最小值为4.5m。

三、简答
1. 管路连接方式有哪些？各有什么特点？
2. 在管道铺设过程中，位置矛盾时需遵循哪些原则？

任务六　管路的使用与维护

任务描述

掌握管路的日常维护内容及常见的故障类型，能正确分析常见故障产生的原因及处理方法。

 任务指导

在化工企业中，管路担负着连接设备，输送介质的重任，为了保证生产的正常进行，对管路要精心维护，及时发现故障，排除故障。

一、管路的日常检查和维护

管路的日常检查和维护工作主要注意以下几个方面。

① 要认真做好巡回检查工作，用看、摸、听、闻等直感的方法来检查和判断管路内介质的流动情况、管路附件的正常工作情况及各种仪表指示是否正常。

② 要适时做好管路的防腐和防护工作。如热力、冷冻管道的保温、保冷、工作等。

③ 对带油、水的气体管路要定期的排放油污积水，对于高压管路要定期进行检查和测试。

④ 对管内介质流速较大，冲刷力较强的管路要定时检查其腐蚀和磨损情况。

⑤ 管路的振动会影响管路各接口的强度和密封，在巡回检查中，一旦出现管路振动，应找出原因及时消除。

⑥ 管路中各连接口，特别是法兰、丝扣、填料等处要经常检查，如发现有少量跑、冒、滴、漏时应设法处理。

⑦ 管路中的安全阀、调压器、盲板等附件，要定期校正和调整，确保管路安全；阀门、丝杆、螺栓等活动部位和可拆零件要定期加油润滑，确保工作时灵活，检修拆装方便。

⑧ 经常检查管路连接处，如法兰、填料等，发现跑、冒、滴、漏等，及时处理。

二、管路常见故障及维修

管路常见故障主要有：泄漏、管道弯曲、管道堵塞等。化工管路常见故障的类型、产生原因和消除方法见表 11-9 所示。

表 11-9 化工管路常见故障的类型、产生原因和消除方法

序号	故障		故障原因	处理方法
1	泄漏	管泄漏	①铸铁管子上有气孔或夹渣 ②焊接焊缝处有气孔或夹渣 ③裂纹、孔洞（管内外腐蚀、磨损）	①在泄漏处打上卡箍,如下图所示 ②清理焊缝,进行补焊 ③缠带、补焊、更换等
		法兰泄漏	①密封垫破坏 ②介质压力过高 ③法兰螺栓松动 ④法兰密封面破坏	①更换密封垫 ②使用耐高压的垫片 ③拧紧法兰螺栓 ④修理或更换法兰
		螺纹接头处泄漏	①螺纹连接没有拧紧 ②螺纹部分破坏 ③螺纹连接的密封失效	①拧紧螺纹连接螺栓 ②修理管端螺纹 ③更换连接处的密封件
2	振动	运动及其振动的传导	①旋转零件的不平衡 ②联轴器不同心 ③零件的配合间隙过大 ④机座和基础间连接不牢	①对旋转件进行静、动平衡 ②进行联轴器找正 ③调整配合间隙 ④加固机座和基础的连接
		输送介质引起的振动	①介质流向引起的突变 ②介质激振频率和管路固有频率相接近 ③介质的周期性波动	①采用大弯曲半径弯头 ②用支撑件加固或增设支架,改变管路的固有频率 ③控制波动幅度,减少波动范围
3		管路裂纹	①管路连接不同心,弯曲或扭转过大 ②冻裂 ③振动剧烈 ④机械损伤	①安装时进行找正 ②加设保温层 ③消除振动 ④避免碰撞
4		管堵塞	①阀关闭 ②杂质堵塞	①接旁通、换阀和管道 ②用压缩空气或蒸汽吹除
5		管弯曲	管支撑件不良	加固支撑件或撤换支撑件以保证强度和刚度

任务训练

一、填空

1. 化工管路泄漏主要是_____泄漏、_____泄漏及螺纹接头处泄漏。
2. 对管内介质流速较大，冲刷力较强的管路要定时检查其_____和_____情况。

二、判断

（ ）1. 产生管路堵塞的主要原因是阀关闭、杂质堵塞。
（ ）2. 管路的振动会影响管路各接口的强度和密封。

三、简答

1. 管路常见故障有哪些？
2. 管路产生裂纹的原因有哪些？

附录

附录 A 图 5-3 外压应变系数 A 的曲线数据表

D_o/δ_e	L/D_o	A 值	D_o/δ_e	L/D_o	A 值	D_o/δ_e	L/D_o	A 值
4	2.2	9.59×10^{-2}	8	1	6.60	15	5	5.34
	2.6	8.84		1.6	3.72		6	5.16
	3	8.39		2	2.85		10	4.97
	4	7.83		2.4	2.42		40	4.90
	5	7.59		3	2.12		50	4.90
	7	7.39		4	1.92	20	0.24	9.82×10^{-2}
	10	7.29		5	1.84		0.4	4.77
	30	7.20		7	1.79		0.6	2.86
	50	7.20		10	1.76		0.8	2.03
5	1.4	9.29×10^{-2}		20	1.74		1	1.56
	1.6	8.02		50	1.74		1.2	1.27
	2	6.58	10	0.56	9.64×10^{-2}		2	7.13×10^{-3}
	2.4	5.86		0.7	7.20		3	4.46
	3	5.32		1	4.63		3.4	3.88
	4	4.94		1.2	3.71		4	3.42
	5	4.78		2	2.01		5	3.08
	7	4.65		2.4	1.65		7	2.87
	10	4.59		3	1.39		10	2.80
	30	4.54		4	1.24		40	2.75
	50	4.53		5	1.18		50	2.75
6	1.2	8.37×10^{-2}		7	1.14	25	0.2	8.77×10^{-2}
	1.6	5.84		10	1.12		0.3	4.84
	2	4.69		16	1.11		0.5	2.50
	2.4	4.11		50	1.11		0.8	1.43
	3	3.69	15	0.34	9.68×10^{-2}		1	1.11
	4	3.41		0.4	7.70		1.2	9.02×10^{-3}
	5	3.29		0.6	4.53		2	5.08
	7	3.20		1	2.44		3	3.23
	10	3.16		1.2	1.97		3.4	2.78
	30	3.12		2	1.09		4	2.35
	50	3.12		2.4	8.90×10^{-3}		4.4	2.19
8	0.74	9.68×10^{-2}		3	6.91		5	2.04
	0.8	8.75		4	5.73		6	1.91

续表

D_o/δ_e	L/D_o	A 值	D_o/δ_e	L/D_o	A 值	D_o/δ_e	L/D_o	A 值
25	7	1.86	50	1	3.84	80	30	1.72
	10	1.80		2	1.71		50	1.72
	30	1.76		4	8.42×10^{-4}	100	0.05	7.41×10^{-2}
	50	1.76		5	6.52		0.07	3.98
30	0.16	9.04×10^{-2}		6	5.48		0.1	2.20
	2	6.35		7	5.02		0.14	1.33
	0.3	3.57		8	4.78		0.2	8.31×10^{-3}
	0.4	2.40		10	4.58		0.4	3.64
	0.6	1.50		12	4.49		0.5	2.83
	0.8	1.08		16	4.44		0.8	1.70
	1	8.38×10^{-3}		40	4.40		1	1.34
	1.2	6.83		50	4.40		2	6.41×10^{-4}
	2	3.88	60	0.074	9.54×10^{-2}		4	3.05
	3	2.46		0.1	5.56		6	1.95
	4	1.77		0.14	3.23		8	1.42
	4.4	1.61		0.2	1.93		10	1.24
	5	1.47		0.4	8.12×10^{-3}		14	1.14
	6	1.36		0.6	5.10		25	1.10
	7	1.30		0.8	3.71		50	1.10
	10	1.25		1	2.91	125	0.05	4.80×10^{-2}
	30	1.22		2	1.38		0.06	3.44
	50	1.22		3	8.86×10^{-4}		0.08	2.10
40	0.12	8.64×10^{-2}		4	6.45		0.1	1.48
	0.2	3.85		6	4.09		0.14	9.17×10^{-3}
	0.3	2.22		7	3.64		0.2	5.78
	0.4	1.55		8	3.41		0.4	2.57
	0.6	9.58×10^{-3}		10	3.22		0.6	1.65
	0.8	6.91		14	3.10		0.8	1.21
	1	5.39		40	3.06		1	9.55×10^{-4}
	1.2	4.41		50	3.06		2	4.59
	2	2.52	80	0.054	9.90×10^{-2}		4	2.20
	4	1.17		0.07	6.08		6	1.41
	5	9.12×10^{-4}		0.09	3.91		9	9.04×10^{-5}
	6	8.04		0.1	3.28		10	8.37
	7	7.56		0.14	1.96		12	7.70
	8	7.31		0.2	1.20		14	7.40
	10	7.08		0.24	9.50×10^{-3}		20	7.13
	16	6.92		0.4	5.16		40	7.04
	40	6.88		0.6	3.28		50	7.04
	50	6.88		0.8	2.39	150	0.05	3.38×10^{-2}
50	0.088	9.30×10^{-2}		1	1.88		0.06	2.44
	0.1	7.82		2	8.95×10^{-4}		0.08	1.51
	0.2	2.63		4	4.24		0.1	1.08
	0.3	1.54		6.6	2.41		0.12	8.33×10^{-3}
	0.4	1.08		8	2.05		0.16	5.69
	0.6	6.77×10^{-3}		10	1.86		0.2	4.31
	0.8	4.90		14	1.76		0.4	1.94

续表

D_o/δ_e	L/D_o	A 值	D_o/δ_e	L/D_o	A 值	D_o/δ_e	L/D_o	A 值
150	0.6	1.25	250	10	2.93	500	0.08	1.92
	1	7.26×10^{-5}		12	2.38		0.1	1.45
	2	3.49		14	2.10		0.12	1.16
	4	1.68		16	1.96		0.16	8.30×10^{-4}
	6	1.08		20	1.84		0.2	6.45
	8	7.87×10^{-5}		40	1.76		0.4	3.05
	10	6.19		50	1.76		0.6	1.99
	12	5.53	300	0.05	9.23×10^{-3}		0.8	1.48
	16	5.10		0.06	6.90		1	1.18
	20	4.98		0.08	4.52		2	5.79×10^{-5}
	40	4.89		0.1	3.34		4	2.82
	50	4.89		0.12	2.64		6	1.85
200	0.05	1.96×10^{-2}		0.2	1.43		8	1.37
	0.06	1.43		0.4	6.66×10^{-4}		10	1.07
	0.08	9.09×10^{-3}		0.6	4.33		12	8.80×10^{-6}
	0.1	6.59		0.8	3.21	600	0.05	2.70×10^{-3}
	0.14	4.21		1	2.54		0.06	2.08
	0.2	2.72		2	1.24		0.08	1.42
	0.3	1.71		4	6.02×10^{-5}		0.1	1.08
	0.5	9.76×10^{-4}		6	3.93		0.12	8.68×10^{-4}
	0.8	5.92		8	2.87		0.16	6.24
	1	4.69		10	2.25		0.2	4.86
	2	2.27		14	1.56		0.4	2.31
	4	1.10		16	1.42		0.6	1.51
	6	7.11×10^{-5}		20	1.30		0.8	1.12
	8	5.20		40	1.23		1	8.94×10^{-5}
	10	4.03		50	1.22		2	4.39
	12	3.38	400	0.05	5.49×10^{-3}		4	2.16
	14	3.09		0.06	4.17		6	1.41
	16	2.95		0.08	2.78		8	1.04
	20	2.83		0.1	2.08		8.4	9.88×10^{-6}
	40	2.75		0.12	1.66	800	0.05	1.65×10^{-3}
	50	2.75		0.16	1.18		0.06	1.29
250	0.05	1.29×10^{-2}		0.2	9.14×10^{-4}		0.08	8.92×10^{-4}
	0.06	9.55×10^{-3}		0.4	4.29		0.1	6.82
	0.08	6.17		0.6	2.80		0.12	5.51
	0.1	4.52		0.8	2.07		0.16	3.98
	0.14	2.93		1	1.65		0.2	3.12
	0.2	1.91		2	8.08×10^{-5}		0.4	1.49
	0.4	8.81×10^{-4}		4	3.93		0.6	9.80×10^{-5}
	0.6	5.72		6	2.57		0.8	7.28
	0.8	4.22		8	1.89		1	5.80
	1	3.35		10	1.48		2	2.86
	2	1.63		14	1.02		4	1.40
	4	7.89×10^{-5}		16	8.82×10^{-6}		5	1.12
	6	5.13	500	0.05	3.70×10^{-3}		5.6	9.92×10^{-6}
	8	3.77		0.06	2.84	1000	0.05	1.13×10^{-3}

续表

D_o/δ_e	L/D_o	A 值	D_o/δ_e	L/D_o	A 值	D_o/δ_e	L/D_o	A 值
1000	0.06	8.91×10^{-4}	1000	0.16	2.82	1000	1	4.14
	0.07	7.33		0.2	2.21		2	2.04
	0.09	5.41		0.4	1.06		4	1.01
	0.12	3.88		0.7	5.96×10^{-5}		4.2	9.57×10^{-6}

附录 B 外压应力系数 B 的曲线数据表

表 B-1 图 5-4 外压应力系数 B 的曲线数据表

温度/℃	A 值	B 值/MPa	温度/℃	A 值	B 值/MPa	温度/℃	A 值	B 值/MPa
150	1.00×10^{-5}	1.33	260	2.00×10^{-2}	120	425	5.00	42.7
	6.20×10^{-4}	82.7		1.00×10^{-1}	120		6.00	45.3
	7.00	92.0	370	1.00×10^{-5}	1.14		7.00	47.0
	8.00	96.0		4.09×10^{-4}	46.7		1.00×10^{-3}	52.0
	9.00	100		5.00	50.7		1.50	56.0
	1.00×10^{-3}	103		6.00	54.7		2.00	60.0
	1.50	111		7.00	56.0		2.00×10^{-2}	86.0
	2.00	113		8.00	58.7		1.00×10^{-1}	86.0
	9.00	128		9.00	60.0	475	1.00×10^{-5}	0.956
	1.00×10^{-1}	128		1.00×10^{-3}	61.3		3.25×10^{-4}	31.0
260	1.00×10^{-5}	1.24		1.50	66.7		5.00	36.0
	5.08×10^{-4}	62.7		2.00	70.7		7.00	40.0
	6.00	68.0		2.00×10^{-2}	101		1.00×10^{-3}	42.7
	8.00	74.7		1.00×10^{-1}	105		1.50	48.0
	1.00×10^{-3}	77.3	425	1.00×10^{-5}	1.05		2.50	53.3
	1.50	85.3		3.54×10^{-4}	37.3		2.00×10^{-2}	78.0
	2.50	93.3		4.00	40.0		1.00×10^{-1}	78.0

表 B-2 图 5-5 外压应力系数 B 的曲线数据表

温度/℃	A 值	B 值/MPa	温度/℃	A 值	B 值/MPa	温度/℃	A 值	B 值/MPa
30	1.00×10^{-5}	1.33	300	1.00×10^{-3}	82.4	400	5.00	99.2
	1.00×10^{-3}	133		1.50	94.4		7.00	106
	1.50	151		2.00	101		8.00	108
	2.00	163		3.00	111		1.00×10^{-2}	110
	3.00	171		4.00	117	475	1.00×10^{-5}	0.977
	1.00×10^{-2}	183		5.00	122		3.90×10^{-4}	37.2
200	1.00×10^{-5}	1.24		8.00	129		5.00	41.3
	9.30×10^{-4}	115		1.00×10^{-2}	130		6.00	44.3
	1.00×10^{-3}	118	400	1.00×10^{-5}	1.05		7.00	47.1
	1.50	132		4.00×10^{-4}	42.1		8.00	49.4
	2.00	138		5.00	46.8		9.00	51.8
	2.50	142		6.00	51.2		1.00×10^{-3}	54.1
	3.00	146		7.00	54.4		1.50	62.9
	4.00	151		8.00	57.2		2.00	68.6
	1.00×10^{-2}	161		9.00	60.0		3.00	77.0
300	1.00×10^{-5}	1.17		1.00×10^{-3}	62.8		4.00	82.6
	5.00×10^{-4}	58.7		1.50	73.2		5.00	86.3
	6.00	65.6		2.00	80.0		6.00	88.7
	7.00	71.2		3.00	88.8		8.00	92.6
	8.00	75.7		4.00	95.2		1.00×10^{-2}	94.7

表 B-3 图 5-6 外压应力系数 B 的曲线数据表

温度/℃	A 值	B 值/MPa	温度/℃	A 值	B 值/MPa	温度/℃	A 值	B 值/MPa
150	1.00×10^{-5}	1.33	260	3.00	114	425	1.00×10^{-3}	65.3
	7.65×10^{-4}	101		8.00	132		1.50	73.3
	8.00	105		1.00×10^{-2}	135		2.00	77.3
	9.00	109		1.50	143		3.00	82.7
	1.00×10^{-3}	113		2.00	149		3.00×10^{-2}	113
	2.00	137		2.72	156		1.00×10^{-1}	113
	3.00	149		1.00×10^{-1}	156	475	1.00×10^{-5}	0.956
	4.00	156	370	1.00×10^{-5}	1.39		4.27×10^{-4}	41.3
	5.00	159		5.59×10^{-4}	62.7		1.00×10^{-3}	56.0
	2.50×10^{-2}	164		1.00×10^{-3}	74.7		1.50	62.7
	1.00×10^{-1}	164		3.00	93.3		2.00	68.0
260	1.00×10^{-5}	1.24		1.00×10^{-2}	112		3.00	73.3
	6.63×10^{-4}	82.2		2.50	128		8.00	85.3
	9.00	89.0		1.00×10^{-1}	128		3.00×10^{-2}	102
	1.00×10^{-3}	93.3	425	1.00×10^{-5}	1.05		1.00×10^{-1}	102
	2.50	111		5.00×10^{-4}	52.0			

表 B-4 图 5-7 外压力系数 B 的曲线数据表

屈服强度/MPa	A 值	B 值/MPa	屈服强度/MPa	A 值	B 值/MPa	屈服强度/MPa	A 值	B 值/MPa
415MPa	4.00×10^{-5}	5.33	380MPa	1.00×10^{-1}	248	310MPa	1.24	165
	1.00×10^{-3}	1.33	345MPa	4.00×10^{-5}	5.33		1.00×10^{-1}	207
	1.66	220		1.00×10^{-3}	133	260~275MPa	4.00×10^{-5}	5.33
	1.00×10^{-1}	276		1.38	184		1.00×10^{-3}	133
380MPa	4.00×10^{-5}	5.33		1.00×10^{-1}	229		1.10	147
	1.00×10^{-3}	133	310MPa	4.00×10^{-5}	5.33		1.00×10^{-1}	184
	1.52	207		1.00×10^{-3}	133			

表 B-5 图 5-8 外压应力系数 B 的曲线数据表

A 值	B 值/MPa	A 值	B 值/MPa	A 值	B 值/MPa
4.00×10^{-4}	53.3	1.00×10^{-3}	133	3.00×10^{-2}	303
6.00	80.0	2.00	266	6.00	313
8.00	106	2.20	293	1.00×10^{-1}	327

表 B-6　图 5-9 外压应力系数 B 的曲线数据表

温度/℃	A 值	B 值/MPa	温度/℃	A 值	B 值/MPa	温度/℃	A 值	B 值/MPa
30	1.00×10^{-5}	1.29	370	1.00×10^{-5}	1.07	480	1.50×10^{-3}	50.7
	4.63×10^{-4}	60.0		3.34×10^{-4}	36.0		3.00	56.0
	1.50×10^{-3}	97.3		4.00	40.0		1.00×10^{-2}	65.3
	2.00	105		5.00	42.7		2.00	68.0
	3.00	115		6.00	45.3		7.00	73.3
	1.00×10^{-2}	131		1.00×10^{-3}	53.3		1.00×10^{-1}	73.3
	1.00×10^{-1}	147		2.00	61.3			
				5.00	70.7			
205	1.00×10^{-5}	1.20		6.00	72.0	650	1.00×10^{-5}	0.933
	3.86×10^{-4}	46.4		1.00×10^{-2}	74.7		2.78×10^{-4}	25.3
	2.00×10^{-3}	76.0		5.00	82.7		1.00×10^{-3}	38.7
	3.00	84.0		1.00×10^{-1}	82.7		2.00	44.0
	4.00	89.3					5.00	50.7
	5.00	93.3	480	1.00×10^{-5}	1.07		1.00×10^{-2}	54.7
	1.00×10^{-2}	98.7		3.09×10^{-4}	32.0		2.00	58.7
	5.00	107		4.00	36.0		5.00	62.7
	1.00×10^{-1}	107		5.00	38.7		1.00×10^{-1}	62.7

表 B-7　图 5-10 外压应力系数 B 的曲线数据表

温度/℃	A 值	B 值/MPa	温度/℃	A 值	B 值/MPa	温度/℃	A 值	B 值/MPa
30	1.00×10^{-5}	1.29	205	3.00	104	480	6.00	56.0
	5.88×10^{-4}	75.7		4.00	108		1.00×10^{-3}	66.7
	1.50×10^{-3}	103		5.00	111		3.00	84.0
	2.00	109		6.00	113		4.00	88.0
	2.50	113		1.00×10^{-2}	117		1.00×10^{-2}	96.0
	3.00	117		5.00	126		5.00	108
	4.00	120		1.00×10^{-1}	126		1.00×10^{-1}	108
	5.00	123						
	7.00	128	370	1.00×10^{-5}	1.07			
	1.00×10^{-2}	129		5.07×10^{-4}	57.3	650	1.00×10^{-5}	0.933
	2.00	136		1.00×10^{-3}	73.3		4.50×10^{-4}	42.0
	7.00	144		3.00	93.3		1.00×10^{-3}	56.0
	1.00×10^{-1}	144		4.00	96.0		2.00	66.7
205	1.00×10^{-5}	1.20		1.00×10^{-2}	105		3.00	73.3
	5.75×10^{-4}	68.6		5.00	117		4.00	76.0
	1.00×10^{-3}	81.3		6.00	120		5.00	78.7
	1.50	90.7		1.00×10^{-1}	120		1.00×10^{-2}	82.3
	2.00	96.0		1.00×10^{-5}	1.07		7.00	87.1
			480	5.19×10^{-4}	53.3			

表 B-8　图 5-11 外压应力系数 B 的曲线数据表

温度/℃	A 值	B 值/MPa	温度/℃	A 值	B 值/MPa	温度/℃	A 值	B 值/MPa
30	1.00×10^{-5}	1.29	205	1.00×10^{-3}	50.1	315	1.00×10^{-1}	77.7
	5.24×10^{-4}	67.4		1.00×10^{-2}	74.9			
	2.00×10^{-3}	94.7		2.83	89.6	425	1.00×10^{-5}	1.06
	6.00	115		1.00×10^{-1}	89.6		2.70×10^{-4}	28.6
	2.00×10^{-2}	132	315	1.00×10^{-5}	1.13		1.50×10^{-3}	40.0
	1.00×10^{-1}	140		3.13×10^{-4}	35.3		1.00×10^{-2}	56.0
205	1.00×10^{-5}	1.20		1.00×10^{-3}	44.0		1.00×10^{-1}	66.2
	3.52×10^{-4}	42.0		1.00×10^{-2}	66.7			

表 B-9　图 5-12 外压应力系数 B 的曲线数据表

温度/℃	A 值	B 值/MPa	温度/℃	A 值	B 值/MPa	温度/℃	A 值	B 值/MPa
30	1.00×10^{-5}	1.29	150	1.00×10^{-2}	103	315	5.00×10^{-3}	66.2
	5.87×10^{-4}	75.5		5.00	119		1.00×10^{-2}	72.6
	7.00×10^{-3}	124		1.00×10^{-1}	119		4.56	82.7
	1.00×10^{-2}	132	205	1.00×10^{-5}	1.2		1.00×10^{-1}	86.7
	2.00	143		4.02×10^{-4}	50.7			
	5.00	152		7.00×10^{-3}	84.0	425	1.00×10^{-5}	1.06
	1.00×10^{-1}	152		1.00×10^{-2}	88.0		3.06×10^{-4}	33.5
150	1.00×10^{-5}	1.20		4.00	98.7		5.00×10^{-3}	56.0
	4.46×10^{-4}	56.5		1.00×10^{-1}	98.7		1.00×10^{-2}	62.7
	5.00×10^{-3}	93.3	315	1.00×10^{-5}	1.13		5.00	70.8
	6.00	96.0		3.55×10^{-4}	40.0		1.00×10^{-1}	70.8

表 B-10　图 4-12 外压应力系数 B 的曲线数据表

温度/℃	A 值	B 值/MPa	温度/℃	A 值	B 值/MPa	温度/℃	A 值	B 值/MPa
室温	1.41×10^{-4}	18.4	205	1.51×10^{-4}	8.4	345	1.60×10^{-4}	18.4
	1.34×10^{-3}	175		1.17×10^{-3}	142		1.20×10^{-3}	138
	1.50	177		1.50	145		1.50	143
	2.00	189		2.00	152		2.00	149
	2.50	207		2.50	161		2.50	156
	3.00	219		3.00	168		3.00	164
	4.00	239		4.00	179		4.00	175
	6.00	260		6.00	193		6.00	187
	1.00×10^{-2}	280		1.00×10^{-2}	207		1.00×10^{-2}	201
	1.50	289		1.50	214		1.50	207
	2.10	300		2.30	221		3.40	210

附录 C　化工设备与压力容器部分标准目录

C-1　ISG 特种设备安全技术规范与压力容器设计

（1）国务院第 549 号令《特种设备安全监察条例》

（2）TSG 21—2016 《固定式压力容器安全技术监察规程》

(3) GB 150.1～GB 150.4—2011《压力容器（合订本）》

第 1 部分：通用要求

第 2 部分：材料

第 3 部分：设计

第 4 部分：制造、检验和验收

(4) GB/T 151—2014 《热交换器》

C-2　碳素钢与低合金钢及板材

(1) GB/T 700—2006　《碳素结构钢》

(2) GB/T 699—2015　《优质碳素结构钢》

(3) GB/T 3077—2015　《合金结构钢》

(4) GB/T 1591—2018　《低合金高强度结构钢》

(5) GB/T 708—2019　《冷轧钢板和钢带的尺寸、外形、重量及允许偏差》

(6) GB/T 709—2019　《热轧钢板和钢带的尺寸、外形、重量及允许偏差》

(7) GB/T 3274—2017　《碳素结构钢和低合金结构钢热轧钢板和钢带》

(8) GB/T 711—2017　《优质碳素结构热轧钢板和钢带》

(9) GB 3531—2014　《低温压力容器用钢板》

(10) GB 713—2014　《锅炉和压力容器用钢板》

(11) GB 19189—2011　《压力容器用调质高强度钢板》

C-3　不锈钢和耐热钢及板材

(1) GB/T 20878—2007　《不锈钢和耐热钢牌号及化学成分》

(2) GB/T 3280—2015　《不锈钢冷轧钢板和钢带》

(3) GB/T 4237—2015　《不锈钢热轧钢板和钢带》

(4) GB/T 4238—2015　《耐热钢钢板和钢带》

(5) GB/T 24511—2017　《承压设备用不锈钢和耐热钢钢板和钢带》

C-4　无缝钢管与焊接钢管

(1) GB/T 8163—2018　《输送流体用无缝钢管》

(2) GB/T 14976—2012　《流体输送用不锈钢无缝钢管》

(3) GB 3087—2008　《低中压锅炉用无缝钢管》

(4) GB/T 5310—2017　《高压锅炉用无缝钢管》

(5) GB 6479—2013　《高压化肥设备用无缝钢管》

(6) GB 9948—2013　《石油裂化用无缝钢管》

(7) GB 13296—2013　《锅炉、热交换器用不锈钢无缝钢管》

(8) GB/T 21833.1—2020　《奥氏体-铁素体型双相不锈钢无缝钢管　第 1 部分：热交换器用管》

(9) GB/T 17395—2008　《无缝钢管尺寸、外形、重量及允许偏差》

(10) GB/T 3091—2015　《低压流体输送用焊接钢管》

(11) GB/T 24593—2018　《钢炉和热交换器用奥氏体不锈钢焊接钢管》

(12) GB/T 13793—2016　《直缝电焊钢管》

(13) GB/T 21835—2008　《焊接钢管尺寸及单位长度重量》

C-5 锻件

(1) NB/T 47008—2017 《承压设备用碳素钢和合金钢锻件》
(2) NB/T 47009—2017 《低温承压设备用低合金钢锻件》
(3) NB/T 47010—2017 《承压设备用不锈钢和耐热钢锻件》

C-6 紧固件

(1) GB/T 3098.1—2010 《紧固件机械性能 螺栓、螺钉和螺柱》
(2) GB/T 3098.2—2015 《紧固件机械性能 螺母》

C-7 力学性能试验

(1) GB/T 228.1—2010 《金属材料 拉伸试验 第1部分：室温试验方法》
(2) GB/T 229—2007 《金属材料夏比摆锤冲击试验方法》

C-8 容器法兰

(1) NB/T 47020—2012 《压力容器法兰分类与技术条件》
(2) NB/T 47021—2012 《甲型平焊法兰》
(3) NB/T 47022—2012 《乙型平焊法兰》
(4) NB/T 47023—2012 《长颈对焊法兰》
(5) NB/T 47024—2012 《非金属软垫片》
(6) NB/T 47025—2012 《缠绕垫片》
(7) NB/T 47026—2012 《金属包垫片》
(8) NB/T 47027—2012 《压力容器法兰用紧固件》

C-9 管法兰

(1) HG/T 20592—2009 《钢制管法兰》（PN系列）
(2) HG/T 20606—2009 《钢制管法兰用非金属平垫片》（PN系列）
(3) HG/T 20607—2009 《钢制管法兰用聚四氟乙烯包覆垫片》（PN系列）
(4) HG/T 20609—2009 《钢制管法兰用金属包覆垫片》（PN系列）
(5) HG/T 20610—2009 《钢制管法兰用缠绕式垫片》（PN系列）
(6) HG/T 20611—2009 《钢制管法兰用具有覆盖层的齿形组合垫》（PN系列）
(7) HG/T 20612—2009 《钢制管法兰用金属环形垫》（PN系列）
(8) HG/T 20613—2009 《钢制管法兰用紧固件》（PN系列）
(9) HG/T 20614—2009 《钢制管法兰、垫片、紧固件选配规定》（PN系列）

C-10 人孔、手孔

(1) HG/T 21515—2014 《常压人孔》
(2) HG/T 21516—2014 《回转盖板式平焊法兰人孔》
(3) HG/T 21517—2014 《回转盖带颈平焊法兰人孔》
(4) HG/T 21518—2014 《回转盖带颈对焊法兰人孔》
(5) HG/T 21519—2014 《垂直吊盖板式平焊法兰人孔》
(6) HG/T 21520—2014 《垂直吊盖带颈平焊法兰人孔》

（7） HG/T 21521—2014 《垂直吊盖带颈对焊法兰人孔》
（8） HG/T 21522—2014 《水平吊盖板式平焊法兰人孔》
（9） HG/T 21523—2014 《水平吊盖带颈平焊法兰人孔》
（10） HG/T 21524—2014 《水平吊盖带颈对焊法兰人孔》
（11） HG/T 21525—2014 《常压旋柄快开人孔》
（12） HG/T 21526—2014 《椭圆形回转盖快开人孔》
（13） HG/T 21527—2014 《回转拱盖快开人孔》
（14） HG/T 21528—2014 《常压手孔》
（15） HG/T 21529—2014 《板式平焊法兰手孔》
（16） HG/T 21530—2014 《带颈平焊法兰手孔》
（17） HG/T 21531—2014 《带颈对焊法兰手孔》
（18） HG/T 21532—2014 《回转盖带颈对焊法兰手孔》
（19） HG/T 21533—2014 《常压快开手孔》
（20） HG/T 21534—2014 《旋柄快开手孔》
（21） HG/T 21535—2014 《回转盖快开手孔》
（22） HG/T 21594—2014 《衬不锈钢人、手孔分类与技术条件》

C-11 支座

（1） NB/T 47065.1—2018 《容器支座 第1部分：鞍式支座》
（2） NB/T 47065.2—2018 《容器支座 第2部分：腿式支座》
（3） NB/T 47065.3—2018 《容器支座 第3部分：耳式支座》
（4） NB/T 47065.4—2018 《容器支座 第4部分：支承式支座》

C-12 视镜与液面计

（1） NB/T 47017—2011 《压力容器视镜》
（2） HG 21588—1995 《玻璃板液面计 标准系列及技术要求》
（3） HG 21592—1995 《玻璃管液面计 标准系列及技术要求（PN1.6）》

C-13 焊接

（1） GB/T 5117—2012 《非合金钢及细晶粒钢焊条》
（2） GB/T 5118—2012 《热强钢钢焊条》
（3） GB/T 983—2012 《不锈钢焊条》
（4） GB/T 985.1—2008 《气焊、焊条电弧焊、气体保护焊和高能束焊的推荐坡口》
（5） GB/T 985.2—2008 《埋弧焊的推荐坡口》
（6） GB/T 324—2008 《焊缝符号表示法》
（7） NB/T 47014—2011 《承压设备焊接工艺评定》
（8） NB/T 47015—2011 《压力容器焊接规程》

C-14 补强圈、补强管

（1） JB/T 4736—2002 《补强圈钢制压力容器用封头》
（2） HG/T 21630—1990 《补强管》

C-15 介质毒性

(1) HG/T 20660—2017 《压力容器中化学介质毒性危害和爆炸危险程度分类标准》
(2) GBZ 230—2010 《职业性接触毒物危害程度分级》

C-16 压力容器封头

GB/T 25198—2010 《压力容器封头》

C-17 釜用立式减速机 HG/T 3139.1~3139.12—2018

HG/T 3139.1 第一部分　型式和基本参数
HG/T 3139.2　第二部分　XL 系列摆线针轮减速机
HG/T 3139.3　第三部分　LC 系列圆柱齿轮减速机
HG/T 3139.4　第四部分　LP 系列平行轴齿轮减速机
HG/T 3139.5　第五部分　FJ 系列圆柱圆锥齿轮减速机
HG/T 3139.6　第六部分　CF 系列圆柱齿轮减速机
HG/T 3139.7　第七部分　ZF 系列圆柱圆锥齿轮减速机
HG/T 3139.8　第八部分　CW 系列圆柱齿轮、圆弧圆柱蜗杆减速机
HG/T 3139.9　第九部分　P 系列带传动减速机
HG/T 3139.10　第十部分　FP 系列带传动减速机
HG/T 3139.11　第十一部分　YP 系列带传动减速机
HG/T 3139.12　第十二部分　KJ 系列可移式圆柱齿轮减速机

参 考 文 献

［1］ 董大勤. 化工设备机械基础. 4版. 北京：化学工业出版社，2012.
［2］ 王国璋. 压力容器设计实用手册. 2版. 北京：中国石化出版社，2018.
［3］ 王绍良主编. 化工设备基础. 3版. 北京：化学工业出版社，2018.
［4］ 王学生，惠虎. 化工设备设计. 2版. 上海：华东理工大学出版社，2017.
［5］ 马金才. 化工设备操作与维护. 2版. 北京：化学工业出版社，2016.
［6］ 游德文. 管道安装工程：上册，下册. 北京：化学工业出版社，2005.
［7］ 李群松. 化工容器与设备. 北京：化学工业出版社，2017.
［8］ 邢晓林，郭宏. 化工设备. 2版. 北京：化学工业出版社，2019.
［9］ 马秉骞. 化工设备使用与维护. 北京：高等教育出版社，2019.
［10］ 任晓善. 化工机械维修手册. 北京：化学工业出版社，2004.
［11］ 李多民. 化工过程设备机械基础. 北京：中国石化出版社，2007.
［12］ 游德文. 管道安装工程：上册，下册. 北京：化学工业出版社，2005.
［13］ 张麦秋. 化工机械安装修理. 3版. 北京：化学工业出版社，2015.
［14］ 汤善甫. 化工设备机械基础. 3版. 上海：华东理工大学出版社，2015.
［15］ 何瑞珍. 化工设备维护与检修. 北京：化学工业出版社，2012.